中国当代小城镇规划建设管理丛书

小城镇生态环境规划

（第二版）

汤铭潭　谢映霞
蔡运龙　祁黄雄　主编

中国建筑工业出版社

图书在版编目(CIP)数据

小城镇生态环境规划/汤铭潭等主编. —2版. —北京：
中国建筑工业出版社，2013.8
　（中国当代小城镇规划建设管理丛书）
　ISBN 978-7-112-15534-7

　Ⅰ.①小…　Ⅱ.①汤…　Ⅲ.①城镇-生态环境-城市规划-
研究-中国　Ⅳ.①X321.2

　中国版本图书馆 CIP 数据核字(2013)第 131692 号

　　全书内容包括规划理论、方法、实践 3 大部分。规划理论部分包括：导论、生态系
统及其变化、生态环境规划与生态城镇基础理论；方法部分包括：生态系统分析流程与
评价、生态规划、环境规划及规划标准（建议稿）；实践部分包括生态规划案例借鉴与
生态城镇建设经典范例分析。第二版着重补充相关最新研究的知识点。全书集小城镇生
态环境规划的理论、方法、实践的系统性、先进性、实用性、相融性、互补性于一体。

　　本书可作为从事小城镇规划建设管理的研究技术人员、行政管理人员以及建制镇
与乡镇领导学习工作使用，也可作为大专院校的教学用书和规划建设行业的相关培训
教材。

责任编辑：胡明安　姚荣华
责任设计：李志立
责任校对：张　颖　陈晶晶

中国当代小城镇规划建设管理丛书
小城镇生态环境规划
（第二版）
汤铭潭　谢映霞
蔡运龙　祁黄雄　　主编

*

中国建筑工业出版社出版、发行（北京西郊百万庄）
各地新华书店、建筑书店经销
北京科地亚盟排版公司制版
北京建筑工业印刷厂印刷

*

开本：787×1092 毫米　1/16　印张：21¾　字数：540 千字
2013 年 8 月第二版　　2013 年 8 月第二次印刷
定价：**62.00 元**
ISBN 978-7-112-15534-7
　　（24112）

中国当代小城镇规划建设管理丛书

编 审 委 员 会

编 写 委 员 会

序　一

从历史的长河看，城市总是由小到大的。从世界的城市看，既有荷兰那样的中小城市为主的国家；也有墨西哥那样人口偏集于大城市的国家；当然也有像德国等大、中、小城市比较均匀分布的国家。从我国的国情看，城市发展的历史久矣，今后多发展些大城市、还是多发展些中城市、抑或小城市，虽有不同主张，但从现实的眼光看，由于自然特点、资源条件和历史基础，小城市在中国是不可能消失的，大概总会有一定的比例，在有些地区还可能有相当的比例。所以，走小城市（镇）与大、中城市协调发展的中国特色的城镇化道路是比较实际和大家所能接受的。

《中共中央关于制定国民经济和社会发展第十个五年计划的建议》提出："要积极稳妥地推进城镇化"，"发展小城镇是推进城镇化的重要途径"。"发展小城镇是带动农村经济和社会发展的一个大战略"。应该讲是正确和全面的。

当前我国小城镇正处在快速发展时期，小城镇建设取得了较大成绩，不用说在沿海发达地区的小城镇普遍地繁荣昌盛，即使是西部、东北部地区的小城镇也有了相当的建设，有一些看起来还是很不错的。但确实也还有一些小城镇经济不景气、发展很困难，暴露出不少不容忽视的问题。

党的"十五大"提出要搞好小城镇规划建设以来，小城镇规划建设问题受到各级人民政府和社会各方面的前所未有的重视。如何按中央提出的城乡统筹和科学发展观指导、解决当前小城镇面临急需解决的问题，是我们城乡规划界面临需要完成的重要任务之一。小城镇的规划建设问题，不仅涉及社会经济方面的一些理论问题，还涉及规划标准、政策法规、城镇和用地布局、生态、人居环境、产业结构、基础设施、公共设施、防灾减灾、规划编制与规划管理以及规划实施监督等方方面面。

从总体上看，我国小城镇规划研究的基础还比较薄弱。近年来虽然列了一些小城镇的研究课题，有了一些研究成果，但总的来看还是不够的。特别是成果的出版发行还很不够。中国建筑工业出版社在2004年重点推出中国当代小城镇规划建设管理这套大型丛书，无疑是一件很有意义的工作。

这套丛书由我国高校和国家城市规划设计科研机构的一批专家、教授共同编写。在大量调查分析和借鉴国外小城镇建设经验的基础上，针对我国各类不同小城镇规划建设的实际应用，论述我国小城镇规划、建设与管理的理论、方法和实践，内容是比较丰富的。反映了近年来中国城市规划设计研究院、清华大学、北京大学、浙江大学、华中科技大学等科研和教学研究最新成果。也是我国产、学、研结合，及时将科研教研成果转化为生产力，繁荣学术与经济的又一成功尝试。虽然丛书中有的概念和提法尚不够严谨，有待进一步商榷、研究与完善，但总的来说，仍不失为一套适用的技术指导参考丛书。可以相信这套丛书的出版对于我国小城镇健康、快速、可持续发展，将起到很好的作用。

中国科学院院士
中国工程院院士
中国城市科学研究会理事长

序 二

　　我国的小城镇，到 2003 年底，根据统计有 20300 个。如果加上一部分较大的乡镇，数量就更多了。在这些小城镇中，居住着 1 亿多城镇人口，主要集中在镇区。因此，它们是我国城镇体系中一个重要的组成部分。小城镇多数处在大中城市和农村交错的地区，与农村、农业和农民存在着密切的联系。在当前以至今后中国城镇化快速发展的历史时期内，小城镇将发挥吸纳农村富余劳动力和农户迁移的重要作用，为解决我国的"三农"问题作出贡献。近年来，大量农村富余劳动力流向沿海大城市打工，形成一股"大潮"。但多数打工农民并没有"定居"大城市。原因之一是：大城市的"门槛"过高。因此，有的农民工虽往返打工 10 余年而不定居，他们从大城市挣了钱，开了眼界，学了技术和知识，回家乡买房创业，以图发展。小城镇，是这部分农民长居久安，施展才能的理想基地。有的人从小城镇得到了发展，再打回大城市。这是一幅城乡"交流"的图景。其实，小城镇的发展潜力和模式是多种多样的。上面说的仅仅是其中一种形式而已。

　　中央提出包括城乡统筹在内的"五个统筹"和可持续发展的科学发展观，对我国小城镇的发展将会产生新的观念和推动力。在小城镇的经济社会得到进一步发展的基础上，城镇规划、设计、建设、环境保护、建设管理等都将提到重要的议事日程上来。2003 年，国家重要科研成果《小城镇规划标准研究》已正式出版。现在将要陆续出版的《中国当代小城镇规划建设管理丛书》则是另一部适应小城镇发展建设需要的大型书籍。《丛书》内容包括小城镇发展建设概论、规划的编制理论与方法、基础设施工程规划、城市设计、建筑设计、生态环境规划、规划建设科学管理等。由有关的科研院所、高等院校的专家、教授撰写。

　　小城镇的规划、建设、管理与大、中城市虽有共性的一面，但是由于城镇的职能、发展的动力机制、规模的大小、居住生活方式的差异，以及管理运作模式等很多方面的不同，而具有其自身的特点和某些特有的规律。现在所谓"千城一面"的问题中就包含着大中小城市和小城镇"一个样"的缺点。这套"丛书"结合小城镇的特点，全面涉及其建设、规划、设计、管理等多个方面，可以为从事小城镇发展建设的领导者、管理者和广大科技人员提供重要的参考。

　　希望中国的小城镇发展迎来新的春天。

中国工程院院士

中国城市规划学会副理事长

原中国城市规划设计研究院院长

邹德慈

丛 书 前 言

两年前，中国城市规划设计研究院等单位完成了科技部下达的《小城镇规划标准研究》课题，通过了科技部和建设部组织的专家验收和鉴定。为了落实两部应尽快宣传推广的意见，其成果及时由中国建筑工业出版社出版发行。同时，为了适应新的形势，进一步做好小城镇的规划建设管理工作，中国建筑工业出版社提出并与中国城市规划设计研究院共同负责策划、组织这套《中国当代小城镇规划建设管理丛书》的编写工作，经过两年多的努力，这套丛书现在终于陆续与大家见面了。

一

对于小城镇概念，目前尚无统一的定义。不同的国度、不同的区域、不同的历史时期、不同的学科和不同的工作角度，会有不同的理解。也应当允许有不同的理解，不必也不可能强求一律。仅从城乡划分的角度看，目前至少有七八种说法。就中国的现实而言，小城镇一般是介于设市城市与农村居民点之间的过渡型居民点；其基本主体是建制镇；也可视需要适当上下延伸（上至 20 万人口以下的设市城市，下至集镇）。新中国成立以来，特别是改革开放以来，我国小城镇和所有城镇一样，有了长足的发展。据统计，1978 年，全国设市城市只有 191 个，建制镇 2173 个，市镇人口比重只有 12.50%。2002 年底，全国设市城市达 660 个，其中人口在 20 万以下设市城市有 325 个。建制镇数量达到 20021个（其中县城关镇 1646 个，县城关镇以外的建制镇 18375 个）；集镇 22612 个。建制镇人口 13663.56 万人（不含县城关镇），其中非农业人口 6008.13 万人；集镇人口 5174.21 万人，其中非农业人口 1401.50 万人。建制镇的现状用地面积 2032391hm² （不含县城关镇），集镇的现状用地面积 79144hm²。

党和国家历来十分重视农业和农村工作，十分重视小城镇发展。特别是党的"十五"大以来，国家为此召开了许多会议，颁发过许多文件，党和国家领导人作过许多重要讲话，提出了一系列重要方针、原则和新的要求。主要有：

——发展小城镇，是带动农村经济和社会发展的一个大战略，必须充分认识发展小城镇的重大战略意义；

——发展小城镇，要贯彻既要积极又要稳妥的方针，循序渐进，防止一哄而起；

——发展小城镇，必须遵循"尊重规律、循序渐进；因地制宜、科学规划；深化改革、创新机制；统筹兼顾、协调发展"的原则；

——发展小城镇的目标，力争经过 10 年左右的努力，将一部分基础较好的小城镇建设成为规模适度、规划科学、功能健全、环境整洁、具有较强辐射能力的农村区域性经济文化中心，其中少数具备条件的小城镇要发展成为带动能力更强的小城市，使全国城镇化水平有一个明显的提高；

——现阶段小城镇发展的重点是县城和少数有基础、有潜力的建制镇；

——大力发展乡镇企业，繁荣小城镇经济、吸纳农村剩余劳动力；乡镇企业要合理布局，逐步向小城镇和工业小区集中；

——编制小城镇规划，要注重经济社会和环境的全面发展，合理确定人口规模与用地规模，既要坚持建设标准，又要防止贪大求洋和乱铺摊子；

——编制小城镇规划，要严格执行有关法律法规，切实做好与土地利用总体规划以及交通网络、环境保护、社会发展等各方面规划的衔接和协调；

——编制小城镇规划，要做到集约用地和保护耕地，要通过改造旧镇区，积极开展迁村并点，土地整理，开发利用基地和废弃地，解决小城镇的建设用地，防止乱占耕地；

——小城镇规划的调整要按法定程序办理；

——要重视完善小城镇的基础设施建设，国家和地方各级政府要在基础设施、公用设施和公益事业建设上给予支持；

——小城镇建设要各具特色，切忌千篇一律，要注意保护文物古迹和文化自然景观；

——要制定促进小城镇发展的投资政策、土地政策和户籍政策。

……

上述这些方针政策对做好小城镇的规划建设管理工作有着十分重要的现实意义。

在新的历史时期，小城镇已经成为农村经济和社会进步的重要载体，成为带动一定区域农村经济社会发展的中心。乡镇企业的崛起和迅速发展，农、工、商等各业并举和繁荣，形成了农村新的产业格局。大批农民走进小城镇务工经商，推动了小城镇的发展，促进了人流、物流、信息流向小城镇的集聚，带动了小城镇各项基础设施的建设，改善了小城镇生产、生活和投资环境。

发展小城镇，是从中国的国情出发，借鉴国外城市化发展趋势作出的战略选择。发展小城镇，对带动农村经济，推动社会进步，促进城乡与大中小城镇协调发展都具有重要的现实意义和深远的历史意义。

二

在我国的经济与社会发展中，小城镇越来越发挥着重要作用。但是，小城镇在规划建设管理中还存在着一些值得注意的问题。主要是：

（一）城镇体系结构不够完善。从市域、县域角度看，不少地方小城镇经济发展的水平不高，层次较低，辐射功能薄弱。不同规模等级小城镇之间纵向分工不明确，职能雷同，缺乏联系，缺少特色。在空间结构方面，由于缺乏统一规划，或规划后缺乏应有的管理体制和机制，区域内重要的交通、能源、水利等基础设施和公共服务设施缺乏有序联系和协调，有的地方则重复建设，造成浪费。

（二）城镇规模偏小。据统计，全国建制镇（不含县城关镇）平均人口规模不足 1 万人，西部地区不足 5000 人。在县城以外的建制镇中，镇区人口规模在 0.3～0.6 万人等级的小城镇占多数，其次为 0.6～1.0 万人，再次为 0.3 万人以下。以浙江省为例，全省城镇人口规模在 1 万人以下的建制镇占 80%，0.5 万人以下的占 50% 以上。从用地规模看，据原国家体改委小城镇课题组对 18 个省市 1035 个建制镇（含县城关镇）的随机抽样调查表明，建成区平均面积为 176hm²，占镇域总面积的 2.77%，平均人均占有土地面积为 108m²。

（三）缺乏科学的规划设计和规划管理。首先是认识片面，在规划指导思想上出现偏差。对"推进城市化"、"高起点"、"高标准"、"超前性"等缺乏全面准确的理解。从全局看，这些提法无可非议。但是不同地区、不同类型、不同层次、不同水平的小城镇发展基础和发展条件千差万别，如何"推进"、如何"发展"、如何"超前"，"起点"高到什么程度，不应一个模式、一个标准。由于存在认识上的问题，有的地方对城镇规划提出要"五十年不落后"的要求，甚至提出"拉大架子、膨胀规模"的口号。在学习外国、外地的经验时往往不顾国情、市情、县情、镇情，盲目照抄照搬。建大广场、大马路、大建筑，搞不切实际的形象工程，占地过多，标准过高，规模过大，求变过急，造成资金的大量浪费，与现有人口规模和经济发展水平极不适应。

针对小城镇规划建设管理工作存在的问题，当前和今后一个时期，应当牢固树立全面协调和可持续的科学发展观，将城乡发展、区域发展、经济社会发展、人与自然和谐发展与国内发展和对外开放统筹起来，使我国的大中小城镇协调发展。以国家的方针政策为指引，以推动农村全面建设小康社会为中心，以解决"三农"问题服务为目标，充分运用市场机制，加快重点镇和城郊小城镇的建设与发展，全面提高小城镇规划建设管理总体水平。要突出小城镇发展的重点，积极引导农村富余劳动力、富裕农民和非农产业加快向重点镇、中心镇聚集；要注意保护资源和生态环境，特别是要把合理用地、节约用地、保护耕地置于首位；要不断满足小城镇广大居民的需要，为他们提供安全、方便、舒适、优美的人居环境；要坚持以制度创新为动力，逐步建立健全小城镇规划建设管理的各项制度，提高小城镇建设工作的规范化、制度化水平；要坚持因地制宜，量力而行，从实际需要出发，尊重客观发展规律，尊重各地对小城镇发展模式的不同探索，科学规划，合理布局，量力而行，逐步实施。

三

近年来，小城镇的规划建设管理工作面临新形势，出现了许多新情况和新问题。如何把小城镇规划好、建设好、管理好，是摆在我们面前的一个重要课题。许多大专院校、科研设计单位对此进行了大量的理论探讨和设计实践活动。这套丛书正是在这样的背景下编制完成的。

这套丛书由丛书主编负责提出丛书各卷编写大纲和编写要求，组织与协调丛书全过程编写，并由中国城市规划设计研究院、浙江大学、清华大学、华中科技大学、沈阳建筑大学、北京大学、广东省建设厅、广东省城市发展研究中心、广东省城乡规划设计研究院、中山大学、辽宁省城乡规划设计研究院、广州市城市规划勘察设计研究院等单位长期从事城镇规划设计、教学和科研工作，具有丰富的理论与实践经验的教授、专家撰写。由丛书编审委员会负责集中编审，如果没有他们崇高的敬业精神和强烈的责任感，没有他们不计报酬的品德和付出的辛勤劳动，没有他们的经验、理论和社会实践，就不会有这套丛书的出版。

这套丛书从历史与现实、中国与外国、理论与实践、传统与现代、建设与保护、法规与创新的角度，对小城镇的发展、规划编制、基础设施、城市设计、住区与公建设计、生态环境以及小城镇规划管理方面进行了全面系统的论述，有理论、有观点、有方法、有案例，深入浅出，内容丰富，资料翔实，图文并茂，可供小城镇研究人员、不同专业设计人员、管理人员以及大专院校相关专业师生参阅。

　　这套丛书的各卷之间既相互联系又相对独立，不强求统一。由于角度不同，在论述上个别地方多少有些差异和重复。由于条件的局限和作者学科的局限，有些地方不够全面、不够深入，有些提法还值得商榷，欢迎广大读者和同行朋友们批评指正。但不管怎么说，这套丛书能够出版发行，本身是一件好事，值得庆幸。值此谨向丛书编审委员会表示深深的谢意，向中国建筑工业出版社的张惠珍副总编和王跃、姚荣华、胡明安三位编审表示深深的谢意，向关心、支持和帮助过这套丛书的专家、领导表示深深的谢意。

时任中国城市规划设计研究院副院长

现任中国城市规划设计研究院

顾问总规划师

刘仁根

第二版前言

　　我国小城镇生态规划及研究起步晚，著作甚少。本书基于城乡规划的生态环境规划研究与实践，作为《中国当代小城镇规划建设管理丛书》的重要一册出版以来，颇受读者青睐。此次，借中国建筑工业出版社组织二版修订之机，编者在跟踪分析城镇生态规划理论前沿研究与研究分析国外生态城镇建设理论与实践，探索的最新成果基础上，着重补充上述相关内容，并对全书内容作了进一步的系统整合、修改、补充与删减，并增加每章内容的知识点导引，使相关知识点在完善的同时，更具系统性、先进性、条理性与实用性。

　　相信本书会满足更多读者的需求，希望在本书使用实践中，继续得到读者的更多帮助，以期进一步完善。

汤铭潭

第一版前言

本书是《中国当代小城镇规划建设管理丛书》的生态环境规划卷。

20世纪90年代以来，我国城镇化和城镇建设都处于高速发展时期。一些城镇的大规模、高频率、不合理的土地利用与开发，乡镇企业的遍地开花和污染工业向小城镇的转移，以及城郊化肥与农药的滥用等等，不但造成城镇点源污染严重，而且使得城镇非点源污染也在不断加剧。我国城镇的生态危机已不是危言耸听。面临环境的不断恶化趋势，解决城镇建设与生态环境之间日益尖锐的矛盾，协调城镇社会经济发展与资源环境的关系，寻求符合国情的可持续发展道路是我国城镇规划建设、生态建设与环境保护不容忽视的十分重要的命题。同时，解决好自然、社会、经济城镇复合人工生态系统中的"人口—资源—经济—环境"的协调问题，与中央提出的科学发展观、城乡统筹、可持续发展及和谐社会构建密切相关。因此，生态环境问题及研究又是我国城镇化进程中备受全社会关注的热点问题。

良好的生态环境是人类生存的重要基础，也是城镇可持续发展和构建和谐社会的重要保障。在当今城镇竞争法则和主题日渐转向以生态环境定胜负，以特色见高低的背景下，生态竞争力无疑已成为提升城镇核心竞争力和综合竞争力的重要标志，生态环境品质已日益彰显其不同寻常的地位和作用。

我国城乡规划已从以前只重视环境保护规划转向开始重视生态规划。但是，生态规划及研究的基础还相当薄弱，小城镇规划中的生态规划尚处于起步阶段，许多理论探索，尚需在实践中进一步检验，研究工作任重道远。

本书主要编者有在中国城市规划设计研究院较早从事多年、多项城乡生态环境规划与相关课题研究，也有在北京大学、清华大学等从事多年生态环境学教学与博士、博士后研究工作。本书编写基于上述规划与教学研究，以及"九五"、"十五"3项国家小城镇攻关课题、重点课题研究的基础，突出生态环境规划的理论、方法与实践，内容包括小城镇生态环境规划导论、生态问题分析、生态规划理论基础、生态环境系统及系统分析流程、生态评价、生态规划、环境规划、生态环境规划标准（研究稿）、规划案例分析、生态环境研究及相关资料附录。

本书由汤铭潭、谢映霞、蔡运龙、祁黄雄主编。编写分工如下：

第1章　祁黄雄（1.1～1.4）、汤铭潭（1.5～1.6）；

第2章　祁黄雄、张玲；

第3章　汤铭潭、刘亚臣；

第4章　魏遐、祁黄雄（4.1、4.2、4.5～4.8）、汤铭潭（4.3、4.4、4.9）；

第5章　魏遐、祁黄雄、张玲（5.1.1、5.1.3、5.1.6、5.2、5.3.1、5.3.5、5.3.6、5.4）、汤铭潭（5.1.2、5.1.7、5.1.8、5.3.3）、魏遐、汤铭潭（5.3.2、5.3.4）；

第6～9章　汤铭潭；

第 10 章　谢映霞、王宝刚。

　　全书由谢映霞、汤铭潭、蔡运龙策划、提出编写提纲、内容并组织协调；汤铭潭负责提出编写过程的多次修改意见并作部分修改和完成全书统校、定稿。

　　本书编写还同时参考了国内外一些已出版和发表的著作、文献；吸纳和引用了一些相关经典和最新研究；得到合作单位提供的部分案例分析的宝贵资料，在此特一并致谢！

　　限于作者的水平与视野，书中存在的不足和错漏在所难免，恳请读者、专家不吝赐教，以便修改完善。

汤铭潭　谢映霞

目　　录

1　小城镇生态环境规划导论

导引：

生态学及其相关学科知识是小城镇生态环境规划的科学基础。生态学中的生态，是指生物与其生存环境的关系。但在环境保护的实际工作中，又常常应用生态环境这个词。《中华人民共和国环境保护法》第一章总则第一条中，将环境区分为生活环境与生态环境两部分。1999 年 1 月 6 日经国务院常务会议通过的《全国生态环境建设规划》中，也应用生态环境这个词。在环境保护的实际工作的其他方面，也常常应用生态环境这个词。

本章是小城镇生态环境规划应具备的相关学科基础知识导论。从生态学、景观生态学、生态城镇学的起源与发展及生态系统的系统阐述到生态城镇建设的学科前沿研究知识的跟踪，以及最后总体层面指出的小城镇生态环境规划与总体规划的关联，旨在勾勒规划基础知识主线。

1.1　生态学的基本认识

生态学（ecology）一词是由德国生物学家赫克尔（Ernst Haeckel）于 1869 年首次提出，并于 1886 年创立了生态学这门学科。ecology 来自希腊语"oikos"与"logos"，前者意为"住所"，后者指"学科研究"。赫克尔把生态学定义为：研究有机体与环境之间相互关系的科学。生态学研究的基本对象是两方面的关系，其一为生物之间的关系，其二为生物与环境之间的关系。对生态学的简明表述为：生态学是研究生物之间、生物与环境之间相互关系及其作用机理的科学。

从学科上讲，生态学来源于生物学，是生物学的基础学科之一。到目前为止，生态学的大部分分支，都主要在生物学为主的基础上进行研究。近年来，生态学迅速和地学、经济学以及其他学科相互渗透，出现了一系列新的交叉学科。生态问题已成为全世界关注的问题，生态学研究的范围在不断扩大，应用也日益广泛。在当今人与自然的关系、社会与经济发展的过程中，生态学成为最为活跃的前沿学科之一。从生态环境、生态问题、生态平衡、生态危机、生态意识等使用频率很高的概念可以看到，生态学具有广泛的包容性和强烈的渗透性，现在已形成一个庞大的学科体系，涵盖了个体—种群—群落—生态系统的不同层次。

1.1.1　生态学的起源与发展

（1）初创阶段

从古代到 19 世纪，是生态学的初创阶段。人们通过对简单朴素的生态学思想、观察的积累和研究，于 19 世纪创立了生态学。生态学是人们在对自然界认识的过程中逐渐发展起来的。古希腊哲学家亚里士多德的著作《自然历史》中，曾描述了生物之间的竞争以及生物对环境的反应。我国春秋战国时代思想家管仲、荀况等人的著作中也讲到一些动物之间、动植物之间的某些关系，都包含了明显的生态学内容和朴素的生态学思想。欧洲文艺复兴之后，尤其是哥伦布发现新大陆之后，人类开始认识自己居住的星球，这是人类认识上的一个飞跃，对生物科学的研究也从叙述转变为实际的考察。马尔萨斯研究生物繁衍与土地及粮食资源的关系，1803 年发表了他的"人口论"。达尔文于 1859 年出版了《物种起源》，对生态学的发展也做出了很大贡献。赫克尔在前人的基础上创立了生态学。

（2）形成阶段

20 世纪前半叶的生态学是生态学的形成阶段。这个时期，生态学的基础理论和方法都已经形成，并在许多方面有了发展。植物群落学、动物生态学等基本的生物生态学学科体系已经建立。尤其是 1935 年英国生态学家泰思利提出生态系统的概念，把生物与环境之间关系的研究全面地高度概括起来，标志着生态学的发展进入了一个新的阶段。他认为：只有我们从根本上认识到有机体不能与它们的环境分开，而与它们的环境形成一个系统，它们才会引起我们的重视。在这个阶段，生态学还是隶属于生物学的一个分支学科。

（3）发展阶段

20 世纪后半叶的生态学是生态学的发展阶段。由于工业发展、人口膨胀、环境污染和资源紧张等一系列世界性问题出现后，迫使人们不得不以极大的关注寻求协调人与自然的关系，探索全球持续发展的途径。社会的需求推动了生态学的发展。近代系统科学、控制论、电脑技术和遥感技术的广泛应用，为生态学对复杂系统结构的分析和模拟创造了条件，为深入探索复杂系统的功能和机理提供了更为科学先进的手段。另外一些相邻学科的"感召效应"也促进了生态学的高速发展。

这个时期，生态学的研究吸收了其他学科的理论、方法及成果，拓宽了生态学的研究范围和深度。同时生态学向其他学科领域扩散或渗透，促进了生态学时代的产生，生态学分支学科大量涌现。生态学和数学相结合，产生了系统生态学；生态学和物理学相结合，产生了能量生态学；用热力学解释生态系统产生了功能生态学；生态学和化学相结合，产生了化学生态学。同时，生态学的原理和原则在人类生产活动的许多方面得到了应用，并与其他一些应用学科及社会科学相互渗透，产生了许多应用科学。如农业生态学、森林生态学、污染生态学、环境生态学、人类生态学、社会生态学、人口生态学、城镇生态学、经济生态学及生态工程学等等。

生态学经历了向自然科学和社会人文科学交叉和渗透的发展过程，它的发展过程及其研究领域的拓宽深刻反映了人类对环境不断关注、重视的过程。目前，生态学理论已与自然资源的利用及人类生存环境问题高度相关，已成为环境科学重要的理论基础。生态学正朝着人和自然普遍的相互作用问题的研究层次发展，影响人们认识世界的理论视野和思维方法，具有世界观、道德观和价值观的性质。

1.1.2 主要概念

（1）生态因子

1）概念

任何一种生物生长与发育都离不开生活环境，也称生境。生境（habitat）指在一定时间内对生命有机体生活、生长发育、繁殖以及有机体存活量有影响的空间条件及其他条件的总和。在生境中对生物的生命活动起直接作用的那些环境要素称为生态因素，也称生态因子。生态因子影响了生物的生长、发育和分布，影响了种群和群落的特征。在生物学中，在一定的时间范围内，占据某个特定空间的同种生物有机体的集合体，称为种群。生物群落指在一定的历史阶段，在一定的区域范围内，所有有生命部分的总和。

2）分类

生态因子可分为物质和能量两大类，不过，传统的分法是把生态因子分为非生物因子和生物因子两类。非生物因子也称自然因子，物理、化学因子属非生物因子，如光、温度、湿度、大气、水和土壤等。生物因子包括动物、植物与微生物，即对某一生物而言的其他生物。它们通过自身的活动直接或间接影响其他生物。

现在有一种观点认为人对环境的影响太大，作为一种特殊的生物，人应该单列，即生态因子还应包括第三方面的因素——人为因素。例如，人类的砍伐、挖掘、采摘、引种、驯化以及环境污染等。任何生物所接受的都是多个因子综合的作用，但其中总是有一个或少数几个生态因子起主导作用。

3）特征

a. 综合作用

生物在一个地区生长发育，它所受到的环境因素影响不是单因子的，而是综合的、多因子的共同影响。如温度是一、二年生植物春化阶段中起决定作用的因子，但如果空气不足、湿度不适，萌芽的种子仍不能通过春化阶段。这些因子彼此联系、互相促进、互相制约，任何一个因子的变化，必将引起其他因子不同程度的变化。只是这些因子中有主要的和次要的、直接的与间接的、重要的和不重要的区别。由于生态因子之间相互联系、相互影响、互为补充，所以在一定条件下是可以相互转化的。例如温度和湿度有明显的相关关系。

b. 主导因子作用

在对生物起作用的诸多生态因子中，有一个生态因子起决定性作用，称为主导因子（leading factor）。如以食物为主导因子，表现在动物食性方面可分为食草动物、食肉动物和杂食动物等。以土壤为主导因子，可将植物分成多种生态类型，有沙生植物、盐生植物、喜钙植物等。

c. 生态因子的不可替代性和补偿作用

生态因子对生物的作用各不相同，从总体上来说生态因子是不可替代的，但在局部是可以作一定的补偿。例如，光辐射因子和温度因子可以互相补充，但能不互相替代。在一定的条件下的多个生态因子的综合作用过程中，由于某一因子在量上的不足，可由其他因子作一定的补偿。以植物的光合作用来说，如果光照不足，可以增加二氧化碳的量来补偿。但生态因子的补偿作用只能在一定的范围内作部分的补偿，而不能以一个因子替代另一个因子。而且因子之间的补偿作用也不是经常存在的。

d. 生态因子的直接作用和间接作用

生态因子对生物的生长、发育、繁殖及分布的作用可分为直接作用和间接作用。例如光、温度、水对生物的生长、分布以及类型起直接作用，而地形因子，如起伏、坡度、海拔高度及经纬度等对生物的作用则不是直接的，但它们能影响光照、温度、雨水等因子，因而对生物起间接作用。

e. 因子作用的阶段性

生物生长发育有其自身的规律，不同的阶段对环境因子的需求是不同的，所以生态因子对生物的作用又具有阶段性，例如，有些鱼类不是终生定居在同定的环境中，而是根据其生活史的不同阶段，对生存条件有不同要求，进行长距离的洄游，大马哈鱼生活在海洋中，生殖季节就成群结队洄游到淡水河中产卵。农作物在不同的生长季节，对水分的需要量和对养分的需要量及种类的需求是不同的。

（2）生物圈

1）含义

生物圈这一概念是由奥地利地质学家休斯（E. Suess）于 1875 年首先提出，20 世纪 20 年代前苏联生物地球化学家维尔纳茨基发现生物活动对地表化学物质的迁移和富集有重大影响，提出了生物圈的学说。地球表面生物赖以生存的部分，这个表面层有空气、水、土壤，可以接收到太阳的辐射，因而能维持生物的生命，地球上的一切生物，包括人类，都生活在地球的表面层，称为生物圈（Biophere）。

生物圈中的生物体包括植物、动物和微生物。生物圈是岩石圈、大气圈、水圈长期演化并相互作用的产物，同时生物圈中的植物、动物、微生物给岩石圈主要是土壤，也给大气圈、水圈的组成和演化带来广泛而深刻的影响与作用。生物圈是整个地球表层生态环境中最活跃、最敏感、最脆弱的部分。生态环境的破坏往往最先表现在生物圈，而生物圈的破坏又往往带来整个生态环境的破坏，可以说生物圈是生态环境的晴雨表。

2）组成

生态环境是地球长期演化形成的，包括非生物因子和生物因子两类组成部分。非生物因子包括阳光、空气、岩石、矿物、土壤、河流、湖泊、湿地、地下水、海洋等；生物因子包括植物、动物和微生物。非生物因子组成岩石圈、大气圈和水圈，而生物因子则组成生物圈。生物圈是地球表层全部有机体与之相互作用的生存环境的总和。

a. 土壤岩石圈

土壤岩石圈又称大陆圈，是指地壳及上地幔部分。地壳的平均厚度约 17km，其中又分为花岗岩层、玄武岩层和橄榄岩层。岩石圈由各种岩石组成，其中包括岩浆岩、沉积岩和变质岩。岩石圈中包括含有的各种矿物。岩石圈地表岩石经日晒、风吹、雨淋、水冲、冰冻等物理和化学作用风化破碎分解，再经生物作用形成土壤覆盖层。土壤层也叫土壤圈。土壤是生物万物生息的基础，是无机物向有机物转化的关键环节。

岩石圈。地球的内部，从内到外大致可以分为地核、地幔和地壳三层，岩石圈即指最外层的地壳部分。大陆地壳的平均厚度约为 35km，海洋下的地壳厚度为 5~8km。岩石圈是生物圈的牢固基础，地壳层的质量只是地球总质量的 0.7%，但它直接影响着生命的存在和繁衍。岩石圈中富含各种化学物质，组成原生质的元素就来源于此。岩石圈中除了植物生长所需的矿物质营养外，还贮藏着丰富的地下资源，如煤炭、石油、铁矿、铜矿等有色金属。

土壤圈。土壤圈在地球表面，由岩石圈表面物理风化而成的疏松层作母质，加上水和有机物质通过化学变化以及生物作用，经过相当长的时间才形成。土壤是有机界和无机界相互联系、相互作用的产物。土壤圈是自然环境中生物界与非生物界之间的一个复杂的独立的开放性物质体系，具有特殊的组成和功能。土壤主要由矿物质、有机物、水分和空气构成，是环境中物质循环和能量转化的重要环节，是岩石圈、大气圈和水圈之间的接触过渡地带。土壤不仅能为生物提供营养和栖息场所，还具有同化和代谢外界输入物质的能力。土壤中生活着各种微生物和土壤动物，能对外来的各种物质进行分解、转化和改造，所以土壤又被人们看成是一个自然的净化系统。当土壤被污染超过土壤自净化能力时，就会破坏土壤自然动态平衡。

b. 大气圈

大气圈是包围地球表面的气体圈层，其厚度达数千公里。大气圈分为对流层、平流层、中间层和逸散层。平流层下部还存在薄薄的一层臭氧层。臭氧层的存在对地球上的生物免遭太阳光中的紫外线的照射及破坏起到了保护作用，被称之为是"生命之伞"。大气圈主要由氮气和氧气组成，还含有少量的二氧化碳和不同含量的水蒸气。大气圈中的二氧化碳含量虽小，但作用很大，它可以阻止地球表面长波辐射的散失，对地球表层有增温作用。大气圈中的水蒸气含量不定，但却可形成雾、云、降水，对地球表层环境的水的循环和能量的交换起到了重要的作用。大气圈的形成和演化经历了漫长而复杂的过程，受到岩石圈、水圈、生物圈的深刻影响，又给岩石圈、水圈、生物圈带来巨大的作用。总之，大气圈的状况和运动对整个自然生态环境影响巨大而深刻。

c. 水圈

地球表层各种形态的水的总和称之为水圈。水圈总量达 14 亿 km^3，覆盖地球表面72%以上的面积，仅海洋就占地球表面71%的面积。水圈中海洋占97%的质量，陆地水仅占3%的质量，其中绝大部分是两极的冰盖。水圈的存在对自然生态环境影响巨大，特别是水在自然生态环境中的运动与循环，对自然生态环境中的物质与能量的运动与交换，对塑造地球表层的自然生态环境起到了重要作用，对生物形成与发展也起到了至关重要的作用。

（3）生态平衡

1）含义

广义的生态平衡是指生命各个层次上，主体与环境的综合协调。在个体层次上，人缺铁造成贫血，铁多又会引起铁中毒，这就是铁离子失衡；在种群层次上，由于各种原因造成的种群不稳定，都属生态失衡。而狭义的生态平衡指生态系统的平衡，简称生态平衡。本节所讨论的是后者。

生态平衡是生态系统在一定时间内结构与功能的相对稳定状态，其物质和能量的输入、输出接近相等，在外来干扰下，能通过自我调节恢复到原初稳定状态，则这种状态可称为生态平衡。也就是说，生态平衡应包括三个方面的平衡，即结构上的平衡、功能上的平衡以及输入和输出物质数量上的平衡。

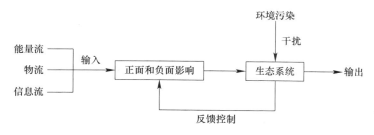

图 1.1.2-1 生态系统反馈控制机制

生态平衡是相对的平衡。任何生态系统都不是孤立的，都会与外界发生联系，会经常受到外界的干扰和冲击。生态系统的某一部分或某一环节，经常在一定的限度内有所变化，只是由于生物对环境的适应性，以及整个生态系统的自我调节机制，才使系统保持相对稳定状态。所以，生态系统的平衡是相对的，不平衡是绝对的。而当外来干扰超过生态系统自我调节能力，而不能恢复到原初状态时谓之生态失调，或生态平衡的破坏。

生态平衡是动态平衡，不是静态的。生态系统各组成部分不断地按照一定的规律运动或变化，能量在不断地流动，物质在不断地循环，整个系统都处于动态变化之中。维护生态平衡不是为了保持其原初状态。生态系统在人为有益的影响下，可以建立新的平衡，达到更合理的结构、更高效的功能和更好的生态效益。

2）保持生态平衡的因素

生态系统有很强的自我调节能力，例如，在森林生态系统中，若由于某种原因发生大规模虫害，在一般情况下，不会发生生态平衡的毁灭性破坏。因为害虫大规模发生时，以这种害虫为食的鸟类获得更多的食物，促进了鸟类的繁殖，从而会抑制害虫发展。这就是生态系统的自我调节。但是任何一个生态系统的调节能力都是有限的，外部干扰或内部变化超过了这个限度，生态系统就会遭到破坏，这个限度称为生态阈值。生态系统的自我调节能力，与下列因素有关：

a. 结构的多样性

生态系统的结构越复杂，自我调节能力就越强；结构越简单，自我调节能力越弱。例如，一个草原生态系统，若只有草、野兔和狼构成简单的食物链，那么，一旦某一个环节出了问题，如野兔消灭，这个生态系统就会崩溃。如果这个系统食草动物不限于野兔，还有山羊和鹿等，那么，在野兔不足时，狼会去捕食山羊或鹿，野兔又可以得到恢复，生态系统仍会处于平衡状态。同样是森林，热带雨林的结构要比温带的人工林复杂得多，所以，热带雨林就不会发生人工林那样毁灭性的害虫"爆发"。生态系统自我调节能力与其结构的复杂程度有着密切的关系。

b. 功能的完整性

功能的完整性是指生态系统的能量流动和物质循环在生物生理机能的控制下能得到合理地运转。运转得越合理，自我调节能力就越强。例如，北方的河流就没有南方的河流对污染的承受能力强，河流对污染的自我净化能力与稀释水量、温度、生物降解所需要的微生物等因素有关，而南方河流水量大，水温高，可以进行生物降解的微生物数量和种类，以及微生物生长的条件都比北方河流优越，所以，南方河流抗污染，进行自我调节的能力就比北方河流强。

1.2 生态系统

生态系统（ecosystem）一词最初是由英国植物群落学家 A. G. 坦斯利（A. G. Tansley）于 1935 年首先提出的，是指在一定的时间和空间内，生物和非生物成分之间，通过物质循环、能量流动和信息传递，而相互作用、相互依存所构成的统一体，是生态学的功能单位。生态系统也就是生命系统与环境系统在特定空间的组合。生态系统概念的提出，对生态学的发展产生了巨大的影响。在生态学的发展史中有过三次大的飞跃，从个体生态学到种群生态学是一次飞跃，从种群生态学到群落生态学是第二次飞跃，20 世纪 60 年代开始了以生态系统为中心的生态学，从群落生态学过渡到生态系统生态学是生态学发展史上第三次飞跃，也是比前两次更为深刻的变革。

1.2.1 生态系统组成

生态系统的成分，不论是陆地还是水域，或大或小，都可以概括为非生物和生物两大部分。如果没有非生物环境，生物就没有生存的场所和空间，也就得不到能量和物质，生物就无法生存，仅有环境而没有生物也谈不上生态系统。生态系统可以分为非生物环境、生产者、消费者与分解者四种基本成分。

（1）非生物环境

非生物环境包括三部分。一为太阳能和其他能源、水分、空气、气候和其他物理因子；二为参加物质循环的无机元素与化合物，无机元素如碳、氢、氧、氮、磷、钾等；三为有机物，如蛋白质、脂肪、碳水化合物和腐殖质等。

（2）生产者

生产者是指能利用太阳能，将简单的无机物合成为复杂的有机物的自养生物。生产者主要指绿色植物，包括水生藻类，另外还有光合细菌和化学合成细菌。生产者在生态系统中的作用是通过光合作用将太阳光能转变为化学能，以简单的无机物为原料制造各种有机物，保证自然界二氧化碳与氧气的平衡。生产者不仅供给自身生长发育的能量需要，也是其他生物类群及人类食物和能量的来源，并且是生态系统所需一切能量的基础。生产者在生态系统中处于最重要的地位。

（3）消费者

消费者是指直接或间接依赖并消耗生产者而获取生存能量的异养生物，主要是各种动物。它们不能利用太阳光能制造有机物，只能直接或间接地从植物所制造的现成的有机物质中获得营养和能量。它们虽不是有机物的最初生产者，但可将初级产品作为原料，制造各种次级产品，因此它们也是生态系统中十分重要的环节。

消费者包括的范围很广。直接以植物为食，如牛、马、兔、食草鱼以及许多陆生昆虫等，这些食草动物称为初级消费者。以食草动物为食，如食昆虫鸟类、青蛙、蛇等，这些食肉动物称为次级消费者。以这些食肉的次级消费者为食的食肉动物，可进一步分为三级消费者、四级消费者，这些消费者通常是生物群落中体形较大、性情凶猛的种类，如虎、狮、豹、鲨鱼等，这类消费者数量较少。消费者中最常见的是杂食性消费者，如池塘中的鲤鱼、兽类中的熊、狐狸等以及人类，它们的食性很杂，食物成分还随季节变化。生态系统中正是杂食性消费者的这种营养特点，构成了极其复杂的营养网络关系。

（4）分解者

分解者又称还原者，都属于异养生物，主要指微生物如细菌、真菌、放射菌、土壤原生动物和一些小型无脊椎动物等。它们具有把复杂的有机物分解还原为简单的无机物（化合物和单质），将其释放归还到环境中去供生产者再利用的能力。生态系统中正是有了分解者，物质循环才得以运行，生态系统才得以维持。分解者体形微小，但数量大得惊人，分布广泛，存在于生物圈的每个部分。

1.2.2 生态系统结构和类型

构成生态系统的各组成部分，环境及各种生物种类、数量和空间配置，在一定的时期处于相对稳定的状态，使生态系统能够保持一个相对稳定的结构。对生态系统结构的研究目前主要着眼于形态结构和营养结构。

（1）形态结构

生态系统的形态结构是生物种类、数量的空间配置和时间变化，也就是生态系统的空间与时间结构。例如，一个森林生态系统，其植物、动物和微生物的种类和数量基本上是稳定的，它们在空间分布上有明显的成层和垂直分布现象。在地上部分，自上而下有乔木层、灌木层、草本植物层和苔藓地衣层；在地下部分，有浅根系、深根系及根际微生物。动物的空间分布也有明显的分层现象，最上层是能飞行的鸟类和昆虫；地面附近是兽类；最下层是蚂蚁、蚯蚓等，许多鼠类在地下打洞。在水平分布上，林缘、林内植物和动物的分布也有明显不同。

各生态系统在结构的布局上有一致性。上层阳光充足，集中分布着绿色植物的树冠或藻类，有利于光合利用，故上层又称为绿带或光合作用层。在绿带以下为异养层或分解层，又称褐带。生态系统中的分层有利于生物充分利用阳光、水分、养料和空间。

形态结构的另一种表现是时间变化，这反映出生态系统在时间上的动态。一般可以从三个时间量度上来考察。一是长时间量度，以生态系统进化为主要内容，如现在森林生态系统与古代时的变化；二是中等时间度量，以群落演替为主要内容，如草原的退化；三是以年份、季节和昼夜等短时间度量的周期性变化，如一个森林生态系统，冬季满山白雪覆盖，一片林海雪原，春季冰雪融化，绿草如茵，夏季鲜花遍野，五彩缤纷，秋季果实累累，气象万千。不仅有季相变化，就是昼夜也有明显变化，如绿色植物白天在阳光下进行光合作用，在夜间只进行呼吸作用。短时间周期性变化在生态系统中是较为普遍的现象。

生态系统短时间结构的变化，反映了植物、动物等为适应环境因素的周期性变化，而引起整个生态系统的变化，这种生态系统短时间结构的变化往往反映了环境质量高低的变化。所以，对生态系统短时间结构变化的研究具有重要的意义。

（2）营养结构

生态系统各组成部分之间，通过营养联系构成了生态系统的营养结构。

1）食物链

生态系统中各种成分之间最本质的联系是通过营养来实现的，即通过食物链（food chain）把生物与非生物、生产者与消费者、消费者与消费者连成一个整体。食物链在自然生态系统中主要有牧食性食物链和腐生性食物链两大类型，它们在生态系统中往往是同时存在的。如森林的树叶、草、池塘的藻类，当其活体被消费者取食时，它们是牧食性食物链的起点；当树叶、枯草落在地上，藻类死亡后沉入水底，很快被微生物分解，这时又成为腐生性食物链的起点。

2）食物网

在生态系统中，一种生物一般不是固定在一条食物链上，往往同时属于数条食物链，生产者如此，消费者也是这样。如牛、羊、兔和鼠都可能吃同一种草，这样这种草就与4条食物链相连。再如，黄鼠狼可以捕食鼠、鸟、青蛙等，它本身又可能被狐狸和狼捕食，黄鼠狼就同时处于数条食物链上。实际上，生态系统中的食物链很少是单链，它们往往是相互交叉，形成复杂的网络式结构，即食物网（food web）。食物网形象地反映了生态系统内各生物有机体之间的营养位置和相互关系。

　　生态系统中各生物之间，正是通过食物网发生直接和间接的联系，保持着生态系统结构和功能的相对稳定性。应该指出的是，生态系统内部营养结构不是固定不变的，而是不断发生变化的。如果，食物网中某一条食物链发生了障碍，可以通过其他食物链来进行必要的调整和补偿。有时，营养结构网络上某一环节发生了变化，其影响会波及整个生态系统。

　　食物链和食物网的概念是很重要的。正是通过食物营养，生物与生物、生物与非生物环境才能有机地结合成一个整体。食物链（网）概念的重要性还在于它揭示了环境中有毒污染物转移、积累的原理和规律。通过食物链可以把有毒物质在环境中扩散，增大其危害范围。生物还可以在食物链上使有毒物质浓度逐渐增大千倍、万倍，甚至百万倍。

　　所以，食物链（网）不仅是生态环境的物质循环、能量和信息传递的渠道，当环境受到污染时，它们又是污染物扩散和富集的渠道。

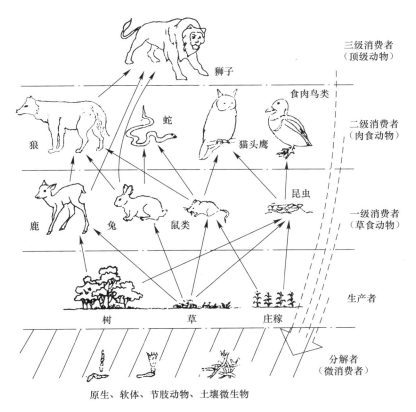

图 1.2.2-1　简化的食物网

（3）生态系统类型

　　自然界中的生态系统是多种多样的，为研究方便起见，人们从不同的角度，把生态系统分成若干个类型。如可以按生态系统的能量来源特点；按生态系统能量内所含成分的复杂程度；按生态系统的等级等。常见的是以下两种类型的划分：

　　1）按人类对生态系统的干预程度划分

　　a. 自然生态系统，指没有或基本没有受到人为干预的生态系统，如原始森林生态系统、未经人工放牧的草原生态系统、荒漠生态系统、极地生态系统等。

b. 半自然生态系统，指受到人为干预，但其环境仍保持一定的自然状态的生态系统，如人工抚育的森林、经过放牧的草原、养殖湖泊和农田等。

c. 人工生态系统，指完全按照人类的意愿，有目的、有计划地建立起来的生态系统，如城镇生态系统等。

2）按生态系统空间环境性质划分

a. 陆地生态系统，包括森林、草原、荒漠、极地等生态系统。

b. 淡水生态系统，可再分为流水生态系统，如河流；静水生态系统，如湖泊、水库等。

c. 海洋生态系统，可再分为海岸生态系统、浅海生态系统、远洋生态系统。

1.2.3　生态系统的基本功能

生态系统的结构及其特征决定了它的基本功能，主要表现在生物生产、能量流动、物质循环与信息传递几个方面。

（1）生物生产

生态系统不断运转，生物有机体在能量代谢过程中，将能量、物质重新组合，形成新的产品的过程，称为生态系统的生产。生态系统的生物生产可分为初级生产和次级生产两个过程。前者是生产者把太阳能转变为化学能的过程，又称为植物性生产。后者是消费者的生命活动将初级生产品转化为动物能，故称之为动物性生产。

1）初级生产

初级生产是指绿色植物的生产，即植物通过光合作用，吸收和固定光能，把无机物转化为有机物的过程。初级生产的过程可用下列化学方程式概述：

$$6CO_2 + 12H_2O \xrightarrow[\text{叶绿素}]{\text{光能（}2.8\times10^6 i\text{）}} C_6H_{12}O_6 + 6O_2 + 6H_2O$$

式中，CO_2 和 H_2O 是原料，糖类（CH_2O）是光合作用的主要产物，如蔗糖、淀粉和纤维素等。实际上光合作用是一个非常复杂的过程，人类至今对它的机理还没有完全搞清楚。毫无疑问，光合作用是自然界最为重要的化学反应。

生态系统初级生产的能源来自太阳辐射能，如果把照射在植物叶面的太阳光作 100% 计算，除叶面蒸腾、反射、吸收等消耗，用于光合作用的太阳能约为 0.5%～3.5%，这就是光合作用能量的全部来源。生产过程的结果是太阳能转变为化学能，简单的无机物转变为复杂的有机物。在一个时间范围内，生态系统的物质贮存量，称为生物量。不同的生态系统，不同水热条件下的不同生物群落，太阳能的固定数及其速率、其总初级生产量、净初级生产量和生物量都有很大差异。

2）次级生产

生态系统的次级生产是指消费者和分解者利用初级生产物质进行同化作用建造自己和繁衍后代的过程。次级生产所形成的有机物（消费者体重增加和后代繁衍）的量叫次级生产量。生态系统净初级生产量只有一部分被食草动物所利用，而大部分未被采食和触及。真正被食草动物所摄取利用的这一部分，称为消耗量。消耗量中大部分被消化吸收，这一部分为同化量，剩余部分经消化道排出体外。被动物所固化的能量，一部分用于呼吸而被消耗掉，剩余部分被用于个体成长和生殖。生态系统次级生产量可用下式表示：

$$PS = C - Fu - R$$

式中，PS 为次级生产量；C 为摄入的能量；Fu 为排泄物中的能量；R 为呼吸所消耗的能量。生态系统中各种消费者的营养层次虽不相同，但它们的次级生产过程基本上都遵循上述途径。

（2）能量流动

生态系统的能量流动是指能量通过食物网络在系统内的传递和耗散过程。它始于生产者的初级生产，止于还原者功能的完成，整个过程包括能量形式的转变，能量的转移、利用和耗散。生态系统中的能量包括动能和潜能两种形式，潜能也即势能。生物与环境之间以传递和对流的形式相互传递与转化的能量是动能，包括热能和光能；通过食物链在生物之间传递与转化的能量是势能。生态系统的能量流动也可以看作是动能和势能在系统内的传递与转化的过程。

1）能量流动的基本模式

a. 能量形式的转变

在生态系统中能量形式是可以转变的，例如，在光合作用中就是由太阳能转变为化学能；化学能在生物间的转移过程中总有一部分能量耗散掉，这是一部分化学能转变为热能耗散到环境中。

b. 能量的转移

在生态系统中，以化学能形式的初级生产产品是系统内的基本能源。这些初级生产产品主要有两个去向：一部分为各种食草动物所采食；一部分作为凋落物质的枯枝败叶成为分解者的食物来源。在这个过程中能量由植物转移到动物与微生物身上。

c. 能量的利用

能量在生态系统的流动中，总有一部分被生物所利用，这些能量提供了各类生物的成长、繁衍之需。

d. 能量的耗散

无论是初级生产还是次级生产过程，能量在传递或转变中总有一部分被耗散掉，即生物的呼吸及排泄耗去了总能量的一部分。生产者呼吸消耗的能量约占生物总初级生产量的50%左右。能量在动物之间传递也是这样，两个营养层次间的能量利用率一般只有10%左右。

2）生态系统能量流动特点

生态系统中能量传递和转换是遵循热力学第一定律和第二定律的。热力学第一定律，也就是能量守恒定律。热力学第二定律阐述了任何形式的能（除了热）转到另一种形式能的自发转换中，不可能100%被利用，总有一些能量以热的形式被耗散出去，这时熵就增加了。所以，热力学第二定律又称熵律。生态系统能量流动有以下特点：

a. 能流的变动性

能流在生态系统中和在物理系统中是有所不同的。在生态系统中，能流是变化的。在生命系统中，变化常是非线性的，如捕食者的捕食量、消化率都是变化的，无法确定的。所以在生态系统中的能流，无论是短期行为，还是长期进化都是变化的。

b. 能流的单向性

在生态系统中能量只有朝一个方向流动，即只能是单向流动，是不可逆的。其流动方向为：太阳能——绿色植物——食草动物——食肉动物——微生物。太阳的辐射能以光能的形式输入生态系统后，通过光合作用被植物所固定，此后不能再以光能的形式返回；自养生物被异养生物摄取后，能量就由自养生物流到异养生物，也不能再返回；从总的能流途径而言，能量只能一次性流经生态系统，是不可逆的。

c. 能流的递减性

根据热力学第二定律，在封闭的系统中，一切过程都伴随着能量的改变，在这种能量的传递与转化过程中，除了一部分可继续传递和作功的自由能以外，还有一部分不能传递和作功的能，这种能以热的形式耗散。在生态系统中，从太阳辐射能被生产者固定开始，能量沿营养级的转移，每次转移都必然有损失，流动中能量逐渐减少，每经过一个营养级都有能量以热的形式散失掉。

能流的递减性是因为能量利用的低效率。在首先生产者（绿色植物）对太阳能的利用率就很低，只有约 1.2%。然后，能量通过食物营养关系从一个营养级转移到下一个营养级，每经过一个营养级，能流量大约减少 90%，通常只有 4.5%～17.0%，平均约 10%转移到下一个营养级，亦即能量转化率为 10%，这就是生态学中的"十分之一定律"，也称"林德曼效率"，由美国生态学家林德曼（R. L. Lindeman）于 1942 年提出。这一定律证明了生态系统的能量转化效率是很低的，因而食物链的营养级不可能无限增加。国外有学者先后对 100 多个食物链进行了分析，结果表明大多数食物链有三或四个营养级，而有五个或六个营养级的食物链的比例很小。

图 1.2.3-1 是以各营养级所含能量为依据而绘制的，其形似塔，所以称为"生态学金字塔"。

（3）物质循环

宇宙是物质构成的，运动是物质存在的形式。物质循环是生态系统的重要功能之一。生态系统中生物的生命活动，除了需要能量外，还需要有物质基础，物质在地球上是循环使用的。生态系统中各种营养物质经过分解者分解成为可被生产者利用的形式归还环境中重复利用，周而复始地循环，这个过程叫物质循环。生态系统的物质循环是闭路循环，在系统内的环境、生产者、消费者、还原者之间进行。植物根系吸收土壤中的营养元素通过光合作用以建树植物本身，消费者和分解者直接或间接以植物为食，植物的枯枝败叶、动物的尸体，经过还原者的分解，又归还到土壤中重新利用。

1）生态系统中的物质

生物的生命过程中，大约需要 30～40 种化学元素，这些元素大致可分为三类。

a. 能量元素，也称结构元素，是构成生命蛋白所必需的基本元素碳、氢、氧、氮。

b. 大量元素，是生命过程大量需要的元素包括钙、镁、磷、钾、硫、钠等。

c. 微量元素，以人体为例，上述两类元素约占 99.95%。而微量元素，在人体只占 0.05%，包括铜、锌、硼、锰、钼、钴、铁、氟、碘、硒、硅、锶等。微量元素的需要量很小，但也是不可缺少的。在人体中，铁元素是血红素的主要成分，钴是维生素 B_{12} 不可缺少的元素，钼、锌、锰是多种酶的组成元素。这些物质存在于大气、水域及土壤中。

2）生态系统物质循环研究常用的几个概念

a. 库（pool），是指某一物质在生物或非生物环境暂时滞留（被固定或贮存）的数量。例如，在一个湖泊生态系统中，磷在水体中的数量是一个库；磷在浮游生物中的含量又是

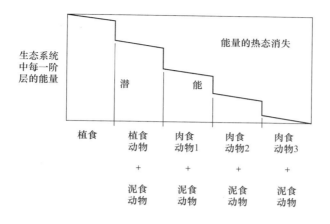

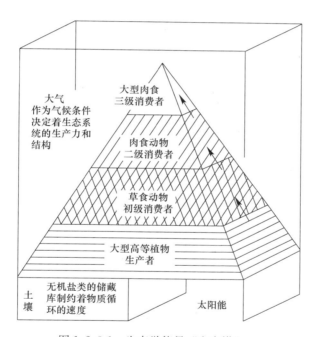

图 1.2.3-1　生态学能量"金字塔"

一个库，磷在这两个库之间的动态变化就是磷这一营养物质的流动。可见，生态系统的物质循环实际上就是物质在库与库之间的转移。库可以分为两类：贮存库，其库容量大，元素在库中滞留的时间长，流动速率小，多属非生物成分，如岩石或沉积物；交换库或称循环库，是指元素在生物和其环境之间进行迅速交换的较小而又非常活跃的部分，如植物库、动物库、土壤库等。

　　b. 流通率，指物质在生态系统中单位时间、单位面积（或体积）内物质移动的量。

　　c. 周转率，是指某物质出入一个库的流通率与库量之比。即：

$$周转率＝流通率/库中该物质的量$$

　　d. 周转时间，是周转率的倒数。周转率越大，周转时间就越短。例如，O_2 周转时间大约是一年多一点（主要指光合作用从大气圈移走的 O_2）。大气圈中的 N_2 的周转时间约近一百万年（某些细菌和蓝绿藻的固氮作用）。大气圈中水的周转时间只有 10.5 天，即大气圈中所含水分一年要更新大约 34 次。海洋中主要物质的周转时间，硅最短，约 8000年；钠最长，约 2.06 亿年。

3）生态系统物质循环的分类

a. 从物质循环的层次上分，可以分为：生物个体层次的物质循环、生态系统层次的物质循环和生物圈层次的物质循环。

生物个体层次的物质循环主要指生物个体吸收营养物质建造自身的同时，还经过新陈代谢活动，把体内产生的废物排出体外，经过分解者的作用归还于环境。

生态系统层次的物质循环是在一个具体范围内进行的（某一生态系统内），在初级生产者代谢的基础上，通过各级消费者和分解者把营养物质归还环境之中，又称营养物质循环。

生物圈层次的物质循环是营养物质在各生态系统之间的输入与输出，以及它们在大气圈、水圈和土壤圈之间的交换，称为生物地球化学循环或生物地质化学循环。

b. 根据物质参与循环的形式，可以将循环分为气相循环、液相循环和固相循环三种。气相循环物质为气态，以这种形态进行循环的主要营养物质有碳、氧、氮等。液相循环指水循环，是水在太阳能的驱动下，由一种形式转变为另一种形式，并在气流和海流的推动下在生物圈内循环。固相循环又称沉积型循环，参与循环的物质中有一部分通过沉积作用进入地壳而暂时或长期离开循环。这是一种不完全循环，属于这种循环方式的有磷、钙、钾和硫等。

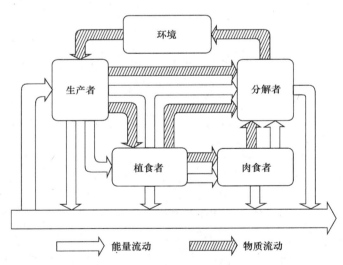

图 1.2.3-2 生态系统中能量循环与物质循环的关系

（4）信息传递

生态系统信息传递又称信息流，指生态系统中各生命成分之间及生命成分与环境之间的信息流动与反馈过程，是它们之间相互作用、相互影响的一种特殊形式。可以认为整个生态系统中的能量流和物质流的行为由信息决定，而信息又寓于物质和能量的流动之中，物质流和能量流是信息流的载体。信息流与物质流、能量流相比有其自身的特点：物质流是循环的，能量流是单向的、不可逆的；而信息流却是有来有往的、双向流动的。正是由于信息流的存在，自然生态系统的自动调节机制才得以实现。信息流从生态学角度来分类，主要有四类。

1）营养信息

通过营养传递的形式，把信息从一个种群传递给另一个种群，或从一个个体传递给另一个个体，即为营养信息。实际上食物链、食物网就可视为一种营养信息传递系统。例如，在英国，牛的饲料是三叶草，三叶草传粉靠土蜂，土蜂的天敌是田鼠，田鼠的天敌是猫。猫的多少会影响到牛饲料的丰欠，这就是一个营养信息传递的过程。食物链中任一环节出现变化，都会发出一个营养信息，对别的环节产生影响。

2）物理信息

通过声音、光、色彩等物理现象传递的信息，都是生态系统的物理信息。这些信息对于生物而言，有的表示吸引、有的表示排斥、有的表示友好、有的表示恐吓。与植物有关的物理信息主要是光和色彩。植物与光的信息联系是非常紧密的，植物和动物之间信息常是非常鲜艳的色彩。例如，很多被子植物依赖动物为其授粉，而很多动物依靠花粉而取得食物，被子植物产生鲜艳的花色，就是给传粉的动物一个醒目的标志，是以色彩形式传递的物理信息。动物间的物理信息十分活跃、复杂，它们更多是使用声音信息。昆虫是用声信号进行种内通信的第一批陆生动物。用摩擦发出声信号，是昆虫中最常见的声信号通信方式。鸟类的鸣、兽类的吼叫可以表达惊恐、安全、恫吓、警告、嫌恶、有无食物和要求配偶等各种信息。这些实际上就是动物自己的语言。动物间使用的光信号有萤光昆虫和鱼类的闪光等。

3）化学信息

化学信息是生物在某些特定的条件下，或某个生长发育阶段，分泌出某些特殊的化学物质，这些分泌物不是提供营养，而是在生物的个体或种群之间传递某种信息，这就是化学信息，这些分泌物即称为化学信息素，也称为生态激素。生物代谢产生的一些物质，尤其是各类激素都属于传递信息的化学信息素。

随着化学生态学的迅速发展，发现了多种化学信息素。这些物质制约着生态系统内各种生物的相互关系，使它们之间相互吸引、促进，或相互排斥、克制，在种间和种内发生作用。例如，有的植物体可以分泌某些有毒化学物质，抑制或灭杀其他个体的生长。有的生物个体可以分泌某种激素，用以识别、吸引、报警、防卫，或者引起性欲或兴奋等。这些生态激素在生物体内含量极少，但是一旦进入生态系统，就会作为信息传递物质而使物种内和物种间关系发生显著变化。

4）行为信息

许多动物的不同个体相遇时，常会表现出有趣的行为，即所谓行为信息。这些信息有的表示识别，有的表示威胁、挑战，有的向对方炫耀自己的优势，有的则表示从属。例如大部分鸟类在进攻时头向前伸、身体下伏、振动翅膀、嘴巴向上，即所谓"张牙舞爪"；表示屈服时，头向后缩、颈羽膨起，一副"俯首帖耳"、"夹着尾巴"的样子。燕子在求偶时，雄燕会围绕雌燕在空中做出特殊的飞行形式。社会性昆虫，如蜜蜂、白蚁等生活中基本的特点是信息的频繁传递。没有信息的传递，就难以想象数万，甚至上百万的个体能有分工、有协作，行动中有条不紊成为一个整体。蜜蜂除具有光、声、化学信号通信外，舞蹈行为是它们信息传递的又一重要方面。

1.3 土地利用与景观生态

1.3.1 概念阐释

"景观生态学"（Landscape Ecology）一词是由德国著名植物学家特罗尔（C. Troll, 1939）在利用航空相片研究东非土地利用问题时首先提出的。作为景观生态学研究对象的景观，是指由不同土地单元镶嵌组成的，具有明显视觉特征的地理实体，是由不同镶块（生态系统）相互作用构成的统一整体，处于生态系统之上。景观是复合生态系统。因此，景观生态学是比生态系统更高一层次的研究。景观生态学是研究由相互作用的生态系统组成的异质地表的结构、功能和变化的科学。由于在其研究中，强调空间格局对生态系统功能和生态过程的影响，重视人地关系，突破了传统生态学的认识，再加上在其研究中，能够充分发挥与经济学、社会学等学科交叉和创新的优势，使得景观生态学得以迅猛发展。

景观生态学起源于土地研究，研究对象是土地镶嵌体，应用也主要以土地利用为主。景观生态学与土地评价的关系非常密切，两者互相影响，协同发展。景观生态学研究物质、能量和有机体在异质性景观中的循环与交换，注重土地利用如何影响物质流和能量流，注重结构和过程的相互关系分析。景观生态学主要通过景观生态管理、景观生态设计和景观生态建设来指导人类实践活动，内容涉及国土整治、资源开发、土地利用、生物生产、自然保护、环境管理、区域规划、城乡建设、旅游发展等领域，也正是由于景观生态学在上述领域的广泛应用和实践，促进了景观生态学的进一步发展。

1.3.2 景观生态学的发展

景观生态学的发展历史大致可以划分为三个阶段。

（1）准备阶段

从 19 世纪初到 20 世纪 30 年代末，德国著名地理学家 E. 纳夫（E. Neef）称为"史前阶段"。这阶段的显著特点是地理学的景观学思想和生物学的生态学思想是各自独立发展的。早在 19 世纪中期，近代地理学的奠基人洪堡，依据广泛地野外观察和渊博的学识，提出景观"地球上一个区域的总体"的思想。并认为地理学应该研究地球上自然现象的相互关系。到 19 世纪末，俄国的道库恰也夫和他的学生在野外调查研究中发现自然界生物和非生物之间的关系及其发展规律，特别是他的学生贝尔格，明确提出景观的概念，阐明了景观及其组成成分之间相互作用和景观的发展问题，为景观学的发展奠定了基础。生物学的发展历史也是如此。在 19 世纪中期，赫克尔把研究生物与其环境关系的科学称之为生态学。其后，其他生物学家又从个体生态学发展到种群生态学、生物群落学，1935 年，英国生态学家坦斯利（A. G. Tansly）提出了"生态系统"的概念，用来表示任何等级的生态单位中的生物和其环境的综合体，反映了自然界生物和非生物之间密切联系的思想，这样，在 20 世纪 30 年代，地理学和生物学从各自不同的角度和独立发展的道路，都得到一个共同的认识——自然现象综合体，这为景观生态学的诞生奠定了基础。

（2）形成阶段

20 世纪 40 年代到 80 年代，这是景观生态学由综合的思想逐渐发展为一门横断科学的历史时期。自从 1939 年，特罗尔提出"景观生态学"的名词之后，大多数研究就在"景观生态学"名称下进行。但其最初的进展是比较缓慢的。到第二次世界大战以后，一系列生态环境问题的出现引起了世人的关注，其中人口和环境问题，集中表现在对土地的压力上，这时迎来了以土地为主要研究对象的景观生态学研究热潮，这一时期，正是系统论、控制论、信息论、耗散结构理论形成与发展的时期，也是数学方法、卫星图像与计算等新技术、新方法广泛应用的时期，许多人纷纷将新思想和新技术引入土地研究领域，有力地推动了土地研究的深入发展，并从理论上、方法上奠定了景观生态学作为一门新学科的基础。

（3）发展阶段

1982 年以来，景观生态学获得持续的发展。1982 年在捷克斯洛伐克召开的"第六次景观生态学国际学术讨论会"上正式成立"国际景观生态学协会"（简称 IALE），标志着景观生态学进入一个新的蓬勃发展的阶段，设立景观生态学基本问题、地理信息系统、土地生态学、城镇生态学——城镇区域的环境优化、自然保护、景观建筑与视觉景观、土地评价与规划、国际景观生态学研究进展等 8 个学术委员会，这表明景观生态学作为一门新学科，已初具规模。而且，学术委员会的设置在很大程度上反映了景观生态学的基本内容和主要研究方向。目前，景观生态学的研究日趋活跃，发展迅速，充满了广阔前景。但是，景观生态学在世界各地的发展是不平衡的。二战以后，中欧是景观生态学研究的主要地区，其中德国、荷兰和捷克斯洛伐克是研究的中心，美国在 20 世纪 70 年代末才开始有人从事景观生态学研究，但后来者居上，发展很快，其速度超过欧洲。美国的景观生态学较好地继承生态学传统，强调景观生态学研究的生态学基础，形成独具特色的美国景观生态学派。我国在 20 世纪 80 年代初开始介绍国外景观生态学，同时对其研究理论与方法进行吸收和消化，在此基础上，开展自己的研究实践工作，经过十多年的努力，已逐步发展出有中国特色的理论与实践相结合的研究之路。作为我国成立最早的景观生态学研究实体——中国科学院沈阳应用生态研究所景观生态研究室，成立于 1988 年，其在景观生态研究和实践方面取得的成就，有力地推动了景观生态学在我国的发展。

1.3.3 景观生态学的一般概念和原理

景观生态学作为一门新兴的交叉学科，多学科综合是其发展的动力。这种以多学科理论为基础的特点，也为其建立统一的理论体系和方法带来一定的困难，为此，许多学者致力于建立指导景观生态学研究的统一概念框架。如 Risser（1984）提出 5 条原则，Farina（1995）提出过 9 项原则等。我国学者肖笃宁（1997）曾提出 9 条原理，包括土地镶嵌与景观异质性原理，尺度制约与景观层序性原理，景观结构与功能的联系和反馈原理，能量和养分空间流动原理，物种迁移与生态演替原理，景观稳定性与景观变化原理，人类主导性与物理控制共生原理，景观规划的空间配置原理，景观的视觉多样性与生态美学原理。这些概念框架中，较有代表性的有 Forman 和 Godron（1986 年）提出的 7 条景观生态学的一般原理：

（1）景观结构和功能原理

在景观尺度上，每一独立的生态系统（或景观单元）可看作是一个宽广的镶嵌体、狭窄的走廊或背景基质。生态学对象如动物、植物、生物量、热能、水和矿质营养等在景观单元间是异质分布的。景观单元在大小、形状、数目、类型和结构方面又是反复变化的，决定这些空间分布的是景观结构，在镶嵌体、走廊和基质中的物质、能量和物种的分布方面，景观是异质的并具有不同的结构。生态对象在景观单元间连续运动或流动，决定这些流动或景观单元间相互作用的是景观功能。在景观结构单元中，物质流、能流和物种流方面表现出景观功能的不同。该原理为多种学科对景观的理解提供了共同语言和框架。

（2）生物多样性框架

景观异质性程度高，一方面引起大的镶嵌体减小，因而需要大镶嵌体内部环境的物种相对减少；另一方面这样的景观带有边缘物种的边缘生境的数目大，同时有利于那些需要比一个生态系统更多的生境，以便在附近繁殖、觅食和休息的动物生存。由于许多生态系统类型的每一种都有自己的生物群或物种库，因而景观的总物种多样性就高。总之，景观异质性减少了稀有的内部物种的丰度，增加了边缘物种的丰度，增加了要求两个以上景观单元的动物丰度，同时提高了潜在的总物种的共存性。

（3）物种流原理

景观结构和物种流是反馈环中的链环，在自然或人类干扰形成的景观单元中，当干扰区对另外种传播有利时，会引起敏感种分布的减少。在相同的时间，种的繁殖和传播可以消灭、改变和创造整体景观单元。不同生境之间的异质性，是引起物种移动和其他流动的基本原因。在景观单元中物种的扩张和收缩，既对景观异质性有重要影响，又受景观异质性的控制。

（4）养分再分配原理

矿质养分可以在一个景观中流入或流出，或者被风、水及动物从景观的一个生态系统到另一个生态系统重新分配。一般来说，干扰，特别是当保护和调节机制强烈瓦解时，在一个生态系统中控制矿质养分，这有利于它们向附近的或另外的生态系统传输。矿质养分在景观单元间的再分配比例随景观单元中干扰强度的增加而增加。

（5）能量流动原理

随着空间异质性增加，会有更多能量流过一个景观中各景观单元的边界。例如，空气运动越过带有小镶嵌体的异质景观时显示出相当大的振动，景观的大部分在边界生境时很容易被风穿透，热能被风水平携带，使它容易从一个景观单元被带到另一个景观单元。同时，有许多小镶嵌体有较大的边界比，动物经常在临近的景观单元之间运动，还通过草食动物输送植物物质，促使能量流动。可见，热能和生物量越过景观的镶嵌体、走廊和基质的边界之间的流动速率，是随景观异质性增加而增加的。

（6）景观变化原理

景观的水平结构把物种、能量和物质同镶嵌体、走廊及基质的范围、形状、数目、类型和结构联系起来。干扰后，植物的移植、生长、土壤变化以及动物的迁移等过程带来了均质化效应。但由于新的干扰的介入以及每一个景观单元变化速率不同，一个同质性景观是永远也达不到的。在景观中，适度的干扰常常可建立更多的镶嵌体或走廊。例如，沙质景观可被破坏到露出异质性基底。当无干扰时，景观水平结构趋向于均质性；适度干扰迅速增加景观异质性。强烈干扰可增加异质性，也可减少异质性。

（7）景观稳定性原理

景观的稳定性起因于景观对干扰的抗性和干扰后复原的能力。每个景观单元有它自己的稳定度，因而景观总的稳定性反映景观单元中每一种类型的比例。实际上，当景观单元中没有生物量，如公路或裸露的沙丘，由于没有光合作用吸收有用的阳光，这样的系统可迅速改变温度热辐射等物理特性，趋向于物理系统稳定性。当存在低生物量时，该系统对干扰有较小的抗性，但有对干扰迅速复原的能力，像耕地就是这样的情况。当存在高生物量时，像森林系统那样对干扰有高的抗性，但复原缓慢。

1.4 城镇生态与生态城镇

1.4.1 城镇生态

广义城镇生态包括城镇地域生物与环境演化的自然生态、城镇生产和消费代谢的经济生态、城镇社会和文化行为的人类生态，以及城镇结构与功能调控的系统生态等四个方面。我国著名生态学家王如松指出，上述"形象地说就是'绿韵'与'红脉'的关联状态。""绿韵"是指蓝天、绿野、沃土、碧水等，"红脉"是指产业、交通、城镇、文脉等，它们之间形成的自然、经济、社会复合生态系统，是天、地、人、环境之间的和谐关系，而不是回归自然或城镇生物生境的简单平衡。

1.4.2 生态城镇

生态城镇概念源于联合国教科文组织发起的"人与生物圈（M&B）计划"。

生态城镇可以理解为在生态系统承载能力范围内运用生态经济学原理和系统工程方法去改变生产和消费方式，决策和管理方法，挖掘市域、镇域内外一切可以利用的资源潜力，建设经济发达、生态高效的产业，体制合理、社会和谐的文化，以及生态健康、景观适宜的环境，实现经济、社会和环境的协调统一与持续发展的城镇。

生态城镇有以下鲜明的生态特征：

1）经济功能与生态功能的高度协调统一

城镇功能由单纯的社会经济功能转变为生态功能支持下的生态、社会、经济协调功能。

2）经济、社会和生产高度和谐，低投入，高收益。

3）不仅重视经济发展与环境的协调，更注重人类生活质量的提高，强调人与自然的协调发展。

4）不同地域文化，显示生态城镇的不同特色与个性，呈现生态多样性。

1.4.3 生态城镇学

研究生态城镇需要运用系统科学的思想，综合吸收各学科的经验与方法。

生态城镇学是研究生态城镇的一门应运而生的综合性学科。研究方法的高度综合性是其主要特征。

生态城镇学是涉及城镇规划、城镇土地利用、生态学、社会学、经济学、建筑学、园林学、地理学、环境学、系统科学、哲学、美学、心理学、伦理学、医学、法律等诸多学科渗透与融合的综合性学科。

1.5 生态城镇建设

1.5.1 城镇生态危机与生态品质

20世纪90年代以来，我国城镇化和城镇化建设趋于快速发展时期，建设中的大规模和高频度的土地利用和开发，不但造成城镇点污染源污染严重，而且非点污染源污染也不断加剧。一些城镇的生态危机，已不是危言耸听，面临生态恶化趋势，使城镇规划建设中的生态环境规划建设更不容忽视。

解决好城镇规划建设中的"人口—资源—环境"的协调问题，直接与科学发展观、城乡统筹、可持续发展及和谐社会构建密切相关。生态问题与生态城镇建设研究是我国城镇化和城镇建设中备受关注的热点问题。

王如松指出："当今世界面临三大生态危机：一是以气候变化、经济震荡和社会冲突为标志的全球生态安全问题；二是以资源耗竭、环境污染和生态胁迫为特征的区域生态服务问题；三是以贫穷落后，过度消费和复合污染为诱因的人群生态健康问题。"

城镇生态品质是对城镇形态与结构关系良好程度的测度，包括城镇系统的生态涵养用水、生态服务用地、可再生能源利用、生态营养物质循环（物流的耗竭与滞留程度）、生态多样化的额度或阈值，以及城镇的山形水系、文脉肌理、标识品位及精神风貌的和谐性。

1.5.2 生态城镇的环境产业社会演化

生态城镇建设可以理解为人与环境协同进化的渐进过程，是城镇生态基础设施与循环再生功能渐进完善及自然生态与人文生态服务渐进熟化的过程。包括自然生态系统和物理环境的正向演化，经济增长方式和产业结构的功能性转型以及社会生活方式和管理体制的文明进化。

（1）环境演化

环境演化指以化石能源、化工产品为主导，气候变化、地表硬化、水体绿化、空气酸化、生物退化为特征的工业景观向水净化（干净、安静、卫生、安全）、绿化（景观、产业、行为、体制）、活化（水欢、风畅、土肥、生茂）及美化（文脉、肌理、韵律、标识）为特征的生态景观演化。

上述就是要求城镇死水变活水、霾天为蓝天、硬化地表为活性地表、灰色景观为绿色景观。从满足市民的居住空间需求到生活品质需求，从污染治理需求到生态健康需求，从景观绿化需求到生态服务需求的成熟社区的转型。

（2）产业转型

产业转型指在传承传统农业和工业文明的基础上，推进资源耗竭、环境破坏型的物态经济向资源节约、环境友好型的生态经济方向演化；促进传统生产方式从产品经济向功能经济、链式经济向网络经济、自然经济向知识经济、厂区经济向园区经济、刚性生产向柔性生产，减员增效向增员增效、职业谋生向生态乐生的循环经济转型。

（3）社会进化

社会进化指推进决策方式从线性思维向系统思维演化；管理体制从条块分割走向五个统筹，即向区域统筹、城乡统筹、人与自然统筹、社会与经济统筹以及内涵与处延统筹方向演化；基础设施、居住社区和产业园区从单功能向各类服务功能完善的成熟社区演化；生活方式从以金钱为中心的富裕生活到以健康为中心的和谐生活演化。

1.5.3 生态城镇建设指标体系

学者认为生态城镇建设应包括生态基础设施、生态人居环境、生态代谢网络和生态能力建设等支撑、彰显、运作、保障四大体系建设。

（1）生态基础设施

生态基础设施包括流域汇水系统和城市排水系统、区域能源供给和光热耗散系统、土壤活力和土地渗滤系统、生态服务和生物多样性网络、物质代谢和静脉循环系统、区域大气流场和下垫面生态格局等。

城镇生态基础设施建设的目标是维持这些系统结构功能的完整性及生态活力，强化水、土、气、生物、矿物五大生态要素的支撑能力。

（2）生态人居环境

城镇生态人居环境的适宜性取决于社区或园区环境的肺（绿地）、肾（湿地）、皮（地表及立体表面）、口（主要排污口）和脉（山形水系、交通主动脉等）的结构和功能的完好性。

根据国内外生态城市建设研究的经验，王如松学者提出的城市生态人居环境建设内容包括：

1）紧凑的空间格局。从平面建设向空中和地下空间发展。

2）凸显城市主动脉。努力避免摊大饼式的城市扩张格局，根据自然生态和社会经济特点，彰显由主要轻轨和BRT为轴心形成的城市人流物流主动脉。

3）宽松的红绿边缘。根据生态边缘效应，设计每个居住区或产业园区与周边大片绿地的生态交错带。

4）健全的肾肺生态。保证城市肺、肾、皮、口和脉等生态基础设施的结构完整性和功能完善性，保证适宜的生态服务用地规模和格局。

5）混合功能方便就近工作。新区建设和旧城改造用地布局，尽可能提供多的就近工作机会。

6）便民生态公交。大力提倡公交、轻轨、自行车甚至步行的低碳、健康的生态交通方式。

7）低碳生态建筑。大力推广比传统建筑节能60%、碳减排50%、化石能源消耗减少15%～30%、生态足迹最小化的生态建筑。

8）彰显生态标识。通过标识性建筑、雕塑、生物和文化景观，凸显当地自然生态和人文生态特征、文脉和肌理。

9）生态游憩廊道。在汽车和轻轨交通网络外为市民和游客提供无断点出行、游览观光及生态服务的游憩绿道。

10）民风淳朴邻里交融。社区和睦，治安良好，文体设施与场所健全。

（3）生态代谢网络

城镇生态代谢网络指建立以高强度能流、物流、信息流、资金流、人口流为特征，不断进行新陈代谢，具备生产、流通、消费、还原、调控多功能的自组织和自调节系统。

（4）生态能力建设

城镇生态能力建设指加强生态整合能力建设，通过利益相关者的行为调节和能力建设带动整个城镇形态的彰显和神态的升华，促进物态谐和、业态祥和、心态平和与世态亲和的城镇文明发展。

1.5.4 生态小城镇建设

生态小城镇建设是减少城镇化中的负面影响，走可持续发展道路的必然选择。

生态小城镇建设强调生态学、生态规划理念贯穿于整个小城镇规划建设，强调推行清洁生产、发展生态产业。生态产业是按生态经济原理和知识经济规律组织起来的基于生态系统承载能力，具有高效的经济过程及和谐的生态功能的产业。它将污染控制应用于生命周期的全过程，将"动脉产业"和"静脉产业"循环耦合，谋求资源的高效利用和有害废物的"零排放"，将产业基地与生态环境融为一体，纳入整个生态系统统一管理。生态小城镇的生态系统的有效运行，以合理的产业结构、产业布局和生态产业链为基础，建立生态产业园区，发展循环经济，逐步把传统产业调整、发展为生态产业，形成可持续发展的生态化产业体系，努力提高生态经济（绿色 GDP）在国民经济中的份额。

生态小城镇建设强调构筑现代交通网络，形成高效益的流转系统。以良好基础设施为支撑，为物流、能源流、信息流、价值流和人流的高效流转创造条件，同时减少经济损耗和生态环境污染。高效益流转系统包括畅通连接内外的网络交通运输系统；基于数字化、智能化和网络化的信息传输系统；配套齐全、保障有力的物资和能源供给系统；网络完善、布局合理、服务良好的商业金融服务系统。

生态小城镇建设还强调保护和建立多样化的乡土生态环境系统强调生态文化和生态农业建设。

1.6 小城镇生态环境规划与小城镇总体规划

1.6.1 生态环境规划的作用与任务

小城镇生态环境规划的宗旨和指导思想是贯彻可持续发展战略，坚持环境与发展综合决策，解决小城镇建设与发展中的生态环境问题；坚持以人为本，以创造良好的人居环境为中心，加强小城镇生态环境综合整治，改善小城镇生态环境质量，实现经济发展与环境保护"双赢"。

小城镇生态环境规划包括小城镇生态规划与环境规划。小城镇生态规划是依据规划期小城镇经济和社会发展目标，以小城镇环境和资源为条件，确定小城镇生态建设的方向、规模、方式和重点的规划。小城镇环境规划是以依据规划期小城镇环境保护为目标，以小城镇环境容量、环境承载力为条件，确定小城镇大气、水、土壤、噪声和固体废物、环境保护要求和环境整治措施的规划。

小城镇生态环境规划是小城镇生态建设和环境保护及其管理的基本依据，是保证合理的生态建设和资源合理开发利用以及制造良好人居环境的前提和基础，是实现小城镇可持续发展的重要保证。

1.6.2 生态环境规划与总体规划

以前我国城乡规划只重视环境保护规划，现在开始重视生态规划，但尚属起步阶段。应该说生态规划及其研究基础都还相当薄弱，加强这方面研究是城乡规划领域面临的重要任务之一。

小城镇总体规划中的生态环境规划主要是生态建设规划和环境保护规划，小城镇生态环境规划是小城镇总体规划的重要组成部分。小城镇生态环境应以小城镇总体规划为依据，而小城镇总体规划必须强调和重视体现小城镇生态环境规划的思想与理念。

小城镇生态规划、环境规划与总体规划之间的关联与比较，详见 6.1.1 和 6.1.2。

主要参考文献

1　尚玉昌. 普通生态学（第二版）. 北京：北京大学出版社，2002

2　张金屯. 应用生态学. 北京：科学出版社，2003

3　傅伯杰、陈利顶等. 景观生态学原理及应用. 北京：科学出版社，2001

4　赵羿、李月辉. 实用景观生态学. 北京：科学出版社，2001

5　孔繁德. 生态保护概论. 北京：中国环境科学出版社，2001

6　杨小波、吴庆书等. 城市生态学. 北京：科学出版社，2002

7　戴天兴. 城市环境生态学. 北京：中国建材工业出版社，2002

8　刘燕华. 中国资源环境形势与可持续发展. 北京：经济科学出版社，2001

9　中国城市规划设计研究院、沈阳建筑大学. 生态规划与城市规划——城市化进程和城市规划的若干生态问题研究. 2005

2 小城镇生态环境规划的基础理论

导引：

规划需要理论指导。本章阐述小城镇生态环境规划的基础理论知识。生态环境规划涉及基础理论较多，主要包括可持续发展理论、自然资源价值论、生态学理论、区域整体化与城乡协调发展理论、人居环境理论、环境容量理论、生态安全格局理论及生态区划理论。

2.1 可持续发展理论

可持续发展的实质是在经济发展过程中兼顾各方面利益，协调发展环境和经济，其最终目标是要达到社会、经济、生态的最佳综合效益，做到人口、资源、环境与发展（Population，Resource，Environment，Development，简称 PRED）的协调统一。可持续发展这一新的发展观，为小城镇生态环境的发展和规划提供了新的理念，新的途径和方法也随之产生。

2.1.1 概念的由来

可持续发展思想的形成与发展联系着三个不同的系统，首先是单项资源系统，然后是生态系统中的资源组合系统，接着是社会—自然—经济复合系统，与此相对应的是"持续性"概念演变经历了三个历史性的发展阶段，即斯德哥尔摩会议、布伦特兰报告以及 1992 年巴西里约热内卢环境与发展大会。

（1）萌芽阶段

20 世纪 50 年代以来，在经济增长、城镇化、人口、资源等所形成的环境压力下，人们对传统发展的模式产生了怀疑。1962 年，美国女生物学家莱切尔·卡逊（Rachel Carson）出版了《寂静的春天》，描绘了一幅由于农药污染所导致的可怕景象，惊呼人们将会失去"春光明媚的春天"，引起了西方社会的强烈反响，为环境问题敲响了警钟，西方学者开始对人类长远经济的发展予以关注和研究。10 年后，两位美国学者巴巴拉·沃德（Barbara Ward）和雷内·杜博斯（Rene Dubos）发表《只有一个地球》，把人类生存与环境的认识提高到可持续发展的新境界。1972 年，一个国际著名学术团体"罗马俱乐部"发表了著名的研究报告《增长的极限》，明确提出"持续增长"和"合理的持久的均衡发展"的概念，随后围绕"增长极限理论"展开了大范围的讨论，为可持续发展理论的诞生奠定了基础。同年，联合国在斯德哥尔摩召开人类环境会议，通过了具有历史意义的《人类环境宣言》，可持续发展思想的萌芽正式产生。

（2）理论发展阶段

1980 年，国际自然保护同盟（IUCN）在世界野生生物基金会（WWF）的支持下拟定《世界保护战略》（World Conservation Strategy）（IUCN，1980），第一次明确提出了可持续发展一词，标志着可持续发展思想的正式诞生。1983 年成立的世界环境与发展委员会（World Commission on Environment and Development，简称 WCED），对可持续发展理论的成型和发展起了关键性的作用，该组织在前挪威首相布伦特兰夫人的领导下，经过世界范围内的一些专家 900 多天的工作，于 1987 年向联合国提出了一份题为《我们共同的未来》的报告，该报告对可持续发展的内涵作了界定和详尽的理论阐述，已经形成了完整的理论体系。还有一些代表性的著作，如世界观察研究所（WRI）布朗的《建设一个可持续发展的社会》（1981）和世界自然保护同盟（INCN）、联合国环境规划署（UNEP）和世界野生生物基金会（WWF）发表的《保护地球——可持续生存战略》（1991）等等。

（3）实践应用阶段

20 世纪 90 年代以来，可持续发展理论为全世界普遍接受，由战略思想转为实践。1992 年 6 月在巴西里约热内卢召开的联合国环境与发展会议（UNCED），会议通过了贯穿有可持续发展思想的三个重要文件即《里约宣言》、《21 世纪议程》和《森林问题原则声明》，并有《气候变化框架公约》和《生物多样化公约》两个国际公约产生。一系列的决议和文件，特别是《21 世纪议程》，第一次把可持续发展由理论和概念推向行动，标志着已经把"可持续发展"推向人类共同追求的实现目标，"可持续发展"的思想在各国取得合法性并形成全球共识。随后各国结合自己的国情，纷纷制定本国的可持续发展战略，如我国制定《中国 21 世纪议程》。截止到 1997 年，全球已经有约 2000 个地方针对当地的情况制定了 21 世纪议程。有 100 多个国家成立了国家可持续发展理事会或类似机构，有代表性的主要有美国总统可持续发展理事会、菲律宾国家可持续发展理事会等。许多国家可持续发展理事会受到国家元首亲自关注或由国家议会授权成立。

2.1.2 内涵

可持续发展的概念含义，一直是世界各国理论界广泛探讨的问题。布伦特兰夫人领导的世界环境与发展委员会（WCED）在《我们共同的未来》报告中，提出了可持续发展概念是"满足当代人的需求，又不损害子孙后代满足其需求能力的发展"（WCED，1987）。这一概念得到了广泛的接受和认可，并在 1992 年联合国环境与发展大会（UNCED）中得到共识。《里约宣言》将可持续发展进一步阐述为"人类应享有与自然和谐的方式过健康而富有成果的生活的权利，并公平地满足今世后代在发展和环境方面的需求，求取发展的权利必须实现"。更多的学者和机构从不同的角度给予定义，表 2.1.2-1 所列的是几种影响较大的定义。

几种可持续发展定义（整理自：张坤民，1997）　　　　　　　　表 2.1.2-1

侧 重	定 义	来 源
自然属性	"保护和加强环境系统的生产和更新能力。"突出生态的持续性，强调自然资源及开发利用程序间的平衡，不超越环境系统更新能力的发展	国际生态学联合会（INTECOL）和国际生物科学联合会（IUBS），可持续发展问题专题研讨会（1991/11）

续表

侧　重	定　义	来　源
社会属性	"在生存于不超出维持生态系统涵容能力之情况下，改善人类的生活品质。"强调了人类的生产与生活方式要与地球承载力保持平衡，保护地球的生命力和生物的多样性	世界自然保护同盟（INCN）、联合国环境规划署（UNEP）和世界野生生物基金会（WWF），《保护地球—可持续生存战略》（1991）
经济属性	"在保持自然资源的质量及所提供服务的前提下，使经济发展的净利益增加到最大限度"	爱德华（Edward B. Barbier），《经济、自然资源不足和发展》（1990）
	"今天的资源使用不应减少未来的实际收入"，"当发展能够保持当代人的福利增加时，也不会使后代的福利减少"	皮尔斯（D. Pearce），沃福德（Warford），《世界无末日》（1993）
科技属性	"可持续发展就是建立极少产生废料和污染物的工艺或技术系统"，"是转向更清洁、更有效的技术，即可能接近'零排放'或'密闭式'工艺方法，尽可能减少能源和其他自然资源的消耗"	世界资源研究所（WRI，1993）

　　国内外研究机构和学者的研究讨论，从不同的国家、不同学科背景角度出发给出了远比表 2.1.2-1 所示多得多的定义，并且做了许多的含义解释。尽管可持续性概念已经成为经济学、资源环境管理、生态学、社会科学等学科领域的科学家和政治家、企业家与民众的共同关注点，但不同背景下可持续性的内在含义千差万别，各有偏颇。总体来看，可持续性的不同定义主要来源于以下几方面背景：（1）学科差异，经济学、社会学、环境科学、资源管理等学科都有各自的可持续性含义。这些定义分别强调经济福利发展的可持续增长、社会稳定性或公平性、环境可持续支持能力、资源可持续利用等。（2）尺度差异，时间尺度上强调当代人与未来人类各自利用环境资源，满足其自身生存与发展需要的能力。空间（层次）尺度指地方、地区、国家、全球意义上发展其环境资源利用的可持续能力，以及不同社会群组、社会集团、种族、文化等或不同大小的生物种群、群落或生态系统的可持续能力。（3）生存或发展价值观差异，全球处于不平衡的动态发展过程之中，因此发达国家、发展中国家和贫困地区对生存与发展的价值取向不同，它们对可持续性的解释都基于它们自身的国情和民情。发展中国家面临的首要问题是经济发展，因此更注重经济增长的可持续性；发达国家更关注环境污染或生态系统退化问题，因此更强调环境或生态系统可持续能力。以上三个方面的差异决定了在不同国家、不同社会学术团体或政治团体对可持续概念定义的多样性。

　　在实际应用中最有可能协调各种观点的定义，是世界环境保护联盟提出的复合生态系统观点所认为的"在生态系统承载力范围内，不断改善人类生活的质量"（WCU，1993）。虽然不同的国家有不同的认识，不同的学科有不同的定义，精确含义的解释存在不同，但其基本含义和核心思想是一致的。可持续发展的核心思想，可以认为是指环境、经济和社会的协调发展。健康的经济发展应建立在生态可持续能力、社会公正和人民积极参与自身发展决策的基础上，追求的目标是既要使人类的各种需要得到满足，个人得到充分发展，又要保护资源和生态环境，不对后代人的生存和发展构成威胁。各种经济活动的生态合理性给予特别的关注，应鼓励对资源、环境有利的经济活动。在发展指标上，不单纯用国民生产总值作为衡量发展的唯一指标，而用社会、经济、文化和环境等多项指标来衡量发展。

2.1.3 特征与原则

可持续发展的实质是正确处理人类与环境的关系和人与人的关系，在很大程度上是人地关系这一古老课题在新的高度和更广视角下的重新考察，代表当代人类在人地关系上的理想，也指出人地系统优化的新思路，即人类生态系统的持续性。可持续发展的基本特征有三方面：

（1）以保护自然为基础，与资源、环境的承载力相协调。发展必须保护环境，控制环境污染，改善环境质量，保护大自然的生命保障系统，保护生物的多样性，保持地球生态的完整性，使人类的发展保持在地球的承载能力之内。

（2）经济增长为目标。经济增长是国家实力和社会财富的重要体现。可持续发展不仅应重视经济增长的数量，更应追求提高质量和效益。减少生产废物，改变传统的生产和消费格式，实现清洁、文明生产和消费。

（3）以改善和提高人类的生活质量为目的。目前在世界上仍有相当多的人口处在贫困和半贫困状态，持续发展必须与解决大多数人口的贫困联系在一起。贫困与不发达是造成资源与环境破坏的根本原因，消除贫困，才能提高资源与环境的发展能力。

围绕布伦特兰夫人的可持续发展定义，综合各家对可持续发展思想的认识，可持续发展至少包括三大基本原则：

（1）公平性原则。包括本代人之间的公平、代际间的公平和有限资源的公平分配。可持续发展强调："人类需求和欲望的满足是发展的主要目标"，然而在人类的需求方面存在着很多不公平因素。

（2）持续性原则，核心是人类的经济和社会发展不能超越资源与环境的承载能力。布伦特兰在论述中指出"人类对自然资源的耗竭速率应考虑资源的临界性"，"可持续发展不应损害支持地球生命的自然系统：大气、水、土壤、生物……"。因为如果"发展"没有限制，一旦破坏了人类生存的物质基础，"发展"本身也就衰退了，也就不可能是持续的。

（3）共同性原则，鉴于世界各国历史、文化和发展水平的差异，可持续发展的具体目标、政策和实施步骤不可能是唯一的。但是可持续发展作为全球发展的总目标，所体现的公平性和持续性原则，则是共同的。为了实现这一总目标，必须采取全球联合行动。

2.2 自然资源价值论

价格是平衡供求关系的一个关键因素，对自然资源的供求也不应例外。但现行的各种经济体制中，对自然资源的价格都没有作明确完备的规定，这是导致一系列资源、环境问题的一个重要根源。因此，要解决这些资源、环境问题，一个重要途径是引入价格机制。价格是价值的货币表现，虽然价格在市场上由于供求变化有时会脱离价值，但其基础仍在于价值。因此，必须把价格与价值放在一起分析。

2.2.1 自然资源无价值论批判

（1）自然资源无价值论的根源

在传统的经济价值观中，一般认为没有劳动参与的东西没有价值，或者认为不能交易的东西没有价值，因此都认为天然的自然资源是没有价值的。资源无价值论的产生，既有思想观念、经济体制和历史传统的因素，也与自然资源本身的性质有关。

1）劳动价值论的绝对化。根据马克思的劳动价值论，价值取决于物品中所凝结的社会必要劳动量。把这一原理加以极端化，就认为凡不包含人类劳动的自然物，如自然资源，都没有价值。实际上马克思主义经济学未必主张自然资源无价论，马克思本人就引用古典经济学家威廉·佩蒂的话说："劳动是财富之父，土地是财富之母"。片面理解劳动价值论，导致认为自然资源是没有价值和价格的，这种观点在我国曾经尤其盛行。因此，我们从理论到实践都曾忽视自然资源的价值价格问题，不计算自然资源的价值与价格。

2）确定价格的市场机制不合理。一般采用生产价格定价法（东方）和市场价格定价法（西方）。原料即自然资源产品的价格，都只包括了开发资源的成本和利润等项内容，没有包括自然资源本身的价值。比如，水资源，只计供水成本，不计排水成本和污水处理成本，更不计水资源本身的价值。土地资源长期无偿使用，近年来虽已意识到这个问题，开始征收土地使用费和使用税、自然资源税，但仍未从根本上解决问题。矿产价格也多只记开采成本和运输成本，未把资源本身的价值纳入价格中。

3）历史因素。传统观念忽视自然资源的价值，还由于社会发展早期，资源与环境问题并不突出。在经济社会发展水平和人们生活水平比较低下的情况下，对自然资源的开发利用程度也比较低下，自然资源相对比较丰富，大多为自由财货。人类的需要也是较低层次的，即首先需要解决温饱等基本生存问题。在这种情况下，人们没有认识到自然资源和生态环境的价值是很自然的。

4）"公共财产"问题。诸如大气圈、江河湖海、荒野等自然资源往往是公共财产，很难计算其价格，更难收取其费用，因而谁都可以无偿使用，但谁都不负责任。即使是私有领地，也具有公共性质。例如，一片私有森林的土地和林产品的所有权和使用权都属林场主，但其风景美学价值、生态环境价值却是公共的，这部分"公共财产"的价格难以计算，更难以实现。

现在，资源紧缺已成为经济—社会持续、稳定、健康发展的主要制约因素，资源的不合理的开发利用又是造成生态破坏和环境污染等一切问题的主要根源，而人们也日益感到清洁、优美、安静的环境的可贵，感到稳定、充实的资源基础的保障作用。自然资源的价值和生态环境的价值，随着经济社会发展水平和人们生活水平的提高，随着人口的增加和资源环境限制的日益明显而逐渐显现和加大起来。解决自然资源问题、生态环境问题，应该从体制、政策、法规、技术措施等多方面入手，而确立自然资源价值观则是一项根本性的对策。

（2）自然资源无价值论的危害

资源无价值的观念及其在理论、政策上的表现，导致了资源的无偿占有、掠夺性开发和浪费，以至造成资源损毁、生态破坏和环境恶化，成为经济社会持续发展的制约因素。具体说来有以下弊病：

1）导致自然资源的破坏和浪费。由于自然资源不计价值、价格，可以无偿使用，因此自然资源使用者都力图多占多用，随意圈地，任意截流引水，矿产资源利用上"采富弃贫、采厚弃薄、采主弃副、采易弃难"，乱伐林木，大材小用，好材劣用等现象比比皆是。得到自然资源使用权的单位或个人可以无视资源利用的经济效益，没有节约资源、提高资源利用效率的主动性、积极性和约束机制，因而造成自然资源的恶性破坏和浪费。

2）导致财富分配不公和竞争不平等。既然自然资源无价值和价格，其所有权和使用权的获得就不能通过市场竞争获得，而是通过权力、关系、偶然因素得到，这样，获得资源的单位或个人比未获得的单位或个人处于有利地位；获得丰饶性好的资源的单位或个人比获得丰饶性差的单位或个人处于有利地位。在这种情况下，资源分配不公平，竞争也不平等，丰饶的自然资源往往掩盖了低劣的经营管理。尤其是采矿、伐木、农业等第一产业部门，其劳动生产率与自然资源的丰饶性直接相关。在相同的经营管理与外部条件下，在富铁矿区开采 1t 铁矿所取得的销售价格可以等于贫矿区的 5 倍。由于自然资源的无偿使用，资源丰饶的企业即使经营管理较差，往往也可以比自然资源欠佳、经营管理较好的企业获得更好的经济效益。自然资源带来的财富抵消了经营不善造成的损失，掩饰了经营管理中的种种问题。

3）一项重要的国家收入化为乌有。很多自然资源是公共所有，其所产生的价值本来可以成为一项重要的国家财政收入。但是由于自然资源无价，其使用者无须付钱，因此公共所有或国家所有徒有虚名，这项收入化为乌有。

4）资源物质补偿和价值补偿不足，导致自然资源财富枯竭。自然资源在被开发利用的同时，应当不断得到保护、改善、补偿和整治。人类开发利用自然资源的历史，也就是不断改善和保护自然资源的历史。但如果从理论上认为自然资源没有价值，实践上自然资源可以无偿使用，那么对自然资源的改善、保护、补偿措施都不会得到应有的重视，都会视作额外负担。即使重视了，也被视为非生产性投资，这种投资是无法收回的，因此常常造成欠账，无以为继。

5）国民财富的核算失真。国民财富是反映一个国家经济水平的重要指标，反映一个国家几百年来甚至几千年来劳动积累的成果。自然资源，特别是土地资源，是国民财富的重要组成部分。西方国家的土地资源（不动产）大体占国民财富的四分之一以上。还有资料表明，"土地和土地改良上的投资，占去美国财富的三分之二"。我国土地和其他自然资源没有价值和价格，因此整个国民财富的核算不能完全反映国家实力和经济水平。

2.2.2 自然资源价值论

马克思本人并没有把劳动价值论绝对化，他说过："没有（劳动）价值的东西在形式上可以具有价格"。又说："真正的地租是为了使用土地本身而支付的，不管这种土地是处于自然状态，还是已被开垦"。可见马克思也赞成自然资源具有价值和价格。实际上按照他所创立的绝对地租理论，自然资源本身就具有价值和价格，而不论其是否附有人类劳动，不言而喻，劳动、自然资源（土地）和资本这三种经济资源或称生产基本要素都应在产品价值上得到体现，产品价值应该是成本（外部与内部）、平均利润、超额利润的总和。自然资源价值的源泉，大体说来，包括三部分：天然价值、人工价值和稀缺价值。

（1）天然价值

这是自然资源本身所具有，未经人类劳动参与的价值。之所以有这种价值，是因为自然资源具有使用价值而且稀缺。不具有使用价值的东西没有价值，自然资源作为生产基本要素，其使用价值是不言而喻的。因此，未经人类勘测、开发、改造、利用、整治、保护过的自然资源，或已经人类勘测、开发、改造、利用、整治、保护过的自然资源中的原始部分，虽然未凝结人类的活劳动和物化劳动，也是具有价值的。进一步探究，可以看出自然资源的天然价值主要取决于以下两个要素。

1）丰饶度和质量

自然资源丰饶度是其自然属性的总和，不是它的个别自然属性。例如，一处矿藏资源的自然丰饶度应该包括下列方面：储量、品位、有益伴生矿、有害伴生矿、可选程度、埋藏深度、矿层厚度与倾斜度、矿床周围岩体性质与水文地质情况等。又如，森林资源的丰饶度应包括木材蓄积量、木材质量、木材生长速度等因素。每一个因素对于丰饶度的影响有大有小，然而，在评价它的丰饶度时，都不可忽略。

自然资源的丰饶度是天然客观属性，纯粹属于自然的属性。例如，油田的油气蕴藏量、金属矿的品位、温泉与地热资源的蕴藏量等反映自然资源的某些丰饶度。这些，都是大自然赋予人类的礼物，是人类的主观努力难以改变的。每一种自然资源都必须具有一定的自然丰饶度。自然资源的自然丰饶度与它的使用价值成正比例。自然资源的自然丰饶度越高，它的使用价值越高，对经济活动的影响越大。波斯湾产油国跻足于富国之林，全仗油田的自然丰饶度。波斯湾油田每口油井一般每天喷油 1000t；美国每口油井每天产原油 2.5t，还要用抽油泵抽取。因此，波斯湾石油开采业的劳动生产率和利润率是美国和大多数地区无法比拟的。

2）自然地理位置

对于大多数自然资源来说，位置的作用是不可忽视的。有时，位置的作用甚至比自然资源的丰饶度更重要些。马克思指出，由于自然资源丰饶度与位置的矛盾，土地开发"可以由更优良的土地推进到更劣等的土地，也可以循相反的方向前进"。马克思还以美国密歇根州为例，指出那里的土地虽然比较贫瘠，但由于靠近纽约，通过大湖和伊利运河与纽约联系，在美国土地开发的顺序中"和那些天然具有较高丰饶度的远在西面的各州相比反而抢先了"。在我国和其他国家都有这样的实例，一些自然丰饶度很高的矿产资源，由于位置偏僻，交通不便，至今无法利用。按照国际惯例，含铁 30％以上的铁矿才有工业价值，可是在南京附近，含铁 18％的铁矿已经投入工业开发，因为那里交通方便，接近消费中心，附近又缺乏新的铁矿资源。

自然资源的位置包含着自然的客观方面的因素，也包含社会的主观方面的因素，前者称自然地理位置；后者称经济地理位置，是人类活动的产物，属人工价值，将在下面阐述。自然资源与山脉、河川、海岸线等自然要素的相对位置关系是自然地理位置，它是相对稳定的，是位置的客观方面，是位置的自然基础。

（2）附加的人工价值（劳动价值）

现在，地球上的自然环境或多或少都有人类劳动的印记。人类不仅改变了植物和动物的位置，而且也改变了它们所居住的地方的面貌、气候，甚至改变了植物和动物本身。我们今天在利用土地资源时，已很难区分哪些特性是史前时期遗留下来的，哪些是历史上人类附加劳动的产物。矿产资源和原始森林，表面上看不到人类的附加劳动，然而，人类为了发现这些矿产资源，为了保护这些原始森林，付出了大量劳动，这些都是特殊形式的附加劳动。人类对于自然资源的附加劳动已合并到土地中了，合并到自然资源中，与其浑然一体了。自然资源上附加的人类劳动是人类世世代代利用自然、改造自然的结晶，绝大多数自然资源只有经过人类的附加劳动后，才具有充分利用的可能性。自然资源上附加的这些人类劳动，就是自然资源的劳动价值，即马克思经济学中的价值。附加的人类劳动越多，价值越大。在自然资源上附加的人类劳动可以分成两类。

1）直接附加

这是指直接作用于自然资源对象上的那一部分劳动，如土地平整、排干沼泽中的积水、生物品种改良、人工造林、梯田、灌溉系统、施肥等。这是人类在从事自然资源的勘测、调查、开发、改造、保护、更新等活动过程中，直接附加到自然资源上的活劳动和物化劳动，使对自然资源有了认识，并改变了其性状，形成了与自然资源不可分割的部分。

2）间接附加

这是指那些并不直接作用于自然资源上，但对于改善自然资源的使用价值有影响的劳动。例如，在离土地颇远的地方修建防洪堤坝，使土地免受洪水威胁；改善矿产资源开发的经济、社会条件等。这种间接附加人类劳动可以从三方面来看。

a. 经济地理位置的改变。自然资源对于城镇、道路、消费区的相对位置是经济地理位置，是历史性的，经常发生变化的。经济地理位置的变化大体有两个相反的趋势。一是加剧了位置的差异，大城镇和消费中心的形成使得各地区自然资源的经济地理位置差别加剧，接近大城镇的自然资源具有更优越的经济地理位置。二是缩小位置差异的平衡化的趋势。生产的发展，特别是交通工具的发展，会创造出新的消费中心和便利的运输条件，对经济地理位置起着平衡化的作用。在生产不同发展阶段，这两方面的趋势是不相同的。

b. 对自然资源的管理。现在的领空、领海、领土都是有专门的机构和人管理的（包括国土部门和环保部门等），它们都付出了大量的劳动。对矿产的发现与勘探也付出了大量人类劳动。以河流的水为例，水是天生的，没有消耗人的劳动，所以单从这一点看，水是没有劳动价值的，但水是在河流里流的，河流是要消耗勘测劳动的，河道和河岸的整治修建也是要消耗劳动的，整个河流是有专门机构和人管理的，也要消耗劳动。因此，河流里流的水凝结着各种劳动，是有价值的。

c. 开发条件的改善。诸如道路、供水、电力、通讯等基础设施的建设和改善，副食品供给，医疗、文化、教育设施的建立，都改善了自然资源开发的条件，使得自然资源的价值大大提高。显然，这种开发条件的改善需要大量的人类劳动和投资。

（3）自然资源的稀缺价值

物以稀为贵，越是稀缺的资源，其价值越高。我们已经阐述了自然资源的稀缺性，正是这种稀缺性，构成了与自然资源的天然价值和劳动价值相联系但相对独立的另一类价值。说相联系，是指稀缺价值以使用价值（其中包括劳动价值）为前提，无使用价值的东西，当然谈不上稀缺；另一方面，稀缺又是使用价值之所以具有价值的条件，空气、海水、泥土等都具有使用价值，但由于不稀缺，一般不具有价值。说相对独立，是因为稀缺价值在市场上已脱离了其使用价值和劳动价值，而是由供求关系来决定的。

2.2.3 自然资源价格

自然资源具有天然价值、劳动价值和稀缺价值。稀缺价值可用供求关系理论来解释和确定；劳动价值可用劳动价值论来解释，并可根据生产价格理论来确定，即马克思主义政治经济学中的公式：

$$W = C + V + M$$

其中 W 为产品价值；C 为所耗费的不变资本的价值，可以认为是物化劳动；V 为可变资本，基本上是工资，可以看作活劳动；M 为剩余价值，即平均利润。

价值是价格的基础，价格是价值的货币表现。既然自然资源的价值包括天然价值、劳动投入的价值和稀缺价值，自然资源的价值也应基于这三种价值来计算。

（1）地租资本化

这是计算自然资源天然价值之价格的一种方法。虚拟资本的形成叫资本化。自然资源价格是各年地租的总和，把今后若干年中尚未实现的地租包括进来，故称地租资本化，即年地租×使用年限。由于是一次性付出，必须考虑利息的因素。自然资源价格就是各年地租现值的总和，这是一个无穷递减等比数列的和，根据求和公式，就是说，自然资源价格是年地租 R 除以年利率 a。

$$P_1 = R/a$$

（2）劳动价值资本化

人类劳动投入自然资源的价值，其价格可以根据生产价格理论来确定，也就是（不变资本＋可变资本＋剩余价值或利润），即（$C+V+M$）。

这部分价值是自然资源每年的（劳动）价值，相当于年地租量 R。同理，这部分价值的价格也应是各年价值的现值总和，按地租资本化同样的推导，把今后若干年中尚未实现的年价值包括进来，即将劳动价值资本化。同样，考虑利率的折扣，自然资源中的劳动价值的价格 P_2 应是年价值（$C+V+M$）除以年利率 a。

$$P_2 = (C+V+M)/a$$

（3）稀缺价值对价格的影响

稀缺价值主要体现在供求关系上。在供给量一定时，需求量越大，会促使价格越高，即需求量 Q_d 对价格的影响是正比例关系；在需求量一定时，供给量越大，会促使价格越低，即供给量 Q_s 对价格的影响是反比例关系。再考虑需求量与供给量的弹性，则都应乘上一个弹性系数。设需求弹性系数为 E_d，供给弹性系数为 E_s，则自然资源的价格 P 为：

$$P = 1/a \times (P_1 + P_2) \times (Q_d \times E_d)/(Q_s \times E_s)$$

可以认为，上述公式就是确定自然资源价格的基本公式。当然，要将这个公式付诸实际应用，尚需作大量的工作来具体确定有关参数 a、R、Q_s、Q_d、E_d、E_s 等；而且 C、V、M 的计算也涉及很多因素，也需根据具体情况加以研究。

（4）确定自然资源价格的其他方法

以上计算自然资源价格的基本公式，至少要求两个大前提，即市场机制完善和价格体系合理，否则要确定那些参数是不可能的。尤其在我国目前市场机制形成初期和价格体系尚在不断改变的情况下，应用这种计算法更是不现实的。因此出现了一些替代方法，主要有两种：市场比较法和替代成本法，都主要用于土地资源的定价中。

1）市场比较法

认为土地价格是土地使用者与土地提供者讨价还价的结果，需求曲线与供给曲线的交点（均衡点）决定土地价格（即均衡价格）。采取的形式主要是拍卖，土地所有者在市场上拍卖土地，竞投者叫价、应价，价高者得土地。这是一种完全由市场机制和竞争机制决定的价格。深圳特区试行过这种方法。但考虑到我国目前市场机制不完善、法制不完备，尤其是"外部性"问题市场不能解决，所以还需有一定的行政干预，即土地所有者（市政府）根据投标者所出的价格、所提的规划设计方案以及企业信誉等情况，择优而取。这里，价格竞争仍是主要因素，但也要考虑其他因素，中标者不一定是出价最高者。

2）替代成本法

把土地作为一种必不可少的投入，认为与资本和劳动的投入并无区别。以一定生产技术水平为前提，以利润最大化为依据，分析研究土地在生产过程和经济活动中，与资本和劳动相互替代的关系，由此确定土地价格。例如，在一定的生产技术水平下，两个单位的土地与两个单位的资本和一个单位的劳动组合，使得生产利润最大化；而一个单位的土地与三个单位的资本和一个单位的劳动组合，可以得到同样的效果。在这里，一个单位的土地就等于一个单位的资本，于是确定土地价格。这是一个简化了的例子，实际情况要复杂得多，土地与资本作为成本的替代关系，还涉及经营规模、土地利用集约度等问题，并非就是一个单位土地等于一个单位资本。上述简化仅仅是为了说明土地可替代资本，由此形成土地价格。我国目前实际上已有此类形式的土地价格存在，如一个单位出地，另一个单位出钱，修好房子后分享。当然，其中土地作为替代资本的计算有很大任意性，常常与市场比较法联系起来。同样，由于市场机制不完善，替代成本法在我国目前只是一种权宜之计。

（5）自然资源生态服务价值的计算

自然资源实际上还有其生态服务价值，这部分价值的量化方法更为困难，但它是客观存在的。国际上，有一些用替代成本法或机会成本法等估算生态价值的方法，虽然不甚理想，但毕竟给人们提供了一种量化概念，可供进一步研究参考。

国际生态经济学会主席科斯坦扎等（Costanza et al.，1997）将生态系统服务功能分为：稳定大气、调节气候、缓冲干扰、调节水文、供应水资源、防治土壤侵蚀、熟化土壤、循环营养元素、同化废弃物、传授花粉、控制生物、提供生境、生产食物、供应原材料、遗传资源库、休闲娱乐场所，以及科研、教育、美学、艺术用途等17种。并按全球16类生态系统估算其经济价值每年至少约为33万亿美元，是目前全世界年国民生产总值的两倍。这说明每年全球经济资产所得足以生态资产的两倍投入换来的。又如，印度加尔各答农业大学一位教授对一棵正常生长50年的树的作用进行折算，总的生态价值高达20万美元。其中包括生产氧气3.1万美元，净化空气、防止空气污染6.2万美元，防止土壤侵蚀、增加肥力3.1万美元，涵养水源、促进水分循环3.7万美元，为鸟类和其他动物提供栖息环境3.1万美元，生产蛋白质0.25万美元。还未包括树木果实和木材的价值。

上述方法都是计算生态系统服务功能的绝对值，说明了生态服务价值非常可观而不容忽视。但所计算出来的天文数字，目前还难以纳入实际的资产价值系统。另一种估算方法是计算相对量，即生态系统服务价值是上升还是下降，以此判定获得一定经济资产的生态资产代价。研究实用而合理的生态服务价值量化方法，是时代给我们提出的要求。

2.3　生态学理论

2.3.1　生态平衡原理

任何一个正常、成熟的生态系统的结构与功能，包括物种的组成、数量和比例，以及物质与能量的输入输出等方面都处于相对稳定的状态，就是说，在一定时期内，系统内生产者、消费者和分解者之间保持着一种动态平衡，系统内的能量流动和物质平衡在较长时期内保持稳定（盛学良，2000）。农村与小城镇都处于大生物圈内，小城镇生态建设过程中，应具备全局观点，掌握生态系统理论，注意协调各种关系，不能只顾个体，忽视全局，只顾眼前，忽视长远的生态效果。同时，维持生态平衡，并不是消极地维持现状，小城镇生态平衡是动态平衡，要依据社会的发展，经济技术条件，不断地打破旧平衡，创建和发展新地平衡，才能使生态系统形成最大生产力和活跃的生命力。

2.3.2 多样性导致稳定性原理

生态系统的结构越多样和复杂，抗干扰的能力越强，因而也易于保持其动态平衡的稳定状态。这是因为在结构复杂的生态系统中，当食物链（网）上的某一环节发生异常变化，造成能量、物质流动的障碍时，可由不同生物种群间的代偿作用加以克服。小城镇生态系统中，各种群具有的多种属性保证了小城镇各类活动的展开；多种小城镇功能的复合作用与多种交通方式使小城镇更具有吸引力和辐射力；各部门行业和产业结构的多样性和复杂性导致了小城镇经济的稳定性。这些都是多样性导致稳定性原理在小城镇系统中的体现。多样性导致稳定性原理还使我们认识到保持小城镇生物多样性是非常重要的。

2.3.3 食物链（网）原理

食物链（网）原理应用于小城镇生态系统时，首先是指以产品为轴线，以利润为动力将小城镇生态系统中的生产者—企业相互联系在一起，各企业之间的生产原料是相互提供的，某一企业的产品是另一些企业的生产原料。生态学不认为世界上有物质的"废物"（归浩，2000），在小城镇中应用食物链原理可以建立生态工艺、生态工厂、生态农业。此外，食物链（网）原理还表明人类居于食物链的顶端，人类依赖于其他生产者及各营养级的"供养"而维持生存，人类对其生存环境污染的后果，最终会通过食物链的作用（即污染的富集作用）而归结于人类自身。

2.3.4 系统整体功能最优原理

城镇各子系统功能的发挥影响着系统整体功能的发挥，同时，各子系统功能的状态，也取决于系统整体功能的状态；各子系统具有自身的目标与发展趋势，作为存在的个体，它们都有无限制满足自身发展的需要，而不顾其他个体的潜势存在。

城镇各个组成部分之间的关系并非总是协调一致的，而是呈现出相生相克的关系，因此，理顺城镇生态系统结构，改善系统运行状态，要以提高整个系统的整体功能和综合效益为目标，局部功能与效率应当服从于整体功能和效益。

2.3.5 环境承载力原理

环境承载力是指某一环境状态和结构在不发生对人类生存发展有害变化的前提下，所能承受的人类社会作用，具体体现在规模、强度和速度上。环境承载力具有明显的区域性和时效性，地区不同或时间范围不同，环境承载力也不同。环境承载力包括：

（1）资源承载力：包括自然资源条件如淡水、土地、矿藏、生物等，也包括社会资源条件，如劳动力资源、交通工具与道路系统、经济发展实力等；

（2）技术承载力：主要指劳动力素质，文化程度与技术水平所能承受的人类社会作用强度；

（3）污染承载力：是反映本地自然环境的自净能力大小的指标。环境承载力会随小城镇外部环境的变化而变化，可以通过改善外部条件得到提高，同时环境承载力的改变会引起城镇生态系统结构和功能的变化（李兵第，2000；陈迎，1997）。

2.4 区域整体化与城乡协调发展理论

2.4.1 区域整体化理论

对区域整体化和城乡协调发展的思考，源于上个世纪初西方为解决"城市病"问题而进行的大量实践探索，是基于对大城市无限扩张、"城市病"演变为"地区病"的忧虑，为解决城乡之间深刻的社会矛盾而进行的尝试，是对城镇发展过程中的集中与分散规律、城乡职能互补规律及建立新型城乡关系进行辩证思考的过程。

最早关于区域整体发展的设想可追溯至 19 世纪末霍华德（Ebenezer Howard）的"田园城市"理论。他认为，"城市与乡村应当结合，并从它们的幸福结合中产生新的希望、新的生活和新的文明"（Ozturk. M. A，Erdem. U，Gork. G，1991）；通过分析城市与乡村各自的优势和不足，他创造性地设想出一种城乡结合的模式，融城乡功能于一体，即"把积极的城市的一切优点同乡村的美丽和一切福利结合在一起"，探索其合理规模和结构组织形态，并进行相应的城乡土地制度改革（王伟中，2000）。

苏格兰学者盖斯（P. Geddes）在《进化中的城市》中，提出应把规划牢固地建立在研究客观现实的基础上，强调将自然区域作为规划的基本构架，分析区域环境的潜力和容量限度对城市布局的影响，并首创了区域规划综合研究的方法。他将"工业城镇和城市聚集成广大的城市地区（City Region）"的形态特征概括为"集合城市"（Conurbations）（Yanitsky，1987），初步提示了在西方工业化迅速发展时期开始出现的城市扩散趋势，并明确提出，城市规划的对象应是整个城市地区，要将乡村也纳入到城市研究的范畴。

2.4.2 芒福德的区域整体论

在区域整体发展思想和区域规划理论研究方面，最具代表性的研究来自 20 世纪美国最杰出的大师——芒福德精辟的理论阐述。他将当时城镇发展所面临的困境归结为"四大爆炸"（GordonD.（ed.），1990），即人口爆炸、郊区爆炸、高速公路爆炸和休憩地爆炸，而将解决问题的希望寄托于综合性的、城乡融合的区域发展框架的最终建立，并强调在寻求解决途径的过程中，应更多地将目光转向农村地区，而不能将农村当成从属于城市的附属品来看待。他认为，"区域是一个整体，城市只是其中的一部分"，所以"真正成功的城市规划必须是区域规划"，城市研究的最终出路也只能是对区域及区域规划的研究。他还指出："区域规划的最大不同在于它包括城市、村庄及永久农业地区，并将它们作为区域综合体的组成部分"，强调对区域综合体的组成部分加以综合研究。

对城镇密集地区，芒福德进一步提倡"区域整体论"（regionalintegration），主张大中小城市相结合，城镇与乡村相结合，人工环境与自然环境相结合。概括而言，人居环境是人工环境和自然环境相结合的综合构成，尺度不一，形式不一。芒福德指出，城市与乡村及其所依赖的区域是不应该分开的，它们是与规划有关的密不可分的两个方面，"正如地理学家杰夫逊（Mark Jefferson）在很久以前就已经注意到的：城市和乡村是一回事，而不是两回事，如果说一个比另一个更重要，那就是自然环境，而不是人工在它上面的堆砌"（SybrandP，1995）。

区域发展整体化的关键在于城与乡的有机结合，即要加强区域经济网络的整体性、空间发展的整体性、城乡发展的整体性、时空发展的整体性，使城乡协调发展，形成一个多中心的综合体，其中有开敞的绿化空间，人工环境与自然环境相互协调，大中小城市相互协调，而不是一个个大城市在"摊大饼"（王海燕，1996）。

2.4.3 经济、社会、文化、环境综合发展理论

小城镇空间环境的发展不能只按照传统的规划概念制订土地利用的远景蓝图，只注重建设用地的规模扩大和功能安排，单纯地安排好各种物质设施的内容，还必须从城镇经济、社会、文化、环境等各方面综合发展，以及物质文明和精神文明并重的目的出发，进行全面规划，使城乡空间环境的发展不仅满足经济增长的需求，更要有助于促进社会的稳定和进步，维持地区的生态平衡。

2.5 人居环境理论

2.5.1 人居环境的概念和构成

人居环境，是人类的聚居生活的地方，是与人类生存活动密切相关的地表空间，它是人类在大自然中赖以生存的基地，是人类利用自然、改造自然的主要场所。按照对人类生存活动的功能作用和影响程度的高低，在空间上，人居环境又可以再分为生态绿地系统与人工建筑系统两大部分。就内容而言，吴良镛先生提出人居环境包括五大系统：

（1）自然系统

指区域环境与城市生态系统、土地资源保护与利用、土地利用变迁与人居环境的关系、生物多样性保护与开发、自然环境保护与环境建设、水资源利用与城镇可持续发展等等，侧重于与人居环境有关的自然系统的机制、运行原理及理论和实践分析。

（2）人类系统

人是自然界的改造者，又是人类社会的创造者。人类系统主要指作为个体的聚居者，侧重于对物质的需求与人的生理、心理、行为等有关的机制及原理、理论的分析。

（3）社会系统

主要是指公共管理和法律、社会关系、人口趋势、文化特征、社会分化、经济发展、健康和福利等。涉及由人组成的社会团体相互交往的体系，包括由不同的地方、阶层、社会关系等的人群组成的系统及有关的机制、原理、理论和分析。

（4）居住系统

主要指住宅、社区设施、城镇中心等，人类系统、社会系统需要利用的居住物质环境

及艺术特征。居住问题仍然是当代重大问题之一,当然也是中国重大问题之一。住房不能仅当作一种实用商品来看待,必须要把它看成促进社会发展的一种强力的工具。

(5) 支撑系统

支撑系统是指为人类活动提供支持的服务于聚落,并将聚落联为整体的所有人工和自然的联系系统、技术支持保障系统,以及经济、法律、教育和行政体系等。主要指人类住区的基础设施,包括公共服务设施系统——自来水、能源和污水处理;交通系统——公路、航空、铁路;以及通讯系统计算机信息系统和物质环境规划等。

人居环境理论以两方面为最基本的前提:人居环境的核心是"人",人居环境研究以满足"人类居住"需要为目的。大自然是人居环境的基础,人的生产活动以及具体的人居环境建设活动都离不开更为广阔的自然背景。在人居环境科学研究中,建筑师、规划师和一切参与人居环境建设的科学工作者都要自觉地选择若干系统进行交叉组合(2~3个或更多的子系统)。当然,这种组合不是概念游戏,而是对历史的总结,对现实问题的敏锐观察、深入的调查研究、深邃的理解,以及对未来大趋势的掌握与超前的想象。

2.5.2 人居环境理论的五大原则

人居环境的理论框架,根据吴良镛先生的概括,主要包括下列内容:

(1) 生态观

生态观指正视生态的困境,提高生态意识。人类需要与自然相互依存。人类保护生物的多样性,保持生态环境不被破坏,归根到底,就是保护自己。严峻的人口压力和发展需求,使得资源短缺、环境恶化等全球性的问题在中国变得更为严峻;城乡工业的发展,污染物的排放正在侵蚀着中国大地的空气、水体和土壤,改变了我们和整个生物圈赖以生存的自然条件,局部地区已超出了大自然恢复净化能力,自然生态系统的运行机制和生态平衡遭到破坏;城镇的蔓延、边际土地的开垦、过度放牧等加剧了自然环境的破碎化和荒漠化进程。

因此,必须提高对问题的危机意识,推动更为广泛的生态教育,在规划中增加生态问题研究的份量,贯彻可持续发展战略,提高规划的质量,做到:

1) 以生态发展为基础,加强社会、经济、环境与文化的整体协调。

2) 加强区域、城乡发展的整体协调,维持区域范围内的生态完整性。

3) 促进土地利用综合规划,制定分区系统以协调和限制开发活动,提高必需的缓冲区和保护区,防止自然敏感区和物种富集区等的生态退化。

4) 建立区域空间协调发展的规划机制和管理机制。

5) 提倡生态建筑,推广生态技术,尽量减少开发活动对自然界的不良影响。

(2) 经济观

经济观指充分考虑经济因素。住宅建设已成为国民经济的支柱产业,区域的基础设施建设对促进经济发展影响深远,在此过程中,与世界其他地区和国家之间的联系日趋紧密,不断提出新的建设要求,对建设也产生相当的影响。这就要求做到:

1) 决策科学化。作好任务研究和策划,更好地按科学规律、经济规律办事,以节约大量的人力、财力和物力。应该说,基本建设决策的失误是最大的浪费。

2) 要确定建设的经济时空观。即在浩大的建设活动中,要综合分析成本与效益,必

37

须立足于现实的可能条件，在各个环节上最大限度地提高系统生产力。

3）要节约各种资源，减少浪费。资源短缺是制约我们开展人居环境建设的客观条件，如今，我们要全面建立社会主义市场经济体制，实现经济增长方式由粗放型向集约型的根本转变，这一切将使中国人居环境建设的资源矛盾比以往任何时刻都更加尖锐地暴露出来，因此，必须努力节约各种资源，减少浪费，以实现人居环境建设的可持续发展。

（3）科技观

科技观指发展科学技术，推动经济发展和社会繁荣。科学技术对人类社会的发展有很大推动，它对社会生活，以至对建筑城镇和区域发展都有积极的、能动的作用。但是，科技给人类社会带来的变化，简言之，是一个新的文化转折点。我们迫切需要从社会、文化和哲学等方面综合考虑技术的作用，妥善运用科技成果，人居环境建设也不例外。

一些建设中的难题，可寄期望以科学技术的发展予以解决。由于地区的差异。经济社会发展的不平衡、技术发展层次不同，我们须保持生活方式的多样化，因为这是人类的财富。就世界与地区范围而言，人居环境建设不可能因新技术的兴起，立即另起炉灶，全然改观。而实际上总是要根据现实的需要与可能，积极地在运用新兴技术的同时，融会多层次技术，推进设计理念、方法和形象的创造。

（4）社会观

社会观指关怀广大人民群众，重视社会发展整体利益。人类将更多地关注经济增长过程中的自身发展和自我选择，重视对个人的生活质量的关怀。当今，即使在某些发达国家，也有人已警觉到"技术进步了，经济水平提高了，人们未必都能获得一个较为良好的有人情味的环境"，并认识到"以追求利润为动机建造城镇，以满足少数人的利益需求或者顺应那些变化无常、相互交织的'政治决策'，这是完全错误的，城镇建设不仅仅是建造孤立的建筑，更是重要的创造文明。"

在世纪转折之际，人类面临发展观的改变，即从以经济增长为核心向社会全面发展转变，走向"以人为本"。人类社会全面发展是把生产和分配、人类能力的扩展和使用结合起来展观。它从人们的现实出发，分析社会的所有方面，无论是经济增长、就业、政治行为，还是文化价值。人人享受为维持他本人和家属的健康和福利所需的生活水准，包括食物、衣着、住房、医疗和必要的社会服务等。

1）住宅问题是社会问题的表现形式之一，也是建筑师应履行其重大社会职责之所在，理当推动"人人拥有适宜的住房"的贯彻与实施，以提高住宅建设质量。面对如此巨大建设量，住宅建筑学迫切需要进一步地全面地发展。

2）建设良好的居住环境，应为幼儿、青少年、成年人、老年人、残疾者备有多种多样的不同需要的室内外生活和游憩空间；加强防灾规划与管理，减少人民生命财产的损失，发扬以社会和谐为目的的人本主义精神。

3）重视社会发展。开展"社区"研究，进行社区建设，发扬自下而上的创造力。

4）合理组建人居社会，促进包括家庭内部、不同家庭之间、不同年龄之间、不同阶层之间、居民和外来者之间以至整个社会的和谐幸福。

（5）文化观

文化观指科学的追求与艺术的创造相结合。在经济、技术发展的同时强调文化的发展，它具有两层含义。

1）文化内容广泛。这里特别强调知识与知识活动，学问技能的创造、运作与享用。就居住环境来说，应为科学、技术、文化、艺术、教育体育、医药、卫生、游戏、娱乐、旅游等活动组织各种不同的空间，这是十分重要的内容。

2）文化环境建设是人居环境建设的最基本的内容之一。对一个城镇和地区的经济、技术发展来说，文化环境也不是可有可无的东西。因为"如果脱离了它的文化基础，任何一种经济概念都不可能得到彻底的思考"。

以上五点，生态观、经济观、科技观、社会观、文化观，亦即发展中国人居环境科学的五项原则。当然，任何事物都充满着矛盾，五项原则之间也是如此，它们相互关联、牵制。人居环境建设必须根据特定的时间、地点条件，统筹兼顾五项原则，求得暂时的统一，不断加以调整。

2.6 环境容量理论

环境容量是指某地区的环境所能承载人类活动作用的阈值。环境承载力的大小可以用人类活动的方向、强度及规模来反映。如何在小城镇建设中有效地宏观控制小城镇环境质量，已成为小城镇可持续发展战略中的重要课题，也是小城镇建设决策中的首要任务。

2.6.1 概念及内涵

环境容量最初是一个生物学概念。1838 年，德国生物学家 P·E·Verhnist 提出了在给定的生态系统中，描述种群增长上限的 Logistic 方程。20 世纪 70 年代以来，人类对自身发展方向和生存基础日益关注，提出了在一个相对闭合的区域内，环境对被供养人口的承受能力的概念，并以此作为一个区域内环境容量标准。环境容量于 20 世纪 70 年代末引入我国后，在环境科学界迅速得到了广泛应用。但当时将环境容量定义为某环境单元所允许承纳污染物质的最大数量，并将环境容量区分为水环境容量、大气环境容量和土壤环境容量。不过，这一时期的环境容量概念仅局限于环境污染的局部问题。

在我国已经或正在进入城镇化加速阶段的形势下，小城镇环境容量研究势在必行。对环境容量的概念也有一些不同的界定。环境对外部影响有一定反馈调节能力，在一定限度内，环境不会因为受人为活动的干扰而被破坏，这一限度范围是随时间、地点和利用方式而有所差异的，环境的这种自净调节能力称之为环境容量。

环境容量由静态容量和动态容量组成。静态容量指在一定环境质量的目标下，一个城镇内各环境要素所能容纳某种污染物的静态最大量（最大负荷量），由环境标准值和环境背景值决定；动态容量是在考虑输入量、输出量、自净量等条件下，城镇内环境各要素在一定时间段内对某种污染物所能容纳的最大负荷量。根据含义，环境容量可分为两类，即：

环境容量Ⅰ，指环境的自净能力。在该容量限度之内，排放到环境中的污染物，通过物质的自然循环，一般不会引起对人群健康或自然生态的危害。

环境容量Ⅱ，指不损害居民健康的环境容量。它既包括环境的自然净化能力，又包括环境保护设施对污染物的处理能力。因此，自然净化能力和人工设施处理能力越大，环境容量也就越大。指标体系是指描述、评价某种事物的可量度参数的集合。环境容量指标体系是由一系列相互联系、相互独立、相互补充的环境容量指标所构成的有机整体。在实际工作中，由于涉及的目的、要求、内容等不同，指标也不尽相同，其选择宜适当。指标过多，会给工作带来困难；过少，则难以保证工作的科学性和完整性。因此，需根据工作对象、所要解决的主要问题、情报资料拥有量和经济技术力量等条件决定。

2.6.2　容量及指标体系的确定

针对各环境问题的不同表现，将环境容量引入社会各不相同领域。为解决城镇环境问题实现可持续发展，在小城镇规划中引入环境容量这一概念及方法。小城镇环境容量包括：土地、大气空间、水域和各种资源、能源等诸多因子，它们在人为活动作用下，相互影响、相互制约。科学定性与定量地确定环境容量是环境规划的重要依据。城镇环境容量可定义为在不损害生态系统的条件下，城镇地区单位面积上所能承受的资源最大消耗率和废物最大排放量。

环境问题的实质在于人类经济活动索取资源的速度超过了资源本身及其替代品的再生速度和向环境排放废弃物的数量超过了环境的自净能力，因此，我们必须深刻认识两个简单而重要的事实：①环境容量是有限的；②自然资源的补偿、再生、增殖需要时间，一旦超过极限，要想恢复很困难，有时甚至不可逆转。因此，我们可以以人类向环境系统排放的污染物或废弃物是否超过了环境系统的承载能力作为实现环境可持续发展的评判标准之一。城镇环境容量是指城镇自然环境或环境要素（如水体、空气、土壤和生物等）在自然生态的结构和正常功能不受损害、居民生存环境质量不下降的前提下，对污染物的容许承受量或负荷量，其大小与环境空间的大小、各环境要素的特性和净化能力、污染物的理化性质等有关。

小城镇环境容量指标筛选的原则问题。城镇环境容量指标筛选要达到两个目的：一是使指标体系能完整准确反映环境容量状况；二是使指标体系最简和最小化。"简"是要求指标概念明确，调查量度方便易行，"小"是要求指标总数尽可能小，使调查度量经济可行。为此，筛选应遵循以下原则：

1）完整性原则，指标体系应能全面反映小城镇环境容量各方面的状况；
2）简明性原则，指标概念明确易测易得；
3）重要性原则，指标应是诸要素诸方面的主要指标；
4）独立性原则，某些指标之间存在显著的相关性，反映的信息重复，应择优保留；
5）可评价性原则，指标均应为量化指标，并可进行小城镇之间的比较评价。

2.6.3　环境容量理论的应用

以往在城镇规划中，规划师们忽略了一个非常重要的问题，这就是环境容量的概念。之所以在小城镇发展过程中出现如前所述的许多的环境问题，就是因为我们不了解人类赖以生存的环境所能承受的外部影响能力到底有多大，亦即该地区的环境容量。因此，只有了解一个小城镇的地域范围内的环境容量，选择对自然资源适度的开发方式，才能保持小城镇生态平衡，从而保持环境自身的净化能力和再生能力得到适度的使用。要达到这一目标，在小城镇规划中必须引入环境容量的内容和方法，并使二者有机地结合起来。

运用环境容量法可在城镇规划之初，根据相关的环境因子确定总体小城镇环境容量。

考虑环境因子本身的稀释、扩散、降解、生物转化等动态因素的作用以及可能减少污染危害限度，确定污染物最大允许排放量级和最佳排放位置。将环境容量应用到小城镇规划中，能合理实现社会、经济和环境三个效益的统一。

由于环境对外部影响有一定的缓冲能力，因而在一定限度内，环境不会受到外部影响的破坏。环境的这种忍受或消除外部影响的能力，称作环境承载力。环境容量随时间、地点和利用方式的不同而呈现差异。因此，如何有效地、合理地利用环境容量标准是环境规划中的一个重要内容。

环境规划是协调区域经济发展与环境保护之间关系的一种活动。它是以"人类——环境"系统为研究对象，应用自然科学和社会科学的研究成果，对环境系统进行优化设计的一种科学理论。环境规划是实现环境系统最佳管理、控制环境污染、改善和提高人类生活质量，促进经济发展，即实现经济效益、环境效益和社会效益三者统一的一个重要手段。

2.7 生态安全格局理论

自然生态系统的稳态机制及自然与人居的分室发展策略为生态安全格局的形成奠定了理论基础。为维持生态安全机制，生态安全格局应保留区域中的一定地段和景观要素作为生态稳定性的空间，这构成人居环境生态安全的基础。生态研究的目标之一就是要指明人居环境的建设地域，以保证不妨碍地域的自然演进过程及不破坏系统的安全机制。不同地区的独特性决定其不同的生态安全格局，可以通过客观的分析来形成之。林文棋（2000）等人认为，生态分析的内容有两个方面，即生态系统空间结构的分析与生态过程的分析，并进行了系统的总结。

2.7.1 格局的结构要素

生态学的理论研究把地球表面的生态系统（景观要素）按其在区域中的地位与形状分成点、线、面三种类型，形成了区域景观单元的结构要素。任何地域都是通过这三种类型在空间的组合与镶嵌而形成一个整体。通过对研究地域中的这几个结构要素的分析，可以勾勒出区域的自然要素结构关系及其物质能量的流动关系，即生态系统之间、景观单元之间的生态关联。

点—斑块（Patch）：是在外貌上与周围环境明显不同的非线性地表区域。斑块的大小、形状、类型、异质性、边缘等重要性状有很大差别。在空间表现上，斑块与其周围地区有不同的物种结构和成份，构成了物种的集聚地、生物群落或人类聚居地。随着人类对地球表面的开发与影响程度的加剧，人为斑块逐渐增多，而自然斑块日趋减少。斑块间的连通性也常因廊道的被切断而失去联系。

线—廊道（Corridor）：是不同于两侧基质的狭长地带。它可能是一条孤立的带，也可能与某种类型的斑块相连。可能是人为营造的，也可能是天然的。

廊道有双重性质，一方面它将地域中的不同部分隔离开，另一方面又将景观中的另外某些不同部分连接起来。即既有隔离作用，构成阻碍，又有连接作用，形成移动的通路。随着自然地带的逐渐被分解孤立，廊道作为连接作用的功能被逐渐重视，并认为有可能通过廊道的连接，利用较少的空间组合而成为空间的网络体系，以达成与大面积生态空间相

41

似的生态功能。

面—基质（matrix）：是区域中的背景地域，很大程度上决定了景观的性质，对动态起着决定作用。在地域中，基质占面积最大，连接度最强。如人类垦殖区中的农田，城镇建成区中的混凝土地段等。

随着人类利用程度的增大，基质与斑块之间可以互相转换，如一个地区的乡村景观逐渐演变为城镇景观的过程：起初，在广阔的农田景观（基质）中零散分布着住宅斑块，这类斑块逐步发展、聚集并扩散，扩大成为城镇。每一个城镇的继续膨胀，逐步吞没了周围的农田，连成一片成为特大城镇或城镇群，城镇景观出现。至此，城镇成为基质，而城镇中残留的一些农田，则成为城镇景观中的斑块了。

2.7.2　作用机理

在区域生态系统内部，各生态系统的组成要素、空间元素之间，有着不间断的物质与能量交换与流动。生态学的研究认为，通过空间元素间的流有能量流（包括热能和生物能）；养分流（包括无机物质、有机物质和水）；以及物种流（包括各种类型的动植物以及遗传基因）。当这些"流"在空间元素间的流动规模超过空间元素的承载能力时，就会成为一种干扰因素，导致空间元素或景观中的生态系统或者生物群落的结构发生变化，并进而影响其功能的正常运行。如上游地区的洪水导致下游地区的泛滥，影响并破坏下游地区的生态系统结构；城镇向外围排放废水，超过了环境的承载能力，成为污染，破坏了局部地区的水生生态系统和土壤生态系统等。

研究还表明，空间元素或景观元素之间相互作用机制通常通过4种方式来完成：一是风，它携带水分、灰尘、种子、小昆虫以及热量等，从一个生态系统类型移向另一生态系统类型，形成空气及其携带物的空间迁移；二是水，包括雨、冰、地表径流、地下水、河流、洪水等，能携带矿物养分、种子、昆虫、垃圾、肥料和有毒物质，在空间元素之间进行迁移；三是动物，包括飞行动物与地面动物，如鸟、蜜蜂、狐等，它们的翅膀或脚趾可以携带种子、孢子，昆虫等；它们吃下果子后，肠胃也能带种子，并通过粪便传播；四是人，不仅人体本身可以携带各种物质，而且会利用容器、车船等工具将物质带到目的地。此外，果实自身炸裂，散落种子，土壤的下滑移动等也可能导致景观元素间的相互作用。

景观元素之间物质、能量、养分与物种的空间迁移被现代生态学认为具有维护区域多样性、区域生态活力及生物多样性的重要作用，在规划中应通过对地区实际景观元素的认识与划分，维持而不是破坏空间元素之间的相互作用机制。如地区的微地貌特征，决定了局部地区的空气流动、水分湿度及其物质能量的空间流向，如果"一刀切"地将之推平，就会破坏其原有的生态循环体系及原有的相互作用机制，一方面破坏了建设地段的生态系统，另一方面在排水、气流、温差等诸方面影响了周围生态系统与周围环境，这是不考虑生态过程与自然框架的恶果。

人类主要通过影响空间元素的类型构成、空间格局等来影响整个区域内的生态过程。如城镇建设需要清除地表植被，进行地面铺装，形成不透水下垫面，一方面引进了城镇这一全新的空间元素，及其相关的城镇活动对原有地区的植物、动物、水、风等生态过程都产生影响。这种影响的性质与程度与力度，能否为区域原有的生态过程所接受，并形成新的良性循环体系，取决于对整个地区生态过程及其运行机制的干扰程度，取决于能否达成与自然运行机制相适应的空间结构模式。

生态学的研究还认为，影响能量流、养分流与物种流在空间上的运动方向与距离的驱动力有扩散、压力与动力等。

扩散力，主要指物质从高浓度向低浓度的分子运动，如大气污染物在空间中扩散与蔓延；也指动物从高密度区与低密度区的地盘扩展，形成以一定浓度为中心的向周围淡化的趋势。扩散力往往在小尺度的生态过程与物种流动中很重要。

物质流，由压力与重力形成的，是物质沿能量梯度的运动。风是一种重要的物质流，是由于大气中的压力差异而产生的空气分子从高压区向低压区的运动。风作为一种传输介质，使轻的物质如昆虫、种子、树叶、大气污染物带到附近的景观中，进行长距离或短距离的输送，如风由城镇郊区吹到城区，在带来新鲜空气的同时，也可能携带进城郊农业区昆虫、种子等，并影响到城区的生态状况。此外，风还能传输热能，城区的热空气向上空流动，而由城郊吹向城区的风降低了城镇的温度，形成了环流。水是在重力作用下形成的另外一种物质流，它们携带着营养物质、种子、水体污染物等运动，甚至冲走土壤颗粒造成水土流失和泥石流。风和水构成了区域生态系统最活跃的传输媒介，并形成生态功能环。但风和水会因地形条件与空间元素的不同组合及空间格局的不同而有不同的功能表现形式。

移动力，是物体消耗本身能量从一个地方运动到另一个地方。如采蜜的蜜蜂，汽车的行驶等，推动这些物质运动的力与物质流相同，其能量来自自身或消耗从有机质中产生的化学能。移动力的最重要生态特征是造成物质在空间元素中的高度聚集，如蜂窝中的蜂蜜，城镇中的各类物质等，那些散布在各空间元素中的物质被集中在某一个元素中。另外一种移动力造成的格局是扩散，如城镇中的产品向周围地区的扩散等。

通过对作用机理的分析，可以比较明确地认识到能量流、养分流与物种流在空间的迁移指向，并力图在规划中通过空间位置的选择、空间形态的设计、空间结构的布置、街道的朝向等各方面来保护与维持原有的生态过程，形成与地段相协调的规划设计。

2.7.3 生态过程与规划

（1）生态过程

生态安全格局中的生态过程主要指风、水、动植物的空间迁移。这种空间迁移不断塑造着区域的地表外貌，及其上的动植物覆盖状况，形成了区域生态系统中的物质与能量的循环体系。

1）地形的影响

一个地区的空间元素之间的相互作用及其生态过程，除与地理纬度、离海远近、季节变化以及大气环流等大的背景条件有关外，其地形地貌条件有着决定性的作用。

地形的起伏，地貌的特征，形成了不同的坡向坡度，决定了太阳辐射、降水、热量等在时空上的重新分配，改变了风、水等介质的运行路径、方式及时空格局。对中小尺度的空间元素的相互作用产生巨大影响。

2）水过程

水循环过程在区域生态系统中具有重要的地位。它的循环保证了地球表面能以较小数量的淡水资源来供给生态系统的需求。地表河流不仅在上游地区构成了对地表的侵蚀，在中下游堆积，而且形成了水生生物的生存环境，也是流域内的生态系统通道，对区域内的

43

物质能量养分与物种的空间运移起着重要作用。

起伏地形对降水分配的影响，主要是通过它对风向，风速的影响来实现的。对于孤立山岗，各坡地的水平面上降水量分布在小雨或下雪时，在风速的分布正好相反。在风速较大的山岗和迎风的两侧，小雨滴被吹走，不易下降，只在风速较小的地方，雨滴才在重力作用下下降。所以在风速大的部分，水平面的降水少；风速小的地段，水平面降水多。而在中雨或大雨时，由于风向风速的影响，情况要复杂得多，但总的说来，迎风坡的降水量要比背风坡大。

3）动植物的空间扩散

影响空间相互作用的机制还有动物和人的运动。而动物大都沿着自然地带，半自然地带如蓝色廊道（Blue Corridor，水系）、绿色廊道（Green Corridor）、河流、林地等移动。人类活动则主要局限于人为的道路系统中如乡间小路、公路、铁路、水路等。随着人类活动的加剧及空间扩张，自然地带越来越成为人类用地中的孤岛，生物多样性急剧丧失，通过规划来加强空间的生态连接性是保证区域生态安全的基本手段。加强区域内的生态连通性、维护生态安全机制是生态安全格局的重要目标。

（2）安全格局的构建

小城镇发展应保证其区域要素（人居类型）的完整性，使区域有较为齐全的、多样的生态环境类型。生态学的研究表明，维持区域内景观的多样性与异质性是维持区域生态系统稳定性的基本前提之一。城镇的向外扩展、人类的土地利用，或多或少的存在着单类型、简单化的趋向。为此，需要空间组合的生态研究，尽量保护利用已有的自然空间，形成自然空间网络体系，并与人为空间形成镶嵌性的空间组合结构，提高区域范围内的类型多样性，增加区域生态系统的稳定性，形成人居建设的区域生态安全格局。

而在城镇区域范围内，其自然环境内部规定了城镇的发展空间，反过来区域与城镇的发展模式与空间模式对外围及内部的自然生态环境有重要的影响。自然演进过程及其形成的演进框架为城镇的发展提供了潜力与限制，需要通过建设的生态适宜性分析来加以揭示，并把城镇对周围地区的有利影响纳入地区的生态运行过程中。

区域和城镇规划的基本目标是促进区域要素的合理配置与功能的正常发挥，形成生态环境条件良好的居住空间，达成自然与人工环境的协调，并保证自然环境的正常功能与运行体系，维持自然演进框架。同时，保证自然环境的能力必须理解并尊重区域的生态过程，现有的自然演进框架是几万年、几十万年、甚而几百万年自然演进过程塑造的结果。生态过程的运行一方面受制于现有的自然空间框架，另一方面又对自然空间框架进行改造，并形成未来的空间框架。在规划中应充分认识区域范围内生态过程的重要性，并与空间框架的分析相结合，形成对区域内自然演化的认识，为规划方案的形成提供科学的依据。

2.8 生态区划理论

2.8.1 生态功能区划

（1）概念

引入生态功能区划概念之前，先引入 2 个相关概念：

1）生态系统服务功能

指生态系统与生态过程所形成和维持的人类赖以生存的自然环境条件与效用，它不仅为人类提供食品、医药及其他生产生活原料，而且创造并维持地球生命保障系统，形成人类生存所必需的环境条件。

2）生态功能区

生态功能区是生态系统服务功能的载体，也是由自然生态系统、社会经济系统构成，分层次、分功能，具有复杂结构、复杂生态过程的生态综合体。

重要生态服务功能区域在保持流域、区域生态平衡，减轻自然灾害和生态安全方面起至关重要作用。

生态功能区划概念及目标

生态功能区划是生态服务功能的合理区域划分。它通过运用生态学理论、方法，基于资源、环境特征的空间分异规律及区位优势，寻求资源现状与经济发展的匹配关系，确定与自然和谐、与资源潜力相适应的资源开发方式与社会经济发展途径，有利生态系统维护和可持续发展。

生态功能区划是生态规划的基础，是依据生态系统结构及其服务功能划分的不同类型单元。

小城镇生态功能区划的目标是明确小城镇主要生态系统类型的结构与过程及其空间分布特征，评价不同生态系统类型的生态服务功能及其对小城镇社会经济发展的作用，明确小城镇生态环境敏感性及其分布特点，结合区域的社会、经济现状及发展趋势，提出生态功能区划及其综合发展潜力，资源利用的优劣势和科学合理的开发利用方向，以及生态建设方向和途径。

（2）生态功能区划的基本原则

生态功能区划着重于区分生态系统或区域为人类社会的服务功能，以满足人类需求的有效性为区划标志。生态功能区划遵循以下原则：

1）可持续发展原则

生态功能区划应考虑城镇远期发展与生态潜在功能的开发，统筹兼顾、综合部署，增强社会经济发展的生态环境支撑力，促进地区可持续发展。

2）以人为本、与自然和谐的原则

生态功能区划应把人居环境和自然生态保护放在首要位置、坚持以人为本、与自然和谐的原则。

3）突出主导功能与兼顾其他功能结合的原则

自然资源的多样性和自然环境的复杂性，使不同区域具有不同功能，甚至同一区域具有几种不同的生态服务功能，突出主导功能与兼顾其他功能相结合是生态功能区划的基本原则之一。

4）功能合理组合与功能类型划分相结合的原则

在将功能合理地段组合成为完整区域的同时，结合考虑生态服务功能类型，既照顾不同地段的差异性，又兼顾各地段间的连接性和相对一致性。

5）生态功能相似性和环境容量的原则

生态功能区划应考虑生态功能相似性原则，同时也应考虑环境容量的原则。

45

（3）生态功能区评价因子

1）生态系统服务功能因子

a. 生物多样性维持功能评价因子

对小城镇典型生态系统的生物多样性维持功能评价主要从景观生态分析入手对区域生态系统多样性和物种多样性保护的重要性做出评价。植被指数是植物生长状况及植被空间分布密度的最佳指示因子，与植物分布密度呈正相关，植被指数越高，区域的生物多样性越好。

b. 水源涵养功能重要性评价因子

区域生态系统水源涵养的生态重要性，在于整个区域对评价地区水资源的依赖程度及洪水调节作用。

c. 社会服务功能重要性评价因子

好的生态系统可提供好的生态服务功能，如调节气候、净化空气等。

2）生态环境敏感性因子

包括土壤侵蚀敏感性因子、土壤盐渍化敏感因子、生境敏感性因子。

3）地形地貌因子

地形地貌因子是各种自然景观存在的自然基础，决定了人类对土地利用的方式和生态系统的地理过程，同时决定了不同生态系统的分布，影响到小城镇区域生态功能分异的巨大作用。

4）社会经济因子

生态功能区划要求在满足生态系统稳定发展的基本条件下，最大限度地促进社会经济发展。

5）土地利用现状因子

土地利用现状是自然生态系统和人类活动相互作用的最直接的体现，因而也是生态功能区评价的重要因子。

（4）生态功能区划方法

1）定性、定量区划方法

生态功能区划方法是指用来生态系统服务功能重要性分析、生态环境敏感性分析及生态适宜度评价的方法，主要是以下几种方法。

① 定性区划方法

a. 地图重叠法

在地理信息系统 GIS 支撑下，将各种不同专题地图的内容叠加生成新的数据平面，完成生态功能的定性区划。

b. 专家咨询方法

先准备各类工作底图，包括人口密度图、土地利用现状图、资源消耗分配图、环境质量评价图等，其次请以管理、科研和规划部门为主专家进行初步划分，再将初步结果进行图形叠加，确认基本相同部分，对差异部分进行讨论；最后进行再一轮划分，直至结果基本一致。

c. 生态因子组合法

生态因子组合法分为层次和非层次组合法。前者先用一组组合因子判断土地适宜度等级，然后，将这组因子作为一个单独的新因子与其他因子组合判断土地适度；后者将所有因子组合判断土地的适宜度等级。

生态因子组合法的关键在于建立一套较完整的组合因子判断准则。

② 定量区划方法

a. 多目标数模系统分析法

小城镇生态功能区划涉及指标体系繁多，采取一组环境质量约束条件下，求多目标函数优化求得一组区划变量的满意解，同时通过计算机数字模型，对相对独立、不同主导层次、众多指标构成的复杂系统进行分析作出评价和区划。

b. 多元统计分析法

在定性分区的基础上，采用多元统计分析中的主成分分析、聚类分析和多元逐步判别分析求解。

c. 灰色系统分析法

采用灰色控制系统分析法对某一区域进行分析，将随机数据处理为有序的生成数据，然后通过建立灰色模型，并将运算结果还原得到预测值。

2）生态服务功能评价

生态服务功能评价根据评价区生态系统服务功能的重要性，分析生态服务功能的区域分异规律，明确生态系统服务功能的区域分异规律和重要区域。生态服务功能按重要性程度分级，评价内容主要包括生态系统生物多样性保护服务功能、生态系统水源涵养和水文调蓄功能、生态系统土壤保持功能、生态系统土壤沙化控制服务功能、生态系统营养物质保持服务功能等。

3）生态环境敏感性评价

生态环境敏感性评价概括主要生态环境问题的形成机制，分析生态环境敏感性的区域分异规律，明确特定生态环境问题可能发生的地区范围与可能程度。敏感性评价首先对特定问题评价，然后对多种问题综合分析、提出生态环境敏感性的分布特征。

生态环境敏感性可按实际需要和敏感程度确定合适的敏感等级划分。

小城镇生态环境敏感性评价主要针对土壤侵蚀、土壤沙化、土壤盐渍化、生物生境等敏感性内容进行评价，并可按全国生态功能区划暂行规程相关方法（中科院生态中心）评价。

4）生态适宜度评价

生态适宜性评价一般是在敏感性评价的基础上，结合人为活动的强度和对生态环境造成的压力，以及城镇发展需求进行的综合性分析过程。

主要评价生态环境因素制约下的产业类型、土地利用的适宜程度，并以建设用地适宜性评价为重点。

5）生态功能分区

根据不同地区的自然条件，主要的生态系统类型，按相应的指标体系进行城镇生态系统的不同服务功能分区及敏感性分区，将区域划分为不同的功能系统或功能区，如生物多样性保护区、水源涵养区、农业生产区、城镇建设功能区等。并针对不同功能下的生态环境敏感性以及不同的工农业生产需求、土地利用规划、结合不同区域环境污染、行政管辖范围等社会经济及环境条件，将各功能大区再酌情细分为不同的生态适宜区。

2.8.2　生态区划

（1）概念

生态区划是在对生态系统客观认识和充分研究的基础上，应用生态学原理和方法，揭示各自然区域的相似性和差异性规律，从而进行整合和分异，划分生态环境的区域单元。

生态区划着眼生态系统的区域特征，是以生物或生态系统为区划的主要标志。

（2）生态区划基本原则

生态区划应遵循以下原则：

1）区域分异原则

区域分异原则是生态区划的理论基础，也是生态区划的最基本原则。

在对各生态系统的形成、结构和功能及其气候等因素全面调查了解的基础上，揭示其区域分异规律，依次确定区划的等级单位系统，进而拟定划分这些单位的依据和指标，各级生态区就是区域分异的结果。

2）结构相似性与差异性原则

区域内结构相似性与差异性是划分生态区域的重要原则之一。自然地理环境是生态系统形成和分异的物质基础，在某一区域内其总体的生态环境趋于一致，但因其他一些自然因素的差别（如地形、土壤等）使得区域内各生态系统的结构也存在着一定的相似性和差异性，并为人们识别这些自然体单元提供依据。

3）主导因素与综合分析相结合的原则

生态系统的形成、结构与功能是各相关因素综合作用的结果，在按生态区分异主要因素区划时，必须结合其他相关因素的综合分析。

4）发展与生态环境保护的统一性原则

发展与生态环境保护统一，使自然资源得以充分合理的开发利用和保护，整个生态环境处于良性循环之中，保证资源的永续利用和经济的可持续发展。

5）人和自然和谐的原则

人类与生态环境是不可分割的，生态环境是人类赖以生存和发展的物质基础，而人类作为社会主体，其一切经济活动都对生态环境产生一定影响，生态区划必须考虑人和自然和谐。

（3）生态区划的主要特点

1）综合性

前述生态系统的形成、结构与功能是各相关因素综合作用的结果，因此生态区划本身有综合性的特点。

2）功能整体性

各生态单元通过内部各要素间相互作用和联系表现出统一性和整体性，使系统具有内在的规律性和有序性，成为完整的功能区。

3）生态区单元的多级性

生态区划的多级性是由生态系统的多级性和区域环境的复杂性决定的，并因区域环境的不同以及自然历史演变的各异，构成不同的生态系统。即使在同一生态区域内，水、热条件的分配也因地形、地势等多种因素影响而有很大差异，由此生态系统的差异，决定其不同等级的划分。

4）生态单元空间的不重复性

各级生态单元具有特定地理空间的生态系统有规律的组合，各单元都与某特定的空间相联系。

5）经济结构的差异性

不同的区域，经济结构不同，尤其是与小城镇相关的农、林、牧、副、渔业的生产结构差异更大。经济结构的差异性，决定了区域经济发展方向以及对自然资源的依赖程度不同，从而也导致区域资源的开发利用和保护的不同。

（4）生态区划的要素区划方法

生态区划是特征区划和功能区划的集合。不仅是对各自然因素的综合分析和区分，而且也是考虑人类活动影响及各生态系统和生态区功能的分析和区分。必将对自然生态环境各要素深入研究，了解自然生态环境的基本特征、人类活动对生态环境的影响、生态系统的承载力、生态胁迫过程与生态脆弱性和敏感性等要素，进而在各生态要素区划的基础上，才能提出生态区划方案和生态环境整治对策。因此，生态区划的要素区划是生态区划的重要基础，也是生态区划的必要途径和主要方法。

1）自然生态区划

自然界各自然要素（水、热、土、植被和生态系统等）都是按一定规律分布的。自然生态区划是综合生态环境区划的客观基础。

自然生态区划揭示各要素分布规律的基础上，综合分析各要素的空间分异特征、结构组合和区域分布，同时自然生态区划建立在各单项区划的基础之上。

2）生态资产区划

在自然资源中，生态资源是与矿产资源相区别而言的。生态资源虽然可以更新，但如以掠夺性的方式利用，必将导致生态环境的破坏、生物物种的濒危和灭绝，进而生态资源枯竭。生态资源的破坏是人类引起的全球环境退化最主要的特征。因此，全面了解生态资源的分布及利用状况，进而对生态资产，即生态资源实物量化的货币表现形式进行正确评估也是生态区划的重要基础，也是人们了解生态系统和评价生态环境状况的必要途径。

3）生态承载力区划

不同的生态区域，由于资源与生产潜力不同，其生态承载能力存在很大的差异。生态承载力是衡量一个地区发展潜力的重要指标。

生态区划中，只有对各区域的生态承载力、环境容量的阈值，农、林、畜牧和渔业的生产能力正确评估，进而预测生态承载力的基础上，才能正确预测区域经济发展潜力。因此生态承载力区划也是生态区划的重要基础。

4）生态脆弱性和敏感性区划

生态系统脆弱性和敏感性是由生态系统的结构和人类对生态环境的胁迫过程所决定的。

生态脆弱性和敏感性区划研究不同地区人类活动对生态环境的胁迫过程、压力和强度，以及区域生态环境对人类活动的敏感程度，对于生态区划也是十分重要的。

主要参考文献

1　张坤民. 可持续发展论. 北京：中国环境科学出版社，1997. 16—51

2　吴家正. 可持续发展导论. 上海：同济大学出版社，1998. 23—42

3　蔡运龙. 自然资源学原理. 北京：科学出版社，2000. 182—193

4　吴良镛. 人居环境科学导论. 北京：中国建筑工业出版社，2001. 37—96

5　Forman，R. T. T.，Landscape Ecology. 景观生态学. 肖笃宁等译. 北京：科学出版社，1990

6　许慧等，景观生态学的理论与应用. 北京：中国环境科学出版社，1993

7　祁黄雄. 土地持续利用的系统评价、优化布局与管理调控研究——区域战略与地方实施. 北京大学博士论文. 2002

8　林文棋. 人居环境可持续发展的生态学途径. 清华大学博士论文. 2000

9　张剑平、任福继等. 地理信息系统与 MapInfo 应用. 北京：科学出版社，1999

10　黄光宇、陈勇. 生态城市理论与规划设计方法. 北京：科学出版社，2003

11　包景岭等. 小城镇生态建设与环境保护设计. 北京：化学工业出版社，2005

12　杨士弘. 城市生态环境学. 北京：科学出版社，2003

3 小城镇建设生态系统变化分析

导引：

　　小城镇生态环境系统是小城镇生态环境规划研究的主要对象，是小城镇建设之本。在小城镇及其生态环境规划建设中，必须充分了解与掌握小城镇生态环境系统及变化规律与发展趋势。

　　城镇化与小城镇建设中的生态环境问题，加剧小城镇生态系统变化，小城镇生态系统平衡分析与绿色小城镇建设是小城镇规划建设的基础，也是小城镇生态环境规划的基础与主要组成内容之一。

3.1 小城镇生态系统

　　生态学研究的是生物与其环境之间的相互关系，其中包括人类与其周围动物、植物、微生物、自然之间的关系。按照生态学理论，自然生态系统是一个统一的整体，其中各个部分相辅相成，一个部分的变化将影响到系统中其他部分；反过来，这些变化又会导致其他方面的变化。系统对外来干扰，对变化有一个承受极限，超过此限度，自然系统就将处于不稳定状态。小城镇可以看成一种生态系统，它不仅包括生物复合体，而且还包括人们称为环境的全部物理因素的复合体。小城镇这个生态系统就包括小城镇特定地段中的全部生物（即生物群落）和物理环境相互作用的任何统一体，并且在系统内部，能量的流动导致形成一定的营养结构、生物多样性和物质循环（即生物与非生物之间的物质交换），强调一定地域中各种生物相互之间，它们与环境之间功能上的统一性。生物的生命过程中离不开其生存的环境，它要从环境中获取物质和能量，比如植物需要从环境中获取光能、水分、氧、二氧化碳、无机盐等，与此同时，生物要把代谢的废物排出到体外。在这个物质和能量的生物交换及新陈代谢过程中，植物不仅受到环境的强烈影响和改变，也不可避免地影响环境、改变环境。生态系统的相对稳定状态，是通过系统内部的负反馈机制来实现的。在这种状态下，系统中能量和物质的输入和输出接近于相等，也就是系统中的生产过程与消费和分解过程处于平衡状态。因此，生态系统的外貌、结构、动植物组成等都保持着相对稳定的状态，当生态系统受到外来干扰（包括自然的和人为的）的时候，这种平衡将受到破坏，但只是这种干扰没有超出一定的限度，生态系统就能通过自我调节恢复到原来的状态水平。

　　从生态学的角度来看，小城镇是一种生态系统，它具有一般生态系统的最基本的特征，即生物与环境的相互作用。在小城镇生态系统中有生命的部分包括人、动物、植物和微生物，无生命的环境部分则是各种物理的、化学的环境条件，在它们之间进行着物质代谢、信息传递和能量流动。小城镇生态系统是人工生态系统，人是这个系统的核心和决定因素。这个小城镇生态系统本身就是人工创造的，它的规模、结构、性质都是人们自己决

51

定的。至于这些决定是否合理，将通过整个生态系统的作用效力来衡量，最后再反作用于人们。在小城镇生态系统中，人既是调节者又是被调节者。小城镇生态系统是消费者占优势的生态系统。在小城镇生态系统中，消费者生物量大大超过第一性初级生产者生物量。生物量结构呈倒金字塔形，同时需要有大量的附加能量和物质的输入和输出，相应地需要大规模的运输，对外部资源有极大的依赖性。小城镇生态系统是分解功能不充分的生态系统，它与其他的自然生态系统相比，资源利用效率较低，物质循环基本上是线状的，而不是环状的。分解功能不完全，大量的物质能源常以废物形式输出，造成严重的环境污染。同时小城镇在生产活动中把许多自然界深藏地下的甚至本来不存在的（如许多人工化合物）物质引进小城镇生态系统，加重了环境污染。小城镇生态系统是自我调节和自我维持能力很薄弱的生态系统。当自然生态系统受到外界干扰时，可以借助于自我调节和自我维持能力以维持生态平衡；小城镇生态系统受到干扰时，其生态平衡只有通过人们的正确参与才能维持。小城镇生态系统是受社会经济多种因素制约的生态系统。作为这个生态系统核心的人，既有作为"生物学上的人"的一个方面，又有作为"社会学上的人"以及"经济学上的人"的另一方面。从前者出发，人的许多活动是服从生物学规律的；但就后者而言，人的活动和行为准则是由社会生产力和生产关系以及与之相联系的上层建筑所决定的。所以小城镇生态系统是和小城镇经济、小城镇社会紧密联系在一起的。

总之，小城镇生态系统可以认为是以人群（居民）为核心，包括其他生物（动物、植物、微生物）和周围自然环境以及人工环境相互作用的系统。这里的"人群"泛指人口结构、生活条件和身心状态等；"生物"即通常所称的生物群落，包括动物、植物、微生物等；"自然环境"是指原先已经存在的或在原来基础上由于人类活动而改变了的物理、化学因素，如小城镇的地质、地貌、大气、水文、土壤等；"人工环境"则包括建筑、道路、管线和其他生产、生活设施等。

3.2 小城镇生态系统的变化

生态系统通过第一性生产和次级生产为人类提供食品、工农业原料和渔钓狩猎的对象。生态系统不仅为各类生物物种提供繁衍生息的场所，而且还为生物进化及生物多样性的产生与形成提供条件。生态系统对大气候及局部气候均有调节作用，包括对温度、降水和气候的影响，从而可以缓冲极端气候的不利影响。如植物和其他生物对碳的吸收和储存可以改变大气 CO_2 含量，减缓温室效应，从而影响气象过程。生态系统通过光合作用和呼吸作用与大气交换 CO_2 与 O_2，从而对维持大气中 CO_2 与 O_2 的动态平衡起着不可替代的作用。生态系统中的营养物质通过复杂的食物网而循环再生，并成为全球生物循环不可或缺的环节。

在自然生态系统对气候现象和物质循环的种种调节作用之中，其水分调节功能往往最受重视。发育良好的植被具有调节降雨和径流的作用。植物根系深入土壤，使土壤对雨水更具有渗透性，有植被地段比裸地的径流较为缓慢而均匀，一般在森林覆盖地区雨期可减弱洪水，旱季，在河流中仍有流水。凡是发育良好植被的地段，由于植被和枯枝落叶层的覆盖，可以减少雨水对土壤的直接冲击，保护土壤免受侵蚀，保持土地生产能力，减轻泥沙淤积，减少风沙等灾害。陆地上的生物分解过程主要在土壤中进行，生物分解过程使死去的有机物质和垃圾转化成为碎屑或生物可利用的养分形式，使有害或有毒的物质和许多病原体化解成为无害的物质，不断改善土壤肥力。但是，人类生产活动，特别是农业生产，往往会改变土壤生态系统的特征和土壤与空气和水体之间的化学物质循环，许多这类改变会产生难以逆转的后果。生态系统中某些生物对污染物有抗性，它们能吸收和分解污染物；另一些生物对有机废物、农药以及空气和水的污染物有降解作用，使环境得以清洁。植被不仅能净化水源，而且能净化空气。人类生产和生活产生的垃圾、废物越来越多、越来越快，许多新的工业化合物和工业、生活废物（如"白色污染"）的产生和排放已大大超出了自然生态系统的分解和净化能力，污染了环境，对人类的健康生活造成了威胁。

下垫面是气候形成的重要因素，人类活动对气候的影响首先通过对下垫面性质的改变来实现。小城镇由于人口集中、生产集中，必然急需新建、改建、扩建大批建筑物（含构筑物）才能满足小城镇生产、生活需要，从而使小城镇建设不断地向郊区扩展，向空中扩展，向地下扩展，原来是林地、草地、农田、牧场、水塘的郊区自然生态环境，代之以水泥、沥青、砖、石、土、陶、玻璃、金属等为材料建造起来的人工地貌体。小城镇特殊的下垫面，以建筑物和人工铺砌的坚实路面为主，大多数为不透水层。这些物质性质坚硬、密实、干燥、不透水，且它们的形态、刚性、弹性、辐射、比热等许多物理、化学、几何性状都与原来的疏松有植物覆盖的土壤或空旷的荒地、水域等自然地表不同，人工铺砌的道路纵横交错，建筑物鳞次栉比、参差不齐。它们从根本上改变了小城镇区域下垫面的热力学、动力学特征。其植被面积小、不透水面积大，贮藏水分能力。下垫面粗糙度较大，风速减小，不利热量扩散。通过下垫面与低层大气的对流、乱流、辐射、传导等物理过程进行能量、动量、物质的交换，从而对小城镇的温度、湿度、气流产生影响。

小城镇植物是小城镇生态系统的重要组成成分，它对促进小城镇生产的发展，保证居民生活有着不可代替的作用。小城镇绿色植物由两部分组成：一部分为城郊农田，它为小城镇居民提供必要的副食品和其他资源；另一部分是园林绿地，为小城镇居民提供娱乐休息场所。同时，小城镇绿色植物也起着消纳、吸收、净化城镇废弃物，供给新鲜空气的作用，对小城镇生态环境系统内的物质循环，具有十分重要的意义。因此，小城镇种植植物是美化和净化城镇环境，提高环境质量的重要手段，对促进小城镇生态平衡有着积极的意义。小城镇的工业迅猛发展、人口高度集中，日益加剧的城镇化进程极大地改变了小城镇的自然景观。小城镇的发展导致了野生动植物的后退、衰落和生物多样的减少，使城镇景观生态系统的物质循环、能量流动渠道简单化、低级化。

城镇化进程大大改变了原有的生存环境，使植物的生长发育深受影响。小城镇建设，自然环境被开发利用建设工厂、住宅、道路、广场、果园、菜地等，自然环境中的植被不断被砍伐、清除，代之以稠密的人口，鳞次栉比的建筑物，覆盖水泥、沥青的广场、道路，川流不息的车辆人流，使植物的发展受到限制。而且城镇植被覆盖面积小，与地下水之间又有建筑物或地面铺砌所隔离，不可能从地下得到水源。

一般而言，目前的森林都是原生森林植被破坏之后形成的天然次生林和人工林，此外，还有大面积的灌丛、灌草丛。灌丛是森林植被破坏后的次生类型，由于对灌丛的利用强度过大，多数灌丛生长不良，灌丛退化则导致灌草丛、草丛的出现。这一逆向演替趋势，导致区域生态环境的恶化，土壤贫瘠化，土地自然生产力下降，自然界对水体的调控能力变差，地表稳定程度降低等。因此，造成洪涝、干旱、风沙等自然灾害频繁，城镇水

53

资源短缺，以致影响到小城镇经济的发展。

　　小城镇可以被看作为一种生态系统，小城镇环境、生态系统受到各种因素的影响。要想建设可持续发展的小城镇，必须充分了解小城镇的环境、生态系统及其变化，小城镇建设与小城镇环境保护之间的关系十分密切。只有在进行小城镇发展的同时，加大对环境保护建设的力度，才能保证小城镇的可持续发展。因此，在城镇化过程中，应重视小城镇的环境保护建设。小城镇环境保护应坚持"以防为主"、预防与治理相结合。从生态环境来看，发展小城镇，人口和乡镇企业向小城镇有序地集中，既有利于提高土地资源的使用效率，也可以容纳农村的剩余劳动力，减轻水土流失区现有耕地的压力，达到还田于林，还田于植被的目的。在工业项目引进中，乡镇企业要更多地依靠技术进步求得发展，避免高污染行业向小城镇转化，特别是对环境容量已很小的地区，应更多地考虑无污染和低污染、节地、节水和节能型产业。

　　保护和合理利用水资源、矿产资源、生物资源和旅游资源，尽量多保留一些天然水体、森林、草地、湿地等，给城镇的进一步发展提供足够的环境容量。在确定小城镇人口规模和小城镇发展方向时，要充分考虑环境容量、资源能源等自然条件，从而保证小城镇建设在满足经济目标的同时，满足环境保护的目标。

3.3 小城镇地貌与地形改造及对生态系统的影响

3.3.1 小城镇地貌

　　小城镇地貌是指小城镇所在地区的各种地貌实体，是叠加在其他大地貌单元上的一种局地性的特殊地貌环境。它是小城镇生态环境的重要组成部分。在这个人工叠加的地貌体内，既有大地貌单元的一般特点，也有人类施加影响后的人工地貌环境特点。所以，小城镇地貌是自然地貌与人工地貌的复合体。自然地貌是小城镇地貌的基础，各种人工地貌都是修建在自然地貌的基础之上或其间的，是通过人类对自然地貌进行开发、利用、改造、建造、雕塑、构景、造型，竖立起各种建筑群、文化景观等的人工地貌体。因此，要了解小城镇地貌，首先要了解小城镇的自然地貌，对小城镇自然地貌的形态结构、组成物质、形成演变过程进行研究，以便为小城镇开发、土地利用、建筑设计、工矿企业设置、交通道路、供排水、休息、娱乐、旅游等小城镇生态地貌的布局和建设，提供下垫面基础的科学依据。

3.3.2 小城镇地貌类型及特点

　　人类活动对自然地貌作用的结果有两种情况：一种是在自然地貌的背景上，创造新的地貌类型，称人造地貌；另一种是改造自然地貌，称人为叠加地貌。一般来说，加工成型后的地貌，与小城镇自然地貌镶嵌组合在一起，使小城镇地貌具有独特的特性。因此，小城镇地貌可根据人类活动作用程度的差异，划分三种类型。

　　（1）自然成因地貌

　　自然成因地貌是指那些几乎不受人类活动影响的地貌体，属于覆盖全球的构造地貌，为宏观的大中型地貌体。经自然引力的长期作用，按形态有低山、丘陵、台地、阶地、盆地、冲积平原、冲积扇、河漫滩、沙洲、礁石、坳沟等，是构成小城镇小型微型地貌体的背景，是塑造小城镇地貌的基础。这些地貌形态按起伏高度、地面倾斜度或切割度大小，又可分为次一级的类型。例如丘陵可再分低丘、中丘、高丘；台地又可再分一级台地、二级台地、三级台地；阶地可再分一级阶地、二级阶地、三级阶地等等。按地面倾斜度划分有平坡地、缓坡地、中坡地、陡坡地、峻坡地、峭坡地、陡崖等。按构造又可分为水平或近水平构造、褶皱构造、背斜构造、单斜构造等。按组成物质可分为砂岩、页岩、碎屑岩、碳酸盐岩、砾岩、泥岩、花岗岩等。

（2）人工成因地貌

小城镇人类活动强度也较大，自然地貌已被夷平、消失，形成了新的相对独立的地貌体，即人工堆积和剥蚀的地貌实体。它是由人类的作用力和人类掌握的物质能量所构成的。人类的力量与自然的力量相比，虽然是微不足道，但它的作用速度却是惊人的，人们可以在很短的时间内建起一座摩天大楼。由于人工地貌是按人的需要和意志塑造，所以人工地貌性质形态各异，不同地区有不同的风格和造型。一般来说，根据形态的明显差异，可将小城镇人工地貌划分为房屋、道路、桥梁、人工堆积、人工平整场地、人工负地貌、地下工程等七个类型。若按建造的差异，又可将上述人工地貌划分为以人力作用为主，很少或不使用机械建造的地貌体；既使用人力，又使用一些中小型机械建造的地貌体；使用中型、重型机械建造的地貌体。按建造的材料类型划分，又可分为以砖木为主，以砖、混凝土为主，以混凝土为主，以钢铁为主，以碎石、沥青为主，以条石为主，以土、石为主等七种类型。若将成因与形态结合，则有如下成因形态类型：1）以人力为主建造的房屋，主要为平房和低层（四层以下）楼房，高度低于12m，组成物质主要是砖木或砖混凝土；2）以人力为主建造的公路、桥、涵，土填石砌，组成物质主要是泥土，砂石、混凝土；3）人工挖掘的负地貌，四壁用土石条石垒砌（水库、蓄水池、泳池等）；4）半机械建造的中层房屋，主要是4~8层楼房，高12~25m，组成物质以石、混凝土为主；5）半机械建造的公路等；6）半机械建造的桥梁，组成物质以条石为主大型机械建造的高层房屋，主要是8层以上的楼房，高25m以上，或中层的重型厂房，组成物质以钢铁、混凝土为主；7）大型机械建造的大型桥梁；8）铁路；9）火车站；10）隧道等；组成物质均以混凝土、钢铁为主。

（3）混合成因地貌

在小城镇城区，不受人类活动影响的纯自然成因的地貌体几乎不存在，到处见到的是人工地貌体叠加在自然地貌之上，或人类活动作用对自然地貌产生了一定的效应，对小城镇区域的地表形态、结构、物质进行了改造，但作用量值仍小，未能形成独立的地貌体，是在地貌体中叠加了人类活动，故又称"人为叠加地貌"。如人工夷平地、人工陡坡、陡崖人工剥离地貌，在山地、丘陵地区的小城镇最常见。在平原地区的小城镇，常见沿江筑堤建坝，建排水沟渠，建造水库和引水工程等。自然地貌与人工地貌的综合，形成小城镇混合成因地貌。

小城镇地貌包括了上述三大类型体系，自然成因地貌，是混合成因地貌和人工地貌的基础，混合成因地貌是小城镇地貌的主要特征。小城镇发展不同阶段，其地貌的组成结构和地貌过程也不相同，随着小城镇的发展，小城镇建筑规模不断扩大，自然成因地貌不断受到改造，人工地貌体迅速增加，小城镇地貌结构发生了变化，向混合成因地貌和人工成因地貌转化。为了更好地实现这一转化，使人工地貌与自然地貌更好地协调，就需要弄清楚小城镇所在地的自然地貌特征。

3.3.3　小城镇自然地貌要素

自然地貌是指地球表面的形态。地球表面地貌形态，由于其组成物质不同，所处的自然环境不同，地貌营力差别很大，因而发育形成千差万别的形态。小城镇形成和发展，一方面得益于自然地貌，同时也受到自然地貌条件的限制。自然地貌既影响小城镇的选址和布局，又影响建设和施工。影响人类活动的小城镇自然地貌要素主要是地表形态、组成物质和现代地貌过程（造貌营力）。

（1）地表形态

地表形态是小城镇生态环境的基本特征之一，一般用地面起伏度、地面切割密度、地面坡度、坡向等要素来描述和度量。地表形态对小城镇建设和发展的影响是多方面的，小城镇选址、内部结构布局、交通线网、给排水系统、建设投资概算等都要考虑地表形态。小城镇位置往往选择在河流交汇处、高河漫滩、阶地、平原、山间盆地、冲积扇顶部等地貌部位，土地面积必须广大，足以提供现在和未来的小城镇发展需要。

1）地面起伏度

地面起伏度是以海拔或相对高差（m）来度量。山区、丘陵地区，地面起伏度是影响小城镇规划和建设的重要指标之一。小城镇不同部门对地面起伏度的要求不同，故可将地面起伏度划分为若干等级，分析其在小城镇中的分布及可利用的特点，占全市面积比例，以便为小城镇布局提供依据。

2）地面坡度

地面坡度是表征地表形态的另一重要因素。它以倾斜角（°）或斜率（%）来度量。地面坡度不但影响小城镇布局，道路管网的布设，房屋建筑，而且对小城镇防灾也十分重要。暴雨时坡度陡，容易产生地面侵蚀，甚至崩塌、滑坡等灾害。不同坡度对小城镇建设的适宜度不同。崎岖的山地不宜小城镇建筑。现代工程技术发展虽然降低了限制，但地面坡度越陡，施工开挖量越大，基本建设投资就越高。一般先利用平地和缓坡地，随着小城镇发展逐级开发建设。因地就势则可以使人工建筑与自然地貌融合，既节省工程投资，又获得高的环境生态效益。

3）地面切割度

由于地壳构造运动，地面上升，江河沟谷下切侵蚀，形成密集的江河沟谷网，称切割密度。它是以每平方公里面积内沟谷长度为单位度量。地面切割密度，反映了小城镇建设所利用地块的面积大小与形状，以及地形对小城镇道路建设和布局的影响。切割破碎的地形沟谷多，地面崎岖，靠桥梁、涵洞等交通设施连接，建设耗资大，限制了其被开发利用。因此可以依据小城镇规划、建筑和交通设计对切割度的要求，并结合小城镇地貌特点，将切割度分若干等级，然后量测不同切割密度的面积比例和分布，分析其对小城镇建设的影响。

此外，地表形态还通过影响气候、大气污染和地质灾害，而间接影响小城镇居民的生产和生活。例如，地形影响日照时数，阴坡、阳坡的利用价值不同而容易形成逆温和雾，进而加重大气污染。小城镇建设开挖土石方，改造地表形态，又容易引起滑坡、崩塌、山泥倾泻等地质灾害。

（2）小城镇地貌营力过程和效应

自然地貌是在内营力和外营力共同作用下形成的，不同性质和强度的地貌过程，是影响小城镇建设和发展的另一城镇自然地貌因素。小城镇的地貌营力，是自然营力与人类作用的产物，即小城镇人类活动对地貌的影响过程。这里人类作用是直接的小城镇地貌过程，如堆积过程和剥离过程，或称建设过程和破坏过程。其方式有修造、扩建、改造、拆迁、填埋、挖掘、夷平、切坡、开凿等。而自然营力是间接的小城镇地貌过程，有风化过程、重力地貌过程、流水地貌过程、风沙地貌过程、海岸地貌过程、岩溶地貌过程、冰缘地貌过程等。

人类活动直接作用于地貌，改造自然地貌，并创造新的地貌体。如小城镇建设，建造了各种形式的房屋、路、桥等设施，建造了小城镇这一独特的堆积地貌形态。小城镇建筑需要大量砂、石、土，这些物质从附近的地区挖取。故在附近留下了砂坑、土坑、采石坑等人工剥离地貌形态。人类在进行建筑时要清基挖方，人工切坡，有时甚至需要削平山头，填平沟谷、洼地，或在地面上堆积形成人工小丘或小山。这些人类造貌过程，又产生了一系列环境地貌效应。如地面侵蚀就是小城镇常见的一种地貌营力过程，它由流水作用产生。位于山地丘陵的小城镇，还常见坡面侵蚀、山崩、滑坡、塌方、泥石流等。在小城镇建设时期，流水侵蚀最强。小城镇建设工程星罗棋布，大量砂堆、土堆以及施工开挖的剖面，雨季由于雨水冲刷和地面径流，发生侵蚀和水土流失，把松散的物质带走，冲入排水管渠和低洼地淤积起来，堵塞行洪道；汇入河流，使河水含沙量增加，改变水文条件，从而使小城镇河道稳定性发生变化，淤塞变浅。

（3）地面组成物质

地面组成物质是指组成小城镇基面的各种岩石及其风化壳。它们以表土、基岩（露头）或埋藏地貌等的形式存在，岩性差异甚大，从而对小城镇建设和交通都有影响，其中与小城镇地貌灾害，尤其是与滑坡、崩塌直接有关。一些地面组成物质又是小城镇建材的原料，小城镇建设和防灾均有重要影响。基岩的露头分布、岩性、埋藏深度、走向、倾角、剪切方位、节理、风化层厚度和岩层组合等，都与小城镇建设密切相关。不仅高层建筑和工矿建筑考虑地面组成物质的性质，而且小城镇用水，污水排放，道路位置，场地选择，土壤的理化坡面的稳定性，原土的压缩性、扰动性，土质结构，固结程度，渗透情况等，都与地面物质有密切关系。例如，许多片岩，不宜承受高的单位负荷，同时会沿片理方向渗水，但多决定于结构和风化程度；碎屑沉积岩，遇湿或融冻时，会失去粘结力，岩、白云岩受溶蚀，有地下溶洞，容易崩塌，而基岩上的薄层覆盖，是良好的地基。但有些则不能作地基。泥炭土、大孔土、膨胀土、低洼河谷地的填土以及软弱夹层多的地往往因为物理性状的变化而引起地面变形或地基陷落，使建筑物发生裂缝和崩坍等。埋藏地貌也影响建筑物的地基、水文地质条件以及砂土液化等。埋藏负地貌常为富水区，其坡度起伏将影响地下水流向，污染物的移动和分布。此外，埋藏地貌还可作为地下建筑的选址和施工。

3.3.4 小城镇地貌灾害

地貌环境可影响小城镇的分布格局，小城镇的区位条件和小城镇的地域结构等。小城镇地貌体受各种地貌营力，包括人类活动的作用，当地貌营力作用强烈，破坏地貌体的平衡时，即会诱发地貌灾害，影响小城镇生态环境的稳定平衡。

（1）地势造成的小城镇洪水灾害

洪水是我国城镇最主要的灾害之一。它出现频率高，受灾面积大。对于小城镇的危害同样是存在的。由于人类活动修筑及其他阻塞河道的设施，降低了河道的泄洪能力，使小城镇洪灾更加频繁。

（2）地质灾害

现代地貌过程和地表形态，深受地质构造和引力的影响。地质条件是小城镇生态环境存在与稳定的基本因素，也是建设小城镇的基础。建造小城镇一般选择那些地壳相对稳定，地质基础坚实的地带。小城镇自然地貌，是地壳运动长河中出现的一种暂时的相对稳定阶段的地表形态。因此，组成地壳的岩石、地层、地质构造、地壳升降运动等，都是小城镇建设必须考虑的地质条件。

地质基础关系到小城镇建筑及其日益增强的承载力问题，松散的沙层与固结的沙层、黏土、粉砂岩、页岩、灰岩以及各类岩浆岩，都具有各自的物理力学特性和抗震抗压强度，它们除了影响地基施工条件外，还关系到建筑物的安全。这些岩石以单一或不同组合方式构成，即使是完全相同的自然地貌形态，它们对小城镇地貌稳定性的影响，也往往会有很大的差异，尤其是地震及人工大规模开挖露头，改变它们原来的地貌形态的时候，表现尤为明显。小城镇建设要求上覆土壤及下部的堆积物或岩层（地基）能够支承建筑物。随着小城镇建设的建筑物高度越来越大，对地基的要求也不断提高。不同高度的建筑物所要求的地基承压力不同，地基承压力至少每平方厘米需超过 $0.5\sim2.0$kg。选择最佳的建筑地质基础，是小城镇开发的先决条件。

（3）小城镇地质灾害

1）重力作用形成的崩塌、滑坡、泥石流工程地质灾害

丘陵山区的小城镇，地面坡度较大，当岩层节理、裂隙比较发育时，由于长期风化和流水作用，加上小城镇强烈的人为活动，开挖山坡、建筑施工、工业与生活用水的大量下渗等原因，造成地质条件的改变，破坏了原来坡体的稳定性或古滑坡的平衡，从而产生新的滑坡或古滑坡复活，造成滑坡、崩塌、泥石流等地质灾害。当在坡地或紧靠崖岩建设时往往会出现上述情况，致使工程损坏。有的工厂因地面滑动而倒塌。滑坡的破坏作用还常出现在河道、路堤，使河岸、堤壁滑塌。为避免滑坡所造成的危害，须对建设用地的地形特征、地质构造、水文、气候以及土壤或岩体的物理力学性质作出综合分析与评定。在选择建设用地时应避免不稳定的坡面。在选用有滑坡可能的用地时，应采取具体工程措施，如减少地下水或地表水的影响，避免切坡，保护坡脚等。在冲沟发育地带，水土流失会给建设带来困难，所以小城镇选择建设用地时，应分析冲沟的分布、坡度、活动与否，以及弄清冲沟的发育条件，以便采取相应的治理措施，如绿化固坡、修建护坡工程、疏导地表水等。

地面沉降作为工程地质灾害与人类活动关系最密切。人类建造的小城镇地貌体对地面的压力与人类抽取地下水改变地下应力的不平衡，是导致地面沉降、产生地表变形的主要原因。严重的是地面沉降能引起次生灾害。高纬度小城镇由于寒冻风化作用，融冻作用，形成季节性冻土，反复融冻作用使地基土冻胀和融沉，引起建筑物产生裂缝，埋入地下的

各种管道有冻裂的危险。因此，在冻土区地下管道和建筑物地基要深于最大冻土深度，以保安全。在建筑物选址时要尽量避开低洼地区，或填高地基。干旱地区小城镇要防风积、风蚀等。

2）地震灾害

地震地质有活动断裂带地区的断裂带弯曲突出处和两端或断裂带交叉处，岩石多破碎，最易发生聚集能量释放地震灾害。地震灾害还可能引发二次灾害。

数千年来，人类为寻求减轻地震灾害的对策，进行着不懈的努力，积累了丰富的经验。围绕控制地震、地震预报、抗震防灾三大方面开展工作。重点应放在抗震防灾上，将抗震防灾措施贯穿在小城镇建设工程的全过程，多层次制定减轻地震灾害的对策，在分析小城镇震灾特点的基础上，抓宏观管理和综合减灾。

① 避免在强震区建设小城镇。一般规定，在地震烈度 7 度以下，工程建设不需要特殊设防，烈度在 9 度以上地区则不宜选作小城镇城镇用地。

② 按照用地的设计烈度及地质、地形情况，安排相宜的小城镇设施。尽量避开断裂破碎地带，以减少震时的破坏。重要工业不宜放在软地基、古河道或易于滑塌的地区。

③ 对易于产生次生灾害的小城镇设施，要先期安置合适地点。如油库、有害的化工厂及贮存库不宜放在居民密集地区、上风及上游地带，大型水库不宜建在强震区的上游，以免震时洪水下泄，危及小城镇。如果必须建造，则应考虑提高坝体的设防标准，或采取可靠的泄洪导流措施，重点设防。

④ 按震时的安全需要安排各种疏散避难的通道和场所。建筑物不宜连绵成片，要留有适当的防火间隔。从避难方面考虑，要有足够的室外空间。不同地震烈度地区的建筑物应按不同的抗震设防标准和抗震建筑规范设计。

⑤ 保护好小城镇重点工程设施。如小城镇生命线工程（供水、供电，供气、通信、机场、车站、桥梁等）、医院、消防等重要设施部门，以免发生地震时受到损坏，使小城镇机能瘫痪。

3.3.5 人与地貌各要素的关系

小城镇是人类活动作用较为强烈的地区，人与地貌各要素的关系十分密切。人类活动利用地貌环境，同时又改变了小城镇地面的物质组成、结构、演化过程以及气候、水文状况，形成小城镇地貌的许多特点。反之，小城镇地貌对小城镇人类活动又产生深刻的影响。

（1）地貌环境与小城镇扩展

自然地貌是内外营力相互作用的产物，它是小城镇建设和扩展的背景。小城镇地域形状完全是适应地形而发展起来的，是在原地貌特征的基础上施加人工影响的结果。小城镇的地貌扩展、布局和形态结构，在很大程度上受到小城镇地貌环境特别是地貌类型的控制和影响，反映出地貌形态的不同利用方式。所以人类活动、小城镇发展应适合当地的地貌环境，一般先利用平地，缓坡地，因为平地建设投资省，所以平原地区小城镇密集。因此在制定和完善小城镇规划与发展战略时，需深入分析地貌环境的特点及其影响，使小城镇发展有可靠的科学依据，合理利用土地。

（2）小城镇发展不同阶段地貌环境特点及管理

小城镇地貌是叠加在其大地貌单元之上的一种局地性特殊地貌，它既有大地貌单元的特点，也有人为施加影响后的人工地貌特点。地面上的建筑物是经过精心加工之后建起来的。人为加以影响的小城镇地貌环境，加工成形后便与自然地貌相接，在大范围上重新接受自然的雕刻求得平衡稳定，既不可能移动也不可能复原，具有不可逆转性。

小城镇发展不同阶段人与地貌要素的相互作用不同，小城镇地貌形态表现也不同。小城镇发展的初期，土地主要是郊区性质的农业景观和自然状态。此时，建筑活动一般来说与地貌营力相平衡。随着小城镇建设活动增多，房屋街道增加，不透水面积增大，蒸发减少，地面的渗透速率下降，暴流和地面侵蚀加强，河流沉积物输送率加大，沉积负荷增加。

小城镇发展的后期阶段，土壤为不透水的封闭地面，渗透速率很低，洪水威胁加剧。地面侵蚀减弱，在已建成的地区，其侵蚀速率通常比具有相同地形、气候特征的农业区还低。河流携带的负荷减少与增加的径流不相适应，河流系统处于不平衡状态，结果在人工河道与自然河道的交接部位引起强烈的侵蚀作用。人工坡面多呈不稳定状态，块体运动加剧。单靠植被来保护坡度大的人工坡面是不行的，因为风化作用可达很大深度，而植被仅限于表层。因此，小城镇开发建设不同时期，应根据当地的地形要素和气候、水文、土壤、植被等状况，采取不同的管理保护措施。如尽可能少干扰地面的稳定状态，减少裸露面积，尽量缩短地面裸露时间，积极采取有效措施护岸、保坎、修筑台阶来防止和减少侵蚀；修建大口径排水管渠，分散或增大径流，减少洪涝等。

3.4 小城镇气候与大气污染

小城镇建设中，由于密集的建筑物以及水泥、沥青铺设的地面改变了下垫面的性质和小城镇的空气垂直分层状况，化石燃料使用的不断增加，造成大气污染，改变了大气组成，同时加强了人为热和人为水汽的影响，导致小城镇内部气候与周围郊区的气候差异日益增大。

小城镇气候是在区域气候的背景上，经城镇化之后，在人类活动的影响下形成的一种局部气候。小城镇气候的形成和特征与城镇化、人类活动的强度密切相关。城镇化对大气环境的胁迫效应主要取决于城镇人口密度、燃料结构与消耗、废气排放与源控制等，并受城镇功能区布局、绿地面积与布置、市政基础设施的配套等因素的制约。

3.4.1 小城镇大气成分改变及其影响

由于小城镇社会经济的较高强度运转，需要消耗大量的能源，而且以矿物燃料为主，在燃烧过程中排放二氧化硫、氮氧化物、一氧化碳等有毒有害气体和颗粒物。排入大气的污染物或由其转化的二次污染物大量增加，当其量超过大气的自净能力时就会造成大气污染，使小城镇大气的组成成分改变，影响小城镇空气的透明度，减弱能见度，改变太阳入射辐射、散射辐射和地面长波辐射，为云、雾、降水的形成提供凝结核。特别是燃料燃烧和一些物质生产工艺过程所排放的二氧化碳、臭氧、甲烷等，吸收地面长波辐射能力很强，造成大气逆辐射也很强，地面更不易冷却，产生温室效应，使小城镇的气温比郊区高。

城镇化影响的范围，在水平方向上是指城区及城镇影响所达郊区；在垂直方向可划分三层，地面以上至建筑物屋顶为城镇覆盖层，这一层气候变化受人类活动的影响最大，它与建筑物密度、高度、几何形状、门窗朝向、外表涂料颜色、街道宽窄和走向、路面铺砌材料不透水面积、绿地面积、建筑材料、空气污染以及人为热、人为水汽的排放量有关；建筑物层顶向上到积云中部为城镇边界层，这一层的气候变化因受城镇大气质量和参差不齐屋顶的热力和动力影响，湍流混合作用显著，与城镇覆盖层之间进行物质、能量交换，且受周围环境和区域气候的影响；城市影响的下风方向有一个城市羽尾层（也称市尾烟气层），这一层的气流、污染物、云、雾、降水和气温均受到小城镇的影响，在城镇羽尾层之下为乡村界层。小城镇的气候变化不及大城市的气候变化那样剧烈，但是随着小城镇的城镇化进程的加快，小城镇的气候变化也是需要人们密切关注的问题之一。

3.4.2　人为热释放影响

人为热是指由于人类生产、生活活动以及生物新陈代谢所产生的热量。城市由于人口集中、生产集中、交通集中，在工业生产、家庭炉灶、内燃机燃烧、机动车行驶等消耗能源的同时，都有一定的"废热"排放，加上空调、取暖等排出的热量，以及人体新陈代谢产热，使城市区域增加许多额外的热量收入。尤其冬季和高纬度城市，有时甚至超过由太阳辐射得到的热量，从而改变城市区域的能量平衡，形成城市热岛。由此可见，由于受到城市特殊下垫面和人为活动的强烈影响，在城区形成不同于周围郊区的局地气候。这种差异在各项气候要素的变化上表现得很明显。

大城市中存在着城市热岛效应。城市热岛是城市化气候效应的主要特征之一，是城市化对气候影响最典型的表现，大量的观测对比和分析研究确认，这是城市气候中最普遍存在的气温分布特征。对小城镇来说，由于绿色空间减少，工业发展，汽车增多，建筑容积率提高，使得小城镇中二氧化硫、氮氧化物、一氧化碳、二氧化碳等有害废气不断增加，大量悬浮尘埃在空气中弥漫，在小城镇上空形成了逆温层、既造成"温室效应"和"城镇热岛效应"，又严重阻碍了废气的排除。这在小城镇建设中，也是值得关注的一个生态环境问题。

3.4.3　小城镇的大气污染

（1）小城镇大气污染

小城镇气候与其所处地带的典型气候有着明显的区别，城镇热量状况是在诸多要素的影响下形成的。城镇地表有大量的楼房等凸出工程而不同于平原地区，这使城镇区域吸收更多的太阳光能并且升高温度，犹如一架特殊的热风机在加热空气，不仅如此，一些企业、热电站、供暖站等同样也加热城镇的大气。城镇光照不仅决定于其地理位置，而且也取决于其大气状况，污染了的大气截留了很大一部分阳光。由于大气透明度下降，光质也就是光谱成分也发生改变，光含有少量紫外线，也缺乏有效光合辐射，表现在城镇植物的发育上。紫外线辐射的减少和大气透明度的下降致使许多有害物质（如铅）的毒性效应加剧。辐射平衡不仅依赖于城镇街道覆盖物的性质和建筑物的分布，也在相当程度上取决于大气状态。大气污染形成了"城市雾"等许多城镇景观的独特特征，使城镇损失部分太阳辐射。城镇是各种不同取向面（街道、建筑物）复合成的系统，而人烟稀少的地区是地平面接受并反射太阳光。从大气主要成分 N_2、O_2、CO_2 等来看，小城镇与乡村的差别很小。其主要差别是城镇空气含有大量的污染物质。污染特性和程度取决于企业专业化水平和数量、环境保护设施、城镇汽车数量、运输强度，也取决于污染源的分布位置。进入大气的主要化学污染物有硫化物、二氧化碳、氮化物、碳氢化合物、烟黑、苯酚、重金属。

（2）小城镇大气环境保护

小城镇的电厂、水泥厂、化肥厂、造纸厂等项目的建设是小城镇大气污染的主要污染源；同时乡镇企业能源以煤炭为主，燃烧率又低，又缺乏先进净化设施，烟尘排放严重超标。因此，为防止小城镇大气环境质量的恶化，应优化调整乡镇企业的工业结构，积极引进和发展低能耗、低污染、资源节约型的产业，并加快对现有重点大气污染源的治理，对大气环境敏感地区划定烟尘控制区。同时结合技术改造和产业升级，改进燃烧装置和燃烧技术，提高资源、能源利用率和综合利用水平，降低有害气体和其他污染物的排放量。根据我国的能源结构，小城镇的大气环境质量的主要控制指标为二氧化硫、总悬浮颗粒物和氮氧化物，以建材业为主导产业的城镇还应把氟化物作为主要控制指标。

根据小城镇当地的能源结构、大气环境质量和居民的消费能力等因素，选择适宜的居民燃料。小城镇居民的炊事和供热除鼓励使用固硫型煤外，有条件的城镇应推广燃气供气、电能或其他清洁燃料。

对于汽车废气，应采取有效措施提高汽车尾气达标率，控制汽车尾气排放量，积极推广使用高质量油品和清洁燃料。如液化石油气、无铅汽油和低含硫量的柴油等。

另外，小城镇应充分发挥自然植被和城镇绿化的净化功能，根据当地条件和大气污染物的排放特点，合理选择植物种类，通过植物来净化空气、吸滞粉尘，防止扬尘污染。

3.5　小城镇水文与水污染

3.5.1　小城镇的水文效应

城镇化最主要的特征是人口、产业、物业向城镇集中，土地利用性质改变，建筑物增加，道路铺装，不透水面积增大，整治河道，兴建排水管网等，直接改变了当地的雨洪径流形成条件；小城镇社会经济发展对水的需求量增大，废、污水增多，从而对水的流动、循环、分布，水的物理化学性质以及水与环境的相互关系，产生了各种各样的影响。

小城镇建设中的人口集中和建筑物密度的增加，改变了小城镇的水文条件。由于小城镇中兴建了大量的房屋和道路，扩大了不透水的地面，改变了降水、蒸发、渗透和地表径流；水渠和下水管道的修建，缩短了汇流时间，增大了径流曲线的峰值；大量的人口，在生产和生活过程中需水量增加，减少了地下水的补给，同时因污水排放量的增加而污染了水体，这一切使得小城镇的水文特征发生了巨大的改变。

（1）地面水系

人工化天然的河、湖、塘、池、淀、洼，是自然变迁、新构造运动、气候变化的产物，随着社会的发展，人类的开发活动，特别是城镇的开发建设，对河道截弯取直、修建水库和其他水利设施，以及开辟人工河道等，使天然河流大部分被闸、坝、堤防所控制，从而改变了地表水的自然分布状态。这些人工河道具有泄洪、排污、输水等专门功能，形成天然河湖与人工沟渠并存、彼此连通、相互影响，受人工整治和高度控制利用的地表水系统。

（2）地下建成排水系统

城镇化结果，天然的地面排水系统被人工形成的引导水流的各种不透水通道和地下下水道排水系统所代替和补充，目的是尽快把城镇的雨洪排走，保护城镇设施，免遭洪水灾害。地下水的存在形式、含水层厚度、埋深、矿化度、硬度、水温以及动力等条件会影响城镇建设的施工和建筑物的安全。地下水太浅，地面可能成为沼泽或湿地，将不利于工程的地基。在沼泽地区，由于经常处于水饱和状态，地基承载力较低，当选作小城镇用地时，要采取降低地下水位，排除积水的措施，以提高地基承载能力和改善环境卫生状况。因此，沿河的泛滥平原不适宜于城镇建设和发展。对于没有地下室的普通建筑，要求地下水埋深 1m 左右，而有地下室的建筑则要求地下水埋深要在 3m 以下。

地下水按其成因与埋藏条件，可以分为上层滞水、潜水和承压水三类。具有城镇用水意义的地下水，主要是潜水和承压水。潜水埋深因各地的地面蒸发、地质构造和地形等不同而相差悬殊。承压水因有隔水顶板，受大气影响较小，不易受地面污染，因此往往是城镇主要水源，特别是远离江河或是地面水量、水质不能满足需要的地区。探明地下水资源对小城镇选址、确定工业建设项目以及小城镇规模等均有重要意义。地下水的水质、水温由于地质情况和矿化程度不同，它对小城镇用水的适宜性也不同。以地下水作为主要水源的小城镇，随着工业的发展和人口增长，用水量猛增，为满足这种发展的需要，不得不过量开采地下水资源。与此同时，由于大量地下工程和高层建筑的兴建，切断了地下水正常径流，使地下水补给失调，流向紊乱，水质恶化，水资源枯竭，结果造成地下水位急剧下降，从根本上改变了小城镇地下水文地质条件，并造成城镇地面下沉，它们除了影响地基施工条件之外，还关系到建筑物的安全。

（3）小城镇水循环过程变化

天然流域地表具有良好的透水性，雨水降落地面之后，一部分下渗到地下，补给地下水，一部分涵养在地下水位以上的土壤孔隙内，一部分填洼和蒸发，其余部分产生地表径流。

（4）河流水文性质的变化

小城镇由于下渗量、蒸发量减少，增加了有效雨量，使地表径流增加，径流系数增大。地表流动部分水量增加，对城区河道或排水沟渠的压力加大。

城镇化后由于人类活动的影响，天然流域被开发，植被受破坏，土地利用状况改变，自然景观受到深刻的改造，不透水地面大量增加，使小城镇的水文循环状况发生了变化，降水渗入地下的部分减少，填洼量减少蒸发量也减少，产生地面径流的部分增大。

这种变化随着城镇化的发展、不透水面积率的增大而增大。下垫面不透水面积的百分比愈大，其贮存水量越小，地面径流越大。

（5）径流污染物荷载量增加

小城镇发展，大量工业废水、生活污水排放进入地表径流，而这些废污水富含金属、重金属、有机污染物、放射性污染物、细菌病毒等，污染水体。城镇地面、屋顶、大气中积聚的污染物质，被雨水冲洗带入河流，而小城镇河道流速的增大又加大了悬浮固体和污

63

染物的输送量，也加强了地面、河床冲刷，使径流中悬浮固体和污染物含量增加，水质恶化。无雨时（枯水期），径流量减少，污染物浓度增大。

（6）地下水位下降，水量平衡失调，生态环境恶化

小城镇不透水区域下渗水量几乎为零，土壤水分补给减少，补给含水层的水量减少，致使基流减少，地下水补给来源也随之减少，促使地下水位急剧下降。而由于工业化的发展，人口增加，生活水平提高，对水的需求量大增，同时地表水又受到不同程度的污染，致使供水不足，水资源紧缺，于是大量抽取地下水，超越了自然补给能力，使水量平衡失调。如果持续时间较长，则容易引起地下水含水层水量的衰竭，造成城区地下水水位下降，从而导致地面下沉，引起地基基础破坏，建筑物倾斜、倒塌、沉陷，桥梁水闸等建筑设施大幅度位移，海水倒灌，小城镇排水功能下降，易发生洪涝和干旱灾害。

3.5.2　小城镇降水变化的生态环境效应

降水不仅是小城镇生物的重要生态因子，而且它是地表水利地下水的补给来源，参与小城镇天然生态系统的水分循环和小城镇—大气系统的水分平衡。对小城镇大气污染和水体污染有净化作用，直接或间接影响小城镇的人类活动。所以降水是小城镇生态环境重要自然因子之一。小城镇降水量增加的直接后果是使小城镇雨洪径流增大，增加了小城镇的防洪压力，同时使地面侵蚀加强，非点源污染加大，使受纳水体的污染情况恶化及河道、蓄水池淤积加速等。因而需要增加一系列管理养护整修费用。冰雹、雷暴等对流性天气灾害，会使小城镇居民生命财产遭受损失，加上下雨时能见度下降，雨天路滑泥泞，可能使交通事故率增加。另一方面，降雨量增加会使枯季径流增大，从而缓解枯季供水紧张状况。因此，在小城镇规划中要充分注意这一点，妥善安排不同土地利用区位，尽可能减少损失。

3.5.3　小城镇的水污染

（1）小城镇水污染

人类在生活和生产活动中，需要从天然水体中抽取大量的淡水，并把使用过的生活污水和生产污水排回到天然水体中。由于这些污（废）水中含有大量的污染物质，污染了天然水体的水质，降低了水体的使用价值，也影响着人类对水体的再利用。水体污染是指排入水体的污染物在数量上超过了该物质在水体中的本底含量和水体的环境容量，从而导致水体物理特征、化学特征和生物特征发生不良变化，破坏了水中固有的生态系统，破坏了水体的功能及其在经济发展和人们生活中的作用。

河流、湖泊、池塘在小城镇起着重要的作用。许多小城镇的建设与发展与其密切相关。它们减少空气污染，净化空气，是市民娱乐休闲的场所，有时还有饮用水源的功能。但是大多数城镇的水源受到不同程度的污染。有企业废水、生活污水、流经地表的雨水和雪水等污染。通常污水不经过进一步的无害化和净化处理不能使用。城镇污水有被化学合成制品、酸等污染的水，采用一般的净化方法是行不通的。污染经常破坏水域生态系统生态平衡，生物生态关系遭破坏，水质也发生变化。有许多污染物的毒性机理尚未研究明白。受水泥、沥青等地表覆盖物的影响，城镇水文状况发生总体改变。城镇排水设施使径流汇集排出城外。地形影响到水文系统状况、水质成分及污染程度。许多沟壑成了城镇生

活垃圾场，污染物质由此进入地表水或地下水中。

造成小城镇水体污染的因素是多方面的，向水体排放未经妥善处理的小城镇污水和工业废水；施用化肥、农药和小城镇地面的污染物，被雨水冲刷，随地面径流进入水体；随大气扩散的有毒物质通过重力沉降或降水过程进入水体。水体的主要污染源包括小城镇生活污水、工业废水、农业污水、地表径流污染以及地下水污染。

（2）小城镇的水体环境保护

小城镇的建设中要保护好水环境。加强水源的保护，从保护水资源的角度来安排小城镇用地布局，特别是污染工业的用地布局，在确定小城镇的产业结构时应充分考虑水资源条件。应按小城镇不同经济发展地区、不同规模和不同发展阶段来划定小城镇的污水管网普及率和污水处理率。

对于排水体制，应结合小城镇的总体规划、环境保护要求、基建投资、污水处理及山路、原有排水设施、水环境容量、地形气候等条件综合考虑确定，不应照搬大中型城镇的做法。为有效地降低小城镇污水对水环境的污染，小城镇的管网系统应与污水处理设施统一规划同时建设。建设和完善污水管网收集系统，避免污水随意排放造成水体多点污染和"有厂污水"现象（有污水处理厂但没有污水可处理）。在规划建设小城镇污水管网和处理设施时，应突出工程设施的共享，避免重复建设。在城镇化程度比较高、乡镇分布密集、经济条件和城镇建设同步性较强的地区，可在大的区域内统一进行污水工程规划，统筹安排、合理配置污水工程设施，通过建造区域性污水收集系统和集中处理设施来控制城镇群的水污染问题。为提高污水处理率和减少污水治理费用，小城镇的污水处理应分期、分级进行。对近期采用简单处理工艺的城镇，远期要为污水处理工艺的升级留有余地。

由于不同小城镇的基础条件差异较大，不可能有统一的污水处理方法。污水处理方法的选择应根据污水水量和水质、当地自然条件、受纳水体功能、环境容量、小城镇的经济社会条件和环境要求等综合因素来确定。如对于规模较小的城镇，污水处理方式不宜单独采用基建投资大、处理成本较高的常规生物活性污泥法，而应选择工艺相对简单、成本较低、运行管理方便的污水处理技术；在自然条件和土地条件许可的情况下，优先选择投资省、运行费用低、净化效果高的自然生物处理法。

提高节水意识、减少污水排放量；并积极推广污水回用的技术和措施，特别是在农业方面的回用。

3.6 小城镇土壤生态系统与土壤污染

3.6.1 土壤生态系统

土壤污染是指进入土壤的污染物超过土壤的自净能力，而且对土壤、植物和动物造成损害时的状况。土壤污染物应是指土壤中出现的新的合成化合物和增加的有毒化合物，土壤原来含有的化合物不应包括在内。

小城镇土壤零散地分布在小城镇之中，它是经过人类活动的长期干扰或直接"组装"，并在小城镇特殊的环境背景下发育起来的土壤，它与自然土壤和农业土壤相比，既继承了原有自然土壤的某些特征，又有其独特的成土环境与成土过程，表现出特殊的理化性质、养分循环过程以及土壤生物学特征。小城镇土壤作为地球土壤圈的一个组成部分，完成着一定的生态、环境和经济功能。小城镇土壤是城镇环境的一个重要组成要素，具有多种功能，其中重要的作用之一是它可以作为城镇植被的立地基础和生长介质、建筑物的地基、水的源泉和污染物的净化场所，而且它作为下垫面对城镇气候可产生一定的影响，同时它也是生态系统和能量循环与转化的必要环节。在当今小城镇土壤资源日趋紧缺和自然空间十分狭小、环境日益恶化的形式下，有必要加强对小城镇土壤的形成特征、开发利用与保护研究，加强对小城镇土壤有限资源的保护和合理开发利用，对恢复城镇绿地空间、改善城镇生态环境均有极为重要的意义。

小城镇土壤生态系统是由土壤、土壤生物和地上植被三大部分组成。土壤生物在土壤有机质合成、分解、矿化、养分循环以及土壤结构的形成和保持方面均起着至关重要的作用。土壤生物包括土壤微生物、土壤动物和少量的低等植物。由于小城镇土壤的"固化"、栖息地的孤立、人为干扰与娱乐压力以及污染的加重，使得土壤生物的种类和数量、生物量远比农业土壤、自然土壤要少。小城镇的植被是城镇土壤生态系统的一个重要组分，它与土壤的关系十分密切。

3.6.2　土壤污染

小城镇剧烈而频繁的人为活动所产生的大量的物质进入土壤中，超过土壤的自净能力，从而造成土壤污染。小城镇土壤污染的主要来源：工业"三废"物质、生活垃圾、交通运输、大气降雨、降尘等。小城镇土壤污染主要包括重金属、有机物、病原菌污染等。由于小城镇土壤多零星分布，面积小而孤立，土壤生态系统较为封闭，物质循环与转化过程单调、缓慢，土壤微生物种类和数量少，因而具有对污染物较低的代谢和降解功效及环境载荷能力。因此小城镇土壤的环境容量小，对污染物的净化功能低。小城镇土壤污染可对土壤理化性质、土壤生物、土壤环境、植被和人体带来严重危害。有必要从植物营养学角度和人体健康方面入手，弄清污染物在土壤——植物系统中和食物链中的迁移、转化与滞留行为与机理，加强对土壤污染的环境承载力、动态监测、预测、生态风险评价及综合治理的先进技术研究。

随着城镇建设和经济的发展，城镇土壤侵蚀也日益加剧。随着城镇化的发展，城镇各种工程建设日益增多。城镇道路、房屋、地下管道等建设，都要开挖大量地面，松动大量土体，这些临时堆放的松散土体，常形成强烈侵蚀。城镇各种工业固体废弃物的任意堆放、排放，不仅污染了环境，也会形成土壤侵蚀。

以辽宁省为例，一些小城镇垃圾无害处理率仅为 2.3%。这些固体垃圾中有机物占 36%，无机物占 64%（黄光宇，1992）。有机垃圾是可以分解的，而无机垃圾如不处理则会永远占用地皮，形成包围小城镇的垃圾堆，既影响小城镇面貌，又给老鼠、蚊蝇提供了繁殖场所，威胁人类健康。普遍使用的一次性塑料袋和农用地膜缺乏有效的回收再利用途径，随地扔弃，造成白色污染。塑料垃圾进入土壤后长期不能被分解，影响土壤的通透性、破坏土壤结构，影响植物生长。而简单用填埋法处理垃圾，往往需要占用和破坏大量土地资源，而填埋后的垃圾中有害物如酸类、碱类混入土壤后对土质影响严重，还会污染地下水。另一方面，化肥、农药的过量使用，污染了有限的土地资源，使土壤生态条件发生明显变化，土壤有机质含量下降，辽宁省耕地有机质含量仅为 1.5%，明显低于欧美发达国家耕地有机质含量 2.5%～4%的水平（盛学良，2000）；土壤板结，透气性差，肥力降低，盐碱度增高，局部地区重金属污染问题突出；农田生态系统被破坏，影响了植物生长。

3.7 小城镇噪声与固体废弃物污染

3.7.1 小城镇噪声

（1）小城镇噪声污染

通常认为，凡是干扰人们休息、学习和工作的声音，即不需要的声音统称为噪声。当噪声超过人们的生活和生产活动所能容许的程度，就形成噪声污染。噪声污染的特点是局限性和没有后效性。噪声污染是物理污染，它在环境中只是造成空气物理性质的暂时变化，噪声源停止发声后，污染立刻消失，不留任何残余污染物质。而水和大气污染是化学性污染，当污染源排放后污染物质会随时间增长而积累，即使污染源停止排放，污染物仍然存在，并且会从一个地方污染另一个地方。

小城镇噪声污染是随着小城镇的工业生产、交通运输、城镇建设的迅速发展及城镇生活的多样化而逐步加剧的，并在一定程度上影响了经济的发展和人们的健康，以致在某些地方造成纠纷，影响社会的安定团结。

小城镇的主要噪声源为交通噪声、工业噪声、建筑施工噪声、社会生活噪声等。噪声对市民的健康有极大的危害，这往往不为人所注意。人耳所能承受的音量不超过 140 分贝。在噪声大小为 40～45、50、75 分贝时，分别约有 10%～20%、50%、95%的居民睡眠受到影响。噪声可以成为神经紊乱和心理障碍、心血管病的病因，影响新陈代谢。众多的小城镇噪声中，分布最广也是让人最腻烦的是运输噪声。噪声的大小取决于汽车等的数量、运动速度、停车频率。在每小时过往 100 辆汽车的情况下，毗邻公路的地方，噪声强度为 30 分贝左右；在一般街道上为 55～65 分贝；在主干道上是 70～85 分贝。可见，噪声是威胁市民健康的严重污染物。

（2）小城镇噪声环境规划

小城镇的主要噪声规划控制指标为区域环境噪声和交通干线噪声。为避免噪声对小城镇居民的日常生活造成不利影响，在进行小城镇建设时应合理安排小城镇用地布局，解决工业用地与居住用地混杂的现象，把噪声污染严重的工厂与居民区、文教区分隔开；在非工业区内一般不得新建、扩建工厂企业。工厂和居民区之间可用公共建筑或植被作为噪声缓冲带，也可利用天然地形如山岗、土坡等来阻断或屏蔽噪声的传播。严格控制生产经营活动噪声和建筑施工噪声，减轻噪声扰民现象。施工作业时间应避开居民的正常休息时间；在居住稠密区施工作业时，尽可能使用噪声低的施工机械和作业方式。

小城镇不应沿着国道、省道等交通性主干道两侧发展，把过境公路逐步从镇区中迁出，减少过境车辆对镇区的噪声污染，同时避免或减轻小城镇对交通干线的干扰。对经过居民区和文教区的道路，采取限速、禁止鸣笛及限制行车时间等措施来降低噪声，高噪声车辆不得在镇区内行驶。

3.7.2 小城镇固体废弃物污染

固体废弃物是指人类在生产建设、日常生活和其他活动中产生的，在一定时间和地点无法利用而被丢弃的污染环境的固体、半固体废弃物质。其中包括从废气中分离出来的固体颗粒、垃圾、炉渣、废制品、破损器皿、残次品、动物尸体、变质食品、污泥、人畜粪便等。另外，废酸、废碱、废油、废有机溶剂等液态物质也被很多国家列入固体废物之列。固体废弃物主要来源于人类的生产和消费活动，人们在开发资源和制造产品的过程中，必然产生废物；任何产品经过使用和消耗后，最终将变成废物。物质和能源消耗量越多，废物产生就越大。进入经济体系中的物质，仅有 10%～15% 以建筑物、工厂、装置、器皿等形式积累起来，其余都变成了废物。固体废弃物的污染成分常通过水、大气、土壤等途径进入环境，给人类造成伤害；它们侵占土地，污染土壤、水体和大气，影响环境卫生。

随着小城镇国民经济的发展和小城镇人口的增加，各类固体废物与日俱增。工业固体废物日益增多，工业固体废弃物中的一部分有害废渣造成土地和地下水污染。小城镇垃圾围城现象日趋严重，塑料制品迅速增加，"白色污染"问题突出。小城镇生活垃圾一部分的废渣和未经无公害处理的垃圾即用作改土，而废渣中含有重金属和有害物质，虽然一部分随雨水渗透流失，但另一部分则被吸附残留在土壤中，不断积累以致造成污染。

小城镇对乡镇企业的聚集效应、对区域经济的辐射带动能力持续增强。这对促进乡镇企业乃至整个区域的经济结构调整和产业升级，发挥了重要作用。很多地方的小城镇建设是和乡镇企业工业园区建设结合进行的，因而，小城镇成为乡镇企业高新技术的聚集地。乡镇企业粗放经营，污染严重。多数乡镇企业规模小，设备陈旧，工艺落后，能耗高，控制污染能力差。建材、化工、冶炼等行业排放的废气、废水、二氧化硫、烟尘和固体废弃物等，严重污染环境。企业布局散乱，污染源分散而难以控制和治理。此外，居民的生活污水、炊事排放物也造成了一定程度的污染。一些小城镇大气污染严重超标，水质明显下降，有的地方出现了水源危机，一些恶性疾病的发病率随之提高。盲目和过度开发导致小城镇资源全面紧张。土地规划不合理，一些半拉子工程长期闲置。一些乡镇靠山吃山，靠水吃水，森林面积急剧减少，过度利用水面围栏养鱼、养蟹，使水草资源趋于枯竭，湖泊渐成荒湖。一些小矿对矿产资源掠夺式经营的同时，不仅严重浪费资源，也恶化了生态环境。有的新兴的旅游观光型小城镇，为一时的经济效益广开门户而不顾及自身的承载能力，破坏了宝贵的不可再生的自然风貌和人文环境。小城镇绿化落后，环境脏、乱、差。年年提倡植树造林，却是年年植树不见林。其原因在于造林的形式主义，种树不负责任，不懂相关栽培技能，管种不管活。此外，砍伐林木无节制，大片树林毁之殆尽。居民的文明意识、环保意识不足，乱吐痰、乱倒垃圾、乱摆摊设点等行为泛滥，小城镇环境脏、乱、差。绿化覆盖率低，小城镇夏天烈日炎炎，无树遮阴；冬天朔风劲吹，无林蔽寒。林木稀疏，植被荒芜，裸露的地表，散乱的垃圾，引发尘土飞扬，风沙弥漫。部分北方小城镇沙尘暴肆虐，山区小城镇泥石流频发。

小城镇的建设，在发展的过程中，会产生很多的固体废弃物，包括建筑工业、城镇各种工业固体废弃物的任意堆放、排放，极大地污染了环境。城镇生活垃圾也是固体废弃物的重要方面。

为改善小城镇环境卫生的落后现状，应重视小城镇环境卫生公共设施和环卫工程设施的规划建设，加大对环卫设施的投入，对城镇产生的垃圾及时进行清运。垃圾的处理方式选择应根据小城镇的实际情况来确定，小城镇的垃圾处理应突出垃圾的最大资源化。在对垃圾进行处理时应充分考虑垃圾处理设施的共享，避免重复建设。

3.8 小城镇建设对景观生态系统的影响

3.8.1 自然景观斑块化趋势

在小城镇建设中，人类的影响无处不在，且在各种尺度上施加影响。人类剧烈地改变着人类自身的生存环境并且危及和消灭众多与其共生物种的生境。人类影响包括国家政策、法律、经济和政治制度，以及人口密度、生活方式、文化水准、公共道德伦理和价值观念等等。

小城镇建设中，人类活动导致自然景观趋于斑块化。廊道是线性的景观单元，具有通道和阻隔的双重作用。人类活动产生了一些廊道，如干扰廊道（线性采运作业、铁路和动力线通道等），残存廊道（即周围基质受到干扰后的结果，如采伐森林后所留下的林带或穿越农田的铁路两侧的天然草原带，都是以前大面积植被的残遗群落），再生廊道（指受干扰区内的再生带状植被，如沿栅栏长成的树篱）。人类活动往往形成小尺度异质性景观。由于在自然和人类的干扰下，组成景观的各个要素，在一定的时间和空间尺度内发生变化，从而引起景观的空间结构（如斑块的形状和大小等）和功能（物质流和能量流）发生改变。景观变化的显著例子比较普遍，如城乡间的变化以及突发性的灾变等。

3.8.2 生物多样性减少

小城镇建设导致了生物多样性减少。由于人口增长、人类大规模的生产活动，使生态环境不断遭到破坏而失去平衡，从而也加剧了物种灭绝速度。生物多样性的大规模丧失不仅使人类直接利用的生物资源量加剧减少，更重要的是破坏了生态系统的完整性，减少了生态系统乃至生物圈的稳定性，削弱了生态系统调节气候、维持水循环和其他物质循环、吸收和净化污染物、生成土壤和防止土壤流失等重要生态服务功能。

3.8.3 小城镇景观环境影响

小城镇建设中，小城镇景观在发展变化着。与自然景观和农业景观相比较，小城镇景观具有其独特的物流和能流，小城镇景观功能的维持，主要依靠大量的物质和能量的输入，如食物、商品、水、太阳能和化石燃料等，同时，输出大量的污水、固体废弃物和废气以及温室气体等污染物。由此可见，小城镇景观的发展也给区域和全球环境带来很多负面的影响。主要表现如下：

（1）小城镇的发展不断地侵吞其周边的土地，是当前耕地资源减少的主要原因之一，给粮食生产带来巨大压力。

（2）小城镇的道路和建筑物由于大量地使用混凝土及玻璃等材料，增加了地表的发射率，造成局地增温效应。

（3）由于小城镇景观中大量化石燃料等能源的输入和使用，并释放出大量的 CO_2 等温室气体和其他大气污染物，尤其是大气中氯氟烃类的出现，这些污染物不仅对局域气候产生影响，而且对全球气候的变化也有相当大的影响。

（4）小城镇景观所输出的固体废弃物（如垃圾）也是小城镇化的主要问题之一，它不仅直接影响到景观，尤其是城郊景观，而且也是大气中甲烷的主要来源。

（5）小城镇景观中大量污水的输出也会影响到其周边的景观，造成土壤退化。

3.8.4　绿色小城镇建设

保证小城镇建设的可持续发展就要全面建设绿色小城镇，并要从多方面的工作入手。

首先，树立小城镇居民的生态意识。应加强生态意识教育，使人们认识到有了绿水青山，才能有金山银山。提倡人与自然平等，承认人类是自然界的一部分，不把自己的行为凌驾于自然之上，视保护环境为己任，做到"我要环保"。承认自然资源的有限性，认识到环境和资源不仅属于当代人，更应属于后代人，提倡节约资源，适度消费，做到代际平等。

其次，科学规划小城镇布局，调整和优化产业结构。按功能把小城镇分为工业区、生活区和文化区，工业区与生活区保持一定距离。促使乡镇企业向工业区聚集，以利于控制和整治污染。发挥小城镇联结城乡、辐射农村的比较优势，改变以前主要发展制造业与城镇同构竞争的局面，调整与优化产业结构，大力发展特色农业和农副产品加工业，延长农业产业链，提高农业效益，增加农民收入，成为农村经济的中心而非城镇工业的补充。同时，积极发展第三产业，大量吸纳农村劳动力。只有发展低污染的绿色产业，才能谈得上建设绿色小城镇。加大污染控制力度，采取多种方法治理污染。对严重污染环境的"五小"企业要坚决予以关闭。对那些轻度污染环境，有一定发展前景和较好基础的企业，可通过收排污费、实行排污许可证等经济手段增加企业生产成本，迫使企业在越来越强大的绿色压力下不断进行绿色技术创新，加强治污工作。实施以水污染治理为中心的战略，推行清洁生产方式，研究开发环保新科技，广泛采取污水再利用、二次资源利用、清洁替代技术等先进技术，改善水和大气质量。

第三，合理利用资源。小城镇资源的利用应做到开发与保护并重，不能涸泽而渔，饮鸩止渴。珍惜小城镇最为宝贵的土地资源，优化土地配置，提高土地的利用效率。做好水土保护工作，注意农药、化肥的使用和有机肥料的比例，避免地力下降。合理开发森林资源，做到有节制的砍伐，及时植树造林，避免水土流失，减少自然灾害的发生率。尽量避免对河流湖泊的污染，为水生动植物创造良好的生态环境，也给小城镇创造优美的自然风景。

第四，绿化美化小城镇。绿化是小城镇的生命。大力开展植树造林，不能流于形式，应确立植树、活树、造林、保林一条龙责任制。因地制宜，按山、水、土地、森林的合理布局，规划小城镇的绿化空间，建设公园绿地、企业绿地、环城绿化带和风景林地。绿化过程中避免抄袭大城镇的广场化模式，植树优先于栽花种草，造林时注意观赏林与经济林相结合，以经济林为主。通过绿化美化，实现道旁绿树依依，鸟语花香，镇内清水环绕，芳草如茵，小城镇郁郁葱葱，绿意无限。

主要参考文献

1　甘枝茂、孙虎、吴成基. 论城市土壤侵蚀与城市水土保持问题. 水土保持通报，1997. 17（5）：57～62

2 王建东、王建. 城市景观生态学雏议. 城市环境与城市生态. 1991. 4（1）：26～27

3 王继富、李春艳. 城市环境的生态认识，哈尔滨师范大学自然科学学报 1996. 12（4）：103～406

4 章家恩、徐琪. 城市土壤的形成特征及其保护. 土壤. 1997. 4：189～193

5 周启星、王如松. 城市化过程生态风险评价案例研究，生态学报. 1998. 18（4）：337～342

6 戴天兴编著. 城市生态环境学. 北京：中国建材科学出版社，2002

7 中国城市规划设计研究院、中国建筑设计研究院、沈阳建筑工程学院编著. 刘仁根，汤铭潭主编. 小城镇规划标准研究. 北京：中国建筑工业出版社，2004

8 彭春燕. 小城镇建设对人口文化建设的影响. 新疆师范大学学报（哲学社会科学版）. 2000. 21（2）：27～30

9 姜长云、蓝海涛. 当前小城镇发展的状况、问题与对策思路. 中国农村经济. 2003. 1. 45～52

10 崔传义. 小城镇在我国农民转移就业和人口城镇化上的贡献不可低估. 国研网. 2002 年 3 月 7 日

11 杜鹰. 我的城镇化战略及相关政策研究. 中国农村经济 2001 年第 9 期

12 张晓山、胡必亮主编：小城镇与区域经济一体化. 太原：山西人民出版社，2002

13 张明梅. 2001 年我国建制镇稳步发展［J］. 调研世界. 2002（11）

14 江泽民. 全面建设小康社会，开创中国特色社会主义事业新局面［N］. 人民日报，2002 年 11 月 18 日

15 公民道德建设实施纲要［N］. 人民日报，2001 年 10 月 25 日

16 袁文艺、金佳柳. 绿色小城镇：现状、理念及建设. 鄂州大学学报. 2003，10（3）：18－20

17 周亚萍、安树青. 生态质量与生态系统服务功能. 2001，20（1，2）：85－90

18 张宝杰、宋金璞. 城市生态与环境保护. 哈尔滨：哈尔滨工业大学出版社，2002

19 宋永昌、由文辉、王祥荣主编. 城市生态学. 上海：华东师范大学出版社，1998

20 袁中金、钱新强、李广斌等主编. 小城镇生态规划. 南京：东南大学出版社，2003

21 傅伯杰等编著. 景观生态学原理及应用. 北京：科学出版社，2001

22 中国城市规划设计研究院，沈阳建筑大学. 生态规划与城市规划——城市化进程和城市规划中的若干生态问题研究. 2005

4 小城镇生态环境系统分析与评价

导引：

小城镇生态环境系统分析与评价是小城镇生态环境规划、生态建设与环境保护及管理的基础和依据。

小城镇生态评价是根据生态系统的观点，运用生态学、环境科学的理论与方法，对小城镇生态系统的结构、功能和协调度进行综合分析评价，以确定小城镇生态系统的发展水平、发展潜力和制约因素，为小城镇生态规划与小城镇发展规划提供依据。因此，也是小城镇生态规划的基础组成部分。

4.1 小城镇生态环境系统分析流程及其技术支撑

4.1.1 小城镇生态环境系统分析程序与流程

小城镇生态环境规划，需要与之相应的调查、分析评价和优化的程序，以便在实践中应用。本节主要借鉴景观生态学理论和方法，建立小城镇生态环境规划所需的程序，即系统分析程序，其基本的程序是调查—分析—规划。系统分析流程可以分为识别、诊断、优化和管理四大阶段，主要工作有八个方面，即识别阶段的确定目标任务和现状调查（信息收集），诊断阶段的分类与评价，优化阶段的区域战略、功能调整和单元设计，管理阶段的机构设置和政策制定等，如图 4.1.1-1 所示。

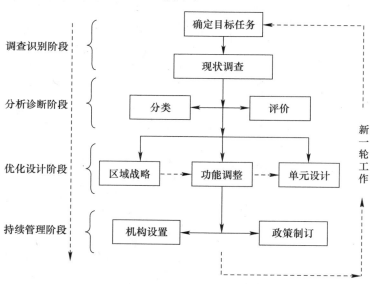

图 4.1.1-1 系统分析程序

4.1.2 小城镇生态环境系统分析的若干阶段

（1）调查识别阶段

调查是小城镇生态环境规划研究的基础。包括确定目标及其空间范围（研究区范围）和调查收集研究区内自然社会要素等基础资料和相关资料，旨在获取区域的背景知识，为进一步进行小城镇生态环境分析和优化作好基础信息的准备。资料通常包括以下三方面：

1）自然环境方面的情况，例如地质、地形、土壤、气候（包括小气候在内）、灾害、水文情况等，观察自然灾害及其对人类的影响，尤其是对小城镇生态环境的影响情况；

2）人文社会方面的情况，例如人口情况、村镇分布，文化遗迹、建筑物及民居情况、小城镇生态环境现状等状况，重在调查人类对已有土地开发的情况；

3）特殊地块的调查，例如可供观赏的景色（如水域）、怡人的视觉景象及其特色，或是一片生态意义突出的林地等。

本阶段的重点工作内容在于调查和评价非生物和生物组分、现代景观的结构、生态现象和过程、人类活动对土地的影响及造成的后果，人类造成的生态事故等。采用的方法宜野外调查和室内资料分析相结合，整理出区域小城镇生态环境相关情况的清单，评价其现状特点和限制因素等。美国著名景观规划师约翰·西蒙兹曾从规划的角度总结了调查识别的因素，把这些信息称为生态决定因素，分为自然地理（自然的形式、力、变化过程）、地形（地面形状和特征）和文化（社会、政治和经济因素）三方面。具体情况如表 4.1.2-1 所示。应该说，西蒙兹的调查识别因素表是比较全面的，涵盖了区域调查的主要内容，但是要完成这样详尽的调查需要大量的时间和费用。全面而综合地了解区域的情况是非常困难的，因而常常是根据研究的需要进行相关内容的调查，可以参照西蒙兹的调查识别因素表，结合区域实际情况和工作的实际情况，突出重点的调查内容。

陆地与水域规划设计时需考虑的生态决定因素表　　　表 4.1.2-1

自然地理 （自然的形式、力、变化过程）	地形 （地面形状和特征）	文化 （社会、政治和经济因素）
1. 地质（土地的自然史和它的土、石构成） a. 基岩层；b. 面层地质；c. 承载能力；d. 土壤稳定性；e. 土壤生产力	地面形状 a. 水—陆的轮廓；b. 地势的起伏； c. 坡度分析	社会影响 a. 社区的资源；b. 社区的思想倾向和需要；c. 邻地的使用；d. 历史的价值
2. 水文（涉及地面水和大气水的发生、循环和分布）a. 河流与水体；b. 洪水：潮汐和洪泛；c. 地面水排泄；d. 侵蚀；e. 淤积	自然特征 a. 陆地；b. 水面；c. 植被；d. 地形价值；e. 自然景色的价值	政治和法律约束 a. 政治管辖范围；b. 功能分区；c. 筑路人和在他人土地上的通行权；d. 土地再划分规定；e. 环境质量标准；f. 政府的其他控制
3. 气候（一般占优势的天气条件） a. 温度；b. 湿度；c. 雨量；d. 日照和云盖；e. 盛行风和微风；f. 风景及其影响范围	人工的特征 a. 分界标志和边界； b. 交通道路； c. 基址改良； d. 公用事业	经济因素 a. 地价； b. 税款结构和估价； c. 区域发展的潜力； d. 基址外的改良需要； e. 基址内的开发投资； f. 投资—利润比率
4. 生态（对生命和活动物质的研究） a. 生态群落；b. 植物；c. 鸟类；d. 兽类；e. 鱼类和水生物；f. 昆虫；g. 生态系统：价值、变化和控制		

（引自：Simonds J. O.，1978）

（2）分析诊断阶段

分析诊断的重点是分类和评价，同时关注研究区的背景区位，或称之为生态区位，即在上一级尺度中所处的地位。分析诊断还需要对土地开发条件进行分析，判别其发展的可能方向和生态建设保护的途径。

分类可以借鉴景观生态学的方法。景观生态分类是从生态学的角度对景观进行划分，根据调查，针对区域内景观要素的组成结构以及功能特点，建立景观生态类型的划分体系。分类单位既要体现景观的综合性，也要表明景观的生态学意义。景观的组成要素中，地貌是景观形成和分异的主导因素，植被可视为各要素相互作用的综合反应，在实际工作中可以把地貌作为基本线索、以植被为标志进行分类。分类一般结合小城镇生态环境现状和功能，如基于生活、生产和生态环境三方面的分析。不同类型具有不同的功能，也具有不同的管理开发方式，如生产型斑块可以市场配置为主导，生态型斑块（或基质）则应考虑以政府行为为主导。在不同的空间尺度上，空间结构类型可以有点状、线状和面状三种类型。

分析诊断需要对区域从整体角度进行综合评价。这种评价主要目标是对区域现状进行了解，可以是定性的，也可以是定量的。定性的评价可以通过对区域的调查，对小城镇生态环境的现状、特征和一些限制因素进行定性的讨论，为理想格局的构建提供依据。定量评价方法多样，有许多数学模型提供了技术支持，如模糊聚类分析等。根据不同的目的，评价可以有许多方法，例如脆弱性评价、敏感性评价和适宜性评价，格局评价等，为该地区生态环境的改善、自然资源的合理利用和经济的持续发展提供依据。对于小城镇生态环境这样复杂的系统，宜采用定性和定量相结合的方式进行。定性和定量评价，其选择的评价单元可以是土地类型的单元，也可以用行政区划单元为单位，便于应用相关的统计指标。此时一般假定单元内部是均质的，评价结果反映行政单元内的平均水平。当以下一级行政单元为单位时，则可以显示上一级行政单元区域的内部差异。如以乡镇行政单位为评价单元时，可以反映县域内部的差异，即不同乡镇之间的差别。

（3）优化设计阶段

优化设计的主要内容是战略的确定、功能区划调整和单元设计，即通过对小城镇生态环境的诊断分析，对其空间格局进行优化，进行格局构建、功能区的划分、典型地块规划和工程示范等。优化是从整体协调和优化利用的角度出发，确定功能单元及其组合方式，选择合理的利用方式。优化体现在结构和功能两方面，功能规划是将结构赋予社会属性的过程；结构规划是功能的空间落实，主要通过结构的不同类型，构建不同的功能单元。基于持续利用思想的小城镇生态环境优化，目的是在空间上合理布局，实现生活、生产和生态需求三者的平衡，考虑地貌等自然条件的优势和限制，结合下一级行政单元之间的小城镇生态环境差异，进行相应的分区利用。

区域战略考虑的主要内容是确定小城镇开发的空间战略。在确定空间战略时，应该综合考虑自然条件和社会经济现状。优化时必须充分考虑土地的固有结构及其功能，如河流廊道、大的自然斑块等，包括自然条件和社会等各方面的限制因素。在此基础上，选择或确定区域土地开发空间战略，例如增长极形式需要确定一个发展的核心，点轴形式需要分别确定发展的核心和发展扩散的空间轴线。

功能区划调整是对人们的需求以及满足这一需求的地域平衡进行规划。功能区划调整主要是对斑块功能的分析。小城镇生态环境规划的功能分区，探讨生活、生产和生态三方面在空间上的安排。对于生活类型的斑块或点，在利用上要突出人居环境的营建，建立合理的村镇体系。对于生产型的斑块，在布局上应尽量集中，提高土地的利用率。对于生态功能型的斑块，应实行必要的保护措施；对特殊意义的地块，可以建立保护区，实行全封闭保护，如自然保护区。功能区划调整主要结合地貌、植被和水文等自然环境特征和社会经济条件进行，同时要参照基本格局的规划，使各区承担相应的功能。

单元设计主要关注的是斑廊基设计，特别是一些重点斑块的开发利用设计。1）作为大面积的基质是区域土地的基调，在基本格局的确定中意义重要，影响区域整体的发展方向，如众多的湖泊形成了鱼米之乡的自然基础。2）作为斑块，既要考虑区位等社会因素，又要结合自然条件如地形的考虑，还要使斑块面积尽量减小而易于融入基质中，例如对开发区这类生产型斑块进行的设计。3）廊道是连接能流、物流和信息流的通道，并起到过滤作用或成为物种的避难所和集聚地。主要有通道、隔离带、源、汇合栖息地。廊道设计包括硬件如绿带（林带）、水系和道路交通等带状物的优化，要点是形成合理的体系，又尽量减少对环境的影响。

（4）持续管理调控阶段

管理是规划实现的过程，是小城镇生态环境规划的关键，包括技术、政策和经营管理等内容，主要针对优化过程中的关键问题，或对持续发展有着深刻影响的因素。持续管理应用小城镇生态环境规划的理念和原则，追求结构合理，功能协调，促进系统内的互利共生与良性循环，针对不同的类型，采取不同的对策和利用技术，确定合理的开发方向和程度。这样的考虑在小城镇生态环境的持续利用和管理中是非常重要的，影响着小城镇生态环境是否合理持续地发展。持续的管理应该是土地利益各方的协调，因为土地作为综合体涉及众多的因素，各方相关的利益都存在与这个综合体之中，因而持续管理应该是多方参与地管理，典型的管理模式如公众、政府和投资者形成的管理委员会。管理包括硬件系统和软件系统。硬件系统，包括各类监测站点、试验场及有关职能管理部门的机构设置等，形成对景观变化的管理监督控制的体系，执行管理的功能。软件系统，包括管理政策和法规的制订等。不同尺度等级的管理侧重点会有所不同，但是目标都是营建一个生活、生产和生态环境协调的系统，保持小城镇生态环境发展的持续性。

（5）GIS 技术支撑

20 世纪 50 年代以来，随着以计算机为代表的新技术及卫星与航天技术的发展，人类已经进入信息社会和太空时代。地理信息系统（Geographic Information System，GIS）随之产生，其是采集、存贮、管理、分析和描述整个或部分地球表面（包括大气层在内）与空间和地理分布有关的数据的空间信息系统（邬伦等，2001）。GIS 的意义和作用，是它能迅速系统地收集、整理和分析研究区各种地理信息，通过数字化储存于数据库中，并采用系统分析、数理统计等方法建立模式，全面系统地提供所研究地区的历史、现状和发展趋势的信息，因此 GIS 是研究和决策的支持系统，是小城镇生态环境规划分析、规划和管理决策中必不可少的技术手段。

（6）地理信息系统与小城镇生态环境

GIS 产生于 20 世纪 50 年代。1956 年，奥地利测绘部门首先利用电子计算机建立了地籍数据库，随后各国的土地测绘和管理部门都在逐步发展土地信息系统（Land Information System，LIS)，用于地籍管理。20 世纪 70 年代和 80 年代是 GIS 普及和推广应用的阶段。进入 90 年代之后，计算机的发展推出了图形工作站和微型 PC 机等性能价格比大为提高的新一代计算机，计算机和空间信息系统在许多部门广泛应用。计算机网络的建立，使地理信息的传输时效得到极大的提高，在这样的形势下，GIS 不仅在应用领域上得到了很大扩展，而且在软件的研制和开发上也取得了很大成绩，仅 1989 年市场上有报价的软件就达 70 多个（朱德海，2000）。以遥感（RS）、全球定位系统（GPS）和 GIS 所构成的"3S"（三者经常被简称为"3S"系统）集成的空间信息高技术在这种背景下应运而生并得以蓬勃发展的。GIS 是一种兼容、存储、管理、分析、显示与应用地理信息的计算机系统，它既是综合性的技术方法，本身也是研究实体和应用工具。遥感信息具有明显的空间和时间特性，因此，定位、导航和适时技术具有非常重要的意义。在技术流程上，RS、GPS 和 GIS 系统具有互相补充、互相衔接的特点。三种技术的集成将极大地方便有关信息的搜集、处理和应用。

从其发展进程可以看到，GIS 早期就是为地籍管理和自然资源管理而发展起来的，今天依然显示了它在小城镇生态环境研究和管理中的重要作用。在小城镇生态环境和土地覆盖变化等研究计划中，在政府部门的小城镇生态环境规划和日常管理中，GIS 技术都提供着强有力的技术支持，其意义不仅仅是提高了效率，同时还为我们观察研究小城镇生态环境提供了新的视角和途径。20 世纪 90 年代到现在，是 GIS 走向广泛应用的黄金时期，随着地理信息产业的建立和数字化信息产品在全世界的普及，GIS 深入到各行各业及至各家各户，并在实践中从理论到技术都得到了更大发展。

（7）地理信息系统提供的支持功能

GIS 由一系列相关的软件和硬件构成的，有四个重要的组成部分：计算机硬件设备，用于存贮、处理和显示数字地图数据；计算机软件系统，执行系统的各项操作功能；数据，系统的操作对象；系统的组织管理者，要求掌握系统的管理和使用知识，这是 GIS 中最活跃、最重要的组成部分。GIS 的组成如图 4.1.2-1 所示。

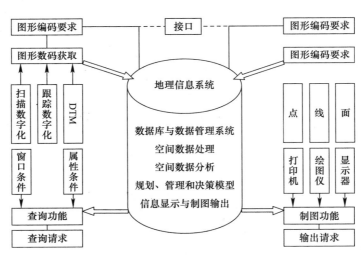

图 4.1.2-1 地理信息系统的基本构成

GIS 作为技术系统，基本功能是在计算机软、硬件支持下，把空间数据及相关的各类属性数据，以一定格式输入、存贮、检索、显示和综合分析应用。基于本文研究的系统主要提供如下几方面的基本功能。

1）数据输入、存储和编辑。

数据输入，即在数据处理系统中，将系统外部多种来源、多种形式的原始数据（空间数据和属性数据）传输给系统内部，并将这些数据从外部格式转换为系统便于处理的内部格式的过程。数据存储，即将数据以某种格式记录在计算机内部或磁盘、磁带等外部存储介质上。数据编辑，指系统可以提供的修改、增加、删除、更新数据等功能。需要说明的是，数据输入包括数字化、规范化和数据编码三个方面：数字化有扫描数字化和跟踪数字化，经过模数变换、坐标变换等，将外部的数据转化成系统所接受的格式的数据文件，存入数据库；规范化指对不同比例尺、不同投影坐标系统、不同精度的外来数据，必须统一坐标、统一记录格式，以便在同一基础上工作；数据编码是根据一定的数据结构和目标属性特征，将数据转换为便于计算机识别和管理的代码或编码字符。

2）操作运算和查询检索

主要操作有数据格式转换、多边形叠加、拼接、剪裁等，主要运算有算术运算、关系运算、逻辑运算、函数运算等。可以用来定义满足各种查询条件的数据，帮助用户查询。从数据文件、数据库或存储介质中，查找和选取满足一定条件的信息，可以是坐标位置、特征属性，也可以是拓扑关系等信息提供给用户。这类信息不一定是数据库中现有的，也可能是经过操作运算后得到的。

3）应用分析

GIS的面向用户的应用功能不仅仅表现在它能提供一些静态的查询、检索数据，更有意义的是，用户可以根据需要建立一个应用分析的模式，通过动态分析，为评价、管理和决策服务。这一分析功能可以在系统操作运算功能的支持下或建立专门的分析软件来实现，有空间信息测量与分析、统计分析、地形分析、网络分析、叠置分析、缓冲分析、决策分析等。这种功能在很大程度上决定了GIS在实际应用中的灵活性和经济效益。其中，GIS的空间分析功能源于美国土地景观建筑师Lan Mcharg的思想，可以在透光桌上进行单项资源透明薄膜图的叠置处理来实现数据的组合和综合。本文研究重点利用了统计分析、叠置分析和地形分析等功能。

4）结果输出

图形数据的数字化、编辑和操作分析过程，用户查询检索结果等都可以显示在屏幕上。最终输出的结果有数据、表格、报告、专题图等多种形式，除了屏幕显示外，也可以根据用户的需要输出到打印机、绘图仪上，或者是记录在磁带或磁盘上。

4.2　小城镇生态系统评价

4.2.1　生态环境与生态环境系统

生态环境是指由生物群落及非生物自然因素组成的各种生态系统所构成的整体，主要或完全由自然因素形成，并间接地、潜在地、长远地对人类的生存和发展产生影响。生态环境的破坏，最终会导致人类生活环境的恶化。因此，要保护和改善生活环境，就必须保护和改善生态环境。我国环境保护法把保护和改善生态环境作为其主要任务之一，正是基于生态环境与生活环境的这一密切关系。生态环境与自然环境是两个在含义上十分相近的概念，有时人们将其混用，但严格说来，生态环境并不等同于自然环境。自然环境的外延比较广，各种天然因素的总体都可以说是自然环境，但只有具有一定生态关系构成的系统整体才能称为生态环境。仅有非生物因素组成的整体，虽然可以称为自然环境，但并不能叫做生态环境。从这个意义上说，生态环境仅是自然环境的一种，二者具有包含关系。

简而言之，生态环境是生态系统与环境系统的有机结合体。它包括生物性的生态因子和非生物性的生态因子，如草木植被、河流湖泊、土地气候等自然地理条件和人为条件，是人类所赖以生存和发展的环境基础。在生态环境复杂而漫长的变迁过程中，自然因素和人为因素决定了生态环境演变的特征和过程。实现生态环境优化调控与科学管理，是保护生态环境、促进社会经济与环境协调发展、建立人与自然和谐关系的重要举措。

4.2.2　生态评价的概念

小城镇可以看成是一个完整的生态系统。小城镇生态评价是为了建设符合生态学原则的、适合人类生活的生态小城镇服务的，是为了对小城镇进行生态规划，并在此基础上开展生态建设和管理。小城镇生态评价实际上是将可持续发展理论结合运用于小城镇生态系统管理方面的实践。它是在小城镇区域的水平上，为自然资源的开发与利用，以及区内生态环境制定科学、合法、操作性强的管理手段和方式。其目的就是要为资源的综合利用与生态环境的保护这一对明显相互矛盾的行为创造一个管理上可能的协调机会。因而，小城镇生态评价也许是小城镇通向可持续发展道路的一条途径。小城镇生态评价可以理解为以生态学和生态经济学原理为指导，以协调社会、经济发展和环境保护为主要目标，对于一个区域的农业生态、乡镇工业、资源合理利用、生态恢复、防止污染、生物多样性保护等主要内容进行科学的评价，以便统一规划，并综合建设一个生态良性循环，社会经济全面、健康、持续发展的区域。小城镇生态评价是一种科学方法和实践，它是为了解决小城镇普遍存在的自然资源开发利用与生态环境保育之间的矛盾而进行的区域性或问题倾向性评价，是将科学家对科学问题的探求、决策者的政策法规决策以及经营管理者的可行管理措施相互紧密结合起来的一种综合解决方案。

小城镇生态评价的主要目的，在于运用小城镇复合生态系统及景观生态学的理论与方法，对小城镇及其周围的资源与环境的性能、生态过程特征以及生态环境敏感性与稳定性进行综合分析，从而认识和了解小城镇环境资源的生态潜力和制约因素。

我国生态小城镇建设的目标应包括：促进传统农业经济向资源型、知识型和网络型高效持续生态经济的转型，以生态产业为龙头走出一条新兴工业化的道路；促进城乡及区域生态环境向绿化、净化、美化、活化的可持续的生态系统演变，为社会经济发展建造良好的生态基础；促进城乡居民传统生产、生活方式及价值观念向环境友好、资源高效、系统和谐、社会融洽的生态文化转型，培育一代有文化、有理想、高素质的生态社会建设者。

生态评价也叫生态环境评价，包括生态环境质量评价和生态环境影响评价。

（1）生态环境质量评价：根据选定的指标体系，运用综合评价的方法评定某区域生态环境的优劣，作为环境现状评价和环境影响评价的参考标准，或为环境规划和环境建设提供基本依据。

（2）生态环境影响评价：生态环境影响评价是对人类开发建设活动可能导致的生态环境影响进行分析与预测，并提出减少影响或改善生态环境的策略和措施。

小城镇生态评价与小城镇环境质量评价的关系非常密切，但它们的侧重点又有所不同。在我国，小城镇环境质量评价的一般做法是：首先是在待评价的小城镇中筛选出主要污染源和污染物；第二步是进行单项评价与综合评价；第三步是根据环境质量指数与流行病调查资料，进行环境污染与健康的相关性研究，并在监测的基础上建立数学模型以指导区域环境规划和预测。在评价中常常采用理化方法分别对大气污染、水环境污染、固体废弃物污染、噪声污染以及土壤污染等进行分析，有时也对生物进行分析，但多是把它们作为环境质量的指标，很少对生命系统本身进行评价。小城镇的生态评价虽然也要应用小城镇环境质量评价的方法和结果，但它的重点是要对小城镇生态系统中的各个组成成分的结构、功能以及相互关系的协调性进行综合评价，也就是说，小城镇生态评价是根据生态系统的观点，运用生态学、环境科学的理论与方法，对小城镇生态系统的结构、功能和协调度进行综合分析评价，以确定该系统的发展水平、发展潜力和制约因素。小城镇生态评价是小城镇生态规划、生态建设和生态管理的基础和依据。

4.2.3 生态系统影响要素

小城镇生态关系是指小城镇居民与自然环境、社会环境之间的关系，由于小城镇生态系统的复杂性和各种要素的关联性，对小城镇生态关系的研究实质上考察的是小城镇生态系统中各子系统之间的输入输出关系，也就是子系统之间和系统与外界之间的物质流、能量流、信息流、人口流和资金流。这些流作为系统之间以及系统与外界联系的链条，当它维持正常的交换关系时，也就是说当交换处于小城镇系统与外界环境都允许的范围内时，认为城镇系统生态稳定，反之，则认为小城镇系统存在生态不稳定因素。因此，反映小城镇系统交换关系的这些链条是评价小城镇系统生态化的重要指标。例如，自然环境最大承载能力反映了环境所能承受的对污染物消化吸收且维持系统相对稳定的能力，环境最高承受能力可以采用最大容纳污染物的数量表述。这种交换可以反映为乡镇企业"三废"排放达标率和生活垃圾无害化处理率这两项指标。

小城镇生态系统的影响要素可以理解为系统内合理的物质、能量、信息、资金、人口流，它们所体现的生态内涵环境的限制性、社会公平性以及经济发展的协调性等。

4.2.4 生态过程分析

小城镇生态过程的特征是由小城镇生态系统以及小城镇景观的结构和功能所规定的。其自然生态过程实质上是生态系统与景观生态功能的宏观表现，如自然资源及能流特征、景观生态格局及动态，都是以组成小城镇景观的生态系统功能为基础的。同时，由于小城镇中的工农业、交通、商务等经济活动的影响，小城镇的生态过程又被赋予了人工特征。显然，在小城镇规划中，受极其密集的人类活动影响的生态过程及其与自然生态系统过程的关系是应当关注的重点。在可持续小城镇的生态规划中，往往要对能流、物流平衡、水平衡、土地承载力及景观空间格局与小城镇发展和环境保护密切相关的生态过程进行综合分析。

　　小城镇复合生态系统的能量平衡与物质循环是小城镇生态系统及景观生态能量平衡的宏观表现。由于受人的密集的经济活动的影响，小城镇能流过程带有强烈的人为特征：一是小城镇生态系统的营养结构简化，自然能流的结构和通量被改变，而且生产者、消费者与分解还原者分离，难以完成物质的循环再生和能量的有效利用。二是小城镇生态系统及景观生态格局改变。许多小城镇单元、社区"镶嵌体"及交通"廊道"的增加，成为小城镇物流的控制器，使物流过程人工化。三是辅助物质与能量投入大量增加以及人与外部交换更加开放。以自然过程为基础的郊区农业更加依赖于化学肥料的投入，工业则完全依赖于小城镇外的原料的输入。四是小城镇地面的固化以及人为活动的不断加强，使自然物流过程失去平衡，导致地表径流进入污水系统以及土地退化加剧，况且人工物流过程也不完全，导致有害废弃物的大量产生和不断积累，大气污染、水体污染等小城镇生态环境问题日益加剧。通过对小城镇物流与能流的分析，可以深入认识小城镇环境与可持续发展的关系。

　　在小城镇内部、各分区之间，存在着功能分工，通过资源与商品等的交换和交通等纽带，把小城镇各功能实体连成一个整体。通过分析小城镇内物质交换的特点，可以进一步了解小城镇的功能分工及经济特点。小城镇物质流分析，还包括小城镇与其他相邻区域的物质交换分析，以便了解小城镇的经济与资源地位，以及小城镇的经济对外界的依赖性。

4.2.5　生态潜力分析

　　小城镇生态潜力是指在小城镇内部单位面积土地上可能达到的第一性生产水平。它是综合反映小城镇生态系统光、温、水、土资源配合效果的一个定量指标。在特定的小城镇区域，光照、温度、土壤在相当长的时间内是相对稳定的，这些资源组合所允许的最大生产力通常是这个小城镇绿色生态系统的生产力的上限。

　　根据这四种自然资源的稳定性和可调控性，资源生产可以分为4个层次，包括光合生产潜力、光温生产潜力、气候生产潜力及土地承载能力。小城镇生态系统光合、光温及气候生产力分析主要针对小城镇所处区域的自然生态系统的生态潜力与生态效率特征，它反映了该小城镇所处区域气候资源的潜力。小城镇的土地承载能力不仅是小城镇生态系统可持续性的反映，而且还是该小城镇所处区域农业土地资源及区域农业生产特征的综合体现。

　　通过分析和比较小城镇及所处区域的生态潜力与现状、土地承载能力，可以找出制约城镇可持续发展的主要生态环境因素。

4.2.6　生态格局分析

　　小城镇密集是人类活动长期改造的结果，是给城镇景观结构与功能赋予了明显的人工特征。在小城镇内部，密集的居住区和繁华的商业区往往成为控制小城镇功能的镶嵌体。公路、铁路及街区人工绿化带（网）与区域交错的天然及人工河道、水体与残存的自然镶嵌体，共同构成小城镇的景观格局。这种以自然生态系统为基础，由人类活动产生的小城镇景观，我们称之为小城镇人类景观生态格局，是小城镇复合生态系统的空间结构。

从区域上来说，小城镇通常是农村区域的镶嵌体，也是农村区域的社会经济中心，并通过发达的交通和信息网络等廊道与农村和其他小城镇进行物质、能量和信息的交换，残存的自然生态系统斑块对维护小城镇生态系统的活力、保存物种及生物多样性具有重要的价值。

无论是残存的自然生态系统斑块，还是人工化的小城镇景观要素及其动态，均反映在该城镇所处区域的土地利用格局上。在这种意义上，小城镇生态规划就是运用小城镇生态学原理及人工与自然的关系，对小城镇土地利用格局进行调控。因此，小城镇复合生态系统的景观结构与功能分析对小城镇生态规划有重要的实际意义。

小城镇自然和人工景观的空间分布方式及特征，与小城镇生产、生活活动密切相关，是人与小城镇自然环境长期作用的结果。因此，小城镇复合生态系统的景观分布与特征，如景观优势度、景观多样性、景观均匀度、景观破碎化程度、网络连接度等，在不同方面反映了小城镇人为活动强度与方式及其与小城镇自然环境的关系。

4.2.7 生态敏感分析

在小城镇复合生态系统中，不同生态系统或景观斑块对人类活动干扰的反应是不同的。有的生态系统或景观斑块对干扰具有较强的抵抗力；有的则恢复能力强，即尽管受到干扰后，在结构或功能方面产生偏离，但很快就会恢复系统的结构和功能；然而，有的系统却很脆弱，即容易受到损害或破坏，也很难恢复。小城镇生态敏感性分析的目的就是分析、评价小城镇内部各系统对小城镇密集的人类活动的反应。值得指出的是，在小城镇开发中，人类有可能损害及破坏小城镇内的任何生态系统。根据小城镇建设与发展可能对小城镇生态系统的影响，生态敏感性分析通常包括小城镇地下水资源评价、敏感集水区和下沉区的确定、具有特殊价值的生态系统和人文景观以及自然灾害的风险评价等。

4.2.8 生态标志

城镇生态的主要标志是：生态环境良好并不断趋向更高水平的平衡，环境污染基本消除，自然资源得到有效保护和合理利用；稳定可靠的生态安全保障体系基本形成；以循环经济为特色的社会经济加速发展；人与自然和谐共处，生态文化长足发展；城镇环境整洁优美，人民生活水平全面提高（全国城镇规划执业制度管理委员会，2000；吴峙山，1991）。首先，生态不仅反映城镇环境优良程度，还包含小城镇功能布局的合理性，居住条件的特色内容，公共服务设施的人性化等诸多方面。

其次，小城镇生态标志是小城镇通过运用生态学、社会工程等科学和技术手段进行一系列建设和改造，使小城镇成为布局合理、功能健全、环境良好的最优化居住形式。

再次，小城镇生态化过程中，需要解决不断出现的社会、经济、自然问题，而原有城镇建设理论已不能完全解决这些问题，需要引入新学科、新领域的技术手段。

最后，小城镇是一个社会系统、经济系统和自然系统组成的复合系统，小城镇各个方面的生态化过程也就是系统各个指标的最优化过程，需要引入系统工程等的原理。

如何对城镇进行生态评价，就需要融合经济学、社会学、生态学以及小城镇规划建设理论等跨学科对小城镇生态建设标准进行进一步研究，以制定一套实用的标准体系，科学地评价小城镇生态的建设状况。

4.2.9 生态化与生态化程度

小城镇生态化简单地说就是实现城镇社会—经济—自然复合生态系统整体协调，从而达到一种稳定有序状态的演进过程（夏晶，陆根法，王玮，安艳玲，2003）。

这里"生态化"已不再是单纯生物学的含义，而是综合、整体的概念，蕴含着社会、经济、自然复合生态的内容，小城镇生态化强调社会、经济、自然协调发展和整体生态化，即实现人与自然共同演进、和谐发展、共生共荣，它是可持续发展模式。

社会生态化表现为人们有自觉的生态意识和环境价值观，生活质量、人口素质及健康水平与社会进步、经济发展相适应，有一个保障人人平等、自由、教育、人权和免受暴力的社会环境。经济生态化表现为采用可持续的生产、消费、交通和居住区发展模式，实现清洁生产和文明消费。对经济增长，不仅重视增长数量，更追求质量的提高，提高资源的再生和综合利用水平。

环境生态化表现为：
（1）发展以保护自然为基础；
（2）与环境的承载能力相协调；
（3）自然环境及其演进过程得到最大限度的保护；
（4）合理利用一切自然资源和保护生命保障系统；
（5）开发建设活动始终保持在环境承载能力之内。

小城镇生态化程度就是衡量小城镇生态化进度的指标（宋永昌，戚仁海，由文辉，王祥荣，祝龙彪，1999）。

4.3 小城镇生态评价的程序与方法

小城镇生态评价的主要目的在于运用复合生态系统及景观生态学的理论方法，对小城镇及其周围的资源与环境的性能，生态过程以及生态敏感性与稳定性进行综合分析，才能认识小城镇环境资源的生态潜力和制约因素。小城镇生态调查与城镇生态调查类似，其主要目标是调查收集小城镇区域内的自然、社会、人口与经济的资料与数据，充分了解区域内的生态过程、生态潜力与制约因素。小城镇生态调查的主要内容包括历史资料的收集、实地调查、社会调查与遥感技术的应用等。

对一个地区，具体到小城镇，对其自然系统的认知有赖于对生态因素的全面分析和整体考察，也就是不仅必须分析地域的非生物因素，包括气候、地质、地形、土壤、水文等各相关因素；还必须分析地域的生物因素，包括动植物和微生物及其相互关系，以及人类对自然的干扰。如何利用土地，如何最大限度地保证生态系统的稳定性，如何使规划地域达到不损害环境的生态合理的空间布局等，这些都是小城镇生态评价中需要详细、深入地了解的内容。因而，必须充分理解小城镇规划地域的资源与环境敏感程度、环境特性的空间差异性，以及对人为土地使用的利用潜力和发展限制，从而能够站在系统的高度上，整体地考虑人类行为与环境体系之间的复杂关系，积极地作出资源与环境的最有效分配与利用，减少环境的负面效应。这是小城镇建设进行生态评价的理论基础。

4.3.1　生态评价相关调查

小城镇生态调查的主要目标是调查和收集规划区域的自然、社会、人口与经济的资料与数据，为充分了解所规划城镇的生态过程、生态潜力与制约因素提供科学依据。

在小城镇生态规划过程中，首先必须掌握规划小城镇或规划范围内的自然、社会、经济特征及其相互关系。尽管规划的目标千差万别，但实现规划目标所依赖的小城镇及区域自然环境与资源的基础往往是共同的，通常包括自然环境与自然过程、人工环境、经济结构、社会结构等。

小城镇生态规划的对象和目标不同，对所涉及因素的广度与深度的要求也不一样，虽然资料的收集通常针对规划目标所规定的特殊要求，但资料获得的方法和手段往往有其共同之处，通常可以包括历史资料的收集、实地调查、社会调查与遥感技术应用等四类。

通过实地调查获取所需资料，是小城镇生态规划收集资料的一种直接方法。尤其是在小区域大比例尺的规划中，实地调查更为重要。

即使在小城镇生态规划中，也不可能对所涉及的范围就所有有关的因素进行全面的实地考察，因此，收集历史资料在规划过程中占有非常重要的地位。在小城镇规划中，必须十分重视小城镇人类活动与自然环境的长期相互影响与相互作用，如资源衰竭、土地退化、水体与大气污染、自然生境的破坏等生态环境问题均与过去的人类活动有关，而且往往是不适当的人为活动的直接的或间接的后果，因此，对历史资料的调研尤为重要，它可以给规划者提供一些线索，以探讨小城镇密集的人类活动与小城镇生态环境问题的关系。

小城镇规划强调公众参与。通过社会调查，可以了解小城镇各阶层居民对小城镇发展的要求以及共同关心的问题或矛盾的焦点，以便在规划过程中体现公众的愿望。同时，还可以通过社会调查、专家咨询，把对小城镇规划十分了解的当地专家的经验与知识应用于规划之中。

近10年来，遥感技术发展很快，为迅速、准确地获取小城镇空间特征资料提供了十分有效的手段。随着地理信息系统技术的发展及其在生态规划中的应用，遥感资料已成为小城镇生态规划的重要资料来源。

4.3.2　生态评价程序

生态评价是规划工作的研究内容之一，努力探索规划地域自然生态的运行脉络，并在规划方案中得到运用和体现，这在人类面临困境的今天，有重要的意义。国内外对于生态评价工作的研究已有一些积累，通过对自然环境的整体研究及其与规划的结合上，做了大量工作。综观相关的研究成果，小城镇生态评价的程序主要可以包括以下几个步骤：

1）资料收集和实地调查；

2）小城镇生态系统组成因子的分析；

3）评价指标筛选与指标体系设计；

4）专家咨询；

5）确定指标标准，选择评价方法；

6）进行单项和综合评价，向专家咨询和民意测验；

7）修改评价；

8）论证与验证；

9）提出评价报告。

（1）资料收集与调查

收集小城镇的有关自然环境与现状发展的基本资料与地理图，例如有：气候、地质、地形、水文、土壤、植物与土地使用等，建立地理信息系统，以作为后续工作的基础。

（2）生态条件评价

在对生态环境条件充分理解的基础上，进行生态环境潜能与生态环境敏感性的分析，参照小城镇的实际情况，可确定对坡地稳定度的分析，土壤侵蚀程度的分析，地下水补注区位的分析，尤其是后者的分析是至关重要的。根据水土流失的状况，地下水补注区位的状况，土壤的工程承载能力，作出小城镇建设用地适宜性分析的空间架构，农业用地生态条件适宜性分析与建筑用地适宜性分析及其相关的生态建设是小城镇建设的客观依据。

自然环境因素的评价与分析的工作主要在于：分析土地使用与自然环境间的关联，从而确立评估各自然环境因素对土地使用适宜性程度，分析小城镇区域内的相关的环境潜能与环境敏感性等资源特性的空间分布。

（3）土地利用生态适宜性分析

根据上一步对各自然环境因素的单项分析结果，进行综合分析，分析每一种土地利用的发展潜力与发展限制，再组合为生态适宜性。土地使用生态适宜性分析可以分为城建用地生态适宜性分析和农业用地生态适宜性分析两个方面。城建用地生态适宜性分析是根据坡地的稳定、坡度的大小、土壤的厚度、建设的工程条件、地下水的补注区位等作综合的分析，对小城镇的城建用地生态适宜性状况分级。农业用地生态适宜性分析是土地的自然生产潜力出发，对影响植物生长的基本因素，主要是光、热、水和营养元素等生命活动不可缺少的能量和物质状况进行分析。因为不同性质的土地，其光、热、水和营养元素的含量及组合不同，构成了不同的土地农业生产的自然生态条件，不同的利用潜力与限制，和不同的生态适应性。

（4）综合分析，确定方案

分析各种用地类型间的兼容程度，确定出规划方案。在此工作的基础上，后来的规划设计人员在许多方面进行了深入的研究，在研究的尺度上，既有大范围的整体考察，又有对小范围的土地进行的精心安排。在研究的内容上，除了注重生态环境因素、资源的空间分布、发展与限制研究之外，还有对其在小城镇范围内的功能循环的动态关系作深入的研究。在研究手段上，充分利用现代信息技术，如遥感（Remote Sensing，RS）与地理信息系统（Geographical Information System，GIS）技术，进行规划研究信息采集、存储、评价与分析、方案的形成和规划结果的图表表达。

4.3.3 生态评价内容

随着对全球性生态环境问题与生态系统退化关系研究的深入，人们认识到地球上的各类生态系统不仅为人类提供了食物、医药及其他工农业生产的原料和服务，更重要的是支撑与维持了地球的生命保障系统，维持了人类赖以生存和发展的生态环境条件。长期以来，由于人类对生态系统的服务功能及其重要性不甚了解，导致了生态环境的破坏，从而对生态系统服务功能也造成了明显损害，威胁着人类可持续发展能力。也就是说，目前城镇与区域生态环境危机，如水土流失、土地退化、沙漠化、生物多样性丧失、自然灾害频繁、环境污染等，其实质是其生态系统服务功能的损害与削弱。实施生态保护与生态建设的主要目的是恢复与重建受损与退化的生态系统，恢复生态系统的服务功能。

小城镇建设的目标是在一定的社会经济条件下，为人们提供安全、清洁的工作场所和健康、舒适的生活环境，把小城镇建设成为一个结构合理、功能高效和关系协调的生态小城镇。小城镇生态评价一般从小城镇生态系统的结构、功能和协调度三个方面着手进行。

小城镇生态系统的结构是指小城镇系统内各组成成分的数量、质量及其空间格局。它包括小城镇人群、无机的物理环境（包括小城镇人工构筑物）以及有机的生态环境等。一个生态化的小城镇要有适度的人口密度、合理的土地利用、良好的环境质量、完善的绿地系统、完备的基础设施和有效的生物多样性保护。

人口的集中是小城镇的主要特征，适当的人口密度可以增加人群之间的协作，增强人类利用自然的能力，节省时间和空间，并使生活丰富多彩。但小城镇的人口承载力是有限的，过高的人口密度将导致交通拥挤、住房紧张、环境恶化、情绪压抑、犯罪率增加等一系列问题。

合理的土地利用包括小城镇各类用地的分配比例以及用地的布局。目前一些小城镇中出现的许多问题都和道路用地、绿化用地、公共建筑用地以及居住用地面积不足，以及布局不尽合理有关。一般认为，道路用地和公共建筑用地均应大于10%，小城镇绿地面积和居住用地面积均应大于30%。至于良好的环境质量、充足的绿地系统以及完备的基础设施在评价小城镇生态时的重要性是不言而喻的。这里的生物多样性保护，既包括通常含义上的生物基因多样性、物种多样性以及群落多样性的保护，同时也包括小城镇景观类型多样性的保护。

从生态学角度看，小城镇有三大主要功能，即生活功能、生产功能和还原功能。小城镇作为人类的一种栖境，首先要为它的居民提供基本的生活条件和人性发展的外部环境，它决定着小城镇吸引力的大小并体现着小城镇发展水平；其次，小城镇作为一种生态系统，必然和其他生态系统一样，具有生产、消费和还原功能。小城镇人群不仅参与小城镇的初级生产和次级生产过程的管理和调节，同时，通过他们的劳动才能增加产品并提高产品的价值，因此人也是生产者。小城镇生态系统和自然生态系统的最大差别即在于此，这是小城镇存在的基础和发展的关键。至于小城镇的还原功能需从两方面来理解：一方面是指小城镇中复杂的有机物在自然和人为作用下的分解过程，如垃圾的腐烂和焚烧；另一方面也是指小城镇环境在一定范围内自动调节恢复原状的功能，如环境的自净能力等。正因为如此才保证了小城镇活动的正常运转。在这三种功能之间贯穿着能量、物质和信息的流动，由此维持并推动着小城镇生态系统的存在和发展。小城镇生态系统的功能高效表现在小城镇的物流通畅，物质的分层多级利用，能源高效，产品的体现能升高，信息有序，且传递迅速及时，人流合理，人们能够充分发挥其聪明才智。

小城镇的物流包括自然物质、工农业产品以及废弃物等的输入、转移、变化和输出。物流的通畅是保持小城镇活力的关键。在小城镇生活和生产过程中不断有废弃物产生，但从自然界的物质循环观点来看，并无绝对的废弃物，因为在食物链中，上一个环节的废物可能就是下一个环节的资源。根据这一原理，在小城镇生产和生活过程中产生的废弃物最好的处理方法是模拟自然生态系统，实行物质分层多级利用，变上一个生产过程的废物为下一个生产过程的原料，大力开展水循环利用和固体废弃物的无害化处理和回收利用，以促进小城镇生态系统的良性循环。

在物质生产过程中同时进行着能量流动，流动的总方向是太阳—风雨、潮汐水流—养分＋燃料—货物服务—信息等，每前进一步虽然保留下来能量的数量（焦耳数）减少了，但能量的质量增加了。能量的最大限度利用就是这些不同质的能量相互作用而使它们互相增益。小城镇也是信息最集中最丰富的地点，由于信息的产生、传递和加工才组织起小城镇中一切生活和生产活动，并保证小城镇各种功能的正常运转。当今世界已进入了信息时代，信息高速公路的建设将大大促进全世界信息化的过程，小城镇中信息处理的有序和高效也是生态小城镇的重要标志。

小城镇中的关系协调包括人类活动和周围环境间相互关系的协调，资源利用和资源承载力的相互匹配，环境胁迫和环境容量的相互匹配，城乡关系协调以及正反馈与负反馈相协调等等。

人和自然的统一是生态学的核心和追求的目的，它既承认人为万物之灵和人的无限创造力，但同时又认为人并不能凌驾于万物之上，不遵守自然规律而为所欲为。小城镇生态的关系协调首先要树立天、地、人统一的思想。人们既要注意发挥主观能动性改造自然，同时又要尊重客观的自然规律而不破坏自然，建立起人与自然和谐发展的关系。对于可更新资源的利用要与它的再生能力相适应，对于不可更新资源的消耗要和它的供给相匹配。三废的产生不能超过三废处置和自净能力，而要和环境容量相适应。同时还要注意小城镇与其周围的乡村和腹地协调与同步发展。小城镇作为一个生态系统，其中任何一个组分都不能不顾一切地无限增长，而要建立起相互配合的协调机制。由于系统间的关系是多种多样的，极其复杂的，小城镇管理者的任务就是要处理好这许多关系，使得小城镇能够持续发展。

对小城镇进行实地考察和研究，讨论制订并向有关部门提出小城镇生态评价报告与对策，对于缓解和解决小城镇的主要生态环境问题，保证小城镇生态与社会经济的可持续发展，具有重要的理论意义和应用价值。通过小城镇生态评价，科学家针对问题向决策者提出解决问题的可行与可操作的办法，决策者以此为依据制定相应的政策与法规，制定管理规划，并对规划进行生态、经济、社会等方面的综合影响评价，然后由管理者具体实施。从而克服过去科学家一些不切实际、不可行的与难以操作的"空谈"，避免决策者立法的不科学性或盲目性，消除行政管理方面的低效，甚至是无效操作，从而实现科学、高效、可行的生态管理。小城镇生态环境调查也包括调查自然生态环境、水土流失状况、农业生态系统现状、生物多样性保护现状等。小城镇生态过程分析包括自然生态过程和人工生态过程分析。自然生态过程实质上是生态系统与景观生态功能的宏观表现，如自然资源及能流特征，景观生态格局及动态。人工生态过程如工农业、交通、商贸等经济活动等。因此，在小城镇生态规划中，要对物流平衡、水平衡、土地承载力及景观空间格局等与城镇发展和环境保护密切相关的生态过程进行综合分析。小城镇生态潜力是指区域内单位面积土地上可能达到的第一性生产水平，综合反映城镇生态系统中的光、温、热、水、土等自然资源的稳定性和可调控性，包括光合生产潜力、气候生产潜力及土地承载能力。通过分析区域生态潜力与现状，可以找出制约城镇可持续发展的主要生态环境因素。分析景观结构与功能对城镇生态规划有着重要的实际意义。由天然河流、水体及绿地等自然生态系统为基础和人类活动产生的密集居住区或繁华商业区为城镇功能的镶嵌体，称为城镇人类景观生态格局。城镇的自然和人工景观的空间分布方式及特征，与城镇自然环境长期相互作用的结果。因此城镇复合生态系统的景观优势度、景观多样性、景观破碎化程度、网络连接度等，均反映了人类活动强度及方式及其与城镇自然环境的关系。对于小城镇来说，这些基本的内容也是如此，同样有着相同的规律。

（1）生态功能现状评价

在小城镇生态环境调查的基础上，针对小城镇的生态环境特点，分析小城镇生态系统类型空间分异规律，评价主要生态环境问题的现状与趋势、成因及历史变迁。

（2）生态环境敏感性评价

根据主要生态环境问题的形成机制，分析可能发生的主要生态环境问题类型与可能性大小，及其生态环境敏感性的区域分异规律，明确主要生态环境问题，如土壤侵蚀、沙漠化、盐渍化、石漠化、生境退化、酸雨等可能发生的地区范围与可能程度，以及生态环境脆弱区。

（3）生态服务功能重要性评价

评价不同生态系统类型的生态服务功能，如生物多样性保护、水源涵养和水文调蓄、土壤保持、沙漠化控制、营养物质保持等，分析生态服务功能的区域分异规律，及其对社会经济发展的作用，明确生态系统服务功能的重要区域。

小城镇生态评价是为了从小城镇的范畴进行城镇可持续发展的示范建设，它从多方面要求小城镇的发展必须符合可持续发展的原则，并实现小城镇的生态、经济与社会协调发展。

首先，在充分进行全区域经济、社会和生态环境调查与分析的基础上，找出进行生态小城镇建设的优势条件和不利因素；详细分析小城镇现有的生态环境、经济和资源基础，按小城镇建设总体规划确定的目标与任务，分步推进各项规划任务。如在经济体制改革和深层次调整的过程中，要逐步地建立起自己的生态或绿色产业，不断地建立和完善与本地资源与生态环境相适应的产业体系，小城镇的生态与经济的协调发展，以实现生态建设规划所规定的城镇体系的可持续发展。

4.4 小城镇生态评价指标体系与评价方法

小城镇生态评价指标体系是评价城镇生态生态化程度的全部指标，是包括社会系统、经济系统、自然系统等多方面指标的综合（叶文虎，全川，1997）。城镇生态是城镇所处的一种状态及其发展趋势，为了解决城镇化过程中的生态问题，必须在评价城镇现状、生态关系状态及发展趋势的基础上，采取改建、新建、调整等途径，达到建设城镇生态的目的，从这个角度，城镇生态评价指标和评价方法是城镇生态建设的基础。

小城镇生态系统是一个多目标、多功能、结构复杂的综合系统，必须建立一套多目标综合评价的指标体系。小城镇生态评价的指标体系主要是为了准确地衡量小城镇行政区可持续发展的水平及其目标实现的程度。因此，小城镇生态评价指标体系的设计应主要围绕小城镇生态评价行政区实现生态环境、经济与社会的可持续发展的目标来进行。

小城镇生态评价指标体系可建立由三级指标构成的评价指标体系，以评价小城镇各方面的建设进展与小城镇发展状态。一级指标可包括经济发展、社会进步、生态环境、生态

87

文化等；二级指标可包括经济水平、生产效率、资源利用效益、人口、生活质量、社会公平性、生态环境、生态资产、消费行为、生态意识、科技支撑能力、法规政策体制等；三级指标是整个评价体系的基础，指标的构成反映了小城镇建设的主要方面。考虑到适用性和可操作性，具体评价指标如下：

人均 GDP、第三产业比例、人均财政收入、绿色产业比重、工业经济效益综合指数、社会劳动生产率、农业气候潜力发挥率、国土产出效益、能源利用效益、用水效益、人口自然增长率、城镇人口比例、成人受高等教育比例、高中阶段毛入学率、恩格尔系数、城镇人均可支配收入、人均期望寿命、城镇登记失业率、基尼系数、社会养老保险覆盖率、水环境质量、城镇空气环境质量、水土流失率、城镇固体废物处理率、城镇人均住房面积、城镇人均公共绿地、城镇清洁能源使用率、人均自然资源占有量、环保投资占 GDP 的比例、规模企业通过 ISO14000 认证率、科技投入占 GDP 的比例、科技进步对 GDP 增长贡献率、每万人科技人员数、重大决策的环境保护评估率、生态环境违法案件处理率等。

由于不同城镇的自然和社会经济背景有很大差别，在建立评价指标体系中，还可参考以下的选择性指标加以增减：如绿色 GDP 年增长率、工业化系数、第三产业化系数、财政收入占 GDP 比重、农业土地产出率、义务教育普及率、千人拥有医生数、城镇失业保险覆盖率、森林覆盖率、绿色覆盖率、地下水超采率等。

4.4.1　指标体系的作用、特征与目标分析

根据生态小城镇内涵、目标体系与小城镇建设的社会性与过程性的特点，小城镇生态评价指标体系具有如下作用：

（1）体现生态小城镇内涵：生态经济、生态环境与生态文化；

（2）反映生态小城镇的状态；

（3）反映政府与社会在生态小城镇建设的努力过程与效果。

根据生态小城镇建设的要求，小城镇生态评价指标体系应具备如下基本特征：

（1）完整性：能反映生态小城镇在生态经济、生态环境与生态文化等方面状态；

（2）独立性：各项指标应互相独立，指标之间既不能互相包涵，也不能具有相关性，还要避免重复计算；

（3）可测性：指标应可以定量测度；

（4）敏感性：指标应对政府与社会的生态建设努力反应灵敏与稳定。

小城镇生态评价指标体系是定量地评价生态小城镇建设的特点、过程及其可持续特征的多指标集合。这种指标体系还应具有如下特点：一是包括有多个定量反映生态小城镇建设各领域及其发展可持续性的评价指标。某些必不可少的定性指标必须能通过某种途径定量化，所有指标均具有统计价值；二是不同指标是分别描述生态小城镇建设及其发展的各个不同方面与不同层次的，所有指标的集合必须包含能反映生态小城镇建设过程中的可持续性的全面信息；三是各评价指标可能具有不同的量纲，但这些不同量纲的指标所反映的实际值必须能转化为无量纲的相对评价值；四是不同类型的指标反映了被评价对象的不同特征，但各指标的集成必须能对生态小城镇建设及其发展的可持续性得到一个整体的评价；五是采用指标体系进行评价的方法不只是一个，而是一个方法系统。

小城镇生态评价指标体系设计的总目标实质上就是要全面、准确、科学地对小城镇建

设及其可持续发展目标及各项目标实现的程度、发展的阶段与水平进行综合评估。具体包括：

（1）对小城镇实现社会经济协调发展的生态环境、资源承载力的评估；

（2）对小城镇社会经济与生态环境可持续发展水平及其能力的评估；

（3）对小城镇经济发展与环境的缓冲及协调能力的评估；

（4）对小城镇经济发展进程稳定能力的评估；

（5）对建设生态小城镇的管理与协调能力的评估等。

根据指标存在形式和作用的不同，小城镇生态评价指标可分为数量指标和质量指标。根据指标所描述的对象与所反映的内容不同，指标又可分为结构性指标和功能性指标。

4.4.2 指标体系的构建原则与方式

4.4.2.1 构建原则

城镇生态是根据生态学原理和可持续发展理论，应用生态工程、社会工程、系统工程等现代科学与技术手段建成的社会和谐、经济高效、生态良性循环的人类居住区，分析和评价城镇生态建设和发展的程度，必须从城镇生态的科学内涵出发，立足于城镇生态建设和发展的现实基础和宏观发展趋势，按照系统性原则、层次性原则、目标性原则、客观性原则、前瞻性原则，构建生态型城镇评价指标体系。

确定科学的城镇生态评价指标体系构建的基本原则，是建立合理的小城镇生态评价指标体系和顺利开展城镇生态建设和发展评价的必要条件。

王如松等（1996）在论及生态县指标体系时认为："县级复合生态系统是一个多属性、多层次的自组织系统，其指标体系的建立在科学上属于复杂系统的多属性评判问题。它不是一维简单的物理量，而是一个包括物理因素、社会因素及心理因素在内的，由众多属性组成的多维多层向量。其难点在于各分量之间的综合评判方法……但无论如何，这种指标体系应具备一定程度的完备性——能覆盖和反映系统的主要性状；层次性——根据不同的评价需要和详尽程度分层分级；独立性——同级指标之间应具有一定程度的独立性；合理性——可测度、可操作、可比较、可推广；稳定性——在较长的时期和较大的范围内都能使用。"我们认为这些原则在建立小城镇生态评价指标时也是适用的，具体可以归纳为以下几点。

（1）系统性原则

系统性原则是指生态小城镇建设的指标体系必须能够全面地反映小城镇可持续发展的综合状况和各个方面，能客观地反映系统发展的状态，同时又要避免指标间的重叠性，把评价目标与指标形成一个系统的有机整体，保证评价指标体系的全面性和规范性。符合小城镇生态建设和发展目标的内涵。

以小城镇复合生态系统的观点为指导，在单项指标的基础上，构建能直接而全面地反映小城镇功能、结构及协调度的综合指标。

（2）科学性原则

科学性原则是指指标体系应建立在科学基础上，数据来源要准确、处理方法要科学，具体指标能够反映出生态小城镇建设主要目标的实现程度。指标体系的结构与指标选取均应在科学上不存在明显的问题。

（3）层次性原则

评价指标体系必须要层次清晰，逻辑关系明确，具有一定在内在联系，既要全面体现核心评价指标，又要兼顾辅助评价指标，一定要避免评价指标之间出现重叠现象，从而使评价指标有机地联系起来，组成一个层次分明的整体，以保证评价指标体系的合理性和代表性。

（4）目标性原则

评价指标体系必须要明确指标实现的目标，而且评价指标的目标要建立在科学预测的基础上，能够反映小城镇生态建设和发展的实现程度，从而保证评价指标体系的真实性和标准性。

（5）客观性原则

评价指标体系必须通过定性与定量相结合的方法，来评价目标实现的程度。评价指标既要有定性的研究和描述，又要有定量的模拟、计算、统计和分析，而且尽可能使定性评价指标定量化，实现评价指标定性研究和定量分析的有机结合，从而保证评价指标体系的现实性和精确性。

（6）前瞻性原则

评价指标体系必须既能反映小城镇生态建设和发展的现实状况，又能科学地预测城镇生态建设和发展的动态趋势和发展规律，发挥导向作用，从而保证评价指标体系的趋势性和持续性（毛汉英，1996；宋永昌等，1999；郝晓辉，1996）。

（7）动态性原则

动态性原则在于，生态小城镇建设既是目标又是过程，因此所确定的指标体系应充分考虑系统的动态变化，能综合地反映建设的现状及发展趋势，便于进行预测与管理。

（8）可操作性原则

可操作性原则是指指标体系应把简明性和复杂性很好地结合起来，要充分考虑到数据的可获得性和指标量化的难易程度，要保证既能全面反映生态小城镇建设的各种内涵、又能尽可能地利用统计资料和有关规范标准。同时还要注意指标体系在不同小城镇应用的可操作性。

有关数据有案可查，在较长时期和较大范围内都能适用，能为小城镇的发展和小城镇的生态规划提供依据。

（9）代表性原则

代表性原则是指小城镇生态系统结构复杂、庞大，具有多种综合功能，要求选用的指标最能反映系统的主要性状。

（10）可比性原则

可比性原则是指既充分考虑小城镇发展的阶段性和环境问题的不断变化，使确定的指标具有社会经济发展的阶段性，同时又具有相对稳定性和兼有横向、纵向的可比性。

4.4.2.2 构建方式

小城镇生态评价的指标体系的构建可采用层次分析方法，首先确定小城镇生态评价的主要方面，然后分解为能体现该项指标的亚指标，按此原则再次进行分解，直至最底层的单项评价指标。这里构建了一个三层次的生态小城镇评价指标结构的框架（如图 4.4.2-1），它们的最高级（0级）综合指标为生态综合指数（ECI），用以评价小城镇的生态化程度。

其中一级指标由结构、功能和协调度三方面组成。二级指标是根据前述评价指标选择原则，选择若干因子所组成；三级指标又是在二级指标下选择若干因子组成整个评价指标体系。由于小城镇生态系统的结构、功能和协调度都是由许多因子组成的，其中有些因子可以定量并且容易定量，而有些因子是难以定量或者说是难以取得定量数据的。因此，对二级指标，特别是三级指标的选择

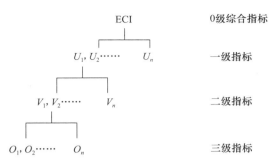

图 4.4.2-1 小城镇生态评价指标

只能根据评价指标建立的原则加以选择，不可避免地存在着不完备的缺陷。随着对小城镇生态系统研究的发展和日益深入以及统计资料的不断完备，对二级指标，特别是三级指标还可以进行不断修改和补充。目前采用的三级指标包括以下内容。

（1）人口密度：人口密度是反映人类生活条件、资源利用和环境压力的重要变量，因此必须控制其增长速度，维持适度的人口密度，使小城镇发展规模和环境容量相一致。

（2）人均期望寿命：人均期望寿命不仅能反映一个地区医疗保健、社会福利和人们的健康水平，同时也可反映该地生态环境的质量。

（3）万人口中高等学历人数：是指常住人口中具有大专以上学历（包括在校大专、大学生）的人数，它反映了人口的素质，其比例越高，则社会智能化程度越高，小城镇文明程度越高，有利于科学技术的进一步发展。

（4）人均道路面积：人均道路面积是市政基础建设的一个重要指标，反映了小城镇人流、物流、能流的畅通程度。人均道路面积越高，则系统内的流通效率越高。

（5）人均住房面积：住房条件是小城镇生活设施中最重要的要素，人的各种需求，绝大部分通过住宅得到自我实现和自我发展。由于人均住房面积和小城镇经济的发展、居民生活状况紧密相关，可以映射出小城镇基础设施水平。

（6）万人病床数：该指标反映了小城镇医疗保健设施的完备程度。小城镇应为人们提供一个安全、可靠的医疗保障系统，而病床数是最基本的硬件设施。

（7）污染控制综合得分：污染控制采用小城镇环境综合整治定量考核污染控制指标，包括水污染排放总量削减率、大气污染排放总量削减率、烟尘（控制区）覆盖率、环境噪声（达标区）覆盖率、工业废气达标率、民用型煤普及率、工业固体废弃物综合利用率、危险废物处置率。

（8）空气质量：良好的空气质量不仅为小城镇居民创造一个令人心情舒畅的环境，而且是发展技术密集型产业的重要条件之一。大气环境质量的评价也涉及许多不同的因子，鉴于我国小城镇大气污染主要为煤烟型污染，因此，目前选用最富代表性的 S_q 浓度作为评价指标。

（9）环境噪声：随着小城镇的发展，噪声污染已侵入到小城镇的各个角落，严重影响小城镇居民的工作、学习和休息。良好的小城镇生态环境应该是一个比较安静的环境。

（10）小城镇绿地覆盖率：小城镇绿地覆盖率是衡量小城镇绿化程度的最基本的指标，是指市区各类绿地面积与市区总面积的比值。将其作为小城镇生态评价的一个指标，是因为它能反映环境的质量和人们的生活质量。

（11）人均公共绿地面积：人均公共绿地面积是小城镇环境质量方面的一个重要指标。人均公共绿地拥有量越多，良好的生态环境越有保证。

（12）固体废弃物无害化处理率：固体废弃物无害化处理率高，则小城镇排放的废弃物量就少，不仅能够减少对环境的污染，而且有利于废弃物资源化，促进生态系统的良性循环。

（13）废水处理率：废水处理率是指经过各种水处理装置处理的废水量与小城镇产生废水总量的比值，它是反映废水治理程度的重要指标。

（14）工业废气处理率：工业废气是目前小城镇大气污染的主要来源，工业废气的处理对改善大气环境的贡献最大，其处理率越高，大气质量越有保障。

（15）人均生活用水：人均生活用水反映了小城镇居民使用自来水的便利程度，从一个侧面反映其生活质量的高低，同时也反映小城镇水资源状况。

（16）人均用电：人均用电为小城镇每天人均消耗的电量（包括工业用电和生活用电的总和），它反映了小城镇生活质量的高低和生产水平。

（17）人均 GDP：虽然生态小城镇侧重于生态环境的优美和生活的舒适，但所有这些都是建立在一定的经济基础上的，而且随着经济的发展，将会有更多的资金用于环境保护，减少污染，改善基础设施，提高人们的生活质量。

（18）万元产值能耗：万元产值能耗是指每万元国内生产总值所消耗的能源数量，是能源利用效率的直接反映。其数值越小，能源利用效率越高。能源利用效率高不仅可以减少环境污染，而且可以促进生产工艺的改进，提高工业生产率。降低能源消耗、节约能源，有利于小城镇的可持续发展。

（19）土地产出率：土地产出率以单位面积上的产值计算，它体现了土地面积和产品的经济价值之间的关系，反映了一个小城镇的技术结构，是衡量小城镇总体功效的一个指标。

（20）人均保险费：人均保险费是指一年内保险费的收入与小城镇总人口的比值。该项指标反映了小城镇金融保险市场的健康发展，社会总体生活水准的提高。

（21）环保投资占 GDP 的比重：环境改善、污染整治、环境设备的引进、清洁技术的开发、清洁能源的开发利用等都必须投入一定的资金，其比重的多少，反映了政府对环境保护的重视程度，以及环保意识的普及程度，是衡量小城镇走生态化道路的指标之一。

4.4.3　指标体系的评价指标分类

小城镇生态评价指标体系是描述、分析和评价小城镇生态建设和发展质量的可量度参数的集合，是一个有机的动态复合系统，因子众多，复杂多变。为了有效地评价小城镇生态建设和发展的程度，根据小城镇生态的科学内涵和其评价指标体系构建的基本原则，借鉴近年来国内外构建可持续发展评价体系的研究成果和应用实例，小城镇生态评价指标划分为三个系统：自然生态环境系统、经济生态系统和社会生态系统，3 个子系统进一步细化为评价指标群，指标群又包含了各项具体的评价内容，从而构建成一个层次清晰，具有递阶结构的小城镇生态评价指标体系，以此反映、考核和评价小城镇生态的自然生态水平、经济发展水平和社会进步程度的各方面情况与综合效应。

就小城镇生态评价指标体系而言，自然生态环境系统评价指标主要考虑了大气环境质量、水环境质量、小城镇噪声环境质量、镇区绿地覆盖率、镇区人均公共绿地面积、乡镇工业三废排放达标率、生活垃圾无害化处理率、镇域林地和草地丰度、人均建设用地面积、镇域能源及矿产资源的丰度、镇域水资源人均占有量等指标群，用以说明小城镇生态是给自然生态优先考虑，最大限度地予以保护，使开发建设活动一方面保持在自然环境所允许的承载范围之内，另一方面减少对自然环境的消极影响，增强其健康性（Yanitsky，1987）。

经济生态系统评价指标主要考虑了恩格尔系数、小城镇人均国民生产总值、小城镇经济增长率、镇域人均纯收入、小城镇就业人口构成、科技进步贡献率、第三产业占 GDP 的比重、小城镇人均进出口贸易总值等指标群，用以说明小城镇生态是保护与合理利用一切自然资源与能源，提高资源的再生和综合利用水平，实现资源的高效利用，采用可持续的生产、消费、交通和居住的发展模式。

社会生态系统评价指标主要考虑了人均居住面积、人口密度、人口自然和机械增长率、九年义务教育普及率、人均用电量、人均道路面积、城镇合理用地比例、小城镇结构合理性等指标群，用以说明小城镇生态以人为本，满足人的各种物质和精神需求，创造自由、平等、公正和稳定的社会环境。在城镇生态评价指标体系中，自然环境系统评价指标是基础指标，经济生态系统评价指标是核心指标，社会生态系统评价指标是目的指标，三者相辅相成，并且在评价指标体系一定的时空范围内相互依存、相互联系、相互影响、相互促进，从而使小城镇生态评价指标体系成为一个有机的整体。

4.4.4　生态评价量化指标群

从强调人与自然的协调关系的角度出发，提出小城镇生态环境定量研究的量化指标体系，包括生态环境质量评价指标群、社会经济发展调控指标群。可以把定量研究生态环境调控与管理的量化指标体系分成两大部分，即生态环境质量评价指标群、社会经济发展调控指标群（表 4.4.4-1）。

小城镇生态环境量化研究指标体系一览表　　　　　　　　　表 4.4.4-1

指标群	类型		指标	单位
社会经济发展调控指标群	人口发展	现状	人口总数	人
			人口密度	人/km²
		趋势	人口增长率	%
	经济发展	现状	人均 GDP	万元/人
		趋势	GDP 增长率	%
		工业发展	工业产值模数	
		结构	工业总产值占 GDP 比例	%
		生态建设投资	生态环境保护投资比	%
	社会发展	福利	社会安全饮用水比例	%
		资源利用量	人均水资源量	t/人
			水资源利用量	t
	科技进步	工业	工业用水重复利用率	%
		其他指标等		

指标群	类型	指标		单位
生态环境质量评价指标群	植被	乔木	地下水位	m
			盐分含量	%
		灌木	地下水位	m
			覆盖度	%
		草本	地下水位	m
			覆盖度	%
	水环境	水体矿化度		g/m^3
		高锰酸盐指数	COD_{Mn}	mg/m^3
		溶解氧	DO	mg/m^3
		氨氮	NH_3-N	mg/m^3
		六价铬	Cr^{6+}	mg/m^3
		挥发酚	$\phi-OH$	mg/m^3
	土地环境	土地肥力	有机质含量	%
			全氮含量	%
		盐化程度	总盐含量	%
		(0~30cm)	缺苗率	%
		碱化程度	钠碱化度	%
			pH (1:2.5)	
		水土流失	水土流失模数	$t/(km^2 \cdot 年)$
	大气环境	二氧化硫	SO_2	mg/m^3
		氮氧化物	NO_x	mg/m^3
		固体总悬浮物	TSP	mg/m^3
		飘尘	飘尘	mg/m^3

（1）社会经济发展调控指标群

社会经济发展调控指标群，主要由描述和表征人口、经济、社会、科技等发展的指标集组成，该类指标比较繁杂，定性的较多，可操作性不强。在生态环境调控与管理研究中，主要选取与生态环境紧密相关的、又能够综合衡量社会经济发展对生态环境影响的可量化指标。通过这些指标能够反映出生态环境在社会经济系统中的地位以及对社会经济发展的贡献作用。通过对这些指标的调控与管理，能够直接或间接地调控生态环境。

（2）小城镇生态环境质量评价指标群

生态环境系统是社会经济系统赖以存在的物质基础，是实现可持续发展的重要保证。合理评价生态环境质量，是实现生态环境调控与管理的重要基础。建立量化指标体系应遵循：科学性原则、完备性原则、可操作性原则、动态性原则。但是，针对具体的区域，可以选择主要的指标或增加、修改部分代表性指标。一方面，增加了研究的灵活性；一方面，也给研究成果的"可比性"带来困难（这也是其他行业制定一般评价指标和标准的弱点）。为了尽可能避免这种影响，在具体工作时，要综合国内外最新研究成果，咨询有关专家，得到多数人的赞同与认可。

结合"十五"国家科技攻关计划，小城镇规划及相关技术标准研究中相关小城镇生态环境规划标准研究，在大量、有代表性相关小城镇调研的基础上，提出表 4.4.4-2 小城镇生态环境质量评价量化指标和表 4.4.4-3 小城镇生态评价社会经济发展调控指标。表 4.4.4-2 和表 4.4.4-3 较表 4.4.4-1 更切合小城镇实际,因而也更具代表性和可操作性。

表 4.4.4-2 为小城镇生态环境质量评价量化指标。

小城镇生态环境质量评价量化指标　　　　　　　　　　表 4.4.4-2

类型	指标		单位	备注
绿地	人均公共绿地面积		m²/人	▲
	绿化覆盖率		%	▲
	绿地率		%	▲
林木植被	乔木	地下水位	m	△
		盐分含量	%	△
	灌木	地下水位	m	△
		覆盖度	% ·	△
镇郊(域)草场植被	草场等级	载畜量	头羊/hm²	△
		产青草量	kg/hm²	△
	草场退化	植被覆盖度	%	△
河湖生态	水体矿化度		mg/L	▲
	富营养化指数	(无量纲)		▲
水环境	pH 值	(无量纲)		▲
	高锰酸盐指数	COD_{Mn}	mg/L	▲
	溶解氧	DO	mg/L	▲
	化学需氧量	COD	mg/L	▲
	五日生化需氧量	BOD_5		▲
	氨氮	NH_3-N	mg/L	▲
	总磷	以 P 计	mg/L	▲
	六价铬	C_r^{6+}	mg/L	△
	挥发酚	$\phi-OH$	mg/L	△
地下水	超采率		%	△
大气环境	二氧化硫	SO_2	mg/m³	▲
	氮氧化物	NO_x	mg/m³	▲
	总悬浮颗粒物	TSP	mg/m³	▲
	漂尘	漂尘	mg/m³	▲
土地环境(含镇域)	土地肥力	有机质含量	%	△
		全氮含量	%	△
	盐化程度(0～30cm)	总盐含量	%	△
		缺苗率	%	△
	碱化程度	钠碱化度	%	△
		pH(1:2.5)		△
	土地沙化	沙化面积扩大率	%	△
	水土流失	水土流失模数	t/(km²·年)	

注:表中▲为必选指标;△为选择指标。

表 4.4.4-3 为小城镇生态评价的社会经济发展调控量化指标。

小城镇生态评价社会经济发展调控指标   表 4.4.4-3

分类	指标		单位	备注
人口发展	现状	人口总数	人	▲
		人口密度	人/km²	▲
	趋势	人口增长率	%	▲
经济发展	现状	人均 GDP	万元/人	▲
	趋势	GDP 增长率	%	▲
	一、二、三类工业比例		%	▲
	一、二、三产业比例		%	▲
	绿色产业比重		%	▲
	高新技术产业比重		%	△
社会发展	居民人均可支配收入		元	▲
	恩格尔系数		%	△
	人均期望寿命		岁	△
	饮用水卫生合格率		%	▲
	清洁能源使用率		%	▲
	人均资源占有量	人均耕地面积	hm² 人	△
		人均水资源量	t/人	▲
	资源利用量	耕地面积	hm²	△
		水资源利用量	t	▲
科技进步	中水回用			△
	工业用水重复利用率		%	▲
	单位 GDP 能耗		kWh/万元	▲
	单位 GDP 水耗		m³/万元	▲

注：表中▲为必选指标；△为选择指标。

4.4.5 指标选择若干要求

（1）单一经济发展指标并不能作为反映可持续发展状态的绝对尺度

国内外有关区域性可持续发展的指标体系中的许多将经济发展水平与速度作为主要指标，有的甚至把其作为评价可持续性的依据，但它忽略了一个事实，即形成较高发展水平与速度的经济发展方式正是当前严重的资源与环境问题的主要诱导因子。因此，高的经济发展水平和高速度所表现的并不一定的可持续的。因此，不能简单地由经济发展指标的高低来推断可持续性，经济发展应当作为重要的区域背景指标，而不能作为可持续性的唯一评价指标。

（2）要考虑资源利用效率与可持续性

资源利用效率是影响资源利用可持续性的重要因素。但不能在不考虑资源利用强度的情况下，仅仅从利用效率的高低来评价区域资源是否处于可持续状态。提高利用率最直接、有效的途径是科技进步。因此，以资源利用效率为准则会使人以为可以通过技术方式解决可持续性问题。实际上，决定资源可持续利用的是消耗速率与资源更新速率或资源储存量间的关系。技术进步对资源利用效率的提高只有在能够有效地将区域资源消耗总量控制在适度水平时，才可以认为真正对资源的可持续性利用作出了贡献。

（3）要注意指标作用效应的多重性和双向性

在生态小城镇建设中，许多影响因子是从多方面作用于小城镇级生态—经济—社会复合系统的可持续性的。同一因子对于不同的可持续发展不同方面的影响效应是不同的。可能既有保证持续性的正向效应，又有诱发非持续性的负向效应，对于单一的可持续性问题，同一因子的不同变异范围也会具有不同的影响效应。因此，影响因子的这种效应多重性和双向效应决定了不能依据该因子的特定指标值简单评价出可持续性的高低。

（4）指标选取特别要注意有些指标的不可逆效应和累积效应

在各类不可持续因素所引起的系统恶化后果中，有些是可以通过恢复过程加以消除，有些则是不可逆的。如基因资源、各类矿产资源等等。

（5）指标选取中要考虑某些指标具有时空覆盖度和分辨率的特点

指标的应用还受到数据时空覆盖度和分辨率的限制。通常各类数据都是按行政区划单元进行统计，而有些资源数据则是按流域、生态区等统计的，还有些指标是需要经过适当处理而获取的。

4.4.6 生态评价指标集成

为了描述小城镇生态环境的现状和预测其发展变化趋势，理想的小城镇生态评价指标应具有完全性、独立性、可感知性、贴切性和合理性。在确定小城镇生态评价指标体系时一般考虑如下问题：

1）根据研究或规划设计工作的目的去选择指标；

2）将复杂庞大的小城镇生态环境划分为若干层次和若干小系统；

3）综合研究小城镇生态环境的结构、功能、运行状态、过程及效应，并按这一思路选择评价指标；

4）将各层次、各子系统单一指标综合成全系统的综合指标。

（1）绿色小城镇的指标体系

所谓绿色小城镇，是物质文明、精神文明、生态文明同步建设，人与自然和谐共处，可持续发展的现代化小城镇。绿色小城镇的特质是三个文明同步建设，物质文明、精神文明和生态文明三者之间是辩证的统一。精神文明可以为物质文明提供精神动力、思想保证和智力支持，物质文明可以为精神文明创造物质基础、投资能力和实践条件。生态需求是人们创造物质文明、精神文明和美好生态环境的一种渴求。人类社会的文明进步与生态需求密不可分。生态文明不仅体现了物质文明和精神文明的某些方面，也为物质文明和精神文明建设提供了外部条件和内在动力。三个文明的同步建设和协调发展符合社会主义富裕、民主、文明的客观要求。建设绿色小城镇的目的在于实现小城镇建设的可持续发展。只有走可持续发展之路，才能真正求得小城镇的健康、快速和长远发展。

作为全新的理念，绿色小城镇既应有性质上的定位，也应有具体的可操作性的量化评估指标体系。从定性的角度，绿色小城镇建设的总体要求是：经济繁荣，社会进步，环境优美，居民文明，功能完备。从定量的角度，按照全面建设小康社会的要求，根据适度超前、力能为之的原则，参照近几年《中华人民共和国年鉴》和《中国统计年鉴》公布的有关中国城镇经济和社会发展水平的统计数据，可以尝试在以下五大方面初步建立绿色小城镇的量化评估指标体系。

1）经济发展指标

人均 GDP2000 美元以上；非农产值占 GDP80％以上；第三产业产值占 GDP45％以

上；科技进步对 GDP 的贡献率超过 60%。

2）人口素质指标

成人识字率为 95% 以上；适龄儿童入学率为 100%；职业群体大专以上文化程度者超出 35%；人口自然增长率为 0.5% 以下。

3）生活质量指标

恩格尔系数为 30% 以下；人均住房面积为 30m² 以上；每千人拥有医生 5 人以上；平均预期寿命为 75 岁以上。

4）环境保护指标

绿化覆盖率为 35% 以上；人均拥有公共绿地面积为 15m² 以上；工业废水处理率为 90% 以上；生活污水处理率为 60% 以上；生活垃圾、粪便无害处理率为 80% 以上；平均日空气污染指数为 50 以下。

5）基础设施指标

自来水普及率为 80% 以上；生活用燃气普及率为 80% 以上；人均拥有铺装道路面积为 10m² 以上；每镇拥有图书馆、影剧院、体育场所等公用设施一个以上。

（2）生态小城镇评价指标体系

1）目的：根据生态小城镇建设内涵，建立由四级指标构成的评价指标体系，以评价生态小城镇各方面的建设进展与生态小城镇发展状态。

2）指标体系：由四级指标构成（表 4.4.6-1）

生态小城镇评价的通用（核心）指标及选择性指标体系　　表 4.4.6-1

二级指标（C）	三级指标（B）	四级指标（A）	选择性指标（A′）
生态经济	经济水平	人均 GDP	绿色 GDP 年增长率 工业化系数 第三产业化系数
		第三产业比例	
		绿色产业比重	
	生产效率	工业经济效益综合指数	财政收入占 GDP 比重 农业土地产出率
		人均全口径财政收入	
		社会劳动生产率	
	资源利用效益	气候资源潜力发挥率	
		国土产出效益	
		能源利用效率	
		用水效益	
社会发展	人口	人口自然增长率	成人受高等教育比例 义务教育普及率
		城镇人口比例	
		受高等教育比例	
		高中阶段毛升学率	
	生活质量	恩格尔系数	千人拥有病床数
		城镇人均可支配收入	
		农民人均收入	
		人均期望寿命	
	社会公平性	城镇登记失业率	城镇失业保险覆盖率 城镇医疗保险覆盖率
		基尼指数	
		城镇养老保险覆盖率	

续表

二级指标（C）	三级指标（B）	四级指标（A）	选择性指标（A′）
生态环境	生态环境质量	地表水质环境质量	绿色覆盖率 农业化肥施用强度 矿山土地复垦率 城镇固体废物处理率
		地下水环境质量	
		城镇空气环境质量	
		耕作土壤有机质含量	
		水土流失率	
	人居环境	城镇人均住房面积	
		农村人均住房面积	
		城镇人均公共绿地	
		城镇清洁能源使用率	
		农村饮用水合格率	
	生态资产	人均水资源占有量	
		人均天然森林、湿地、草地面积	
		人均耕地面积	
		人均自然保护地面积比例	
生态文化	消费行为	无氟制冷设备普及率	
		无磷洗衣粉普及率	
		可降解塑料代用品普及率	
	生态意识	环境保护投资占 GDP 的比例	
		规模企业通过 ISO14000 认证率	
	科技支撑能力	科技投入占 GDP 的比率	
		科技进行对 GDP 增长的贡献率	
		每万人科技人员数	
	政策法规体制	重大决策的环境保护评估率	
		生态环境违法案件处理率	

99

一级指标：1 个，生态小城镇；

二级指标：4 个，包括生态经济，社会发展，生态环境，生态文化；

三级指标：13 个，包括经济水平，生产效率，资源利用效益，人口，生活质量，社会公平性，生态环境质量，人居环境，生态资产，消费行为，生态意识，科技支撑能力，政策法规体制；

四级指标是整个评价的体系的基础，指标的构成反映了生态小城镇建设的主要方面。

（3）指标数据归一化方法

1）标准评价法：根据小城镇的建设要求，建立小城镇建设标准（表 4.4.6-2），根据各量化指标，将具有不同量纲的指标转变成无量纲的属性数据。

小城镇生态评价指标体系与标准（通用指标）　　　　　表 4.4.6-2

标准 指标项目	一类	二类	三类
人均 GDP（元/人）	＞20000	＞30000	＞40000
绿色产业比重（%）	＞10.0	＞20.0	＞30.0
工业经济效益综合指数	＞110	＞115	＞120

续表

标准	一类	二类	三类
社会劳动生产率（万元/人）	2.0	3.5	5.0
国土产出效益（万元 GDP/km²）	＞500	＞1000	＞2000
能源利用效益（GDP 元/t 标煤）	6000	7500	10000
用水效益（GDP 元/t 水）	30	50	100
人口自然增长率（‰）	＜6.0	＜5.0	＜4.0
高中阶段教育毛入学率（%）	＜65.0	＜75.0	＜90.0
恩格尔系数	＜0.4	＜0.35	＜0.25
城镇居民人均年可支配收入（元/人）	＞10000	＞15000	＞25000
城镇登记失业率（%）	＜5.0	＜4.0	＜3.0
城镇养老保险覆盖率（%）	＞60.0	＞80.0	＞95.0
地表水水质达标率（%）	＞80.0	＞90.0	100
地下水水质达标率（%）	＞80.0	＞85.0	＞90.0
城镇环境空气质量达标率（%）	＞80.0	＞90.0	100
城镇人均居住面积（m²/人）	＞20.0	＞25.0	＞30.0
城镇人均公共绿地面积（m²/人）	＞8.0	＞8.5	＞10.0
城镇清洁能源使用率（%）	＞80.0	＞85.0	＞90.0
城镇饮用水源卫生合格率（%）	＞90.0	＞95.0	100
水土流失率（%）	＜10.0	＜8.0	＜5.0
人均水资源占有量（m³/人）			
环境保护投资占 GDP 的比例（%）	＞1.2	＞1.3	＞1.5
科技投入占 GDP 的比率	＞2.0	＞3.0	＞5.0
重大决策的环境评估率（%）	30	75	100
生态环境违法案件处理率（%）	50	75	90

$$A'_{ij}k = \frac{A_{ij}k}{A_{ij}k_0}$$

式中　$A_{ij}k_0$——该指标的标准值。

2）相对标准评价法

以全国该指标当年的最佳值为标准，将具有不同量纲的指标转变成无量纲的属性数据。对小城镇建设正效应的情形下：

$$A'_{ij}k = \frac{A_{ij}k}{A_{ij}k_{\max}}$$

对小城镇建设负效应的情形下：

$$A'_{ij}k = 1 - \frac{A_{ij}k}{A_{ij}k_{\max}}$$

式中　$A_{ij}k_{\max}$——全国当年该指标的最大值。

（4）指标综合方法

1）几何平均法

根据生态学最大最小定理，建立几何平均法综合模型。

$$B_{ij} = \sqrt[l]{\prod_{k=1}^{l} A'_{ij}k}$$

$$C_i = \sqrt[m]{\prod_{j=1}^{m} B_{ij}}$$

$$E_Q = \sqrt[n]{\prod_{i=1}^{n} C_i}$$

2）加权平均法

根据评价分量对小城镇建设的贡献与作用，运用加权平均法；

$$B_i = \sum_{j=1}^{l} f(i,j) A_{ij}$$

$$C_i = \sum_{j=1}^{m} g(i,j) B_{ij}$$

$$E_Q = \sum_{i=1}^{n} g(i) C_i$$

$g(i,j)$，$g(i)$ 由评价分量对小城镇建设的贡献与作用确定。

各评价分量对小城镇建设的贡献与作用评价方法：专家与决策者咨询表（表4.4.6-3）。

指标权重确定专家调查表　　　　　　　表 4.4.6-3

	上层指标 i
指标 1	X_1
……	……
指标 j	X_j
……	……
指标 n	X_n

101

X_j 为指标 j 对上层指标的贡献重要值。

当指标 j 对上层指标 i 的贡献重要性为比较重要时，X_{ij} 为 1；

当指标 j 对上层指标 i 的贡献重要性为明显重要时，X_{ij} 为 3；

当指标 j 对上层指标 i 的贡献重要性为绝对重要时，X_{ij} 为 5。

比较研究表明：不同的赋值方法，区别程度有差异。

各指标权重的计算方法：

$$W_{ij} = \frac{\sum_{1}^{m} \frac{X_{ij}}{\sum_{i=1}^{n} X_{ij}}}{M}$$

式中　X_{ij}——指标 j 对目标 i 的重要性值；

　　　M——参加填表的专家和决策管理者的人数；

　　　W_{ij}——指标 j 权重。

4.5　小城镇生态质量评价

小城镇生态质量评价是认识和研究小城镇生态系统的一个重要课题。它是客观环境质量的反应，是为了小城镇生态系统的良性循环，保证城镇居民拥有优美、清洁、舒适、安全的生活环境与工作环境；是为了以尽可能小的代价获取尽可能多的社会经济环境，取得最大的经济效益、社会效益和环境生态效益。小城镇生态质量评价可以用资源质量、生物质量、人群健康、人类生活等尺度来度量。

4.5.1　评价目的

小城镇生态质量评价的根本目的是保护人类健康，为控制和改善生态环境质量提供科学依据。小城镇生态质量评价的主要目的有：

(1) 评价小城镇生态质量状况及其演变趋势；

(2) 提出符合小城镇当地实际的生态保护技术政策；

(3) 提出改善小城镇生态质量的全面规划和合理布局的小城镇生态总体规划设想；

(4) 提出控制小城镇环境污染的技术方案和技术措施；

(5) 提出地区性的污染排放标准、环境标准和环境法规。

应全面对小城镇自然本地、功能本地和包括大气、水质、土壤、植被、地质、地貌等环境本地状况进行调查，掌握小城镇生态特征（包括工业布局和经济结构、小城镇规模、人口密度、小城镇建设投资比例及绿地状况等）以及不同功能区环境质量现状和污染物分布情况，并作出相应的定量、定性评价，搞清小城镇环境污染问题。与此同时，分析产生污染的原因，寻找影响小城镇环境质量的主要污染物以及污染源，掌握小城镇环境污染的内在规律和变化特点，反映小城镇环境质量对人类各种经济活动和社会活动的影响程度及潜在影响，达到直观地反映一个小城镇性质、地位、功能和作用以及其人口资源环境的优劣势的目的。

4.5.2　评价方法

(1) 小城镇生态质量评价的基本方法

小城镇生态质量评价的方法包括有定性的和定量的方法。定性的综合评价方法是小城镇生态质量评价最基本的方法，主要用于小城镇生态质量问题的分析、社会经济因素对生态质量影响的分析、污染物的调查与分析、小城镇生态质量下降的原因分析以及综合防治的对策分析等等。综合定量评价方法目前还没有完全统一的方法，都在探索之中。

1) 生态环境质量综合评价

在建立生态环境质量评价指标体系之后，要选择评价标准和评价方法。生态环境质量评价的标准来源于：(a) 国家、行业和地方规定的标准；(b) 背景或本地标准；(c) 类比标准；(d) 科学研究成果也可以作为参考标准。关于生态环境质量评价方法，正处于探索和发展阶段。目前已经采用的方法有：类比分析法、列表清单法、生态图法、指数法和综合指数法、景观生态学法、层次分析综合法以及多级关联评价法等。

2) 社会经济发展水平综合评价

关于社会经济发展水平综合评价方法，目前也处于探索和发展阶段。当然也有许多可以借鉴的方法，如综合指数法、层次分析综合法、多级关联评价法等。这些方法的基本思路也是，针对选定的评价指标，参照一定的评价标准，依据具体的方法，定量给出社会经济发展水平的高低等级。

小城镇生态质量评价是小城镇环境保护的基础，为了解小城镇建设前后的生态环境质量变化情况，建立一套科学的生态质量评价指标体系，为制订合理的小城镇环境保护对策提供依据，对提高小城镇生态环境管理水平具有重要的指导作用。小城镇生态环境质量评价，是实现全面环境管理、协调小城镇区域经济开发与环境保护的关系、实现可持续发展的基本手段。小城镇生态环境质量的综合评价工作，就是在分析、归纳大量环境调查和监测资料的基础上，通过各种环境质量评价方法与模型的计算，找出小城镇的主要环境问题，指出环境质量的发生发展与空间分布规律。

（2）小城镇生态质量评价指标体系的筛选原则

小城镇生态质量评价指标是度量小城镇生态环境质量优劣的指标体系，由于小城镇复合系统结构复杂、层次众多，子系统之间既有相互作用，又有相互间的输入和输出，某些元素及某些子系统的改变可能导致整个系统由优到劣或由劣到优的变化。要在众多的指标中选择那些最灵敏的、便于度量且内涵丰富的主导性指标作为评价指标，不是一件容易的事情。为此，在设置评价指标时，遵循以下原则：

1）科学性原则

指标体系应建立在科学的基础上，指标概念必须明确，且具有一定的科学内涵，能够度量和反映小城镇复合系统的发展特征，尽量定量化。科学性原则是确保评价结果准确合理的基础，小城镇生态质量评价活动是否科学很大程度上依赖其指标、标准、程序等方法是否科学。指标体系的科学性应包括以下3个方面：①特征性：指标应反映评估对象的特征。②准确一致性：指标的概念要正确，含义要清晰，尽可能避免或减少主观判断，对难以量化的评估因素应采用定性和定量相结合的方法来设置指标。指标体系内部各指标之间应协调统一，指标体系的层次结构应合理。③完备性：指标体系应围绕评估目的，全面反映评估对象，不能遗漏重要方面或有所偏颇。否则评估结果就不能真实、全面地反映被评估对象。

2）目的性原则

目的性原则是建立指标体系的出发点和根本，衡量指标体系是否合理有效的一个重要标准是看是否满足评估目的。指标体系应是对评估对象的本质特征、结构及其构成要素的客观描述，应为评估活动目的服务，针对评估任务的要求，指标体系应能够支撑更高层次的评估准则，为评估结构的判定提供依据。

3）完备性原则

指标体系作为一个整体，要比较全面地反映被评价区域的发展特征，能反映环境质量状况，也能反映未来的发展特征。

4）代表性原则

设置指标时应尽量选择那些有代表性的综合指标，能客观反映小城镇土地开发和生态环境质量的关系。

5）独立性原则

度量小城镇生态环境质量特征的指标往往存在信息上的重叠，所以要尽量选择那些具有相对独立性的指标，指标含义不重复。

6）可操作性原则

建立指标体系应考虑到现实的可能性，指标体系应符合国家政策，应适应于指标使用者对指标的理解接受能力和判断能力，适应与信息基础。乡村景观评价活动是实践性很强的工作，指标体系的实用性是确保评估活动实施效果的重要基础。指标体系数据易得，计算简便，适应地方监测力量、数据资料及技术设备，尽可能利用现有统计指标或可通过调查、监测获得数据。

此外，其他的指标设置原则如：动态性、区域性、引导性、可评价性、可比性、空间性、敏感性、层次性、相关性、简易性、稳定性及动态与静态相结合的原则、定性与定量相结合等原则在进行指标选择工作中也是应考虑的原则。

(3) 评价生态质量的指标

关于生态质量，目前国内外研究尚少，没有形成统一的概念和原理，但可以肯定的是生态质量的评价指标不同于环境质量的评价指标。

1) 多样性。多样性是评价生态质量最重要的指标，是反映物种多度和种群丰度的一个指标。可分为三个层次：物种多样性、群落多样性和生境多样性。对于自然性物种匮乏地带，则可以物种相对丰度来衡量，即物种相对其所在生物地理区或行政省内物种总数的比例。在实际评价工作中，多样性的定量化方法大多采用比较粗略的等级法，如较低、较高、极高等，一般来说，多样性越高，生态质量越好。

2) 自然度。自然度是自然生态系统遭到人类侵扰程度的度量指标，往往以等级分划来定量。一般可根据人为影响的多寡把自然度分为 4 个等级（或类型）：完全自然型、受扰自然型、退化自然型和人工修复型，生态质量随之递减。

3) 脆弱性和人类威胁。脆弱性反映了物种、群落、生境、生态系统及景观等对环境变化的内在敏感程度。脆弱性与稳定性是完全相对的概念。脆弱性可以物种生活力、生物种群稳定性及生态系统稳定性来反映。而人类威胁是指因人类在生态系统内外的活动而对生态系统的生物、土地、景观等自然资源造成的危害状况，又分为直接威胁与间接威胁两类。直接威胁主要可用资源利用状况来反映，如生态系统范围内土地的开发利用、猎捕、放牧、旅游开发等。间接威胁则可用环境污染与生态系统周边地区开发状况等生态系统面临的环境压力来反映。脆弱性与人类威胁这两项指标与生态质量呈负相关关系。

4) 面积适宜性。任何生态系统均需要足够大的面积容纳物种的多样性并维持其存在。一般而言，较大面积的生态系统可以支撑大量的肉食与草食动物种群，抵抗外来冲击与威胁的能力比较强大，稳定性相对高些。但较大的生态系统未必能支持得了较大的物种量，所以，在实际评价工作中，面积这一指标的定量化方法尚无定论。

5) 美学上的舒适感。美学上的舒适或美学价值是指自然生态系统尤其是自然保护区作为观赏、娱乐场所起的作用，是一个与人们思维境界上的活动有关的指标。自然系统的美学价值可以从其所包含的生境、物种两大方面来考虑。生境的美学价值涉及地理景观、群落的生物特征等，是一个地理特征、生物特征和气候特征的综合效应。物种的美学价值则有两方面的特征：一类特征对科研人员有吸引力，另一类特征则旅游者们有吸引力，涉及物种的体表特征、行为和生态学三部分，也就是物种的美学特征。

6) 其他有关指标。除了以上 6 个使用频次较高的指标外，还有稀有性、代表性、替代性、教育、科研价值和管理因素等评价指标。尤其是稀有性、代表性和管理因素等在自然保护区的生态质量评价中是很重要的指标。某一生态系统生态质量的高低是由以上各指标通过加权值综合评价而得出的。

由此可见，生态质量的评价不仅是对污染情况的评价，更是对生态系统内在结构、组织和功能的客观全面的评价。因此，在生态恢复、生态建设和自然保护越来越受重视的今天，对生态质量的研究更具实质性意义。

4.5.3 生态质量评价的内容

可以把小城镇看作为一个特殊的人工的生态系统，小城镇生态评价应该是生态系统评价，即小城镇发展与小城镇生态系统的综合评价；其评价内容体系就是由小城镇经济发展—社会活动—环境保护交互作用的关系上，运用系统的方法，找出制约小城镇发展中的主要环境问题，揭示和评价小城镇经济社会系统的适宜结构和充分利用小城镇环境特点调控问题。既要掌握分析经济社会活动与小城镇生态环境承载的直接关系，又要根据小城镇存在的各类不相同的环境以及小城镇经济、社会、生态环境及规划要求，寻求调节小城镇的发展与生态环境、城镇人口合理规模、经济开发强度与环境效益等。从而，对保护小城镇生态系统，改善小城镇环境质量以及小城镇综合防治提出更切合客观规律的对策，有效地解决控制小城镇规模，防止小城镇恶性膨胀所带来的一系列复杂的城镇环境问题，其目的可以从宏观上和根本上预防小城镇发展可能带来的生态环境影响。

开展小城镇生态系统评价是协调小城镇发展与环境保护关系的需要，是进行小城镇综合防治环境污染，促进小城镇生态系统的良性循环的需要，同时也是制定小城镇国民经济社会发展计划和小城镇环境规划的基础。利用小城镇生态系统的评价就不难解释控制小城镇建设的规模和发展，小城镇生态平衡、城镇人口合理等问题。

这是一项新的工作，目前我国缺乏这方面的经验，尤其是缺乏生态系统涉及的研究内容。这样，在此情况研究这项评价工作，除了借鉴国外的经验之外，重要的是必须在实践中摸索，经过若干年的努力，逐步建立起适合我国经济体制和社会制度特点的城镇环境保护的基本模式，以及科学的城镇生态系统评价理论、方法、内容、程序等。小城镇生态系统的组成见图4.5.3-1。

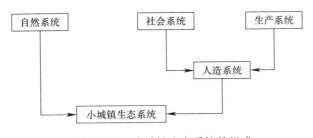

图 4.5.3-1 小城镇生态系统的组成

图 4.5.3-1 指出了所有小城镇生态系统主要部分之间的关系，这是非常基本和粗略的小城镇生态系统模式，但是却突出了评价过程中这一研究工作的重点，即在于探讨小城镇经济、社会活动与小城镇生态环境承载能力的直接关系是由三个系统所组成的，即自然系统、社会系统及生产系统，简单地说，小城镇生态系统可直接分为自然系统和人造系统。小城镇生态系统作为一个人工生态系统，它不仅包括生活条件；不仅由物质、能量因素，还有文化信息因素；不仅有空间概念，还有时间概念。对人类来说，既是最重要的生态系统，也是当今最活跃的生态系统之一。因而，对这一系统物质、能源、信息流动特点，系

统功能、系统的动态变化及发展趋势，是认识和解决小城镇环境问题的基础。

就目前来看，小城镇生态系统评价的出发点和归宿是维持小城镇生态平衡，控制生态环境，即从小城镇生态平衡角度来统一布局社会生产，合理规划小城镇发展水平。所以，不论在什么情况下，评价内容设计必须遵循一条基本原则维护小城镇生态平衡。故此要对小城镇生态环境现状进行分析，应全面对小城镇自然本底、功能本底和包括大气、水质、土壤、植被、地质、地貌等环境本底状况进行调查，掌握小城镇生态特征（包括工业布局和经济结构、城镇规模、人口密度、城镇建设投资比例及绿化发展等）以及不同功能区环境质量现状和污染物分布情况，并做出相应定量、定性生态评价，搞清小城镇环境污染问题。与此同时，分析产生污染原因上寻找影响小城镇环境质量、主要污染物以及主要污染源，掌握小城镇污染环境的内在规律性及变化特点，反映出小城镇现状对人类各种经济活动和生活活动的影响程度、潜在影响，达到直观地反映一个小城镇性质、地位、动能和作用及其人口资源环境的优劣势。

（1）小城镇自然环境背景调查分析

小城镇自然环境背景调查内容包括小城镇地区的地层结构、地质构造、岩性及产状、水文地质、工程地质条件、环境水文地质条件、地貌形态、水文、气象、土壤、植被、珍稀动植物物种等等。

（2）小城镇社会环境背景调查分析

小城镇是人类适应生产力发展的水平，按照自己的意志和愿望，对自然环境进行了强烈改造的人工环境单元。作为人们目的和愿望体现的社会环境对小城镇环境有强烈的影响。社会环境背景的调查内容包括小城镇地区的土地利用、产业结构、工业布局、主要厂矿企事业单位和居民点的分布、人口密度及其空间分布、国民经济总产值及在行业部门间的分配、市政及公共福利设施、重要的经济、文化、卫生设施及位置、生态功能区的划分、各功能区的位置、远近和近期的环境目标等。

（3）小城镇污染物和污染源的调查和评价

小城镇环境污染及污染源的评价，是为了对种类繁多、性质各异的环境污染物及污染源进行全面客观而科学的评价，在评价中，有必要建立一个标准化的评价计算方法，即建立一个可比的同一尺度基础，使其具有可比性。比较以后，可确定小城镇主要污染物。

（4）小城镇环境质量的监测和评价

合理正确的环境监测工作，能够较真实全面地反映环境质量的客观情况，使评价所描述的环境质量达到较为细致和真实的程度。小城镇污染监测的原则主要有以下几点：a）根据环境污染监测的不同目的选择监测方案；b）布置环境污染监测网点时，力求以最少的布点控制最大的面积；c）力求选择较少的环境监测项目，而可能真实反映评价地区的主要污染状况；d）采用科学方法采集样品，使采集的样品具有真实性。

（5）小城镇环境污染生态效应的调查或监测分析

调查或监测分析环境污染对植被、农作物、动物和人群健康的影响。

（6）小城镇生态质量研究

主要研究小城镇生态质量的时空变化和影响因素及污染物在小城镇各要素中的迁移转化规律，建立相应的数学模式。研究生态环境对污染物的自净能力，确定环境容量；为制定污染物的排放标准和环境质量标准提供依据。

（7）小城镇污染原因及危害分析

从小城镇规划布局、土地利用、人口数量、资源消耗、产业结构、工业选型、生产工艺与设备等宏观决策方面来寻找污染的原因，分析环境污染对生态环境的破坏，对人群健康的影响，及由此造成的经济损失，以便为彻底根治污染提供决策依据。

（8）小城镇综合防治对策研究

开展针对小城镇环境质量问题进行综合防治对策的研究，包括以下主要内容：从环境区划和规划入手，调整小城镇的产业结构、工业布局、功能区划分，制定市政建设计划，确定环境投资比例和重点治理项目；从环境管理入手，制定有关环境保护的法令、法规，按小城镇城镇功能区划分和环境容量，确定各项污染物的环境质量标准和污染物排放标准，以及控制排放、监督排放的各项具体管理办法；从环境工程入手，制定小城镇城镇重点污染源的治理计划和各污染源的治理方案、经费概算和效益分析。最后，根据提出的综合防治对策进行小城镇环境质量预测。

主要参考文献

1 戴天兴编著. 城市环境生态学. 北京：中国建材工业出版社，2002

2 杨小波、吴庆书、邹伟、罗长英. 城市环境生态学. 北京：科学出版社，2002

3 王如松、周启星、胡聃. 城市生态调控方法. 北京：气象出版社，2000

4 中国城市规划设计研究院、中国建筑设计研究院、沈阳建筑工程学院编著. 小城镇规划标准研究. 北京：中国建筑工业出版社，2002

5 王朝晖、林文棋. 生态评价在城市规划中的应用. 规划师. 1999，15（4）：110—113

6 顾传辉、陈贵珠、何晋勇、桑燕鸿. 可持续城市及其生态可持续性辨识. 重庆环境科学. 2001，23（4）：16—18

7 陈尧华. 城市发展与城镇生态系统评价. 城市环境与城市生态. 1994，7（3）：27—30

8 袁文艺、金佳柳. 绿色小城镇：现状、理念及建设. 鄂州大学学报. 2003，10（3）：18—20

9 张明梅. 2001年我国建制镇稳步发展. 调研世界. 2002（11）

10 江泽民. 全面建设小康社会，开创中国特色社会主义事业新局面. 人民日报，2002年11月18日

11 公民道德建设实施纲要. 人民日报，2001年10月25日

12 王文杰、潘英姿、李雪. 区域生态质量评价指标选择基础框架及其实现，中国环境监测. 2001. 17（5）：17—21

13 周亚萍、安树青. 生态质量与生态系统服务功能. 2001，20（1，2）：85—90

14 林卫东、樊振辉、杨毅、庞少静、李昕. 南方小流域开发生态质量评价指标体系研究—以广西柳江县里雍混水河小流域为例. 广西农学报（增刊）. 2002，36—42

15 谢花林、刘黎明、赵英伟. 乡村景观评价指标体系与评价方法研究. 农业现代化研究. 2003. 24（2）：95—98

16 张宝杰、宋金璞. 城市生态与环境保护. 哈尔滨：哈尔滨工业大学出版社，2002

17 宋永昌、由文辉、王祥荣主编. 城市生态学. 上海：华东师范大学出版社，1998

18 袁中金、钱新强、李广斌等主编. 小城镇生态规划. 南京：东南大学出版社，2003

5　小城镇生态规划

导引：

不同学科的生态规划着重点不同，有不同的规划内容。城乡规划中的生态规划着重于与规划区域社会经济、用地布局、生态保护紧密相关的生态资源、生态质量、生态功能、生态安全格局、生态建设等规划内容。

为方便更好掌握生态规划主要基础与相关内容比较，本章还选择、翻译德国著名生态学家 Dr. Gkaule《Ecologically Orientated Planning》生态方面规划著作的相关章节内容。

5.1　生态方面规划基础

5.1.1　概述

生态规划最早是由美国区域规划专家 Ian L. McHarg 提出的。他在他的划时代著名论著"Design with Nature"（与自然和谐的规划设计）中系统阐述了生态规划的思想，不仅得到学术界广泛认同，并且也在实践中得到广泛应用。

Ian L. McHarg 认为生态规划是有利于利用全部或多数生态因子的有机集合，在没有任何有害或多数无害的条件下，确定最适合地区的土地利用规划。

现在，生态规划已渗透到与经济、人口、资源、环境相关的多个领域。按复合生态系统理论，生态规划可理解为是以社会—经济—自然复合生态系统为规划对象，应用生态学原理、方法和系统科学的手段，去辨识和模拟人工生态系统内的各种生态关系，确定最佳生态位，提出人与环境协调的优化方案的规划。也即以可持续发展的理论为基础，运用生态经济学和系统工程的原理、方法，对某一区域社会、经济和生态环境复合系统进行结构改善和功能强化的中、长期发展战略部署，遵循生态规律和经济规律，在恢复和保持良好的生态环境、保护和合理利用各类自然资源的前提下，促进国民经济和社会健康、持续、稳定与协调发展的规划。

生态规划的基本目的是在区域规划的基础上，通过对某一区域生态环境和自然资源条件的全面调查、分析与评价，以环境容量和承载力为依据，把区域内生态建设、环境保护、自然资源的合理利用，以及区域社会经济发展与城乡规划建设有机结合起来，培育天蓝、水清、地绿、景美的生态景观，诱导整体、协同、自生、开放生态文明，孵化经济高效、环境和谐、社会适用生态产业，确定社会、经济、环境协调发展的最佳生态位，建设人与自然和谐共处的殷实、健康、文明向上的生态区，建立自然资源可循环利用体系和低投入、高产业、低污染、高循环、高效运行的生产调控系统，最终实现区域经济效益、社会效益和生态效益的高度统一的可持续发展。

生态规划相关基础包括生态学相关基础内容、生态环境因素分析和评价及其决策方法，主要也是生态学在生态规划实践应用的相关基础。

以下 5.1.2～5.1.7 节阐述的生态方面规划基础，选译 Dr. Gkaule《Ecologically Ori-entated planning》生态方面规划著作相关章节的内容。包括生态方面规划应了解、掌握和学会的生态学与生态意识、生态系统理论等简要基础；应考虑的从自然环境到人造环境、环境危机，经济发展和增长的代价，及其与规划进程、行动决策的关系，以避免的生态反作用；分析用地布局与土地利用差异性，通过城镇、乡村的空间规划，减少生态问题；同时，提出现状分析、优先权鉴别、未来预测和风险分析及评估的规划程序。

5.1.2 生态学与生态意识

生态学可以定义为生命有机物与其环境的关系研究。因此，为了选择正确的方法，记住生态与其系统相关是非常重要的。我们所观察的任意一方面必须被视为是前后相关的，不能将其视为独立作用的。在一个系统里所有因素之间都存在相互依赖和相互作用的关系。

生态意识就是学会用生态系统来思考。一个人如果对自然环境的作用缺乏意识或了解，就不能成为一个好的规划师。就是说你必须学会在整体上进行思考、将世界或一个区域作为由非常相近的相互关系的成分组成的整体来认识（整体论的概念就是指所有的物理的和生物的实体形成一个单一的统一的、相互作用的系统。并且任何一个完整的系统都是一个比它的所有的组成成分的总和还要大的整体）。

编制规划的最初意义是非常基本的。作为技术指导的规划师和工程师倾向于直接思考，但只有那些可以精确计算的才考虑在内是不够用的，你必须学会以循环的系统的方式全面的思考问题。无论你的规划是在它的周围，或者是环境中嵌入了什么，环境和规划之间在许多方面都会产生相互影响。如果你想避开不可预测的事情，从一开始就要考虑到有哪些影响，影响第一是什么、第二是什么等。那些不可预测的事情以附加代价的形式存在，有可用金钱衡量的，也有不可用金钱衡量的社会代价如对环境的破坏。寻找适当范围内的解决方法是非常重要的，要记住没有完全一样的解决方法可以参考。每个规划中的问题必须考虑单独方法解决。不可能有那种在整个世界、国家、地区范围内完全一样解决的问题。

区域方面的规划要在生态规划部分进行更深入的讨论。这里也要分析工业发展和环境之间的关系，如果忽略了它们的关系就会导致所谓的生态危机。

规划师要掌握和分析那些关于自然和人类对自然改造的规律。

从无生命因素开始进行环境的分析：

1）地理；

2）地下水/水文学；

3）土地；

4）地表水；

5）气候。

不要只关注简单的地理因素，而要集中于那些因素是怎样适应生态理论框架的。地理学对形态学有什么影响，气候对土地有哪些影响等。

分析以下生命环境因素：

1）土壤有机物（分解体）；

2）植物（生产者）；

3）动物（消费者）。

其间是怎样相互影响的？每一个成分在系统中起到了什么样的作用？上述对规划师有什么样的特殊重要性；如果去掉一个或几个因素那么它对系统会有什么样的影响？如果加进其他的因素到系统中又会有什么样的影响。

5.1.3 生态系统理论

Fundmental of Ecology（EUFENEP. ODUM 第三版）提出生态系统运作有几个等级：

1）整个世界可以认为是一个巨大的生态系统；

2）南美洲的雨林是一个单一（大的）的生态系统；

3）一个水池是一个（小）生态系统。

除了它们得到的阳光外，生态系统的新陈代谢必须依赖外部的能源和物质来源。太阳能推动着物质循环，这个物质循环是生态系统内的生命维持所必需的。

在任何一个生态系统内，植物是生产者。他们的生长需要空气、水、矿物盐及光。植物能通过光合作用将太阳能转化成化学能。这个过程可由下式表示：

$$CO_2 + H_2O \xrightarrow{光} 碳水化合物 + 氧气$$

在光合作用和化学合成时生物总量通常被称为总初级生产力（GPP），除去植物本身生长过程所消耗的，剩下的生物总量被称为净初级生产力（NPP），这就是可被动物作为食物的物质。

除了植物所有生命有机体都依赖 NPP 作为营养。以绿色植物为食的动物成为草食动物，是第一级消费者。以草食动物为食的动物称为第二级消费者。以第二级消费者为食的动物称为第三级消费者，并以此类推。那些消费次序也可以称为消费级或营养级。并由一个消费级到另一个消费级所传递的能量总量决定。

任何时间一个有机体消费另一个有机体都有能量的转移。一个有机体成为另一个有机体的食物的过程可用食物链这个词来表示。我们认为在食物链里能量转移或是消耗了。在食物链顶端的能量要小于最初的能量。这种现象经常用被称为食物金字塔的图表来表示。

例如在雨林生态系统，一小片地区可能有 100 或 200 种树，200 种鸟，1000 或 10000 种昆虫。这就意味着有成千上万种可能的食物关系：

树叶→食叶昆虫→食虫鸟类→食鸟动物

物质和能量向食鸟捕食者方向转移，然而食物链比上述提到的例子更复杂。食叶昆虫可被更大的昆虫吃掉，食鸟动物可被小的哺乳动物吃掉。捕食关系实际上比单纯画一条链更复杂。画一张食物网可能更符合实际情况，尽管我们必须明白这也只不过是一张简化图。

如果我们按照上述讨论的消费级别构建一张食物网，结果是一个食物金字塔。举个例子，一个小湖和它的系统。在食物网（金字塔）底部的是植物，他们利用光合作用把来自太阳光的能量转移到植物组织里。那些植物被小的动物如甲壳类动物，蝌蚪，昆虫等吃掉，而这些小动物依次被大一些的动物吃掉诸如水中的大甲虫、青蛙。甲虫和青蛙成为更大的鱼或鸟类，例如高级的食鱼动物—苍鹭的食物。这些鸟从湖中获得物质和能量，并且把这个系统与其他系统联系起来。食蛙鱼类在湖中被更大的食肉鱼类所捕食，比如梭子鱼（小的被苍鹭食用，大的对于渔民来说是极好的战利品）。

如果根据能量转换检查食物网，我们可分为以活的机体为食的消费者和以死的机体为食的消费者。毫无例外，在完善的生态系统里没有死的植物和动物机体堆积下来；所有的最终均会消失。

负责这些"消失"工作的生物被称做分解者。有初级，二级，三级和更高层次的分解者，每级代表更高的营养水平。如上面讨论的，每次物质从一个营养层次向下一个层次转移的过程中能量均会消耗，用图表示呈金字塔形。能量的步骤和单位用卡路里和焦耳表示；生物量的单位用干重或个体数表示。

生态系统的循环特性用能量流动概念可很好地描述出来。

一定大小的能量可以为物质的循环提供动力。

前面的论证以简化的形式解释了在各种各样的生态系统中物质的再循环和能量流动的途径。

基本单元如下：Ⅰ，无生命物质——无机物质和有机物质的基本混合体；Ⅱ，生产者——陆生植物；ⅡB，生产者——水中浮游藻类；Ⅲ1－A，主要消费者——底层组成；Ⅲ1－B，主要消费者——浮游动物；Ⅲ2——次级消费者；Ⅲ3——三级消费者（次级肉食动物）；Ⅳ，腐生物——腐烂中的细菌与真菌。当池塘生态系统及其新陈代谢速度稳定时，太阳光能量的池塘生态系统新陈代谢进行速度取决于雨水进入和排出的新陈代谢的速度。

I—能量输入或吸收；NU—不被使用的；A—消耗能量；P—产物；R—呼吸；B—生物量；G—生长；S—能量储存；E—能量释放。

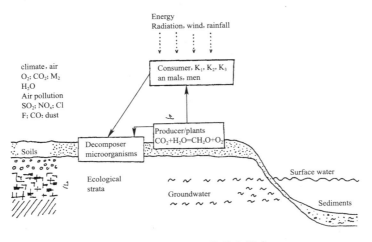

图 5.1.3-1　生态系统基本模式

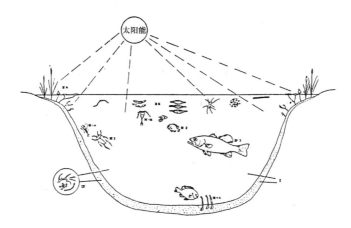

图 5.1.3-2 池塘的生态系统

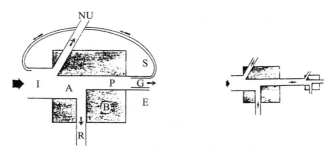

图 5.1.3-3 能量流动通常模式的构成

从图 5.1.3-2 和图 5.1.3-3 中可得出：

1）能量的一种流动途径；

2）靠"燃烧"不同形式的能量推动物质的再循环；

3）沿此途径能量消耗。

尽管没有指出时间的重要作用，此图还是显示了物质的进出。在一个没有再循环物质的生态系统里，附加的能量必须用于输入新的物质。由于需要附加的能量，因此，输入物质很昂贵。

在自然生态系统中，营养物质和能量是有限的，它们是限制生态系统生长的因素。能观察到的自然生态系统调整到适用于有限的资源可用性的那些条件，它们通过建立各种各样的生命形式来维持生命。每一个都充满一个特定的小生境。因此，大量的物种每个都采用特定的生活方式在食物网络中占据特定的位置，结果食物和能量被充分的利用，其中机体的数量因为环境中的资源因素使他们处于一个平衡的状态。

通过了解自然的自我调节机制，能从生态的视角看到我们的位置，生物数量呈指数增长，比如人口会很快达到环境的承载能力（即用于描述环境供养一定人口的能力），偏离这个水平后这种可调控的数量会回到平衡的水平，那些偏离可由自然灾害，疾病等引起。在自然条件下很长的时间进程中死亡和新生是平衡的，仅仅能观察到数量上的波动。

自然生态系统是由大量的物种构成，每个物种利用适当的资源而履行特定的功能。另一方面，农业和工业生态系统则涉及相对较少的物种；它们不能够充分利用合适的资源。

如图 5.1.3-3 中所见到的，需要输入大量能量和物质来维持人工生态环境。它们相当费钱而且效率不高。高密度人口的城镇远远超过了环境的承载能力，那种人口组成的生态系统不可能在无外界帮助条件下保持平衡状态。而且，它们的支持系统和子系统也需要不断的能量和物质输入。

例如，主要由单种植物栽培构成支持小城镇生态环境，如果使用大量的化肥和杀虫剂，就会有令人满意的效果。

5.1.4 从自然环境到人造环境

人作为生产力的最主要的能动因素对于技术和社会发展是非常重要的。现代日常生活模式和现代城镇的格局主要由技术决定。

例如，在中国东部沿海地区可以看到以下事实：

（1）经济的可持续发展，通过集约农业，并且通过好的交通网络，使林带连绵不断。

（2）几乎没有土地被用于搞娱乐活动。

（3）由于不合理的工业手段使土地变得荒芜，一部分最终被废弃。

基础设施为社会和经济的发展特别是为地区的发展服务，被认为是必需的。所有物质基础设施组成，诸如运输、网络、电力供应系统、医院（建筑）在自然向人性化转变进程中起基础性的作用。

人类推动的技术发展被许多人认为是一个必然过程，它本身是有利的，而且与价值联系起来。每一个发展群体都是有生命力的。

技术决定论的思想在现在的规划中仍有根深蒂固的影响。基础设施规划是物质环境的多种用途的空间分配。这个名字也意味着从技术的观点或用技术的方法进行规划。

发展和经济增长的代价是高的，而且将会更高。作为规划师必须记住你的规划和行动的代价，尽管在短期内它被作为完成一个特定明确的目标所付的金钱数（对社会的特定的价值），但实际上，在绝大多数情况下它是付出和获利的复杂的组合体而不能简单定义为金钱的范畴。

5.1.5 环境危机——经济发展和增长的代价

经济增长会导致所谓的"环境危机"——生态环境的恶化帮助。下面的例子显示一个或部分生态系统的改变能诱发一系列事件影响系统的许多其他方面。

阿斯旺（ASWAN）大坝，欧洲生态方面的自食其果。

阿斯旺大坝是沿尼罗河建设的第三条大坝，这个项目的主要目的是进行水力发电，第二个目的是利用其庞大水库中的水全年灌溉整个尼罗河（Nile）流域三角洲及其周围新的农业用地，而以前的农业的产量一直受到每年一次洪水的影响。

阿斯旺大坝是规划搞错的一个典型例子。尽管在头脑中规划出很多很好的目的，但是规划者彻底的做了一次失败的工作。许多本应预见到的生态问题随着大坝的建造而暴露出来。

（1）在梯级低水位，纳赛尔湖，尼罗河的最大水库，其水分的蒸发要比流入的大的多。这使得这个地区水分很难被利用。同时蒸发作用导致这一地区盐堆积的问题，而盐是有害的。像这样的例子在许多新被水淹没的大量作物生长区域出现。

（2）欧洲年度的低位地的洪水已经停止了。通过对近河的可耕地的洪水淤泥沉积而进行年度的自然施肥，同时大量的淤泥聚积威胁到水库本身的使用率。在低位地的耕地，依赖大量的化肥（它可污染水库的饮用水）只是一个时间的问题。化肥生产，需要大量的昂贵的石油，而节省石油是大坝计划的主要目的。水力发电可大大减少欧洲对石油的依赖，从而用于购买日益增长的石油的那一部分钱可兑换成国际货币。目前，水轮机没有满负荷工作，石油仍是重要的能量来源。

（3）年度的洪水停了，每年的清理工作也停止了。化肥和杀虫剂的不断增加使用，由于耐药性已经导致害虫问题的增多，从而需要增加化学制剂的使用来控制害虫。这会污染到土壤和地表水，并且危害到动植物和人类的健康。

在整个较低的尼罗河地区，不同的水循环导致了地下水位在许多地区上升。这威胁到的不只是国际重要事件的历史纪念碑，如世界著名的斯芬克斯，还有许多房屋和工厂。土壤的排水量也减少，因此，土壤的盐分稳步增长。

随着河里的淤泥减少，尼罗河三角洲地区消失的速度在不断加快，因而破坏了供蟹类、沙丁鱼及其他供垂钓的鱼产卵的地方，减少了海产品。这极大地影响了国家的经济，因为渔业和餐饮业失去了市场，失业人员转移到已经人口过剩的大城市中心。

大量的肥沃的土地，包括许多陆地上最肥沃的土地被无知的人当成了做砖的原料。因此，每年一次的洪水形成的淤泥被清除了，这个历史性的事实已经开始带来麻烦。

类似的现象还在继续发生：由于没有更多的沙丁鱼做罐头而导致了罐头厂的关闭；在某些地方过去是缺水的而现在出现了太多的水导致了农业上的管理失误；因为能源的损失而不得不在阿斯旺地区和北部之间架设电力线，在海岸地区建一个核电厂，电力线和反应堆的建立得不到回报，因此而增加了国家的债务。

正如你所看到的，在一个生态系统里一个因素的变化就可导致一系列的后果。这些后果的总和可抵消任何最初的规划的正确的结果。

为了避免概要中所提到的生态反作用，应仔细考虑规划进程，考虑到会出现的问题及其可能带来的后果的所有方面。

5.1.6　用地布局与土地利用差异性

分析的一个重要方面是对各种不同的用地布局进行分析。自然地形的不同布局有不同的作用。图表上所显示的土地利用非常适合它们的地势。在洪水平原有森林和草地；谷物在较高的地方生长，那里仍然是较平的地势；有可供较多的植物生长的土壤的陡坡可用于放牧；森林在有许多石头的陡坡生长。

如果将草原改成种植谷物，那么土地的损耗就会加快。如果开垦和灌溉易受洪水危害的草原，那么草原的草就不能固定在土壤上，洪水会把它们冲走的，地下水和地表水也都会被污染。

单一利用型的土地的大小也受特殊环境的影响。拿墨西哥城来举例子，在不适宜建设的地方盖房子带来了严重的生态问题，事实上已经出现了无法解决的问题。大面积种植单一谷物的土地要比与其他用途的土地相连的小块土地更容易被侵蚀。土地面积越大，被侵蚀的速度就越快。同样的一大片单一的针叶森林比有草地和倒下树木的森林更容易被森林大火烧毁。

一些生态问题可以通过空间规划而逐步解决。欧洲森林生态系统的消亡证明了污染已经超出了直接资源影响所有地区的能力。只有通过过滤或改变生产方法，减少污染排放，才能使污染情况得到改善。因此了解、掌握空间规划和边缘技术是非常重要的。

5.1.7 规划程序

几乎所有有关生态的例子中，通过基质类型表能够清楚表明主要步骤，（图 5.1.3-1）5 条水平的条形带表明了应该采取的原则性步骤。那些条形带内单独的表格代表次一级的步骤。

显然，第一步整合了关于土地使用和自然资源等的现存资料。可用的资料应该作出以下评估：

1. 数据设定是否完全；
2. 它们是否有足够的质量保证；
3. 是否需要附加解释。

大量的数据很容易从现存的图表中得到，然而其他资料通常从专门的研究所或该领域的专家那里获得，不能得到的数据不得不靠专门的搜集和研究。

一旦收集到所有必需的资料，为了提供有效的生态方面的决定，应按照已经明确的步骤进行分析和规划。

步骤 1：现状分析

这个分析集中在规划地区内自然资源的现状，可用性，灵敏度的描述，分析可使这些数据（地理，土壤类型，植物等等）上升为规划的标准。可能应用的多种例子包括：可用性，恢复率，潜在的使用率，农业的生产率，生物价值，罕见的物品价值，种类的差异等。

为了考虑到多种施加的影响（如排放，事情的变化，能源的流动，水的利用等），在现今的情况下土地利用与施加影响力的大小有关（例如排放的数据，农业化肥的应用，平均的土壤侵蚀，房屋占用土地的百分比等）。

自然资源的可用性，灵敏度的不同级别与分析数据相结合做成数据图，论证规划地区的最大、最小的生态压力。

步骤 2：优先权的鉴别

完成现状分析，可以进行优先权的鉴别。优先保护最非常需要保护或恢复的那部分环境。

相对于可用性，生态敏感度处于最高级别的地区明显要求优先保护。带有高污染或其他形式环境灾难的地区需要给予优先的恢复。优先地区的鉴别必须独立执行，并要无视经济资源的可用性和它们的易发现性。

优先的地区鉴别出来后，是否在保护和恢复方面进行投资的决定，则需要更多的步骤。这是因为需要考虑在自然资源和环境质量上今后的要求。同时一个短期的保护规划的经济利益可以完全解决目前的问题。负责任的规划的任何形式内容必须考虑到未来几代的需要。尽管不可能预知未来的需要，代表性的技术的存在至少能论证在潜在的发展里生态系统的长期反应。

步骤 3：未来预测和风险分析

贯穿整个历史，环境一直被不断的改变，在未来也会继续改变，可承受的环境的合理土地利用既不意味着目前状态的保持，也不意味着重新回到一个历史的状态。然而它强调责任：即我们要把环境交给后代手上，后代至少可在现在的情况下去利用它。为了达到这一目标，任何环境的改变都必须作仔细的、彻底的分析和评估，我们通过两种主要的方法对未来进行分析，并且两者应兼顾。

1）如果结构条件没有发生变化目前的趋势将继续，趋势分析用于论证将会发生什么。通过尖端的有代表性的技术帮助进行分析，在选定的时间间隔内这个分析是相当敏感的。

2）通过现状分析，并且如果可能的话结合任何预期的技术进步进行修正可计算出影响数值，它与预期的环境结构是相互关联的。

3）通过把预期的土地利用结构与现状相比较，就可能预测出在规划地区未来的自然资源的可用性和分配。我们也应该考虑到保护和恢复对环境的正面影响。

步骤 4：评估，包括未来的需要

对规划的措施和矛盾的评估预先必须做的事情是模式的发展。在大多数的简单例子中，一个模式可以仅仅考虑几个基本因素，例如对公路选线的计划，工业的定点等等。然而在对于未来环境发展模式的设计有诸多未知的可能的因素组合，例如：

在人口分布、房屋用地等方面政策策略的长期影响是什么？

消费趋势会促进消费更昂贵的生物农产品吗？

经济危机和萧条会导致更便宜更低质量的消费品进口吗？

国内的服务行业会以多快的速度升级？

娱乐活动会有变化吗？

人均用水的增长估计是多少？

因此，模式应主要聚焦于主要矛盾和可能在将来导致明显的负反馈的任何问题上（肥沃土壤的丢失，水的短缺，污染的危险等等）。目前的情况与两者之一或模式允许下的一个可结合的评估进行比较性分析。与特定计划项目相关的所有的社会和科学之间的交流应有合理的目标，或对矛盾的精确鉴别。后一个例子要通过代表性的政治团体以讨论的形式它需要大众的参与（大众会议，活动组织，城镇议会，国会等）。

科学家仅仅论证事实并且指出潜在的结果，直到他们能够找出事实和他们自己的解释的区别。

步骤 5：空间的计划

为论证通过空间的方式去规划，而在这里被应用的系统是相当有代表性的系统，被欧洲许多国家所使用。

就规划而言，这个系统是一个等级的系统，随着它的建立依靠高级向低级提供。然而只有当规划目标被认为相当重要有负面影响时，这个权威才会得到运用。

根据目前的实际情况，提供数据的低层次被用在高层次的规划决定之中。

这个系统在得到环境方面目的的实际成果可能不够，但是理论上德国规划中的垂直组织是可行的。这个与环境相关的组织会逐步展开它的目标，在他们的特殊领域展开规划。那些题目会与其他的规划决策相一致，并由其他有兴趣的组织执行。因此不同水平的地形规划管理应该积极参加可在其他方面取得进步的最后决策。例如《环境影响评估法》的制定以及 FRG（德意志联邦共和国）自然保护法的第 8 款。

因此，德国规定，国家、地区、城镇都应编制一个完整的发展规划。这个完整的规划要与不同地区的发展目标和规划相一致。在任何形式的最终规划通过之前，任何利益冲突都要解决，并要建立优先权。

5.2　小城镇规划中的生态规划

5.2.1　生态规划思想理念与小城镇生态规划的特点

（1）生态规划思想理论

"城乡规划"是涉及多学科的一门综合学科，现在越来越热门的生态学应是城乡规划涉及的十分重要学科之一。早些年城乡规划即使城市规划也只有环境保护规划，没有生态规划，现在城乡规划中已开始越来越重视生态规划了。特别是强调生态规划的思想与理念应该贯穿和体现在包括小城镇规划的城乡规划的各项规划中已成为规划界的共识。

"生态学"可以定义为"生命有机物与其环境的关系研究"。

生态研究离不开生态系统。生态系统是指"生命体和其周围的物理环境之间作为生态整体的相互作用的生态群落"。基于生态学理论基础的生态思想、理念，也即生态意识就是强调用生态与生态系统思想来思考问题。前已指出，生态意识在城乡规划中的重要性。城乡规划建设以科学发展观统领，包括城乡统筹与可持续发展都与生态规划思想密切相关。

生态意识强调以生态循环系统的方式全面思考问题。生态环境与城乡规划建设在许多方面尚会产生相互影响，城乡规划建设要考虑生态评价与生态环境目标预测，要考虑生态的安全格局，城乡规划中的空间管制，规划区哪些范围适宜建设、可以建设，哪些范围不宜建设、不可建设都与用地生态适宜性评价直接相关。

城乡规划的产业布局如果忽略工业发展和环境之间的关系，用地开发超越生态资源承载能力，就会导致所谓的"生态危机"。特别是对于那些强调保护的生态濒危地区、生态敏感区更需在城乡规划、生态规划中深入研究。

（2）小城镇生态规划特点

小城镇生态规划应是小城镇规划的重要组成部分，如前所述现在城乡规划中已越来越重视生态规划。小城镇生态规划有以下特点：

1）与县域城镇体系、小城镇总体规划密切相关

生态规划一般都是在规划特定的区域范围研究"社会—经济—自然"复合生态系统。城乡规划中的生态规划，其规划特定的区域范围，包括城镇体系规划的规划区域范围和城镇总体规划的城镇规划区范围都是与相应一级的城乡规划范围相一致的；另一方面，如前所述，生态规划的核心是对规划区域的社会、经济和生态环境复合系统进行结构改善和功能强化，以促进国民经济和社会的健康、持续、稳定与协调发展。这本身就要求生态规划思想贯穿整个城乡规划，同时与城镇体系规划、城镇总体规划的社会经济发展规划、空间布局规划紧密同向协调。可见小城镇规划中的生态规划与县域城镇体系，小城镇总体规划密切相关。

117

2）与城市相比，小城镇特别是县城镇、中心镇外的一般小城镇生态系统对城镇系统之外的物流和能流的依赖明显较弱。

小城镇是"城之尾，乡之首"，是城乡结合部的社会综合体。小城镇规模普遍较小，其生态环境的开放度明显高于城市，自然性的一面更强。城市生态系统是人工化的生态系统，生态系统从外界输入物质和能量并向外界输出废弃物和弃能，生态系统的运行明显依赖于外环境输入和接受废弃物的能力；而小城镇特别是县城镇、中心镇外的一般小城镇、非城镇密集地区小城镇上述依赖明显较弱。同时，就其小城镇而言的一般上述依赖性，县城镇、中心镇高于一般小城镇；城镇密集地区小城镇高于分散独立分布的小城镇。

3）小城镇生态规划更加滞后，基础更为薄弱。

我国长期以来小城镇规划未能像城市规划那样引起社会普遍重视，小城镇规划滞后，基础薄弱，而小城镇生态规划更加缺乏与滞后，基础更为薄弱。

4）因城市生态环境问题和产业结构而转移出来的劳动密集型，环境污染严重的工业、企业项目向小城镇集中是小城镇生态系统和生态规划不容忽视，必须高度重视切实解决的一个重要问题。

一些小城镇只重视经济建设，忽视生态环境问题，各自为政、盲目、无原则接纳环境污染严重的工业项目、企业；另一方面，染污防治基础设施建设又严重不足，造成小城镇大气、地表水、水资源污染严重，取得经济价值远不能抵消长远的生态环境负面影响。小城镇生态及其规划重视从源头污染严格控制刻不容缓。

5.2.2 规划主要内容

不同学科的生态规划有不同的规划内容和规划侧重点。例如，园林规划中的生态规划与城乡规划中的生态规划内容就有很大不同。园林规划中的生态规划侧重植物、绿化方面的生态规划内容；而城乡规划中的生态规划内容则是侧重于与城乡规划区域社会经济、用地布局、生态保护紧密相关的生态资源、生态质量、生态功能、安全格局、生态建设等规划内容。

小城镇规划中的生态规划主要规划内容包括：

1）小城镇规划区生态环境分析；

2）小城镇规划区生态环境评价；

3）小城镇规划区远期生态质量预测；

4）小城镇规划区生态功能区划分；

5）小城镇生态安全格局与生态保护；

6）小城镇生态建设。

小城镇规划中生态规划应根据小城镇生态环境要素、生态环境敏感性与生态服务功能空间划分生态功能区，指导小城镇生态保护和规范小城镇生态建设，避免无度使用生态系统。

5.2.3 规划基本原则

1）与总体规划相协调原则

如前所述，小城镇生态环境与小城镇规划建设在许多方面会相互影响，小城镇总体规划中的空间管制，规划区哪些范围适宜建设、可以建设，哪些范围不宜建设、不可建设与用地生态适宜性评价直接相关，生态规划应与总体规划相协调，总体规划要强调和贯穿生态规划的思想与理念。

2）整体优化原则

生态规划以区域生态环境、社会、经济的整体最佳效益为目标。生态规划的思想与理念应该贯穿和体现在小城镇规划的各项规划中，各项规划都要考虑生态环境影响和综合效益。强调生态规划的整体性和综合性是从生态系统原理考虑的基本规划原则。

3）生态平衡原则

生态规划应遵循生态平衡原则，重视人口、资源、环境等各要素的综合平衡，优化产业结构与布局，合理划分生态功能区划，构建可持续发展区域性生态系统。

4）保护多样性原则

生物多样性保护是生态规划的基本原则之一。

生态系统中的物种、群落、生境和人类文化的多样性影响区域的结构、功能及它的可持续发展。生态规划应避免一切可以避免的对自然系统的破坏，特别是自然保护区和特殊生态环境条件（如干、湿以及贫营养等生态环境）的保护，同时还应保护人类文化的多样性，保存历史文脉的延续性。

5）区域分异原则

区域分异也是生态规划的基本原则之一。在充分研究区域和小城镇生态要素的功能现状、问题及发展趋势的基础上，综合考虑区域规划、小城镇总体规划的要求以及小城镇规划区现状，充分利用环境容量，划分生态功能分区，实现社会、经济、生态效益的高度统一。

6）以环境容量、自然资源承载力和生态适宜性以及生态安全度和生态可持续性为规划依据，充分发挥生态系统潜力的原则。

城镇生态环境容量：

城镇生态环境容量可定义为在不损害生态系统条件下，城镇地域单位面积上所能承受的资源最大消耗率和废物最大排放量。

城镇生态环境容量涉及土地、大气空间、水域和各种资源、能源等诸多因素。

城镇环境容量：

城镇环境容量可定义为在不损害生态系统条件下，城镇地域单位面积上所能承受的污染物排放量。

城镇资源承载力：

城镇资源承载力是城镇地区的土地、水等各种资源所能承载人类活动作用的阈值，也即承载人类活动作用的负荷能力。

城镇环境承载力：

城镇环境承载力是城镇一定时空条件下环境所能承受人类活动作用的阈值大小。

城镇土地利用的生态适宜性：

指城镇规划用地的生态适宜性，也即从保护和加强生态环境系统对土地使用进行评价的用地适宜性。

城镇土地利用的生态合理性：

指从减少土地开发利用与生态系统冲突考虑和分析的城镇土地利用的合理性。

城镇土地利用的生态合理性可基于城镇土地利用的生态适宜性评价，对城镇的土地利用现状和规划布局进行冲突分析，确定城镇的土地利用现状和规划布局是否具有生态合理性。

城镇生态安全度：

城镇生态安全度是人类在生产、生活和健康等方面不受城镇生态结构破坏或功能损害，以及环境污染等影响的保障程度。

城镇生态可持续性：

指保护和加强城镇环境系统的生产和更新能力。

城镇生态可持续性强调城镇自然资源及其开发利用程序间的平衡以及不超越环境系统更新能力的发展。

以环境容量、自然资源承载力、生态适宜度、生态安全度和生态可持续性为依据，有利生态功能合理分区、改善城镇生态环境质量，寻求最佳的城镇生态位，不断开拓和占领空余生态位，充分发挥生态系统的潜力，促进城镇生态建设和生态系统的良性循环，保持人与自然、人与环境关系的可持续发展和协调共生。

7）以人为本、生态优先、可持续发展原则

以人为本、生态优先，可持续发展原则是小城镇生态规划的基本原则之一。这一原则也即要求按生态学和社会、经济学原理，确立优化生态环境的可持续发展的资源观念，改变粗放的经济发展模式，并按与生态协同的小城镇发展目标和发展途径，建设生态化小城镇。

5.2.4 规划编制基本程序

小城镇生态规划编制一般按以下步骤进行：

1）提出和明确任务要求

政府规划行政主管部门作为规划编制组织单位委托具有相应资质的单位编制小城镇生态环境规划，并提出规划的具体要求，包括规划范围、期限重点，规划编制承担单位明确任务要求，并按下述 2）～6）步骤进行规划编制。

2）调研与资料收集

除收集和调查分析小城镇总体规划所需资料外，着重收集生态相关的自然状况资料和农、林、水等行业发展规划有关资料。重点调查相关的自然保护区、环境污染和生态破坏严重地区、生态敏感地区。

3）编制规划纲要或方案。

4）规划纲要专家论证或方案论证（由规划编制组织单位组织，相关部门与专家参与）。

5）在纲要或方案论证基础上补充调研和规划方案优化编制。

6）成果编制与完善。包括中间成果与最后成果的编制与完善，其间也包括成果论证和补充调研等中间环节。

7）规划行政主管部门验收规划编制单位上报成果（包括文本、说明书、图纸）并按城乡规划编制的相关法规，组织规划审批及实施。

5.2.5 规划编制基本方法

（1）生态调查与生态环境分析

1）生态调查

小城镇生态系统现状调查和资料收集包括小城镇生态相关区域和小城镇规划区域的相关地形图、自然条件、气象、水文、地貌、地质、自然灾害、生态环境、资源条件、产业结构及乡镇企业状况、历史沿革、城镇性质、人口和用地规模、社会经济发展状况及计划。基础设施、风景名胜、文物古迹、自然保护区和生态敏感区、土地开发利用现状与用地布局、环境污染与治理、相关区域规划。

上述相关内容多数在小城镇总体规划编制现状调查和资料收集中一并进行。

小城镇生态规划专项调查包括生态系统、生态结构与功能、社会经济生态、区域特殊保护目标的调查。

① 生态系统调查

主要包括动植物种，特别是珍稀、濒灭物种相关调查和生态类型调查（包括类型的特点、结构）。

小城镇生态规划主要涉及城镇生态系统和农业生态系统，尚可能涉及草原生态系统等非主要相关生态系统。

a. 城镇生态系统

城镇生态系统是自然—社会—经济的人工复合生态系统。组成要素除生物与非生物环境要素外，还包括人类、社会和经济要素，通过人类的生产、消费过程，实现系统中能量与物质的流动和转化，从而形成一个内在联系的统一整体。

相关调查包括：人口密度、经济密度、能耗密度、物耗密度、土地条件、建筑密度、交通强度、地表植被水资源、气象条件、环境质量状况、社会文明程度。

b. 农业生态系统

农业生态系统是自然生态系统基础上发展起来的一种人工生态系统。是在人类按照一定的要求对自然生态系统积极改造形成的生态系统。

小城镇镇域多为农村，小城镇生态规划除研究城镇生态系统外，农业生态系统也是主要研究和考虑的内容。其相关调查可包括主要农、畜、水、林产品的种类、数量、结构、化肥、农药、能源等的用量、农业劳力状况等。

② 生态结构与功能调查

a. 形态结构调查

包括小城镇规划区内的土地利用结构调查、绿化系统结构调查和所在区域生物群落结构及变化趋势调查（如重要林区、草地、生态保护区等调查）。

b. 营养结构特征及变化趋势调查分析

主要是生产者、消费者、还原者为中心的生态系统三大功能类群相关调查分析。

c. 生态流与生态功能调查

生态流主要是物质流、能量流与信息流；生态系统功能是物质流与能量流在生物与非生物环境之间不断运行，两个流动过程结合在一起就是生态系统功能，并表现为生产功能、生活功能、调节功能和还原功能。

③ 社会经济生态调查

小城镇社会生态调查主要是调查小城镇人口、科技、环境意识与环境道德。

其中产业结构分析包括一、二、三产业结构比例，环保产业和高新产业分别在 GDP 中的比重，产业结构、乡镇企业污染型比例；能源结构分析包括各种能源比例关系，不可更新与可更新能源比例关系，排放污染物能源与清洁能源比例关系；投资结构分析包括各类开发建设的投资比例，环境保护投资占同期 GDP 的百分比以及新产品开发投资占同期 GDP 的百分比。

④ 所在区域特殊保护目标调查

生态规划重点关注的区域特殊生态保护目标有以下方面：

a. 敏感生态目标

如自然景观风景名胜、水源地、湿地、温泉、火山口、地质遗迹等。

b. 脆弱生态系统

如岛屿、荒漠、高寒带生态系统。

c. 生态安全区

如江河源头区和对城镇人口经济集中区有重要生态安全防护作用的地区。

d. 重要生境

系生物物种丰富或珍稀濒危野生生物生存的生境，如热带森林、原始森林、红树林等。

2）生态环境分析

① 生态系统分析

分析确定生态系统类型，分析小城镇生态系统结构的整体性和生态系统的物质与能量流动以及生态功能。

此外，还有生态系统相关性、生态约束条件和生态特殊性分析。

生态系统相关性分析是分析复杂生态关系，确定相关性特别强的系统或因子，以便采取有效生态保护措施。

生态约束条件分析主要是水分、土地与土壤、气候条件、地质地貌条件、生物条件和社会经济条件等约束的系统分析。

生态特殊性分析主要是对生态系统特殊性、主导性生态因子、敏感生态环境保护目标进行分析。

② 生态环境现状分析

主要分析规划区土地资源开发利用中可能面临的水土流失、土地荒漠化、盐渍化等问题；分析小城镇绿地被挤占和绿化系统存在的缺陷造成的生态功能下降、景观生态不良变化等小城镇生态环境现状存在问题。

③ 生态破坏效应分析

分析因森林破坏、绿地被挤占、水土流失、土地荒漠化、生物群落结构破坏，给人群生活和健康的影响和损害；同时分析因生态破坏造成的直接和间接经济损失。

④ 生态环境变化趋势分析

包括小城镇人口压力对生态环境的影响和小城镇建设与经济增长对生态环境的影响分析。

（2）生态系统分析、评估与预测

生态系统分析与评估，以及生态预测是小城镇生态规划中的重要内容，也是小城镇生态规划的基础。

生态系统分析与评估主要是分析小城镇生态系统结构、功能状况，辨识生态位势，评估小城镇生态系统的健康度、可持续度等等，提出小城镇自然—社会—经济发展的优势、劣势和制约因素。

小城镇生态系统分析与评估可参照第 5 章小城镇生态系统评价的相关内容。

在小城镇生态系统分析与评估基础上，进行小城镇规划期生态预测。

小城镇生态预测可参照以下相关内容。

1）生态风险评估

伴随着小城镇的迅速发展，人类在生产、生活需求不断增长的压力下，大规模进行自然资源开发和工业生产活动。这些活动在给人类带来利益的同时也引起了严重的生态环境问题，尤其突出的是对生态系统结构和功能的破坏。

盲目的小城镇建设和发展计划，特别是大规模地发展工业和交通项目，往往造成小城镇地区环境质量低下，导致了许多健康问题，进而影响到小城镇的可持续发展。为了解决小城镇建设过程中产生的各种生态环境和健康问题，促进小城镇的可持续、健康发展，必须对小城镇生态规划进行引导和生态风险评价。其主要环节有：

① 政策风险检验

主要检查小城镇生态规划在大的方向上是否符合小城镇可持续发展的目标，必须使生态规划贯彻反映最佳实践并有利于提高小城镇居民生活质量和小城镇环境保护的政策。

② 环境风险模拟监测

通过以往建立的环境数据库和相应的小城镇发展模型，就小城镇生态规划的主要变量，逐项检验是否符合小城镇可持续发展的正确方向。

③ 系统评估

从整体水平上提出有利于小城镇可持续发展生态规划修改的建议。

2）环境代价审计

一是根据环境代价的监测，对实施小城镇生态规划可能出现的问题进行经济学计量，包括有意识地邀请代表广大民众意愿的当地政府来进行操作，统计大气污染、野生生物栖息地的丧失和人居环境建设等造成的环境代价。其二，进行政策影响的环境代价评估和计价。小城镇生态规划的目标，就是要最大限度减少上述两个方面的环境代价。可见，小城镇生态规划应该建立在对一个小城镇能够接纳增加的人口或人类活动的环境容量进行经济学计量的基础之上。

3）生态资本效益评估

实施小城镇生态规划，其主流是带来生态增值，这也是一种财富，是小城镇可持续发展能力的计量。

4）小城镇生态质量预测

小城镇建成区的环境综合整治的主体思路是实现"基础设施现代化，小城镇环境生态化，产业结构合理化，生活质量文明化"。小城镇生态质量预测是指根据小城镇经济社会短期和长期计划，以小城镇生态环境质量为目标，讨论其将对生态环境各要素的影响，通过分析、比较、推论和综合，对小城镇生态环境质量做出预测评价。此项工作的重点在于应对小城镇经济开发过程中可能产生的各种环境影响做出科学预测。根据小城镇环境质量要求，分析小城镇环境质量发展趋势，提出小城镇生态环境的主要问题及原因，以便对症下药，落实控制小城镇生态环境污染的措施和对策，为小城镇人口、产业等发展规模与环境质量的平衡和协调提供充分的依据。

小城镇生态质量预测要切实做到：

① 实行环境保护目标责任制，加强县、乡党委和政府的环境保护政绩考核。

② 加强县、乡环境保护机构和环保队伍建设，进一步强化乡镇环境管理。

③ 全面开展城镇环境保护规划。根据小城镇发展速度和发展要求，由城镇环境功能确定其环境容量，实施区域污染物总量控制。

④ 合理引导小城镇建设。有计划地控制小城镇人口，加强生活污水集中处理设施、生活垃圾资源化处理设施和集中供热、供气工程等环境基础设施建设，完善小城镇功能。

（3）生态功能区划分与生态区划分

生态功能区划是小城镇规划的重要组成部分。

小城镇生态功能区划分基于小城镇规划区自然环境和社会环境的现状调查，规划区生态环境分析及生态环境评价，小城镇生态功能区划在生态功能区划分的同时，指出小城镇各分区的生态环境功能要求和发展方向。

图 5.2.5-1 为小城镇生态功能区划分的一般程序。

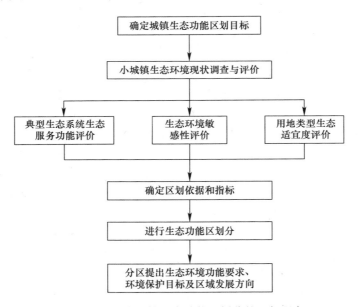

图 5.2.5-1　小城镇生态功能区划分的一般程序

小城镇生态规划可在小城镇生态功能区划的同时，酌情考虑小城镇生态区划。

小城镇生态功能区划和生态区划可参照第 4 章小城镇生态环境的规划理论基础与系统分析流程中的相关内容。

（4）生态建设

1）生态城市与生态小城镇规划建设

① 生态城市

不同学科对生态城市有不尽相同的解释。

生态学科认为，人和自然和谐是生态城市取向所在，生态城市实质上是实现人—自然和谐的城市。

生态经济学科认为，生态城市是采用有利于保护自然价值，又利于创造社会文化价值的生态技术和集约内涵式经济增长方式的城市。

生态社会学科认为，生态城市是教育、科技、文化、道德、法律、制度都生态化的城市。

城市生态学科认为，生态城市是社会—经济—自然复合生态系统达到结构合理、功能稳定、动态平衡的城市。

系统学科认为生态城市是一个与城市郊区及相关区域紧密联系的开放系统，不仅涉及自然生态系统，也涉及人工环境系统、经络系统、社会系统，是一个以人的行为为主导、自然环境为依托、资源流动为命脉、社会体制为经络的社会—经济—自然复合系统的城市。

综上论述，可以认为生态城市是社会—经济—自然生态系统复合生态化的城镇，是实现城市社会—经济—自然复合生态系统整体协调，稳定有序演进，可持续发展的城市。

生态城市的主要特征是其和谐性、高效性、多样性、持续性、整体性和区域性。

2002 年第五届国际生态城市会议通过了《生态城市建设的深圳宣言》，其中阐述了建设生态城市的以下内容。

a. 生态安全

即向所有居民提供洁净的空气、安全可靠的水、食物、住房和就业机会以及市政服务设施和减灾防灾措施的保障。

b. 生态卫生

即通过高效率低成本的生态工程手段，对粪便、污水和垃圾进行处理和再生利用。

c. 生态产业

即促进产业的生态转型，强化资源的再利用、产品的生命周期设计、可更新能源的开发、生态高效的运输，在保护资源和环境的同时，满足居民的生活需求。

d. 生态景观

即通过对人工环境、开放空间（如公园、广场）、街道桥梁等连接点和自然要素（水路和城镇轮廓线）的整合，在节约能源、资源，减少交通事故和空气污染的前提下，为所有居民提供便利的城市交通。同时，防止水环境恶化，减少热岛效应和对全球环境恶化的影响。

e. 生态文明

帮助人们认识其在与自然关系中所处的位置和应负的环境责任，引导人们的消费行为，改变传统的消费方式，增强自我调节的能力，以维持城市生态系统的高质量运行。

上述的宣言呼吁城市规划应以人为本，确定生态敏感地区和区域生命保障系统的承载能力，并明确应开展生态恢复的自然和农业地区；在城镇设计中大力倡导节能、使用可更新能源、提高资源利用效率和物质的循环再生；将城市建成具有高效、便捷和低成本的公共交通体系的生态城市；为企业参与生态城市建设和旧城的生态改造项目提供强有力的经济激励手段；鼓励社区群众积极参与生态城镇设计、管理和生态恢复工作。

② 生态小城镇规划建设

我国小城镇的生态环境形势不容乐观，存在主要问题有：

a. 小城镇人均建设用地普遍偏高，一些小城镇求大求全，占用土地面积过大，土地资源破坏和浪费严重。

b. 生态环境意识淡薄，产业结构和布局不合理，乡镇企业大多以原料开采、冶炼及简单加工制造业为主，环境污染、生态恶化相当严重，部分乡镇企业甚至对生态环境造成了毁灭性破坏，一些地区还继续将污染工业向小城镇和农村转移，小城镇的上述生态环境问题已成为我国生态环境的突出问题之一。

c. 小城镇基础设施和公共设施滞后，配套很不完善，特别是缺乏污水处理、垃圾处理和集中供热设施，使小城镇环境卫生、环境污染已成为严重问题。

d. 生态建设的非自然化倾向十分突出，普遍存在填垫水面、砍伐树木、破坏植被、人工护砌河道等的非自然化倾向，有的地方甚至造成对当地自然物种的浩劫，加剧小城镇生态恶化。

e. 防灾减灾能力薄弱和对自然、文化遗产保护及生态环境监管不力，造成自然生态和文化生态的破坏。

进入 21 世纪以来，生态小城镇规划建设已受到人们的普遍关注。

小城镇生态环境以建设生态小城镇为目标，以循环经济和生态产业为依托，应用景观生态学原理和方法进行规划建设。

小城镇生态环境建设是应用生态学和系统工程学的方法，对小城镇社会—经济—自然复合生态系统进行多因素、多层次、多目标设计和调控，以及结构和功能的系统优化。

小城镇生态建设应重视以下方面：

a. 以建设生态小城镇为建设目标；

b. 发展循环经济和生态农业；

c. 以生态产业为发展方向，逐步调整传统产业结构，建立可持续发展的生态产业体系，以合理的产业结构、布局和生态产业链为基础，提高生态经济（绿色 GDP）在国民经济中的比例；

d. 加强基础设施建设，特别是道路、能源、排水、环卫设施；

e. 建设山、水、城、林相依的宜居型生态小城镇。

2）生态工业与工业型小城镇生态建设

① 生态工业

联合国工业与发展组织定义生态工业是"在不破坏基本生态进程的前提下，促进工业在长期内给社会和经济利益做出贡献的工业化模式。"

国内外一些学者相关论述指出：

生态工业是"仿照自然界生态过程物质循环的方式来规划工业生产系统的一种工业模式。在生态工业系统中，各生产过程不是孤立的，而是通过物料流、能量流和信息流互相关联，一个过程的废物可以作为另一过程的原料而加以利用。生态工业追求的是系统内各生产过程从原料、中间产物、废物到产品的物质循环，达到资源、能源、投资的最优利用"。

"生态工业是指合理地、充分地、节约地利用资源，工业产品在生产和消费过程中对生态环境和人体健康的损害最小以及废弃物多层次综合再生利用的工业模式"。

生态工业建设的目标可认为是尽量减少废物，将工业园区内一个工业项目或工厂企业产生的副产品作为另一个工业项目或工厂企业的投入或原材料，通过废物交换、循环利用、清洁生产等手段，最终实现工业园区的污染"零排放"，工业园区相邻工业企业形成一个互依互存，类似于自然生态食物链过程的"工业生态系统"，通常用"工业共生"、"横向耦合"、"纵向闭合"、"区域耦合"及工业生态链等概念表征工业生态系统中工业企业之间的关系。

国内学者选择性吸收国外生态农业的科学内涵，结合我国特点提出具有创造性的生态农业概念：生态农业是指遵循自然规律和经济规律，以生态学、生态经济学原理为指导，以生态效益、经济效益、社会效益的协调统一为目标，运用系统工程方法和现代科学技术建立的具有生态与经济良性循环持续发展战略思想的多层次、多结构、多功能的综合农业生产体系。

② 农业型小城镇生态建设

农业型小城镇是指以农业为小城镇经济发展主导产业，同时多种经营的小城镇。其特征是产业结构以第一产业为基础，多数是我国商品粮、经济作物、禽畜等生产基地，并有为其服务的产前、产中、产后的社会服务体系。

农业型小城镇，一般来说生态环境条件较好，但也存在一些带有共性的问题，主要是：

a. 水土流失问题严重

我国是世界上水土流失最严重的国家之一。水蚀、风蚀、冻融侵蚀广泛分布，还有滑坡泥石流等重力侵蚀，加之随着城镇化和工矿业的发展、地表扰动，植被破坏，进一步加剧水土流失。

水土流失是我国生态环境恶化，也是农业型小城镇生态环境恶化的主要特征。

一些地区小城镇滥伐森林、陡坡开荒、草原垦殖、超载放牧等活动不断发生，土地资源遭到破坏，水土流失加剧。一些小城镇开矿、采石造成山体和植被破坏，也造成大量水土流失。

b. 水资源不合理的开发利用

特别是西北地区人与自然争水现象严重，生态用水减少，天然绿洲萎缩，原本十分脆弱的生态环境进一步恶化。

③ 工业型小城镇生态建设

工业型小城镇是以工业为小城镇经济发展主导产业的小城镇。其特征是产业结构以工业为主，在农村社会总产值中，工业产值占的比重大，从事工业生产的劳动力占劳动力总数比重大，工农、镇乡关系密切，工厂设备、仓储库房、交通设施较完善，乡镇工业有较大规模。

工业型小城镇生态环境问题尤为突出，主要表现在以下方面：

a. 土地资源严重浪费

一些乡镇企业产业雷同、布局分散、重复建设、重复占地，土地资源浪费十分严重。

b. 生态环境资源无效利用

许多地区乡镇企业乱挖滥采、甚至偷挖矿产资源、技术设备简陋，综合利用率低，造成严重资源浪费。

c. 环境污染严重且难治理

一些小城镇乡镇企业遍地开花，"村村点火，户户冒烟"，加之工艺落后、设备陈旧、技术低下造成环境污染点多面广，难以治理的十分被动局面。

工业型小城镇生态建设应以生态工业建设为主要目标和重点。工业型小城镇的生态建设重点应是在产业结构调整和工业布局规划和工业项目开发建设中，将清洁生产、循环经济和工业生态学的理念纳入其中，并贯穿整个过程，建设以生态工业园为主要特征的生态工业型小城镇。

3）生态农业与农业型小城镇生态建设

① 生态农业

国外生态农业可释义为"生态上能自我维持、低输入，经济上有生命力，在环境、伦理和审美方面可接受的小型农业。"

② 土地退化和荒漠化现象明显

不合理的土地利用方式如森林植被破坏、草场的过度放牧、耕地的过分开发、山地植被的破坏等导致土地退化，土地荒漠化。

农业型小城镇生态建设应以生态农业建设为主要目标和重点。农业型小城镇应针对上述水土流失、土地退化和荒漠化等生态环境主要存在问题，加强生态建设。应以物质能量的循环和多层次利用，尽量减少资源消耗，获得好的投入产出效益，传统农业生产实现能量与养分的良性循环、农业环境的不断改善，生产供给与人类需求保持基本协调。

4）生态旅游与旅游型小城镇的生态建设

生态旅游尚无统一定义。作为研究，生态旅游可认为是在不破坏生态环境的前提下，以自然生态环境为主要活动舞台的可持续生态、文化旅游。

旅游服务型小城镇是以旅游业为小城镇经济发展主导产业的小城镇。其主要特征是具有名胜古迹或自然风景资源，城镇发展以名胜区为依托，通过旅游资源的开发及其配套设施的建设和为旅游提供第三产业服务，形成的旅游服务型小城镇。

历史文化小城镇通常是指历史古镇和文化名镇。其主要特征是历史悠久，有些从12世纪的宋朝或14世纪的明朝开始就已经聚居了上千人口，具有一些代表性的、典型民族风格或鲜明地域特点的建筑群，有历史价值、艺术价值和科学价值的文物，"文、古"特色显著。

旅游小城镇在以旅游业为主导产业推动经济发展的同时，也带来了生态环境污染和破坏的负面效应，特别是传统、大众化的旅游引发了一系列问题，大气、垃圾、水体、视觉噪声等污染、环境退化、疾病传播、土壤侵蚀等，使生态同样遭到破坏。而只有生态旅游才能带动旅游产业向自然、社会、经济协调发展的推动环境保护的可持续型模式转化，使大众化旅游诸多负面影响向正面效应转化。

同样，生态旅游也包括文化生态旅游，生态旅游的正面效应促进历史文化小城镇民族传统文化的发展与保护。提供一条采用生态建设理念保护历史古镇和文化名镇，保护民族传统文化的有效途径。

因此生态旅游和生态学理念是旅游型小城镇和历史文化小城镇生态建设的主要建设目标和重点。

主要参考文献

1　中科院可持续发展研究组. 中国可持续发展战略报告［Z］. 北京：科学出版社，2000

2　王如松、周启星. 城市生态调控方法 [M]. 北京：气象出版社，2000

3　海热提. 城市人口、经济与环境可持续发展研究 [D]. 北京：北京师范大学环境学院，1998

4　杨士弘. 城市生态环境学. 北京：科学出版社，2003

5　中国城市规划设计研究院，沈阳建筑大学. 生态规划与城市规划——城市化进程和城市规划中的若干生态问题研究，2005

6　中国城市规划设计研究院，中国建筑设计研究院，沈阳建筑工程学院. 小城镇规划标准研究. 北京：中国建筑工业出版社，2002

7　海热堤·涂尔逊. 城市生态环境规划——理论、方法与实践. 北京：化学工业出版社，2005

8　段宁. 清洁生产、生态工业和循环经济 [J]. 北京：中国环境科学出版社，2001

9　包景岭、骆中钊、李小宁等. 小城镇生态建设与环境保护设计. 北京：化学工业出版社，2004

10　Ecologically orientated planning Dr. Gkaule，1997

129

6　小城镇环境规划

导引：

小城镇环境规划着重于环境保护规划的内容，并以小城镇规划区的大气、水、噪声、固体废物的环境质量分析、评价、控制整治等自然环境保护为主要规划内容。

本章内容还单独阐述小城镇环境规划与总体规划的关联及与生态规划的比较，以便读者区分其间相关联系与不同。

6.1　小城镇环境规划与总体规划的关联及与生态规划的比较

6.1.1　环境规划与总体规划的关联

小城镇环境规划主要是小城镇环境保护规划，是小城镇总体规划的重要组成部分。

小城镇环境规划与小城镇总体规划有密切关联，并主要表现在以下几方面：

（1）小城镇总体规划人口规模与社会经济发展水平

小城镇人口规模与社会经济发展水平，决定了小城镇对环境保护的要求。

小城镇经济实力决定了小城镇环境保护的投资力度。

（2）小城镇总体规划的用地空间布局与产业结构及工业布局

小城镇总体规划的用地空间布局与产业结构及工业布局，决定小城镇环境规划的环境功能区划和环境污染的控制对象。

（3）小城镇总体规划的基础设施规划

小城镇总体规划中的基础设施规划如给水、排水、电力、供热、燃气、环卫工程规划中的水资源保护、排水与污水处理、供能形式与技术水平、生活垃圾等固体废料流向与处理均与小城镇环境规划的主要内容和实施措施密切相关。

6.1.2　环境规划与生态规划的比较

小城镇环境规划以小城镇规划区的大气、水、噪声、固体废物的环境质量分析、评价、控制整治等自然环境保护为主要规划内容；小城镇生态规划不仅包括小城镇自然环境资源的利用和消耗对人类生存的影响，而且包括小城镇功能、结构等内在机理的变化和发展对生态变化的影响，以小城镇经济—社会—环境复合生态系统的调控与建设为主要规划内容。

小城镇环境规划与生态规划比较见表 6.1.2-1。

小城镇环境规划与生态规划比较 表 6.1.2-1

比较分项	小城镇环境规划	小城镇生态规划
规划理论基础	环境科学、城乡规划学	生态学、城乡规划学
主要规划研究内容	自然环境保护、控制环境对人类的负效应	经济—社会—环境复合生态系统的调控与建设
规划要素	以大气、水、土壤、噪声、固废等自然基质环境为主	除自然环境要素外，还包括经济、社会要素（经济的高效循环、社会关系的和谐稳定）
规划目标	为小城镇发展提供良好的环境支持	实现经济社会、生态收益的统一、人与自然和谐、共生
规划载体	规划小城镇载体作为与自然环境相互作用和影响的物质个体	规划小城镇载体为经济、社会、环境构成的人工—自然复合生态系统
规划环境	主要是自然环境	包括自然环境和社会环境

6.2 小城镇环境规划的主要内容和基本原则

6.2.1 规划主要内容

小城镇环境规划主要内容包括以下几方面：
(1) 环境现状分析与环境评价
环境评价主要是环境污染源评价与环境质量评价；
(2) 环境预测与规划目标；
(3) 环境功能区划；
(4) 大气环境综合规划；
(5) 水环境综合规划；
(6) 噪声环境综合治理规划；
(7) 固体废物污染综合治理规划。

6.2.2 规划基本原则

(1) 以生态环境理论和经济规律为依据，正确处理经济建设与环境保护之间的辩证关系的原则。
(2) 以经济社会发展战略思想为指导，从小城镇区域环境实际状况和经济技术水平出发，确定合适目标要求，合理开发利用资源，正确处理经济发展同人口、资源、环境的关系，合理确定产业结构和发展规模的原则。
(3) 坚持污染防治与生态环境保护并重、生态环境保护与生态环境建设并举。预防为主、保护优先，统一规划、同步实施，努力实现城乡环境保护一体化的原则。
(4) 加强环境保护意识和考虑区域、流域及地区的环境保护，杜绝源头污染的原则。
(5) 坚持将城镇传统风貌与城镇现代化建设相结合，自然景观与历史文化名胜古迹保护相结合，科学地进行生态环境保护与建设的原则。

6.3 小城镇环境现状分析与环境评价

6.3.1 环境现状分析

小城镇环境现状分析及其作用在于重点分析小城镇现状社会与经济发展过程中主要资源消耗与环境污染的相互关系及现状存在问题,并通过产业结构调整和提高科技水平,降低资源消耗水平与流失,减轻环境压力;同时针对各类资源消耗过程中产生和伴生的主要污染物质、实现宏观总量控制,把握总体污染控制水平,促进小城镇协调与可持续发展。上述资源需求分析的重点是能源与水资源。

小城镇能流分析是针对能源的输入、转换、分配、使用的全过程系统分析,以剖析大气污染物的产生、治理、排放规律,找出主要的环境问题,给出解决问题的方法。

能流输入过程重点分析总量、结构和污染物含量;能流集中转换过程重点分析转换总量、比例、效率投资及其环境效益;能流分配过程重点分析能流分配合理性;终端用能过程重点分析总量、结构及对大气环境的危害。

我国城镇大气污染以煤烟污染为主要特征。

小城镇水流分析主要针对小城镇水资源开发、调入、使用、排放、处理与回用对环境影响进行综合、系统分析,提出问题,找出解决的措施与方案。

6.3.2 环境评价

小城镇环境评价是对小城镇环境的结构、状态、质量、功能的现状进行分析,对可能发生的变化进行预测,对其与社会经济发展活动的协调性进行定性或定量的评估。

(1)环境污染源评价

环境污染源评价确定规划区域内的主要污染源、主要污染物及其排放数量。在多种污染物比较分析中,可采用数量化方法将不同种类、不同量纲的一组值进行标准化,以便相互比较。针对污染源、污染物的不同类型特点,通过调查分析,重点进行类别评价和综合评价。

1)污染源及其调查

污染源是指产生或排放污染环境物质的发生源。一般指向环境排放有毒有害物质或对环境产生有影响的场所、设备和装置。污染源可分天然污染源和人为污染源,前者指自然界自行向环境排放有害物质或造成有害影响的场所,如正在活动的火山、地震源、海啸、泥石流等;后者指人类活动所形成的污染源,是环境评价、保护和控制的重要内容。

工业污染源调查应按国家环境保护主管部门的统一要求进行,生活污染源、农业污染源、电磁辐射污染源、放射性污染源调查宜结合规划区的具体情况进行。

2)污染物排放量确定

污染物排放量确定通常采用以下三种方法:

①物料衡算法

物料衡算法是按物质不灭定律,在生产过程中,投入的物料量应等于产品中所含这种物料量与这种物料流失量的总和,如果物料的流失量全部排入外环境,则污染物排放量就等于这种物料的流失量。

这种方法把工业污染源排污和资源综合利用、排污和生产管理、环境保护与发展结合起来，研究污染物产生、排放与生产发展关系，因而计算较科学、合理。

② 经验计算法

按生产过程中单位产品（或万元产值）的排污系数，计算污染物排放量。

应用这种方法应注意由于生产技术条件不同污染物计算选取排放系数和实际排放系数可能差别很大，排放系数应相关比较选取，并结合实际修正。

③ 实地监测法

通过对污染源的污染物排放浓度和介质流量（烟气或废水）现场测定，然后计算出排放量。

3）污染评价方法

常用污染评价方法是类别评价方法，是根据各类不同污染源中某一种污染物的相对含量（浓度）、绝对含量（质量），以及一些统计指标来评价污染源的污染程度的方法。

① 浓度指标

以某污染源排放某种污染物的浓度值表示污染程度。这种方法可能掩盖污染排放须对量大而浓度偏低的污染源污染影响，而有较大局限性。

② 排放强度指标

排放强度指标是单位时间内污染源排放某种污染物的绝对数量。因而较浓度指标更能反映污染源对环境的污染程度。

排放强度可用下式表示：

$$W_i = C_i Q_i$$

式中　W_i——某种污染物的排放强度指标，g/d；

　　　C_i——实测某种污染物的平均排放浓度，g/m³；

　　　Q_i——某种污染物载体排放量，m³/d。

③ 统计指标

a. 检出率

指某一污染源的某种污染物的检出样品数占样品总数的百分比。

检出率可用下式表示：

$$B_i = \frac{n_i}{A_i} \times 100\%$$

式中　n_i——某污染物检查样品个数；

　　　A_i——某污染物样品总数。

b. 超标率

指某污染源的某种污染物超过排放标准的样品数占该种污染物检出样品数的百分比。

超标率可用下式表示：

$$D_i = \frac{f_i}{A_i} \times 100\%$$

式中　D_i——某种污染物的超标率，％；

　　　f_i——某种污染物超过排放标准的样品数；

　　　A_i——某种污染物检出样品总数。

上述评价方法主要适用于同种污染物的相互比较，为进行污染源之间的相互比较，应采用综合评价方法。综合评价方法考虑污染物的种类、浓度、绝对排放量和累积排放量，得出对污染源的综合评价结果。其评价方法详可参阅相关资料。

（2）环境质量评价

环境质量评价是确定环境规划管理目标、工程措施及环境保护治理投资比例的基础。

小城镇环境质量评价是对小城镇环境系统状态与人类社会生存发展需要之间所存在的客观关系进行评定，是按一定的评价标准和运用一定的指标和评价方法，对规划区环境质量的定量描述。通过调查环境质量的历史和现状，确定影响环境质量的主要污染物和污染源，掌握环境质量变化规律，预测未来趋势，为环境规划提供依据。

环境质量评价包括污染源评价、环境污染现状对人健康和生态环境系统的影响评价、环境保护治理费用效益分析。

环境质量评价指标是用来描述环境质量状况，预测、评价人为因素导致环境质量变化趋势的一组可度量参数的集合。

环境质量包括自然环境质量和社会环境质量。提出了小城镇自然环境质量评价量化指标和社会经济发展调控指标，这些指标既是评价的小城镇生态环境质量指标体系，也可作为规划目标的小城镇生态环境质量指标体系。

环境质量标准是制定各类环境标准的依据，环境质量标准对环境中有害物质和因素作出限制性规定，既规定了环境中各类污染因子的容许含量，又规定了自然因素应该具有的不能再下降的指标。

按环境要素分环境质量标准又分为大气环境质量标准、水环境质量标准、土壤环境质量标准和环境噪声质量标准。

城镇大气环境、水环境、土壤环境和环境噪声等质量评价采用标准见表 6.3.2-1。

城镇环境质量评价标准　　　　　　　　　　　　　表 6.3.2-1

评价分项	评价标准
大气环境	《大气环境质量标准》GB 3095—82
水环境	地表水环境质量标准基本项目标准限值 《污水综合排放标准》GB 8978—88 《生活饮用水卫生标准》TJ 20—76 《渔业水质标准》T 335—79 《农田灌溉水质标准》TJ 24—79 《海水水质标准》GB 3097—82
土壤环境	一般采用土壤本底值，也有采用对照点土壤中污染物的含量作为评价标准
环境噪声	《城市区域环境噪声标准》GB 3096—82

注：城镇环境质量评价同时可酌情考虑相关地方标准。

（3）环境影响评价及分类

1）环境影响评价

环境影响评价是对城镇建设项目、区域开发计划和国家政策实施后可能对城镇环境产生的物理性、化学性和生物性的作用及其造成的城镇环境变化和对人类健康、福利可能的影响进行系统地识别、预测和评估。环境影响评价同时提出减少这些影响的对策，以达到人与自然协调，使人类活动更具环境相容性。

2）环境影响评价分类

环境影响评价体系由单个建设项目环境影响评价、区域开发环境影响评价和公共政策的环境影响评价三方面组成。

① 单个建设项目环境影响评价

建设项目环境影响评价是城镇环境影响评价体系中的基础。建设项目环境影响评价一般与其可行性研究同时进行，其评价内容和结论针对性较强。

② 区域开发的环境影响评价

与上述单个建设项目的环境影响评价不同，区域开发的环境影响评价更具战略性。区域开发的环境影响评价重点对区域内建设项目的合理布局、性质、规模、排污总量控制及发展时序进行分析评价，同时根据区域环境的特点，提出区域开发规划建议并为单个建设项目的环境影响评价提供依据。

③ 公共政策的环境影响评价

公共政策（包括国家和各行业发展政策）的环境影响评价是战略性极强的、最高层次的环境影响评价。评价的区域是地区性的，识别的影响是潜在的、客观的，评价方法多为定性和半定量的各种综合判断、分析方法。

（4）项目环境影响评价（EIA）

本节选自《Ecologically orientated planning》Dr. Gkaule 的相关章节的编译内容。

1）描述、数据、分析

① 项目全面描述及其目标、输入、输出等的详细描述。

② 环境的描述，包括各自的环境因素和它们之间的相互作用，这些需要仔细的研究和解释。选定一个好的环境倡导者对事情好的结果有着很大的影响。

③ 描述影响环境的一个方面。例如拥挤的交通，对指定的保护区以外的地区缺乏管理等等。

④ 对特定时期的影响。

⑤ 在受影响的地区，描述地域环境（住房、学校、医疗机构、休闲场所）。

⑥ 采取措施减少环境影响，控制污染，恢复受损地区，发展新的栖息地。

⑦ 范围：国际经验，早期已知的相关群体都是被涉及的对象。

肯尼迪列出了两个问题：

尽管规定范围的主要目的是取其精华，去其糟粕，但是经验显示环境学家很难同意去除任何一个问题，结果比起早期的提议者、领导、环境机构将会有更多的问题涌现出来。

评价的标准用于决定重要的影响或者重要的选择，这些方面是公众关心的，因此被经常引用作为决定重要性的一个因素。

⑧ 可行性研究的延续，包括可选择性的技术或地点。在某种程度上，地点的可选择性是不可能的或有限的。

⑨ 影响性分析，方法论和工具我们在前面相关章节已经讨论，以"电子工业联合会的结构报告"为例，提供 EIA 报告的一个恰当的建议环评程序（GILPIN）是：

a. 对起决策作用的团队或个人的传送系统许可证要由相应的负责机构签字

b. 如果相关的话，要包括有关的介绍和适宜的条件

c. 主要发现

135

　　d. 规划背景

　　e. 相关规划和经济情报系统

　　f. 出现的问题：

　（a）环境方面（包括所选工程项目和环境治理的成本）

　（b）经济方面

　（c）社会方面

　　g. 采取的缓解措施

　　h. 竞争方面，包括本地区和其他地区

　　i. 附录

　（a）公众部门和代理机构的仲裁目录

　（b）位置和位置界线

　（c）建筑平面布置

　（d）运输网

　（e）直观的评估

　（f）大气和水的质量

　（g）噪声，设备和交通

　（h）工业废物

　（i）精选产品

　（j）能源考虑

　（k）危机和意外事故

　（l）应急事故处理

　（m）设备修复

不确定因素和缺乏相关知识的情况下，电子工业联合的运作是：

　　a. 如果不确定因素很多，但又没有办法去减少这些不确定因素，可以规定一个基准条件或拒绝一些申请书。

　　b. 如果不确定因素很多，但是通过在短时间内进一步研究可以减少不确定因素或者通过合理的可实施的条件来控制不确定性因素，等到研究成功后再审批一些申请书。

　　c. 如果不确定因素通过进一步研究可以减少，这会使结构不很严谨的一些申请可能得以审批，这更要事先在有限的时间和有限条件下进一步研究。

　　d. 如果允许不确定因素存在，审批一些申请需要对其不定期检查。

　　e. 采取预防措施。

　　f. 在审批过程中对于危险运作和复查筹备情况时要进行详尽的规定。

以上报告描述了最基本的环境影响和决策过程，电子系统会进行专门的分析且由各自独立的专业群体完成（或咨询专家），这个群体包括4个部门：

　　a. 政府：它包括不同的统治团队，这些团队要对最终的决定负责。

　　b. 项目管理机构：它需要提供项目技术，项目运行机制和项目成本包括维修成本。

　　c. 电子系统顾问机构：它可以包括几个独立的专业机构，这些机构需要进行影响性研究，包括在研究过程中解决问题的附加报告。

　　d. 环境保护机构：它是一个重要的角色，一方面，这能使公众接受，另一方面它对控制进程起到了重要作用。

1992年新南威尔士规划当局提出了对项目进行环境评价的建议书，后形成"1994GILPIN"环评程序。

2）进一步项目分析

进一步项目分析是用于审查环境影响性评价的一个有效环节，它包括几个方面：

监督承诺的协议与实际运作是否一致；

可以对自身的管理危机，不确定因素进行环境影响预测。

3）区域性发展计划

类似河流网络系统是根据其密度和水面的综合来描述的。土地使用按用地的百分比划分。如森林 $x\%$，可开垦的土地 $y\%$，可居住的土地 $z\%$ 等。

4）城镇主要规则

土地使用模式是总体的，但是私有土地的使用是以他们的原始界限制图的。例如：交通网络在交结的地方不能以直线的方式表示，但在最初却是直线的；地势是以海拔高度的等级给出的，总的呈斜坡状分布；污染是由靠近地表的散发性的源头导致的。像交通运输，它是根据其平均的频率归类。

地区标准

使用的土地是以单独部分划分界限的，地势需要有精确的地形图，应有准确的污染标准模型，其有效性要通过网络系统的衡量点和连续的时间来判定。

5）环境影响评价

广义环境影响评价包括微观的环境问题和宏观的环境问题。像臭氧层的威胁，上至政策，项目计划，下至私人企业。它的学术用语被定义为环评程序（1994GILPIN）。

环境影响评价，官方评价很可能影响政策、纲领的制定及环境工程；可替代的建议和采纳保护环境的标准，这一概念适合从开始到实施。

欧洲的电子工业联合会负责的85/337/欧共体1985年6月27日申请对"环境影响评价"这一术语的鉴定。描述和评价这一项目直接或间接的影响人类和某一时代的动物及某一时代的植物。描述和评价包括土壤、水、空气、气候和地形以及有用资源和文化遗产。

环境影响报告（EIS），提案者或开发申请者准备一个阐述建议的方针，计划或项目；替代计划和采纳的环境保护标准。一个环境影响报告的初稿或最终形式将受环境影响报告要求的限制。环境影响报告可能仅仅是环境影响评价基准框架中的一个部分。在一些国家环境影响报告可能单纯地作为环境影响评价，不使用"环境影响报告"术语。其他一些国家，在官方许可以后，环境影响报告是被认可的其最终形式。

环境评价过程（EA），完整的环境影响评价过程得出的结论是十分必要的。在美国这个术语称作"环境评论（ER）过程"，这不仅被应用在物理工程，也应用于政策，法律及法规，它对环境影响有深远的、重要的意义。

环境评价过程，它是一个对环境产生有害影响做出的充分的、详细的分析文件。在美国，一个环境评价过程为是否准备一个环境影响报告提供充分的证据。

国际环境政策决议的过程，在美国环境影响评价和它的替代文件是由一个联合会承担的，有三个标准的分析，第一个标准分析，明确地排除没有重要影响的细节分析；第二个标准分析，一个环境评价过程可能找出重要的影响或没有意义的影响；第三个标准分析，是需要一个环境影响评价报告，其中包含一个相关联合机构评定出的公用的记录。

在英国"环境评价"通常替代了"环境影响评价"，"环境报告书"通常替代了"环境影响报告"。这两种情况中"影响"被去掉了。

世界上关于环境方面的委员会，如联合国关于环境方面的委员会是具有最高标准的，具有权威性的。由德国制定的环境影响评价国际准则是在很大范围内被应用的，一些国家长期的环境计划，局部环境发展计划，城镇环境计划和城镇主要的计划都是依据这一特定标准制定的。

计划的种类和标准

欧盟国家的不同成员，列在目标清单上的一些小项目是按照他们国家的准则用 EIS 来分析的，德国改进的城镇的主要计划是执行"共有的环境影响评价"来分析那些部分立即建议实施的计划。

城镇的主要计划是一个比较静态的、总体的计划，共有的环境影响评价是一个有力的工具因而能够对改变了的条件做出反应。前面的经验暗示了可以将"联合"作为示范，它结合了一个总的发展指导方针、重要控制和基础的计划。而详细的形式是通过环境影响评价处理的。

① 环境影响评价项目

环境影响评价的部分环境评价报告（ES）主要步骤。

② 修改行为或发展的缓和措施，以防备环境产生的无法预测的有害影响

决定对过去影响预测的正确性和缓和措施的有效性是为了将这种经验总结推广到未来相同类型的活动中，并检查环境管理行为的有效性。

总之项目后分析（PPA）应该被用来完成环境影响评价。控制工程的标准以及为了使程序完善而了解部分行为也是必要的。

项目分析是代表政府的利益达到被社会接受的标准程序，从而尽可能地使一个国家或地区的社会经济和生物的利益得以完善。为了了解所有方面，必要的和最合理的时间表是重要的。

项目分析是代表工程管理协会的利益。一种太快或危险的程序也许导致该工程被行政法庭或公众压力所取消。那些对此工程感兴趣的也应该对"计划的安全"感兴趣。

项目分析代表咨询组织的利益，因为有一种标准方法的需要。他们必须知道运作状态是什么，科学状况是什么，这些也许将来会成为标准。

项目分析是代表环境机构的利益。他们必须仔细安排工作时间，了解他们参与的机会。

项目分析是代表生物科学的利益。因为它只是一种记实基础数据和可仿效方法的一种方式。

在大多数国家中，查审或项目分析不是一种义务的程序。在德国一个秘密机构是在收集和分析行为，决定性程序的事件，结果用 UVP 报告的标题，多特蒙德公布。在许多国家环保机构也发布公告，在澳大利亚大约 1000 家工业公司负责一次审查规划。缺乏经验和机构的国家和想要加入或执行 EIS 的公司应该了解前面的课程。

③ 调节

调节是一种在争论的环境中达到讨论和公平妥协的一种方法，关于公众，公司和政府

机构的利益是不同的，因而可选择的争辩规则是必须的，调节者无权否定决定，他的工作很简单就是为了找到一个可使双方都接受的建议而充当催化剂的作用，他能避免争吵，节省时间和金钱。

在一个带有公众参与和日益增加的私立机构影响的社会，协调变得更加重要，把协调定义为一种被双方选择作为通过它达到解决他们争吵的手段的组织程序，它是完全自愿的，没有偏见的程序，或者一方是自由退出洽谈，协调者就是不把争论的任何方面强加在双方身上，天生带有亲和力的组织性调节在解决争论中最使人满意的途径。

④ 环境影响评价/环境影响报告的局限性

环境影响研究应该分析项目的影响（像工业计划）或发展规则（像基础建设和一个地区未来人口分布）的影响，而这些影响的目标是模仿未来生物环境或与不同环境影响比较。

使用这种模仿必须能够预测带有可忍受错误提出未来的环境，这种模仿过去采用，并由可建设的基础设施或工厂充分运用和证实。公路、高速铁轨、工业场地、居住区、采矿的图表已经被调查很多次，所以有很多经验，必要的准则和调查深度能被充分运用和成为标准。如果认真工作，犯极端错误的冒险就能被制止。

在一些国家目前有数个大规模的工程，强调建造核动力工业和水利工程。

例如：中国长江三峡工程。

长江的总长度是 6300km，一个河流控制和水力发电工程被建议设置在离河口 1000km 的岛上，人工湖的长度将超过 600km，后面是 175m 高 3km 长的大坝，估计和计划的发电功率在 1820 万～4000 万 kW，这个能量被用来开发中国的主要平原，大坝能帮助控制水量，提高运输和在旱季的灌溉的能力。

该工程很难作出结论的冒险是它设置在一个地震区，长江携带的沉淀物要比尼罗河，密西西比河和亚马逊河三条河流总共带的冲积物还要多，也许花不上几十年，这条河被填满了。

有利条件和不利条件的比较，规划风险和影响被分为三个部分：地面的影响、地震水平的影响、围绕河口的沿岸地区的影响（略）。

（5）区域环境影响评价

1）特点

① 范围广、内容复杂

区域环境影响评价小至几十平方公里，大至一个地区、一个流域。

② 战略性

从区域环境保护和经济发展的战略角度分析评价。

③ 不确定性

区域开发建设项目、污染源种类，污染物排放量等不确定因素多，伴随环境问题可能是突发的，可能是叠加效应，也可能是交互作用。

④ 时间的超前要求

区域规划空间的合理布局以最小的环境损失获取最佳社会、经济和环境为目标，并对区域环境影响评价提出超前的要求。

⑤ 生态环境评价是区域环境影响评价的一个重点

区域开发活动本身是一个旧生态系统破坏新生态系统建立的过程。

2) 内容

① 区域开发建设项目概况；

② 开发区及周边地区的社会经济、自然环境、生态环境和人居环境；

③ 开发区及周边地区的环境质量；

④ 区域的环境功能区划和环境目标；

⑤ 环境影响预测；

⑥ 环境保护综合对策；

⑦ 环境经济损益分析；

⑧ 环境管理和环境监测系统；

⑨ 结论和建议。

（6）战略环境评价（SEA）

战略环境评价（SEA）是一种新型、复杂、多层次的项目环境影响评价（EIA）。其评价对象——战略、政策、计划、规划处于高于建设项目的宏观或中观层次，具有一定的可变性，与 EIA 相比 SEA 具有更大的不确定性和复杂性。

战略环境评价指标体系应包括社会、经济、环境各个方面，指标体系的建立和指标的选取应遵循科学性、综合性、多样性、代表性和可操作性的原则。

战略环境评价指标体系可参考表 6.3.2-2。

战略环境评价的参考指标体系　　　　　　　　表 6.3.2-2

指标类别		序号	指标名称	指标类别		序号	指标名称
经济指标		1	人均国内生产总值 经济发达地区 经济欠发达地区	环境指标	固体废弃物	16	固体废物产生量
						17	固体废物综合利用率
						18	危险废物安全处理处置率
		2	GDP 增长率			19	城镇生活垃圾无害化处理率
		3	产业结构		生态系统	20	森林覆盖率
		4	单位 GDP 能耗			21	物种多样性指数
		5	单位 GDP 水耗			22	土地退化治理率
环境指标	大气污染物	6	大气污染物产生量		环境质量	23	各功能区大气环境质量目标
		7	大气污染物削减量			24	各功能区地表水、地下水、海洋湖泊水域环境质量目标
		8	大气污染物处理率				
		9	大气污染物达标排放率				
		10	大气污染物排放总量控制目标			25	各功能区环境噪声控制目标
	水污染物	11	水污染物产生量	社会指标		26	失业率
		12	水污染物削减量			27	恩格尔指数
		13	水污染物处理率			28	基尼系数
		14	水污染物达标排放率			29	环境保护宣传教育普及率
		15	水污染物排放总量控制目标			30	公众对环境的满意率

战略环评的目的是消除或降低因战略（政策、计划和规划）失效造成的环境影响，从源头上控制环境问题的产生，它是在政策、计划和规划层次上及早协调环境与发展关系的一种决策和规划手段。

战略环评制度产生于美国 1969 年的《国家环境政策法》。美国政府已经编制了几百个"战略环境影响报告"。

加拿大《关于政策和计划建议的环境评价程序》规定所有联邦政策和计划，都必须经过战略环评。

英国、荷兰、丹麦、瑞典等许多国家也都建立了战略环评系统。1993 年，欧盟发布文件规定，今后凡有可能造成显著环境影响的开发活动或新的立法议案必须经过战略环评。

在亚洲，韩国环评法要求国家及地方政府在制定实施各种政策与计划时必须进行战略环评。日本出台了一整套"计划环境评价体系"，专门用于区域开发计划中的战略环评。

我国于 2003 年 9 月 1 日开始实施《中华人民共和国环境影响评价法》，从而从法规上确定了战略环评的地位。本环境影响评价法明确要求对土地利用规划，区域、流域、海域开发规划等 10 类专项规划进行环境影响评价。

与项目环境评价比较，规划环评实现了从微观到宏观，从尾部到源头，从枝节到主干，从操作到决策的转变。

战略环评对下列内容进行筛选：

1）部门的政策、规划及计划；

2）与区域发展有关的政策、规划和计划；

3）跨行政区的政策、规划和计划。

上述内容通常对环境产生显著影响，是战略环境的主要内容。

6.4　小城镇环境预测与环境功能区划

6.4.1　环境预测

6.4.1.1　环境预测及其基本原则

小城镇环境预测是依据小城镇过去和现在的环境资料分析，推断小城镇未来环境状况，预估其环境质量变化和发展趋势。

小城镇环境预测不仅是小城镇环境决策的依据，也是小城镇综合环境保护规划及污染综合防治规划的基础。

小城镇环境预测应遵循以下基本原则：

（1）系统性原则

小城镇环境预测以小城镇环境系统为对象，应注意环境系统内外本质联系，寻找系统的环境发展规律与趋势。

（2）协同性原则

小城镇环境系统内部的各子系统之间存在着内在比例节奏关系，围绕整个环境系统的发展而协同动作，体现整体功能。

（3）概率性原则

小城镇环境发展变化总有随机因素作用，预测应考虑可能误差和必要结果修正。

（4）时空性原则

小城镇环境预测应注意时空不可分割性，必须考虑时空实际差异带来的预测结果的可能变化。

（5）持续性原则

事物不是静止，而是不断发展变化的、小城镇环境预测要考虑社会发展和自然界演化的连续性，在不断变化中寻找规律性。

6.4.1.2　环境预测主要内容

城镇环境预测主要内容包括以下几个方面：

（1）经济社会发展带来的环境问题预测以及污染与人口分布、人口密度、生产力布局和生产力发展水平之间的关系预测。

（2）污染物产生量和环境容量及相关资源预测

污染物产生量预测包括废气、废水的排放总量，各种污染物的产生量及时空分布，水域的纳污量及时空分布，废渣产生总量、类别、占地面积、综合利用，噪声、农药和化肥施加量，农药在土壤、作物中的残留量预测；相关资源预测包括资源开采量、储备量、开发利用效果预测及资源破坏预测。

（3）环境污染预测

分别预测各类污染物在大气、水体、土壤等环境要素中的总量、浓度分布的变化；预测可能出现的新污染物种类和数量及环境质量变化可能造成的各种社会经济损失。

（4）环境治理及投资预测

环境预测方法可参阅生态环境规划相关资料。

6.4.2　环境功能区划

环境功能区划是根据自然环境特点和经济社会发展状况，从环境系统整体考虑，把规划区划分为不同功能的环境单元，以便研究各环境单元的环境承载力及环境质量的现状与发展变化趋势，提出不同功能环境单元的环境目标和环境管理对策。

6.4.2.1　环境功能区划原则与依据

城镇环境功能区划应遵循以下原则：

（1）功能区划与自然环境一致性原则

自然环境是环境演变与控制的基础，保持自然环境的一致性，是环境功能区划的基本原则，而水环境、大气环境、地域环境在区域分布上的质量和数量差异，是环境功能区划的基本指标之一。

（2）功能区划与环境影响的相似性原则

在相似的自然环境基础上，社会经济活动（主要是经济活动）的方式和强度在区域上表现出来的环境影响差异性是环境功能区划的另一基本指标，社会环境影响的相似性是环境功能区划的另一重要原则。

（3）功能区划与环境对策的同一性原则

相似的人类环境功能区域具有相同的环境影响条件和相同的环境问题，也就形成了保护和改善环境的对策同一性。考虑环境对策的同一性也是环境功能区划的一项重要原则，而对策措施在类型和尺度上的差异性也是环境功能区划的环境指标之一。

（4）合理利用资源与环境容量原则

（5）区域与功能区类型结合原则

把区域与类型结合起来，既考虑不同地段环境差异性，又考虑各地段社会经济活动的联系性和相对一致性，表现在环境区划类型图上既有完整的环境区域又有不连续的环境功能类型。

城镇环境功能区划主要依据以下方面：

（1）依据区域规划与城镇总体规划的功能区划分；

（2）依据自然条件划分功能区，如自然保护区、风景旅游区、水源保护区等；

（3）依据小城镇总体规划和社会经济现状、特点，以及未来发展趋势划分，如工业区、居民生活区、商贸区、科技文化教育区、行政区、混合区；

（4）依据环境保护的重点和特点划分，一般可分重点环境保护区、一般环境保护区、污染控制区和重点污染治理区。

6.4.2.2 综合环境功能区划

小城镇综合环境功能区划主要依据上述的环境保护重点和特点划分，并重点突出以人为本，有利人类生活和经济社会活动的考虑原则和要求。

小城镇综合环境功能区划一般可分为重点保护区、一般保护区、污染控制区和重点污染治理区。

6.4.2.3 大气环境功能区划

小城镇大气环境功能区划主要依据国家标准《制定地方大气污染物排放标准的技术方法》GB/T 13201—91 相关规定，划分一、二、三类区，并与《环境空气质量标准》GB 3095—2012标准中的三类大气质量区相对应。

大气环境功能分区不宜过细，可在不同的区域间设置过渡区。

6.4.2.4 水环境功能区划

小城镇水环境功能区划依据国家相关标准，可将水环境功能区分为地表水、地下水和近海海域水体保护区。

地表水环境功能区划按水体功能可划分为以下 6 种类型：

（1）源头水源保护区和国家自然保护区

包括未受任何污染的源头水源及国家自然保护区。

（2）集中式生活饮用水源地

按照不同的水质标准，地表水集中式生活饮用水源地又可分为一级保护区、二级保护区，并可酌情增加三级保护区或准保护区。

（3）渔业保护水区

渔业保护区水体又可分珍贵鱼类保护区、鱼虾产卵场及一般鱼类保护区。

（4）风景旅游水区

分与人体直接接触的游泳区及非直接接触娱乐用水区。

（5）工业用水区

分高级工业用水区和一般工业用水区。前者如食品工业用水区，后者如一般工艺用水、冷却用水等用水区。

（6）农业用水区

包括粮食、蔬菜、果园等农作物的取水区。

按照地表水环境质量标准要求和相关保护特点，地表水环境功能区可分为 5 类，其与污染控制污水综合排放分级要求关系如表 6.4.2-1。

143

地表水域功能分类及对应关系 　　　　　　　　　表 6.4.2-1

按地表水环境质量标准地表水域功能分类		对应水污染防治要求	对应污水综合排放标准分级要求
类别	水域范围		
Ⅰ类	源头水源保护区和国家及自然保护区	特别控制区	禁止排放污水
Ⅱ类	集中式生活饮用水水源的一级保护区、珍贵鱼类保护区、鱼虾产卵场等		
Ⅲ类	集中式生活饮用水水源的二级保护区、一般鱼类保护区及旅游区	重点控制区	污水排放执行一级标准
Ⅳ类	一般工业用水区及人体非直接接触的娱乐用水区	一般控制区	污水排放执行二级或三级标准
Ⅴ类	集中农业用水区及一般景观要求水域		

近海海域水体保护区按照海水用途和相关海水水质要求可分为如下 3 类：

（1）Ⅰ类：包括海洋生物资源保护区和盐场、食品加工、海水淡化、渔业、海水养殖等海水用水区；

（2）Ⅱ类：包括海水浴场与海洋风景游览区；

（3）Ⅲ类：包括一般工艺用海水区、海港口水域和海洋开发作业区等。

上述海水水域对应的水质标准按《海水水质标准》GB 3097—1997 的有关规定。

6.4.2.5 噪声环境功能区划

小城镇噪声环境功能区可参照《声环境质量标准》GB 3096—2008 的要求划分 5 类区域：

（1）0 类区：包括疗养区、高级别墅区、高级宾馆区等特别需要安静的区域；

（2）Ⅰ类区：包括居住、文教机关为主的区域；

（3）Ⅱ类区：居住、商业、工业混杂区；

（4）Ⅲ类区：工业区；

（5）Ⅳ类区：道路交通干线道路两侧区域以及穿越镇区的内河航道两侧区域。

上述区域的噪声标准可参照上述标准。

6.5　小城镇大气环境综合规划

6.5.1　规划内容与规划步骤

小城镇大气环境综合规划包括小城镇大气环境综合分析与控制及大气环境综合整治。通过大气环境功能区划，合理利用大气环境容量；通过分析预测大气污染物排放总量，提出小城镇大气环境宏观目标，确定大气环境综合整治目标与对策。

6.5.2　大气环境综合分析

（1）自然环境现状分析

重点分析影响小城镇大气污染物扩散的主要气象要素，分析各类污染源、污染物产生、排放、治理现状及大气环境发展趋势。

（2）污染源解析

一般小城镇大气烟尘污染源（"TSP"）可以分为工业煤烟尘、民用煤烟尘、扬尘、钢铁工业尘、建材工业尘、燃油飞灰、汽车尘、大陆风沙尘、生物尘等，在沿海小城镇可增加海盐尘。

建立受体模型是 TSP 源解析主要方法，其主要类型有化学质量平衡模型、主成分分析、因子分析以及多元线性回归分析，其中化学质量平衡法应用最多，其基本原理是建立各化学元素受体及源的质量平衡方法，并可用下式表示：

$$C_i = \sum m_j x_{ij} \alpha_{ij}$$

式中　i——元素个数；

　　　j——源个数；

　　　m_j——j 类源排放的 TSP 质量浓度；

　　　x_{ij}——j 类 TSP 源排放的 TSP 中第 i 种元素的相对浓度；

　　　α_{ij}——j 类源和受体间元素 i 的调节参数。

对绝大多数元素，$\alpha_{ij}=1$；但在大气中产生一定反应的元素，α_{ij} 可能大于 1 或小于 1。当元素个数大于源个数时，方程组可以求出最小偏差解。

（3）环境质量目标和污染总量控制目标的确定

小城镇大气环境规划目标主要依据功能区划，确定最终环境质量目标和污染总量控制目标，并根据环境污染现状，发展趋势，社会经济承受能力及规划方案，确定各功能区分期目标，根据 TSP 源解析结果，将规划目标按类分解。

6.5.3　规划方案确定与评价

经过优化分析的规划方案应根据环境目标和经济承受能力等因素，采用综合协调方法进行方案的评价分析。最终将规划决策方法成为可实施方案。

6.5.4　大气环境综合治理措施

（1）产业结构

1）调整产业结构和能源结构，减少三类工业占工业的比例，逐步淘汰高能耗污染型工业。

2）逐步淘汰对大气环境严重污染的落后工艺和设备。

（2）用地布局

1）合理规划工业布局，污染性工业在小城镇下风向或大气环境容量较大区域布置。

2）结合环境功能区划，将环境效益较高的综合治理项目尽量安排在环境要求严格的功能区及小城镇上风向区域。

3）将小城镇建设因素、区域功能因素以及人口和经济因素进行加权处理、相互协调，合理定位规划建设项目。

（3）能源消耗

1）逐步改变以煤为主的能源消耗结构，推广普及居民、商业等燃气和其他清洁燃料，淘汰燃煤炉灶。

2）采取区域集中供热，取代一家一户分散供热，减少大气污染物的排放量。

（4）任务分解

大气环境整治按轻、重、缓、急时间分解和项目分解，逐一落实到各执行部门和污染源单位，使决策方案成为可实施方案。首先安排投资少，而且见效快，特别有明显经济效益的项目，以经济效益带动环境效益，同时应将综合整治有关措施按项目和部门所属关系分解到位，将综合整治规划项目分解变成有关部门的工作计划。

（5）其他

1）加大力度整治交通车辆产生尾气烟尘污染和道路扬尘污染。

①推广使用排放量小、轻型化和环保型能源的新车种。

②建立合理的小城镇交通系统结构，以公共交通系统为主，合理使用其他交通工具。

③建设生态交通。

2）加强小城镇绿化特别是工业区生态防护隔离带和道路两侧绿化带如高等级公路与小城镇之间的防护林带等，充分发挥植物对大气的净化作用，营造小城镇优雅生态环境和美丽景观。

6.6　小城镇水环境综合规划

6.6.1　规划主要内容

小城镇水环境综合规划主要内容应包括水环境现状分析，水源涵养、保护，水源合理开发、水质保护，污水处理和雨、污水综合利用，以及水环境整治措施。

6.6.2　水资源与水环境分析

我国水资源紧张，多年平均水资源总量为 $28124 \times 10^8 \mathrm{m}^3$。全国 600 多个城镇有约一半城镇缺水，近百个城镇严重缺水。水资源成了制约城镇发展的主要因素。小城镇也不例外。我国大部分小城镇面临水源短缺和水环境污染的严重问题。

我国七大水系有机污染普遍，主要湖泊富营养化问题突出；东北、华北和西北地区地下水位总体呈下降趋势，大多数地下水受到一定程度点状或面状污染，局部地区地下水部分水质指标超标。不少地区小城镇供水水质达不到要求，一些地区水污染造成的水资源短缺成为城镇发展的突出问题。小城镇由于乡镇企业规模小、布局分散、技术含量低、污染点多面广，以工业废水排放为例，乡镇企业工业废水排放已占全国工业废水排放量的50%，污染治理相当困难。东部沿海平原，如浙江沿海平原水网密布，水流无定向，无法进行上、下游之分，一些地区城镇下游水厂几乎成了上游城镇的污水处理厂。据课题调查，小城镇基本上没有污水处理厂，不少小城镇污水未经处理就近排入环境水体，使小城镇水环境污染更为严重。如据重庆市有关调查，由此造成一些地区次级河流污染还相当严重，以致下游地区人畜饮水都成问题。其次据对四川、重庆、福建等省市小城镇环境卫生工程设施现状的重点调查，一些小城镇生活垃圾和建筑垃圾随意堆放，侵占溪流、池塘、水洼，造成小城镇水环境严重污染和水体严重破坏。还有小城镇面源污染也十分严重，面源污染通过降雨产生的径流携带土壤中的化肥、农药成分一起进入河流，并通过洪水期将地面垃圾、人畜粪便带入河流造成污染。

我国小城镇污水排放量逐年增加，大量污水未经处理或未经有效处理排放，一方面污染水环境，另一方面加剧水资源短缺。

我国雨水资源丰富，年降水量达 $61900 \times 10^8 \mathrm{m}^3$，然而由于没有很好利用，雨水资源浪费，许多缺水城镇一是暴雨洪涝；二是旱季严重缺水。

当今，许多国家把雨水资源化作为城镇生态系统的一部分，在德国的一些地区利用雨水可节约饮用水达50%，在公共场所用水和工业用水中节约更多，并且雨水利用还有更大的经济、生态意义。

我国小城镇雨水资源和污水处理的综合利用，尚只处于试点起步阶段，并且较多仅用于农业，但发展前景看好。以干旱的新疆为例，充分利用其光热资源丰富的有利条件，1994年除城镇外，全区69个县城已有40个县城因地制宜立项建设稳定塘污水处理工程，初步形成污水处理稳定塘体系，经过处理的污水，夏季多用于农田灌溉，而非灌溉期的污水利用，采取秋天整地，冬天稳定塘出水，处理水取代清水压盐碱地取得很好的效益。

6.6.3 水环境保护与综合整治

（1）水源保护、利用及污染防治

1）对于以地表水为水源的小城镇应在水源范围划定一定水域或陆域作为水源保护区，严格执行有关保护法规和相关标准规定；区域和流域水资源保护必须从区域和流域考虑，对水资源进行统一规划、管理和调配以及协调保护。

2）对于城镇地下水源保护应划定地下水源保护范围，防止病原菌和其他污染物对水源的污染；同时划定并保护地下水补给区，保证地下水源的补给水量和水质，避免地下水超采引起地面沉降和水质恶化。

3）缺水地区水资源可持续开发利用战略应综合分析各种水资源（包括本地水源、外调水源、潜在水源、低质和优质水源），实行资源合理调度与库存、保护开发和节约利用。

a. 清污分流，充分利用有限径流，减少河流污染造成水源损失。

b. 实现水资源多级管理做到优质优用。

小城镇和农业用水可分五级管理，即第一级饮用水，第二级工业及一般用水，第三级淡水及海水养殖和菜田用水，第四级粮食作物用水，第五级园林绿化、林业及恢复湿地用水。第一级按Ⅱ类、Ⅲ类水质标准，第二级按Ⅳ类标准，第三级按Ⅴ类及渔业水质标准，第四级按Ⅴ类及农田灌溉水质标准，第五级按农田灌溉水质标准。

上述水质5级原则中，养鱼用水、菜田用水水质应高于生化二级处理出水，特别要严格控制卫生学指标、重金属和难降解有机物指标。

c. 对农业灌溉用水应按污水性质分类，对于生活污水与食品、酿造工业的废水等以可降解有机物及营养盐类为主的污水，经处理符合标准后，可按水质分级要求，用于相应作物的灌溉。

d. 根据水文地质条件，实行改良污水回用分区，防止地下水污染。在山前冲积扇，沙质土壤分布区和无良好黏土隔水层的区域，以及水源保护区，不能污水灌溉。

4）在政府协调下水资源一体化管理，实现水资源系统有效管理和高效运行。

（2）水环境保护及污染整治

1）划分水环境功能区，提出不同功能区对应保护要求和水质标准、污染控制、污水综合排放的分级要求。

2）与小城镇水环境保护、污染治理密切相关的小城镇排水体制、排水与污水处理规划合理水平可按表6.6.3-1要求选择。

小城镇排水体制、排水与污水处理规划合理水平选择

表 6.6.3-1

项目	经济发达地区						经济发展一般地区						经济欠发达地区					
小城镇分级 → 规划期 ↓	一		二		三		一		二		三		一		二		三	
	近期	远期	近期	远期	近期	远期	近期	远期	近期	远期	近期	远期	近期	远期	近期	远期	近期	远期
排水体制一般原则 1.分流制或2.完全分流制	△	●	△	●	○2	●	○2	●	○2	●	○2	△	○	●	○	△2		△2
合流制															○	△	○部分	△
排水管网面积普及率（%）	95	100	90	95~100	85	95~100	100	100	80	95~100	75	90~95	75	90~100	50~60	80~85	20~40	70~80
不同程度污水处理率（%）	80	100	75	90~95	65	90~95	100	100	60	90~100	50	80~85	50	80~90	20	65~75	10	50~60
统建、联建、单建污水处理厂	●	●	△	●	○2	●	●	●	○2	●	○2	●	○	△	○	△		△
简单污水处理							○		○		○		○	△	○	△	○低水平	△较高水平

注：
1. 表中○一可设，△一宜设，●一应设。
2. 不同程度污水处理率指采用不同程度污水处理方法达到的污水处理率。
3. 统建、联建、单建污水处理厂指郊区小城镇、小城镇群应优先考虑统建、联建污水处理厂。
4. 简单污水处理指经济较发达、不具备建设现代化污水处理厂条件的小城镇，选择采用简单、低耗、高效的多种污水处理方式，如氧化塘、多级自然处理系统，管道处理系统，以及环保部门推荐的几种实用污水处理技术。
5. 排水体制的具体选择除按上表要求外，同时应根据总体规划和环境保护要求，综合考虑自然条件、水体条件、污水量、水质情况、原有排水设施情况、技术经济比较确定。
6. 经济发达地区主要是东部沿海地区，京、津、唐地区，现状农民人均年纯收入一般大于相当2000年3300元左右，第三产业占总产值比例大于30%。
   经济发展介于经济发达地区、欠发达地区之间的经济发展一般地区，主要是中、西部地区，现状农民人均年纯收入一般在相当2000年1800~3300元左右，第三产业占总产值比例小于20%。
   经济欠发达地区主要是西部、边远地区，现状农民人均年纯收入一般在相当2000年1800元以下，第三产业占总产值比例约20%~30%。
7. 一级镇：县驻地镇，经济发达地区一级镇的中心镇，经济发展3万以上镇区人口的中心镇，经济欠发达地区3万以上镇区人口的中心镇和2.5万以上镇区人口的一般镇；
   二级镇：经济发达地区一级镇外的一般镇，经济发展一般地区2.5万以上镇区人口的中心镇，2万以上镇区人口的一般镇，经济欠发达地区1万以上镇区人口的一般镇和在规划期将发展为建制镇的乡镇。
   三级镇：二级镇以外的一般镇和在规划期将发展为建制镇的乡镇。

表 6.6.3-1 要求在全国小城镇概况分析的同时，重点对四川、重庆、湖北的中心城镇周边小城镇、三峡库区小城镇、丘陵地区和山区小城镇、浙江的工业主导型小城镇、商贸流通型小城镇、福建的生态旅游型小城镇、工贸型等小城镇的社会、经济发展状况、建设水平、排水、污水处理状况、生态状况及环境卫生状况的分类综合调查和相关规划分析研究及部分推算的基础上得出来的，因而具有一定的代表性。

对不同地区、不同规模级别的小城镇，按不同规划期，提出因地因时而宜的规划，增加可操作性，同时表中除应设要求外，还分宜设、可设要求，增加操作的灵活性。

3）立足长远、创造条件、建设自来水系统和中水系统两套独立供水系统，自来水系统供饮用水和食品、医药等直接和人体相关行业的生产工艺用水，着重提高水源水质，逐步达到直饮水标准，中水系统提供非饮用水，着重保持水质和水量的稳定性。

4）统筹考虑污水处理厂规划建设、污水资源化、中水再生利用、水资源梯级利用，改善水资源短缺，提高水环境质量。

5）节约用水，循环用水，最大限度减少终端废水排放。凡是有害农业生态系统和污染水体的有毒物质，包括酸、碱、盐类，污染土壤、毒害作物或污染食物链的重金属及其他无机离子（B、Mo、Se……），人工合成的有毒有机物，以及致病微生物等均应在污染源进行有效治理。

6）生活污水和工业污水都必须先治理后回用。

7）滨海地区污水应经过处理后充分用于滨海区生态建设，保证滨海生态建设用水，控制削减滨海氮、磷等主要污染物含量。

149

6.7　小城镇噪声环境综合治理规划

6.7.1　规划主要内容

小城镇噪声环境综合治理规划的主要内容包括小城镇噪声环境现状分析和噪声污染源分析，噪声环境区划，噪声环境综合治理目标和措施。

6.7.2　噪声污染源分析

小城镇是地处城乡结合部的社会综合体。一般来说，小城镇没有城镇那样的喧哗，大部分小城镇区域噪声值都低于城镇噪声值，多数小城镇昼夜噪声分贝相差很大。

小城镇的噪声污染源主要是交通噪声污染，特别是沿交通干线发展和内河轮船码头发展的小城镇，交通噪声超标比较普遍。我国许多小城镇一开始往往依靠公路，并沿公路两边发展，常常是公路和镇区道路不分设，它既是小城镇的对外交通公路，又是小城镇镇区的主要道路两侧布置有大量的商业服务设施和住宅，行人密集，车辆过往频繁，相互干扰很大。由于过境交通穿越，分隔生活居住区既交通不安全，又造成交通噪声严重污染人居环境。

其次许多小城镇，特别是工业型小城镇乡镇企业工厂设备落后，生产噪声也很突出，还有建筑施工噪声也是噪声污染源之一。

此外，经济发达地区小城镇，随着第三产业蓬勃兴起，其产生的噪声也已成为小城镇主要噪声污染源，如其餐饮业，娱乐业和商业的噪声也都给居民的正常生活带来较大负面影响。

6.7.3　噪声环境的综合治理

　　小城镇噪声环境综合治理规划应通过其噪声环境功能区划分，确定各噪声环境功能区的噪声环境综合治理目标，依据相关区域环境噪声标准，结合小城镇实际情况提出其噪声环境功能区的环境噪声控制要求和噪声环境综合治理措施。

　　小城镇噪声环境综合治理主要措施包括以下方面：

　　（1）小城镇道路交通规划与小城镇环境保护规划同步实施，交通系统建设与外部系统协调共生。

　　交通噪声、振动严重危及人们的生理与心理健康，为减少小城镇交通噪声危害，必须从整体上对小城镇相关交通系统、空间布局环境保护全面考虑，实现交通系统与外部系统协调共生可持续发展的生态交通目标。

　　（2）过境公路与小城镇道路分开，过境公路不得穿越镇区，对原穿越镇区的过境公路段应采取合理手段改变穿越段公路的性质与功能，在改变之前应按镇区道路的要求控制道路红线和两侧用地布局，并严格限制现过境公路两侧发展建设。

　　（3）小城镇用地布局应考虑工业向工业园区集聚，居住向居住小区集聚，加强规划管理，非工业园区和工业用地不得新建、扩建工厂和工业项目。结合旧镇改造逐步解决工业用地和居住用地混杂现象。

　　（4）噪声严重的工厂选址除结合工业园区选址外，尚应考虑噪声影响小的边缘地区，酌情考虑噪声缓冲带，也可利用小城镇地形条件如山岗、土坡阻断、屏蔽噪声传播。

　　（5）产生较高噪声的声源建筑和设施与小城镇居民点的防噪距离应按表6.7.3-1规定控制。

不同噪声级声源与小城镇居民点之间防噪距离要求　　　　表6.7.3-1

声源点噪声级（dB）	与居民点防噪距离（m）
100～110	110～300
90～100	90～100
80～90	80～90
70～80	30～100
60～70	20～50

　　（6）穿越居住区、文教区车辆，应采取限速、禁止鸣笛等措施降低噪声，高噪声车辆不得在镇区内行驶。

　　（7）建筑施工作业时间应避开居民的正常休息时间，在居住密集区施工作业时，应尽可能采用低噪声施工机械和作业方式。

6.8　小城镇固体废弃物污染综合治理规划

6.8.1　规划主要内容

　　小城镇固体废弃物污染综合治理规划的主要内容包括小城镇固体废弃物的分类、污染现状及发展趋势预测,固体废弃物环境影响评价,固体废弃物污染综合治理目标与措施。

6.8.2 固体废弃物分类、污染现状及其发展趋势分析

(1) 固体废弃物分类

小城镇固体废弃物包括生活固体废弃物、工业固体废弃物和农业固体废弃物。其中生活固体废弃物包括居民生活垃圾、医院垃圾、商业垃圾。

(2) 污染现状调查及发展趋势分析

我国大多数小城镇环境卫生工程设施基础十分薄弱,许多小城镇固体废弃物污染相当严重,改变小城镇"脏、乱、差"面貌已成为当务之急。

据对四川、重庆、福建等省市小城镇的环境卫生工程设施现状的重点调查,小城镇生活垃圾的收集、运输设施数量少、不配套,多数小城镇生活垃圾主要采用露天堆放等简易处理方式,而且一些小城镇固体垃圾和建筑垃圾无序随意堆放,侵占溪流、池塘、水洼,对小城镇水体和周围环境造成严重破坏。

据上述省市小城镇有关调查资料的综合分析,小城镇现状固体垃圾有效收集率约在15%~50%左右,现状垃圾无害化处理率约在 5%~35%左右,现状资源回收利用率约在5%~25%,而大多数小城镇现状固体垃圾有效收集率、垃圾无害化处理率和资源回收利用率都处在上述数值中的较低水平。

小城镇固体垃圾、固体废弃物对环境影响涉及大气、水体、土壤、植被以及人体。小城镇固体废弃物现状调查应从原辅材料消耗,产生工业固体废物的工艺流程的物料平衡分析、工艺过程分析,固体废物的产出、运输、堆存、处理处置等主要环节入手,就各类小城镇固体废弃物的性质、数量以及对周围环境中大气、水体、土壤、植被以及人体危害方面进行全面、深入地分析调查,以筛选出主要污染源和主要污染物。

6.8.3 固体废弃物的预测和环境影响评价

小城镇生活垃圾产生量预测主要采用人口预测法和回归分析法等方法,可参见《城镇生活垃圾产量计算及预测方法》CJ/T 106—1999。

据有关统计,我国城镇目前人均日生活垃圾产量为 0.6~1.2kg/(人·d),由于小城镇的燃料结构、居民生活水平,消费习惯和消费结构,经济发展水平与城镇差异较大,小城镇的人均生活垃圾量比城镇要高,综合分析四川、重庆、云南、福建、浙江、广东等省市的小城镇实际和规划人均生活垃圾量及其增长的调查结果,分析比较发达国家生活垃圾的产生量情况和增长规律,提出小城镇生活垃圾的规划预测人均指标为 0.9~1.4kg/(人·d)。

小城镇生活垃圾量还可采用增长率法预测,并应采用按不同时间段选用不同增长率预测。增长率法预测可用下式计算:

$$W_t = W_0(1+i)^t$$

式中　W_t——预测段末年份小城镇生活垃圾量;

　　　W_0——现状基年小城镇生活垃圾产量;

　　　i——预测段小城镇生活垃圾年均增长率;

　　　t——预测段预测年限。

年均增长率随小城镇人口增长、规模扩大、经济、社会发展、生活水平提高、燃料结构、消费水平与消费结构的变化而变化。分析国外发达国家城镇生活垃圾变化规律，其增长规律类似一般消费品近似 S 曲线增长规律，增长到一定阶段增长减慢直至饱和，1980～1990 年欧美国家城镇生活垃圾产量增长率已基本在 3% 以下。我国城镇垃圾还处在直线增长阶段，自 1979 年以来平均为 9%。

根据小城镇的相关调查分析和推算，小城镇近期生活垃圾产量的年均增长一般可按 8%～10.5%，结合小城镇实际情况分析比较选取或适当调整。

工业固体废弃物预测主要根据经济发展和数理统计方法进行，如产品排污系数、工业产值排污系数、回归分析、时间序列分析和灰色预测分析。

小城镇固体废弃物环境影响评价可采用全过程评分法，评价对象包括各类污染物分别占总排放量80%以上的污染源评分准则，即性质标准分、数量标准分、处理处置标准分和污染事故标准分。各类标准分划分的若干等级，并给予不同的分值，在此基础上进行评分排序。

6.8.4 固体废物的综合治理目标与措施

小城镇固体废物综合治理应根据污染总量控制原则，结合小城镇的类型以及经济承受能力确定固体废物综合利用和处理，处置的数量与程度的总体目标。并在此基础上，根据规划期不同类固体废物的预测量与小城镇固体废物环境规划总目标，得出小城镇生活垃圾及工业固体废物在规划期的削减量。

（1）一般工业固体废物的综合治理措施

对于一般工业固体废物来说，减量化是防治污染和综合治理的首要办法，实现减量化有以下 3 种途径：

1）选择清洁生产工艺，以最大限度地减少各类工业固体废物排放量；

2）实现企业内各工艺中产生的固体废物最大限度地回收和利用；

3）通过合理的工业产业链，使一个企业的废渣成为另一个企业的原料，形成闭合循环，减少固体废物的排放。

虽然工业固体废物（金属、非金属、无机、有机废弃物）经过一定的工艺处理，可成为工业原料或能源，较废水废气易实现再生资源化。但一般投资菲薄，小城镇经济实力不及。因此，小城镇固体废物综合整治重点在于综合利用和减少污染物排放量。不能综合利用，难处理的一般工业固体废物可在最近的无害化固体废物填埋中心填埋。

（2）危险废弃物处理措施

危险废物中虽有一大部分可以综合利用，但最终还有一部分需要处置，危险废物在产生、收集、贮存、运输、利用到处理、处置全部过程都可能对环境造成污染。

危险废弃物处置必须采取科学的方法，减少或消除危险废弃物对环境的污染，并避免因处置危险废弃物不当而造成的二次污染。

小城镇常见的特种有毒固体废物主要有废旧电池、废旧电器、化学废渣和废药品，应由市政部门专门设立的专门回收系统集中收集、运输，并由危险废物焚烧厂、处理工厂或安全填埋场统一集中科学处理。

图 6.8.4-1、图 6.8.4-2 为有毒有害废物焚烧厂和有毒有害危险废物安全填埋场。

图 6.8.4-1　有毒有害危险废物焚烧厂

图 6.8.4-2　有毒有害危险废物安全填埋场

（3）医疗废物处理处置措施

医疗废物是医疗卫生机构的医疗、预防、保健以及其他相关活动中产生的具有直接或间接感染性、毒性以及其他危害性的废物。医疗废物污染环境、传染疾病、威胁健康，危害很大，是《国家危险废物名录》47 类废物中的首要废物。

小城镇医疗废物必须由专门回收系统集中收集、科学处理处置。结合小城镇特点和实际情况，小城镇医疗废物无害化处理可采取焚烧与其他无害化处置相结合的形式，将必须进行焚烧处理的医疗废弃物，如病理性废弃物等送往就近的医疗废物焚烧炉处理站进行焚烧处理，其余医疗废弃物采取其他的无害化处理方式，如采用高温高压蒸汽消毒—粉碎—填埋的处置方式。

图 6.8.4-3 为医疗废物收集、运输、处理处置厂。

（4）生活垃圾处理措施

1）通过科学合理配置资源，利用资源最大限度减少垃圾的产生，并运用经济杠杆实现垃圾的源头减量。

2）推行垃圾的分类收集和回收利用，按回收利用系统及垃圾处理系统的不同要求，建立分类收集体系和建设分类收集配套设施。

图 6.8.4-3　医疗废物收集、运输、处理处置厂

　　小城镇垃圾宜主要采用垃圾收集容器和垃圾车收集的同时，采用袋装收集方式，并应符合日产日清的要求；垃圾收集方式应分非分类收集和分类收集，并且按表 6.8.4-1 结合小城镇相关条件和实际情况分析比较选定。

小城镇垃圾收集方式选择　　　　　　　　　　表 6.8.4-1

		经济发达地区						经济发展一般地区						经济欠发达地区					
		小城镇规模分级																	
		一		二		三		一		二		三		一		二		三	
		近期	远期	近期	远期	近期	远期	近期	远期	近期	远期	近期	远期	近期	远期	近期	远期	近期	远期
垃圾收集方式	非分类收集									●		●		●		●		●	
	分类收集	●	●	●	●	△	●	△	●		●		△		●		△		△

　　注：1. 表中：△—宜设，●—应设。
　　　　　2. 经济发达地区、发展一般地区、欠发达地区和小城镇规模分级详表 6.6.3-1。

　　3）小城镇固体废物处理应先考虑减量化、资源化（从固体废物中回收有用物质和能源）减少资源消耗和加速资源循环，后考虑加速物质循环，对最后残留物质最终无害化处理。

　　小城镇生活垃圾的处理是固体废物处理的重点，生活垃圾处理方法，我国目前填埋占 70%，堆肥 20%，焚烧及其他处理方法 10%。表 6.8.4-2 为填埋焚烧和堆肥三种处理方法的主要对比。

三种垃圾处理方法主要比较　　　　　　　　　表 6.8.4-2

	填埋	焚烧	堆肥
技术可靠性	技术可靠	可靠	可靠，国内有一定经验
选址要求	要考虑地理条件，防止水体污染，一般远离城镇，运输距离大于 20km	可靠近城镇建设，运输距离可小于 10km	需避开住宅密集区，气味影响半径小于 200m，运输距离 2～10km

续表

	填埋	焚烧	堆肥
占地	大	小	中等
适用条件	适用范围广，对垃圾成分无严格要求；但无机物含量大于60%；征地容易，地区水文条件好，气候干旱、少雨的条件更为适用	要求垃圾热值大于4000kJ/kg；土地资源紧张，经济条件好	垃圾中生物可降解有机物含量大于40%；堆肥产品有较大市场
投资运行费用	最低	最高	较高

　　根据上述主要比较、考虑小城镇特点和实际情况，小城镇生活垃圾处理，应主要采用卫生填埋方法处理，有条件的小城镇经可行性论证，也可采用堆肥方法处理。

　　城镇密集地区小城镇可在可行性论证基础上联建垃圾焚烧厂、焚烧产生的热量可用于发电或供热，在实现垃圾减量化的同时，实现资源化目标。

　　建堆肥厕所既可以产生肥料，又可减少粪便对水体的污染，我国城镇已开始应用，东部经济发达地小城镇有可能首先在小城镇获得应用。

　　图6.8.4-4为节水新型生态厕所。

图 6.8.4-4　节水的新型城镇生态厕所

　　4）小城镇固体垃圾有效收集率、垃圾无害化处理率和资源回收利用率可按表6.8.4-3规定，结合小城镇实际确定规划目标和污染控制。

小城镇垃圾污染控制若干控制指标　　　　　　表 6.8.4-3

	经济发达地区						经济发展一般地区						经济欠发达地区					
	小城镇规模分级																	
	一		二		三		一		二		三		一		二		三	
	近期	远期	近期	远期	近期	远期	近期	远期	近期	远期	近期	远期	近期	远期	近期	远期	近期	远期
固体垃圾有效收集率（%）	65～70	≥98	60～65	≥95	55～60	95	60	95	55～60	90	45～55	85	45～50	90	40～45	85	30～40	80

续表

	经济发达地区						经济发展一般地区						经济欠发达地区					
	小城镇规模分级																	
	一		二		三		一		二		三		一		二		三	
	近期	远期	近期	远期	近期	远期	近期	远期	近期	远期	近期	远期	近期	远期	近期	远期	近期	远期
垃圾无害化处理率（%）	≥40	≥90	35~40	85~90	25~35	75~85	≥35	≥85	30~35	80~85	20~30	70~80	30	≥75	25~30	70~75	15~25	60~70
资源回收利用率（%）	30	50	25~30	45~50	20~25	35~45	25	45~50	15~25	25~45	10~15	25~40	20	40~45	15~20	35~40	10~15	25~35

注：1. 资源回收利用包括工矿业固体废物的回收利用，结合污水处理和改善能源结构，粪便、垃圾生产沼气回收其中的有用物质等。
　　2. 经济发达地区、发展一般地区、欠发达地区和小城镇规模分级详表 6.6.3-1。

主要参考文献

1　史惠详、杨万东. 小城镇污水处理工程 BOT. 北京：化学工业出版社，2003

2　中国科学院可持续发展研究组. 2004 年中国可持续发展战略报告. 北京：科学出版社，2004

3　小城镇环境规划编制导则（试行）国家环保总局、建设部，2003. 3

4　国家环保局计划司编写组. 环境规划指南. 北京：清华大学出版社，1994

5　仓景岭、骆中钊、李小宁等. 小城镇生态建设与环境保护设计. 北京：化学工业出版社，2004

6　中国城市规划设计研究院，中国建筑设计研究院，沈阳建筑工程学院. 小城镇规划标准研究. 北京：中国建筑工业出版社，2002

7　中国城市规划设计研究院，沈阳建筑大学. 生态规划与城市规划——城市化进程和城市规划中的若干生态问题研究，2005

8　海热堤、王文兴. 生态环境评价、规划与管理 ［M］. 北京：中国环境科学出版社，2004

9　段宁. 清洁生产、生态工业和循环经济 ［J］. 北京：中国环境科学出版社，2001

10　海热堤·涂尔逊. 城市生态环境规划——理论、方法与实践. 北京：化学工业出版社，2005

11　王如松、周启星等. 城市生态调控方法 ［M］. 北京：气象出版社，2000

7　小城镇生态环境规划建设标准（建议稿[*]）

导引：

我国小城镇生态规划及研究起步较晚，基础薄弱。规划案例借鉴少，规划标准缺乏。本章为"十五"小城镇国家攻关课题小城镇规划及相关技术标准研究课题成果，并经多次专家评审和成果示范应用实践完善过程。因此，有正式相关规划标准前，有其标准基础的较好指导作用。

7.1　总　　则

7.1.1　为规范小城镇生态建设和环境保护技术要求，科学编制小城镇生态环境规划，合理利用小城镇生态资源，促进小城镇可持续发展，特制订本标准。

7.1.2　本标准适用于县城镇、中心镇、一般镇的小城镇生态环境规划与生态建设、环境保护。

7.1.3　城市规划区内小城镇生态建设和环境保护应按所在地城镇相关规划统筹协调考虑。

7.1.4　位于城镇密集区的小城镇生态环境规划应按所在区域相关规划统筹协调。

7.1.5　规划期内有条件成为建制镇的乡（集）镇生态环境规划应比照本标准执行。

7.1.6　小城镇生态规划总体思想、理念应贯穿和体现在小城镇各项相关规划中。

7.1.7　编制小城镇生态环境规划除执行今后颁布的相关标准外，尚应符合国家现行的有关标准与规范要求。

7.2　术　　语

7.2.1　小城镇生态环境容量

小城镇生态环境容量可定义为在不损害生态系统条件下，小城镇地域单位面积上所能承受的资源最大消耗率和废物最大排放量。

小城镇生态环境容量涉及土地、大气、水域和各种资源、能源等诸多因子。

---

* 本标准（建议稿）为中国城市规划设计研究院完成的国家"十五"小城镇攻关课题小城镇规划及相关技术标准研究课题的子课题小城镇生态环境规划建设标准研究成果。编者为项目负责人。

7.2.2　小城镇环境容量

小城镇环境容量可定义为在不损害生态系统条件下，小城镇地域单位面积上所能承受的污染物排放量。

7.2.3　小城镇资源承载力

小城镇资源承载力是小城镇地区的土地、水等各种资源所能承载人类活动作用的阈值，也即承载人类活动作用的负荷能力。

7.2.4　小城镇土地利用的生态适宜性

指小城镇规划用地的生态适宜性，即从保护和加强生态环境系统的角度对土地使用进行评价的用地适宜性。

7.2.5　小城镇土地利用的生态合理性

指从减少土地开发利用与生态系统冲突的角度考虑和分析的小城镇土地利用的合理性。

小城镇土地利用的生态合理性可基于小城镇土地利用的生态适宜性评价，对小城镇的土地利用现状和规划布局进行冲突分析，确定小城镇的土地利用现状和规划布局是否具有生态合理性。

7.2.6　小城镇生态可持续性

指保护和加强小城镇生态环境系统的生产和更新能力。

小城镇生态可持续性强调小城镇自然资源及其开发利用程序间的平衡以及不超越环境系统更新能力的发展。

7.3　生态规划内容与基本要求

7.3.1　小城镇生态规划应包括生态资源分析、生态质量评价与远期生态质量预测、生态功能区划分、生态安全格局界定以及生态保护及生态建设对策。

7.3.2　小城镇生态规划中的生态功能区划分、生态安全格局与生态保护及生态建设应落实到绿色空间（绿化）规划、蓝色空间规划、环境污染防治规划及循环经济、生态化交通等规划中。

7.3.3　小城镇生态规划应根据小城镇镇域生态环境要素、生态环境敏感性、生态适宜性与生态服务功能空间分布规律划分生态功能区，指导生态保护和规范生态建设，避免无度使用生态系统。

7.3.4　小城镇生态环境规划应按照生态规划技术指标体系进行生态质量预测和生态质量评价，生态质量评价标准在缺乏国家、行业和地方标准情况下，可酌情参考类比相关标准或科研成果技术指标。

7.3.5　小城镇生态规划的生态质量辨析、环境容量、环境（资源）承载力、用地生态适宜性与合理性应为小城镇规划用地性质、人口和用地规模、用地布局提供依据。

7.4 生态规划主要技术指标

7.4.1 小城镇生态规划技术指标，除环境容量、资源承载力、生态适宜性、生态合理性、可持续性外，应主要为小城镇生态评价指标，主要包括：森林覆盖率、建成区人均公共绿地、受保护地区占国土面积比例、小城镇空气质量（好于或等于2级标准的天数）、集中式饮用水水源地水质达标率、水功能区水质达标率、地下水超采率、小城镇生活污水集中处理率、气化率、生活垃圾无害化处理率、工业固体废物处置利用率、噪声达标区覆盖率。

7.4.2 小城镇生态评价指标体系，应包括生态环境质量评价指标群和社会经济发展调控指标群。

7.4.3 小城镇生态环境质量评价量化指标，应结合小城镇实际按表7.4.3-1选择。

小城镇生态环境质量评价量化指标　　　　　　表7.4.3-1

类型	指标		单位	备注
绿地	人均公共绿地面积		m²/人	▲
	绿化覆盖率		%	▲
	绿地率		%	▲
林木植被	乔木	地下水位	m	△
		盐分含量	%	△
	灌木	地下水位	m	△
		覆盖度	%	△
镇郊（域）草场植被	草场等级	载畜量	头羊/hm²	△
		产青草量	kg/hm²	△
	草场退化	植被覆盖度	%	△
河湖生态	水体矿化度		mg/L	▲
	富营养化指数	（无量纲）		▲
水环境	pH值	（无量纲）		▲
	高锰酸盐指数	COD$_{Mn}$	mg/L	▲
	溶解氧	DO	mg/L	▲
	化学需氧量	COD	mg/L	▲
	五日生化需氧量	BOD$_5$	mg/L	▲
	氨氮	NH$_3$-N	mg/L	▲
	总磷	以P计	mg/L	▲
	六价铬	Cr^{6+}	mg/L	△
	挥发酚	◎-OH	mg/L	△
地下水	超采率		%	△
大气环境	二氧化硫	SO$_2$	mg/m³	▲
	氮氧化物	NO$_x$	mg/m³	▲
	总悬浮颗粒物	TSP	mg/m³	▲
	漂尘	漂尘	mg/m³	▲

159

续表

类型	指标		单位	备注
土地环境（含镇域）	土地肥力	有机质含量	%	△
		全氮含量	%	△
	盐化程度（0～30cm）	总盐含量	%	△
		缺苗率	%	△
	碱化程度	钠碱化度	%	△
		pH（1∶2.5）		△
	土地沙化	沙化面积扩大率	%	△
	水土流失	水土流失模数	t/(km² · a)	

注：表中▲为必选指标，△为选择指标。

　　7.4.4 小城镇生态评价的社会经济发展调控量化指标应结合小城镇实际，按表7.4.4-1选择。

小城镇生态评价社会经济发展调控指标　　　　　　表 7.4.4-1

分类	指标		单位	备注
人口发展	现状	人口总数	人	▲
		人口密度	人/km²	▲
	趋势	人口增长率	%	▲
经济发展	现状	人均 GDP	万元/人	▲
	趋势	GDP 增长率	%	▲
	一、二、三类工业比例		%	▲
	一、二、三产业比例		%	▲
	绿色产业比重		%	▲
	高新技术产业比重		%	△
社会发展	居民人均可支配收入		元	▲
	恩格尔系数		%	△
	人均期望寿命		岁	△
	饮用水卫生合格率		%	▲
	清洁能源使用率		%	▲
	人均资源占有量	人均耕地面积	hm²/人	△
		人均水资源量	t/人	▲
	资源利用量	耕地面积	hm²	△
		水资源利用量	t	▲
科技进步	中水回用			△
	工业用水重复利用率		%	▲
	单位 GDP 能耗		kWh/万元	▲
	单位 GDP 水耗		m³/万元	▲

注：表中▲为必选指标，△为选择指标。

7.5　环境保护规划内容与基本要求

7.5.1　小城镇环境保护规划内容应包括大气、水体、噪声三方面的污染调查、环境保护现状分析，演化趋势预测、环境功能区划、环境规划目标、环境治理与环境保护对策。

7.5.2　小城镇环境保护规划应在基础资料调查和对未来预测的基础上，根据小城镇的环境功能、环境容量和经济技术条件，确定环境发展目标。

7.5.3　小城镇环境污染防治规划除7.5.1条款相关内容外，尚应包括固体废物处理和电磁辐射防护的相关内容。

7.5.4　小城镇大气环境保护规划目标包括大气环境质量、气化率、工业废气排放达标率、烟尘控制区覆盖率等方面内容。

7.5.5　小城镇水体环境保护的规划目标包括水体质量，饮用水源水质达标率、工业废水处理率及达标排放率、生活污水处理率等方面内容。

7.5.6　小城镇噪声环境保护规划目标应包括小城镇各类功能区环境噪声平均值与干线交通噪声平均值的要求。

7.5.7　对于污染严重的工业型、工矿型小城镇应作环境污染调查，环境污染调查项目、污染物排放量调查及污染治理情况调查按附录表一、表二、表三的规定。

7.5.8　对于小城镇面源污染的调查，主要应针对畜禽养殖、生活污水排放等方面进行调查。

7.5.9　污染较大的工业型、工矿型小城镇，其住宅区与工业区之间应根据不同工业区和工业项目的防护要求，规划200m以上防护林隔离带。

7.5.10　邻近较大范围自然保护区和风景名胜区的旅游型小城镇，大气环境规划目标应执行一级标准。

7.6　环境质量技术标准选择

7.6.1　小城镇大气环境质量标准应按附录表四《环境空气质量标准》GB 3095—2012要求。

7.6.2　小城镇地表水环境质量标准应按附录表五《地表水环境质量标准》GB 3838—2002要求。

7.6.3　小城镇声环境保护应参照城市区域环境噪声标准要求，符合表六的规定。

7.7　附　　录

小城镇环境污染调查项目，见表一。
小城镇污染物排放量调查表，见表二。
小城镇污染治理情况调查表，见表三。

空气污染物的三级标准浓度限值，见表四。

地表水环境质量标准基本项目标准限值，见表五。

小城镇各类功能区环境噪声标准值等效率级，见表六。

小城镇环境污染调查项目　　　　　　　　　　表一

	污染物名称	浓度（平均值）	单位	选项
大气	总悬浮颗粒物 TSP		mg/m^3	▲
	SO_2		mg/m^3	▲
	降尘		t/（月·km^2）	▲
	PM_{10}		mg/m^3	△
	氮氧化物 NO_X		mg/m^3	▲
	CO		mg/m^3	△
	O_3		mg/m^3	△
	氟化氢 HF		mg/m^3	△
	苯并（a）芘		mg/m^3	△
	H_2S		mg/m^3	△
水体	生化需氧量（5d）BOD_5		mg/L	▲
	化学需氧量 COD		%	▲
	饮用水源水质达标率		mg/L	▲
	氨氮 NH_3-N		mg/L	▲
	总磷（以 P 计）		mg/L	▲
	硝酸盐氮 NO_2-N		mg/L	△
	亚硝酸盐氮 HNO_2-N		mg/L	△
	重金属（铅、汞、镉）		mg/L	▲
	溶解氧		mg/L	△
	酚		mg/L	△
	氰		mg/L	△
	油		mg/L	△
	难降解有机物		mg/L	▲
噪声	区域环境噪声		dB（A）	▲
	交通干线噪声		dB（A）	▲

注：选项中▲—应做，△—选做。

小城镇污染物排放量调查表　　　　　　　　　　表二

	污染物名称	排放量	单位	选项
大气	燃煤烟尘排放量		t/a	△
	燃料燃烧 SO_2 排放量		t/a	△
	工业粉尘排放量		t/a	△
	工业生产 SO_2 排放量		t/a	△
	燃料燃烧废气排放量		m^3/a	▲
	工业生产废气排放量		m^3/a	▲

续表

	污染物名称	排放量	单位	选项
水体	废水排放总量		t/a	▲
	工业废水排放总量		t/a	▲
	工业废水 COD 排放量		t/a	△
	生活废水 COD 排放量		t/a	△
固体废物	镇区生活垃圾排放量		%	▲
	工业固体废物排放总量		%	▲
	危险固体废物总量		%	▲

注：选项中▲—应做，△—选做。

小城镇污染治理情况调查表　　　　表三

	项目	数值	单位	选项
大气	镇区气化率		%	▲
	镇区热化率		%	▲
	废气处理率		%	▲
	烟尘控制覆盖率		%	△
水体	工业废水处理率		%	△
水体	工业废水排放达标率		%	▲
	生活污水处理率		%	▲
	COD 去除率		t/a	△
噪声	交通干线噪声达标率		%	▲
	噪声控制小区覆盖率		%	△
固体废物	工业固体废物处置利用率		%	▲
	工业固体废物处理率		%	▲
	生活垃圾无害化处理率		%	▲

注：选项中▲—应做，△—选做。

163

空气污染物的三级标准浓度限值　　　　表四

污染物名称	浓度限值（Mg/m³）			
	取值时间	一级标准	二级标准	三级标准
总悬浮微粒	日平均	0.15	0.30	0.50
	任何一次	0.30	1.00	1.50
飘尘	日平均	0.05	0.15	0.25
	任何一次	0.15	0.50	0.70
氮氧化合物	日平均	0.05	0.10	0.15
	任何一次	0.10	0.15	0.30
SO_2	年日平均	0.02	0.06	0.10
	日平均	0.05	0.15	0.25
	任何一次	0.15	0.50	0.70

续表

污染物名称	浓度限值（Mg/m³）			
	取值时间	一级标准	二级标准	三级标准
CO	日平均	4.00	4.00	6.00
	任何一次	10.0	10.0	20.0
光化学氧化剂（O₃）	1小时平均	0.12	0.16	0.20

注：日平均——任何一日的平均浓度不许超过的限值；

年日平均——任何一年的日平均浓度；

任何一次——任何一次采样测定不许超过的限值，不同污染物"任何一次"采样时间见有关规定。

地表水环境质量标准基本项目标准限值（mg/L）　　　　表五

序号	分类 标准值 项目		Ⅰ类	Ⅱ类	Ⅲ类	Ⅳ类	Ⅴ类
1	水温（℃）		人为造成的环境水温变化应限制在： 周平均最大温升≤1，周平均最大温降≤2				
2	pH值（无量纲）		6～9				
3	溶解氧	≥	饱和率90%（或7.5）	6	5	3	2
4	高锰酸盐指数	≤	2	4	6	10	15
5	化学需氧量（COD）	≤	15	15	20	30	40
6	五日生化需氧量（BOD₅）	≤	3	3	4	6	10
7	氨氮（NH₃-N）	≤	0.15	0.5	1.0	1.5	2.0
8	总磷（以P计）	≤	0.02（湖、库0.01）	0.1（湖、库0.025）	0.2（湖、库0.05）	0.3（湖、库0.1）	0.4（湖、库0.2）
9	总氮（湖、库，以N计）	≤	0.2	0.5	1.0	1.5	2.0
10	铜	≤	0.01	1.0	1.0	1.0	1.0
11	锌	≤	0.05	1.0	1.0	2.0	2.0
12	氟化物（以F计）	≤	1.0	1.0	1.0	1.5	1.5
13	硒	≤	0.01	0.01	0.01	0.02	0.02
14	砷	≤	0.05	0.05	0.05	0.1	0.1
15	汞	≤	0.00005	0.00005	0.0001	0.001	0.001
16	镉	≤	0.001	0.005	0.005	0.005	0.01
17	铬（六价）	≤	0.01	0.05	0.05	0.05	0.1
18	铅	≤	0.01	0.01	0.05	0.05	0.1
19	氰化物	≤	0.005	0.05	0.02	0.2	0.2
20	挥发酚	≤	0.002	0.002	0.005	0.01	0.1
21	石油类	≤	0.05	0.05	0.05	0.5	1.0
22	阴离子表面活性剂	≤	0.2	0.2	0.2	0.3	0.3
23	硫化物	≤	0.05	0.1	0.2	0.5	1.0
24	粪大肠菌群（个/L）	≤	200	2000	10000	20000	40000

注：小城镇地表水水域依据相关标准分为五类：

Ⅰ类：主要适用于源头水源保护区和国家自然保护区；

Ⅱ类：主要适用于集中式生活饮用水水源的一级保护区、珍贵鱼类保护区、鱼虾产卵场等；

Ⅲ类：主要适用于集中式生活饮用水水源的二级保护区、一般鱼类保护区及旅游区；

Ⅳ类：主要适用于一般工业用水区及人体非直接接触的娱乐用水区；

Ⅴ类：主要适用于集中农业用水区及一般景观要求水域。

小城镇各类功能区环境噪声标准值等效率级（Leq（dB））   表六

适用区域	昼间	夜间
特殊居民区	45	35
居民、文教区	50	40
工业集中区	65	55
一类混合区	55	45
二类混合区商业中心区	60	50
交通干线道路两侧	70	55

注：特殊住宅区：需特别安静的住宅区；

居民、文教区：纯居民区和文教、机关区；

一类混合区：一般商业与居民混合区；

二类混合区：工业、商业、少量交通与居民混合区；

商业中心区：商业集中的繁华地区；

交通干线道路两侧：车流量每小时 100 辆以上的道路两侧。

本标准用词用语说明

1. 为了便于在执行本标准条文时区别对待，对要求严格程度不同的用词说明如下：

1）表示很严格，非这样做不可的用词：

正面词采用"必须"；反面词采用"严禁"。

2）表示严格，在正常情况下均应这样做的用词：

正面词采用"应"；反面词采用"不应"或"不得"。

3）表示允许稍有选择，在条件许可时首先这样做的用词：

正面词采用"宜"；反面词采用"不宜"；

表示有选择，在一定条件下可以这样做的，采用"可"。

2. 标准中指定应按其他有关标准、规范执行时，写法为："应符合……的规定"或"应按……执行"。

小城镇生态环境规划建设标准
（建议稿）
条文说明

7.1 总 则

7.1.1～7.1.2 阐明本标准（研究稿）编制的目的与适用范围。

本标准（研究稿）所称小城镇是国家批准的建制镇中县驻地镇（县城镇）和其他建制镇，以及在规划期将发展为建制镇的乡（集）镇。根据城市规划法建制市属城市范畴；此处其他建制镇，在《村镇规划标准》中又属村镇范畴。

小城镇是"城之尾、乡之首"，是城乡结合部的社会综合体，发挥上连城市、下引农村的社会和经济功能。县城镇和中心镇是县域经济、政治、文化中心或县（市）域中农村一定区域的经济、文化中心。

我国早些年城乡规划只有环境保护规划，没有生态规划，现在城乡规划都越来越重视生态规划了，但城市、小城镇生态规划基础都很薄弱，生态规划研究成果更不多见。为规范小城镇生态建设和环境保护技术要求，科学编制小城镇生态环境规划，合理利用小城镇生态资源，促进小城镇可持续发展，编制小城镇生态环境规划建设标准是必要的。但鉴于小城镇生态规划尚属起步阶段，现在制订标准（建议稿）条件尚未成熟。经课题和专家论证并取得主管部门同意，确定本标准编制为研究稿，这样是必要的，也是合适的。

本标准（研究稿）根据任务书要求，除规划标准外，还增加建设相关的部分标准条款；同时依据相关政策法规要求，考虑了相关标准的协调。本标准及技术指标的中间成果征询了22个省、直辖市、自治区建设厅、规委、规划局和100多个规划编制、管理方面的规划标准使用单位的意见，同时标准（研究稿）吸纳了高层专家论证预审的许多好的建议。

7.1.3～7.1.6 分别提出不同区位、不同分布形态小城镇生态环境规划建设标准执行的原则要求。

值得指出，城市规划区和城镇密集区的小城镇生态环境规划建设强调应按其所在城市或区域相关规划统筹协调，有利于在较大区域范围考虑和划分生态环境功能区划，有利于在较大区域范围生态规划建设的统筹、协调与一致。

同时，考虑到部分有条件的小城镇远期规划可能上升为中、小城市，也有部分有条件的乡（集）镇远期规划有可能上升为建制镇，上述小城镇相关规划的执行标准应有区别。但上述升级涉及行政审批，规划不太好掌握，所以7.1.3、7.1.6条款强调规划应比照上一层次标准执行。

7.1.7 提出小城镇生态规划总体思想、理念应贯穿和体现在小城镇各项相关规划中。

基于生态学理论基础的生态思想、理念，也即生态意识是强调用生态与生态系统思想来思考问题，并强调以生态循环系统的方式全面思考问题。小城镇生态环境与小城镇规划建设在许多方面会产生相互影响，小城镇规划建设以科学发展观统领，也与生态规划思想密切相关，强调生态规划的思想与理念应该贯穿和体现在包括小城镇规划的城乡规划各项规划中已成为规划界的共识。

7.1.8　本标准编制多有依据相关规范或有涉及相关规范的某些共同条款。本条款体现小城镇生态环境规划建设标准与相关规范间应同时遵循规范的统一性原则。

目前城乡规划标准体系标准尚缺生态环境规划规范，以后会填补相关缺项，强调相关规范统一性原则和相关规划同时遵循有关标准与规范要求是必要的。

7.2　术　　语

7.2.1～7.2.6　为便于在小城镇生态环境规划建设中正确理解和运用本标准，对本标准涉及的主要名词作出解释。其中：

7.2.1～7.2.3　是对衡量小城镇生态安全标准的主要名词：小城镇生态环境容量、小成镇环境容量、小城镇资源承载力作出解释。

小城镇生态安全直接关系到小城镇可持续发展，削弱生态安全意味着经济社会发展承载能力下降，直接影响经济发展能力和人民生活质量。

衡量小城镇生态安全的标准主要基于生态承载力理论、方法，在此上述名词在生态规划标准中占有重要一席。

7.2.4～7.2.6　对衡量小城镇生态安全标准的延续生态适宜性、合理性、可持续性评价的主要名词小城镇土地利用的生态适宜性、小城镇土地利用的生态合理性、小城镇生态可持续性名词作出解释。

小城镇规划的核心是土地开发利用，对小城镇的土地利用现状和规划布局进行冲突分析，确定小城镇的土地利用现状和规划布局是否具有生态合理性，直接反映了规划布局的科学合理性，而小城镇土地利用的生态适宜性是基于从保护和加强生态环境系统对土地使用进行土地利用生态适宜性评价。

而小城镇生态可持续性强调小城镇自然资源及其开发利用程序间的平衡以及不超越环境系统更新能力的发展。

因此，上述名词也是生态规划标准与生态安全标准的主要名词。

7.3　生态规划内容与基本要求

7.3.1　规定小城镇生态规划的主要内容。

城镇是人与生态环境关系最密切而又矛盾最为突出的场所。城镇生态系统是人类在改造和适应自然环境基础上建立的人工生态系统，是一个自然、经济、社会复合的生态系统。而城镇规划本身也是基于对城镇自然、经济、社会的研究与规划。因此城镇生态规划与城镇规划有密切的关系是城镇规划的重要组成部分。

基于上述原因，城镇生态规划一方面应依据城镇总体规划，另一方面更重要的是反馈城镇总体规划，并在每一项城镇规划中贯穿生态规划思想理念。

不同学科生态规划内容有不同的侧重点，例如园林规划中的生态规划与城镇规划中的生态规划内容就有较大不同，前者侧重植物、绿化方面；后者立足于解决城镇规划建设中生态安全格局和经济社会的可持续发展。

综上考虑，提出小城镇规划主要内容应包括小城镇生态资源分析、生态质量评价与远期生态质量预测、生态功能区划分、生态安全格局界定以及生态保护及生态建设对策是合适的。

7.3.2 提出小城镇生态保护及生态建设规划、绿色、蓝色空间规划、环境污染防治、循环经济、生态化交通等规划与生态功能区划分、生态安全格局之间的一致、协调关系。

上述规划本身都是与生态安全相一致的，而且依据生态功能划分和生态安全格局的具体要求，强调上述规划间的一致协调关系是必要的。

7.3.3 提出划分小城镇生态功能区的相关要素和依据。

小城镇生态功能区划分用以指导小城镇生态保护和规范小城镇生态建设，避免无度使用生态系统。

小城镇镇区范围较小，而其生态功能区及其相关生态环境要素往往需要在一个较大范围内统一协调考虑。本条提出根据小城镇镇域生态环境要素、生态环境敏感性、生态适宜性与生态服务功能空间分布规律划分生态功能区是合适的。

7.3.4 提出小城镇生态环境规划生态质量预测和生态质量评价的依据。

小城镇生态质量预测和生态质量评价应按照生态规划技术指标体系。由于生态规划研究基础薄弱，相关标准制订滞后，目前尚无国家、行业和地方相关标准，本条根据我国上述实际情况，提出小城镇生态质量预测和评价可酌情参考同类比较相关标准或科技成果的技术指标。

7.3.5 提出小城镇规划人口规模、用地规模、用地性质、用地布局的生态相关依据。

从生态学的观点来看，小城镇生态系统的调节功能能否维持其人工生态系统的良性循环，主要取决于人类的经济活动和生活活动是否与环境相协调，生态规律和经济规律是否得到统一，小城镇规划人口规模、用地规模、用地性质与布局是否合理。

而作为衡量小城镇生态安全的标准主要基于生态承载力的相关理论方法，包括生态质量辨析、环境容量、环境（资源）承载力、用地生态适宜性与合理性，这些应该为小城镇人口规模、用地规模、用地性质与布局提供规划和计算的依据。

7.4 生态规划主要技术指标

7.4.1 提出小城镇生态规划技术指标组成。

小城镇生态规划技术指标是与小城镇规划内容紧密相关的。根据本标准7.3.1条款规定的小城镇生态规划内容，小城镇生态规划技术指标主要是小城镇生态质量评价指标与衡量小城镇生态安全的标准技术指标。

本条列出相关主要规划技术指标，应用中可结合小城镇实际适当调整、取舍。

7.4.2 规定小城镇生态评价指标体系的基本组成。

小城镇生态系统改造和适应自然环境基础上建立的人工生态系统是一个自然、经济、社会复合的生态系统。作为小城镇生态评价指标体系，包括生态环境质量评价指标群和社会经济发展调控指标群是必要的。

7.4.3～7.4.4　规定小城镇生态环境质量评价量化指标和生态评价的社会经济发展调控量化指标及其选择依据。

小城镇生态环境质量评价量化指标侧重于自然生态环境包括土地环境、大气环境、水环境、绿化相关主要生态环境质量评价指标。

小城镇生态评价的社会经济发展调控量化指标侧重于社会经济发展调控主要指标，包括人口发展、经济发展、社会发展、科技进步四个方面指标。

考虑评价可操作性和小城镇实际情况，上述两个指标都不宜太多，本标准从相关指标中筛选出更切合小城镇实际的主要指标，其中又分为必选指标和选择指标。表 7.4.3、7.4.4 是在本课题重点对广东、北京、浙江、江苏、河北、河南、湖北、四川、内蒙古、辽宁、安徽 12 个省、直辖市、自治区 120 多个小城镇及其规划资料补充调查分析和相关课题研究基础上提出来，并征询 22 个省、直辖市、自治区建设厅、规委、规划局和 100 多个规划编制、管理方面的标准使用单位意见和高层专家论证预审意见。

7.5　环境保护规划内容与基本要求

7.5.1　规定小城镇环境保护规划内容。

小城镇环境保护规划内容应侧重于大气、水体、噪声三方面环境保护现状分析，演化趋势预测，功能区划、规划目标、环境治理与保护对策。上述内容基本与城市环境保护规划要求内容相同。

7.5.2　提出确定小城镇环境发展目标的相关要求与依据。

基础资料调查与未来环境预测是规划基础，也是确立环境发展目标规划基础。在此基础上，应主要依据环境发展的相关因素、小城镇的环境功能、环境容量和经济技术条件确定环境发展目标。

7.5.3　提出小城镇环境污染防治规划内容的基本要求。

小城镇环境污染防治规划除大气、水体、噪声三方面治理内容外，尚应包括固体废物处理和电磁辐射防护相关内容。

7.5.4～7.5.6　分别提出小城镇大气环境、水体环境、噪声环境保护规划目标内容要求。

上述基本参照城市相关要求。

7.5.7　提出污染严重的工业型、工矿型小城镇环境污染调查、环境污染调查项目、污染物排放量调查及污染治理情况调查的基本要求。

对于环境污染严重的工业型、工矿型小城镇必须重视环境保护规划。相关污染调查附录表一、表二、表三调查项目结合小城镇实际作应做、选做区分，以在满足基本要求前提下增加可操作性。

7.5.8　提出小城镇面源污染调查的基本要求。

20 世纪 90 年代以来，我国许多地区城镇化和城镇化建设趋于快速增长和高速发展时期，建设中的大规模和高频度的土地利用和开发，不但造成一些城镇点源污染严重而且非

169

点源污染也不断加剧。

　　小城镇环境保护规划，开展面源污染调查特别是对面源污染严重的小城镇来说更有必要。小城镇面源污染调查主要针对畜禽养殖（结合预防禽流感）、生活污水排放等方面进行调查。

　　7.5.9　提出污染较大工业型、工矿型小城镇，其住宅区与工业区之间的防护林隔离要求。

　　7.5.10　规定邻近自然保护区和风景名胜的旅游型小城镇与相邻较大范围自然保护区、风景名胜区大气环境规划目标一致的要求。

7.6　环境质量技术标准选择

　　7.6.1~7.6.2　提出小城镇大气环境质量标准和地表水环境质量标准的基本要求。

　　上述标准应分别执行现行国标《环境空气质量标准》GB 3095—2012 和《地表水环境质量标准》GB 3838—2002。

　　7.6.3　提出小城镇声环境保护应参照城市区域环境噪声标准要求。

8 小城镇生态环境规划案例分析

导引：

本章分别选择市域（城镇）生态环境规划、市域生态分区规划、小城镇发展规划中的生态环境规划案例分析及生态环境规划标准、导则应用实例分析和生态示范区建设规划分析。

8.1 乌海市城市市域（城镇）❶ 生态环境规划

8.1.1 规划特点

乌海市位于内蒙古自治区西南部黄河之滨。南与宁夏回族自治区接壤，邻近富庶的银川平原；北邻著名的塞上粮仓河套灌区；西连乌兰布和沙漠；东接鄂尔多斯高原。全市辖海勃湾、乌达、海南三个县级区，市域总面积约 1685km²。

乌海市地处荒漠、半荒漠生态系统中，生态环境极其脆弱，一旦破坏，恢复十分困难，生态环境是约束乌海市经济与社会发展的最重要因素。由此，乌海市城市总体规划评审专家认为：生态环境、工业布局两项规划是乌海市城市总体规划中的两大关键。

乌海市市域（城镇）生态环境规划有三个特点：一是按由自然生态亚系统、经济生态亚系统、社会生态亚系统组成的复合城镇生态大系统考虑规划；二是市域城镇（包括三个区的城区和工矿小城镇）生态系统整体规划和城乡统筹规划，将乌海市域 1685km² 土地的经济建设、城镇建设与生态建设整体研究，分析土地利用生态适宜性，重点围绕沙漠化治理和建立生态型土地利用方式，促进社会经济可持续发展；三是生态规划思想贯穿整个城市总体规划，特别是生态规划与用地布局规划紧密结合，在城市总体规划中体现生态优先的规划理念；由此，成为乌海市城市总体规划中得到专家和地方充分肯定的一个亮点。

8.1.2 生态规划

8.1.2.1 生态系统分析

城镇生态系统是人工生态系统，是生命系统与环境系统在特定空间的组合，包括自然生态亚系统，经济生态亚系统以及社会生态亚系统。

（1）自然生态亚系统

乌海市地处内蒙古鄂尔多斯高原西部，亚非荒漠的西南边缘与欧亚草原的交接处，为

---

❶　本例市域生态环境规划可作市域（城镇）生态环境规划案例的规划方法分析与理解，并主要是考虑 8.1 节规划三个特点中的特点二，也考虑规划期乌达、海南两个县级区的镇到县级区的规划过渡因素。

本例规划由编者负责完成编制。

草原和荒漠的过渡地带，气候干燥少雨，植被形态多为旱生小灌木和小半灌木，少量高大乔木分布在黄河岸边和河心滩等水分条件较好的地段。由于乌海市地处荒漠、半荒漠生态系统中，植被更受降水量少、降水变率大的影响，天然更新随机性大，更新速度缓慢，因而生态环境极其脆弱，一旦破坏，恢复十分困难。

乌海市所属海勃湾、乌达、海南三个区呈组团式结构，区与区之间有大面积荒地，便于将大型工业区与城镇居民区隔开，有利于污染物自净。三个区建筑密度不大，但能耗密度大，烟尘和二氧化硫的排放强度大，给水管网有待完善，排水管网薄弱，无煤气管网，这些缺陷不利于城镇生态系统功能的正常发挥。

乌海市城镇绿化系统，全市共有林地面积4460公顷，绿地覆盖率1.9%，城镇绿地90公顷，建成区绿化覆盖率为20%，人均公共绿地3.5m²，城镇绿地中，道路绿地和防护绿地还不完善，乔、灌、草的组合差，树种单一。乌海市绿化系统存在着明显的缺陷，不利于城镇调节功能与还原功能的发挥，对生产和生活功能也有不利影响。另一方面，绿地系统与水循环关系未达到良性循环，植被差，绿化系统缺陷明显，不利于保持水分和调节局地气候，可能导致植被枯死，而植被破坏又可能使干旱加剧，而干旱加剧不利于绿色植物生长，甚至使植被遭受更大破坏。

（2）经济生态亚系统

乌海市社会服务系统不完善，生活服务设施差，而金融、信息系统尚不能满足经济社会发展的需要，影响城镇生态系统生产功能与生活功能的发挥。能源结构以煤为主，浪费大，且排污量大，超出城市生态系统的调节能力，使还原功能遭到破坏，难以发挥作用；工业结构也存在明显缺陷，重工业是轻工业的5倍多，而重工业中采掘工业、原材料工业又占主导地位，加上技术落后，经济与环境难于协调发展。

（3）社会生态亚系统

人口密度全市平均132人/km²，城镇人口占91.75%，农业人口仅占8.25%，科技人员比例偏低，科技水平不高，人口素质亟待提高。

从上述分析可见，存在的主要生态问题为：

植被差，绿化系统有明显缺陷，生态系统脆弱；绿化系统与水循环系统两者尚处于恶性循环状态。

资源浪费大，水资源紧缺，烟尘、二氧化硫排放量大，制约经济发展，影响城市生态系统的生产功能与生活功能；

8.1.2.2　生态建设规划

为改善乌海市生态环境，针对上述乌海市生态特征和生态系统存在的问题，提出如下生态建设规划并制定相应的生态涵养对策。

（1）规划生态涵养用地，建立生态型土地利用方式，加强土地管理

一方面对于已利用和规划开发利用的城区、工矿区、农、牧、林、果等土地结合改善生态环境，强调合理布局，加强生态建设；另一方面规划生态涵养用地，对市域范围未利用土地一般均按生态涵养用地规划，按生态型土地利用方式，加强土地管理。

乌海市由于自然条件和人为活动的影响，还有大量未利用的土地，其中包括沟壑纵横的裸岩石砾地、风沙飞扬的沙地或沙漠，人为造就的废墟等，这部分土地按生态涵养用地规划管理，主要通过控制沙化、改造荒山、控制水土流失建立恢复良好的生态环境。

根据规划纲要专家评审意见，在生态规划中明确提出不可建设用地，即指除现状城市建设用地及（近期、远期、远景）规划城镇建设用地以外，严禁城镇建设开发活动的其他用地，包括农、林果、牧业用地及自然风景区、自然保护区、珍稀植物繁育区、山地、沙地、沙漠等。

1）封禁中低山区暂难利用土地，治理裸露石质山地荒山

这类土地主要是市域中低山区和丘陵区，植被稀疏，岩石裸露。针对其蒸发量大，降水难以存留，土壤缺乏水和养分，植物生长难度、人畜出没频繁的特点，将其划为封禁区，不许割柴放牧，经过逐渐积蓄养分和水分，恢复生机，长出野草后再进行飞播种草、灌木，使之逐渐形成良性循环，恢复土地生态平衡。在这部分山区还分布着部分土壤质地较好、植被相对较多的山麓坡地，有些地方还有部分次生林，只要封禁，使其不再遭受破坏，便可成林，在封禁过程中培育发展当地天然树种，在种植过程中，增加水土保持林，适当扩大用材树种，把这类荒山建设成草木丰盛、门类繁多的植物基地，提高这类土地的植物覆盖率和生产力。

2）草、灌、乔结合，固沙育草，控制土地沙化

乌海市受乌兰布和沙漠影响，气候干燥，温差大，沙地面积有 47656 亩，加上中、轻度沙化土地，土地沙化状况严重。沙地主要分布在乌达区西北、乌达区三道坎办事处和海勃湾城区北部，土壤为风沙土，养分水分极少，水、气、热、肥状况极不协调。规划采取人工看护、围栏封育，大力种树种草，在沙区边缘营造多条纵横交错的乔、灌、草带，成网成片，阻止流沙移动（根据中日新疆生态系统恢复途径的探讨等有关文献，证明沙棘生长快，光合强，根系分枝多，分布广，是固堤、固沙和提供薪炭的优良树种，在治理乌海市沙地，选择树种中值得借鉴）。在水利便利的地方，充分利用黄河水和季节洪水，淤澄牧场，防止土壤风蚀沙化，严禁放牧、樵采，保护现有植被，固定流沙，逐步缩小沙地面积；对中、轻度沙化土地，其具备发展林业、果业、种植业用地条件，宜首先大力发展林业，营造防风固沙林网，改善生态环境和小气候，待林地成片、成带、成网，水土得到保持，风蚀沙化得到控制后，逐步扩大耕地面积，再适度发展蔬菜、瓜果和其他果树的栽培种植面积。

3）坚持农、林果、牧各业用地集约化经营，稳定农田面积，调整压缩牧草地，增加生态保护功能好的园林地面积

生态涵养与农林果牧用地规划见表 8.1.2-1。

生态涵养与农林果牧用地规划表　　　　　　表 8.1.2-1

规划用地分类	用地分布	生态涵养及开发措施
宜耕宜果区	黄河夹心滩、黄河一二级阶地	以水利、生态为先，防护、经济为主，根据其平坦的地势和较好的水利工程条件，建设完善的防护林工程，发展蔬菜种植和瓜果栽培
宜果宜林区	黄河二级阶地上部，黄河两岸冲积洪积扇中部，海勃湾城区北部，中海勃湾包兰铁路与110国道之间；乌达区苏海图、梁家沟、教子沟居民点东部及三道坎与巴音赛之间；海南区黄东岸宜耕区东侧	以生态、种植业优先。首先建造水利设施，开辟林地，栽种防风固沙林，在防风林成熟后，再开发果园，既可为宜耕区提供防护，又可提高本区的水土保持功能和经济效益

173

规划用地分类	用地分布	生态涵养及开发措施
宜林地	分布在宜林果区的外围,具体包括:海勃湾区千钢至摩尔沟沟口西部;乌达区乌兰乡南北边界一带;海南区拉僧庙至公乌素一线以南地区	主要目的改善生态,以水利为先,选耐旱、耐风等适应性强的树种,实行草、灌、乔成网成带相间种植,在本区中心部位条件成熟时可适度发展用材林
宜林牧区	乌达区西部丘陵区;海勃湾和海南区中低山区与冲积洪积扇结合部位,山谷地区	根据本区为水利条件有限的地段、土壤层薄、质地差的特点,适宜开发为林牧区
山地封禁育草区	凤凰岭、桌子山、五虎山和岗德格尔山	生态涵养

注:城镇及工矿建设用地见城镇用地布局规划。

规划农业保护用地,从改善生态角度,稳定农田面积,从改善生态的角度调整农业内部结构来挖掘农业用地潜力。压缩贫瘠的天然草地,将其改造为优良草地,或调整为耕地、园地、林地,既提高土地经济效益,又改善生态环境。

乌海市草地分山地荒漠草原草地,丘陵、平原及台地草原化荒漠草地和滩地草甸草地,饲草料来源天然草地资源和栽培饲草;据分析乌海市天然饲草及人工饲草共可饲养23730 只标准绵羊、30 万只鸡、8530 头猪。结合生态涵养,统筹规划牧草地,由黄河一、二级阶地和黄河夹心滩发展草地起步,采用灌溉、排碱培肥等措施,实行畜牧业集约化经营,使天然草场、人工草地、改良草地协调发展;黄河夹心滩实行护岸、改土、排碱相结合的生物措施,建设优良人工草场;中低山牧业区林牧结合,恢复生态,通过人工补播飞播等方式改造牧草结构,控制载畜量,实行科学的小区轮牧。

乌海市具有发展园地的良好条件,在黄河一二级阶地实行集约化经营园地建设,使土地经济及生态效益得以最大限度的提高。扩大林地面积是治理乌海市生态平衡严重失调、风蚀沙化严重的一项重要生态工程手段,有关林地的规划布置详见绿化规划。

(2)结合西鄂尔多斯自然保护区规划、建设,改善生态环境,切实保护好特有的珍稀濒危植物

内蒙古西鄂尔多斯自然保护区地跨乌海市和伊克昭盟鄂托克旗,是以保护古老残遗濒危植物及草原向荒漠过渡的植被带和多样的生态系统为主要对象的综合性自然保护区。在乌海境内分布有四合木、半日花、沙冬青、绵刺等国家级珍稀保护植物 7 种,自治区级珍稀保护植物 13 种,且大多为古老残遗种。乌海境内规划保护区面积 12656 公顷,包括四合木保护区、石峡谷自然旅游区、胡杨岛旅游区、珍稀植物繁衍区。

由于乌海境内的保护区处在生态环境极端脆弱的荒漠和草原化荒漠地带,且保护区周围工矿点和工矿企业已经在一定程度上形成了对保护区的包围,目前还在向外扩展、污染、破坏,保护区面临自然界的干旱、沙化和人为污染破坏的双重威胁,保护难度很大。加强保护区规划建设,与生态建设、涵养相结合,并在积极宣传普及自然保护区的法规常识的同时,建立专门机构加强保护区的管理与执法力度。

按《西鄂尔多斯自然保护区规划》在乌海市境内设置一个四合木核心保护区,一个珍稀植物繁育区,两个旅游区,一个工业控制区,西鄂尔多斯自然保护区乌海市境内规划。

西鄂尔多斯自然保护区乌海市境内规划　　　　　　表 8.1.2-2

保护区分区名称	位　置	主要功能	备　注
四合木核心保护区	桌子山与冈德格尔山之间的台地目前尚未被工矿城镇占用的区域	保护珍稀植物四合木	四合木核心保护区几乎被工矿区包围，植被破坏十分严重，是保护区最急需采取有效措施保护的区域
珍稀植物繁育区	西桌子山水泥厂以西到农场公路以北的地段	珍稀植物的引种、繁育区	
自然保护生态涵养区	四合木核心保护区东部至桌子山一带	限制工业发展，逐步搬迁现有企业，严格清除破坏严重的企业，涵养生态	
石峡谷旅游区（山地景观生态区）	西桌子山水泥厂以北，石峡谷上游	保护山地自然景观生态区，发展旅游	
胡杨岛旅游区（河中滩地景观生态区）	胡杨岛	保护胡杨树，胡杨岛河中滩地自然景观生态区	

8.1.2.3　生态建设相关工程

包括生态绿色工程建设、水利灌溉工程建设、生态生物工程和城镇生态走廊工程建设三个主要部分。

（1）生态绿色工程

树木、植被在防风、固沙、防污、涵养水源、降温增湿等生态效能，以植树种草为代表的绿化工程是生态建设规划的重要内容，针对乌海市绿地系统存在的明显缺陷，规划建设并完善绿化系统，包括建设防风固沙林带、防污隔离带、铁路防护林带、黄河护岸林带和水土保持林带、人工草场和城区防护绿化 6 个层次。

1）防风固沙林带：规划主要沿乌海市域西北边界（结合乌兰布合沙漠治理规划）、海勃湾城区北部以及海南区拉僧庙、公乌素以南布置防风固沙林带。

2）防污隔离带：结合工业布局规划，重点在海勃湾城区南部工业、乌达区大化工工业区、海南西桌子山水泥厂工业区周围，建设防污隔离带。

3）铁路防护林带：建设境内铁路干线防护林带。

4）黄河护岸及水土保持林带：重点在黄河两岸岸边规划建设水土保持林带，减弱对河岸的冲刷，加固河岸，防止岸线坍塌和水土流失。

5）人工草场：李华中滩、大中滩、王元地滩面积合计 1.29 万亩，有较好的自然林木，保水保肥能力好，适宜引进优良牧草建设人工草场，其中李华中滩可开发成为草场经营和休闲旅游相结合的风景地。

6）城区绿化：城区绿化包括大型的城区公园和公共绿地、居住区园林绿地、道路绿化等，详见城区园林绿地规划。

（2）水利工程建设规划

乌海市地处干旱荒漠区，水利灌溉工程是绿化与生态涵养工作必备的前提条件。与绿化和生态建设直接相关的水利工程规划主要包括如下内容：

1) 继续建设黄河扬水灌区。重点工程有：乌达区河拐子扬水工程、海勃湾区千里山扬水灌区工程、乌达南大滩扬水灌区、海南区西部头道坎扬水灌区、胡芦斯太滩扬水灌区。

2) 充分利用地下水资源发展井灌。对于地下水资源相对丰富的山前倾斜平原区，绿化及生态建设工程要充分利用地下水资源发展井灌。

3) 修建加固黄河及各山洪冲沟的堤防工程。

4) 远期条件成熟时，规划建设海勃湾东部凤凰岭季节性水库和沿岗德格尔山东麓山脚的灌溉水渠。

5) 在山地地区和低山丘陵地区兴建蓄洪引洪工程，以充分利用季节性的地表水资源。

（3）生态生物工程

采取工程措施与生态生物工程措施相结合的方法，保持水土，全面治理，以减轻洪、旱、风、沙灾害，逐步恢复生态平衡。

通过建设排水工程系统，改造、治理盐碱地、防治土壤盐碱化，规划建设三个城区排水管道、污水处理厂及污水回用系统（净化处理后主要用于绿化灌溉）和城镇垃圾处理场，控制治理城镇水污染和固体污染，同时采取生态生物工程包括土地处理工程（上面长草木，下面处理污水，净化处理后的水用来灌溉）、沙漠生态涵养、固沙工程，今后煤矿塌陷区的多种经营和综合利用等改造工程。

（4）城镇生态走廊工程

结合乌海市自然和文物遗址保护、风景旅游规划和城区景观设计，规划建设城镇生态走廊，以连接海勃湾城镇区、乌达城镇区、海南城镇区的环状快速路两侧沿路绿带为主线，串联相邻的石峡谷自然旅游区、胡杨岛旅游区、四合木保护区、珍稀植物繁衍区、黄河两岸田园风光带以及文物遗址保护点等，形成城镇生态走廊。

8.1.3 环境规划

8.1.3.1 环境评价分析

（1）环境质量现状评价

根据乌海市环保局的监测及统计资料显示，由于自然环境和重化工业行业特征的双重影响，乌海市城镇大气污染、水污染和固体废弃物污染均很突出。1995年，全市废水排放总量2520万t；废气排放总量242.68亿标m^3；工业固体废弃物产生量246.82万t，历年累计堆存量已达1466.9万t，占地约75万m^3，工业固体废弃物的年综合利用率不足17%。

1) 大气环境质量现状评价：乌海市三个城镇区的大气环境质量均属重污染和严重污染型，其中二氧化硫（SO_2）、总悬浮物颗粒（TSP）和降尘三项指标超标严重。以海勃湾城区为例，SO_2年均值超标2.6倍，日平均值超标率为50.8%，冬期超标率100%；TSP年均超标0.96倍，冬期超标率亦为100%；降尘年均超标达1.7倍。

2) 水环境质量现状评价：黄河是乌海市域唯一的常年地表径流，其水质污染水平，全年均属于轻污染；而地下水以轻污染到重污染居多，水质很好的地下水井比例少，中污染和严重污染的井数已占开发井数的57%。

3) 环境噪声现状评价：城区各功能区噪声除海勃湾城区居民文教区噪声超标外，其余功能区噪声均未超标。各城区噪声污染均为三级，处于"一般"水平。

4）主要环境问题：

① 建成区大气污染严重，冬春尤甚。主要是能源结构以煤为主，且消耗量大，再加上扬尘贡献率大，使大气污染更加突出。

② 水资源紧缺，工业万元产值耗水量大，饮用水源受到污染威胁，地下水污染有上升趋势。

（2）主要污染源分析

1）大气污染预测

城镇区大气污染源包括生活饮炊、采暖和商业网点的饮炊和茶浴炉的面源，其排放高度一般在5～10m，排放污染物总负荷占城区污染总负荷的43.5％；采暖锅炉与工业锅炉，其排放高度一般在15～40m，全市共有锅炉308台，污染负荷占城区总负荷的10％。此外还有工业窑炉污染源，机动车辆流动污染源等，乌海市城镇区各类大气污染源汇总见表8.1.3-1。

乌海市城镇区各类大气污染源汇总表　　　　　　　　表8.1.3-1

污染源	耗煤量（万t）	烟尘粉尘量（t）	二氧化硫量（t）	氮氧化物（t）	一氧化碳（t）	等标负荷（$10^9 m^3$）	指数
居民面源	20.8	10610	6950	1052	6652	93883	36.7
饮食灶茶炉商业	3.9	1989	1303	19.7	1247	17556	6.8
工业及采暖锅炉	12.52	2513	4287	1116	4596	49265	17.0
工业窑炉高架源	45.45	12739	7195	1873	7698	76970	38.3
流动污染源	6.0万t油		62	1633	8408	17890	6.2
总计		27851	19797	5901	28601	255640	100

资料来源：乌海市环保局。

城郊及工矿区的大气污染源主要来自炼焦、冶金、建材、化工等行业，围绕三个城区10公里范围内共有土炼焦189个，海勃湾城镇区周围87个，海南城镇区周围59个，乌达城镇区周围43个，形成对城区的包围局面，对城镇区的大气环境产生了明显的影响。

据有关部门监测，各工矿区，如化工厂厂区周围、西桌子山水泥厂区周围、乌达矿务局三矿、千里山钢铁厂厂区周围的降尘量，明显高于三城区水平。

2）水污染：地下水是目前乌海市生活用水和工业生产用水的主要水源。工业废水排放量大的行业是电力、煤炭、化工行业，全市工业万元产值废水排放量呈上升趋势。乌海市近70％的污水为漫流和渗坑排放，30％的污水直接排入黄河。以渗坑、渗井、漫流形式排放的废水，已对乌海市地下水造成了一定程度的污染，加之乌海市地下水与黄河水密切的水动力补给联系，排入黄河的废水经河滩渗透后，对岸边的浅水、半承压水的水质留下了污染隐患。据乌海市环保局1994年的监测和调查，市域黄河段地表水属轻污染型，全市受中度污染和严重污染的水井数比例不断增加，占已开发水井数的57％。

3）固体废物：主要固体废物有工业固体废物、城镇生活垃圾、城镇粪便。工业固废主要包括煤矸石、粉煤灰、煤泥、尾矿、化工渣和冶炼渣。固废排放万吨以上的企业为乌达和海勃湾矿务局、乌达发电厂、海勃湾发电厂、市焦化厂、千里山钢铁厂、市化工厂、黄河化工厂、包钢石灰石矿、西卓子山水泥厂、乌达黄磷厂，乌海市城镇区工业固体废物排放及综合利用情况见表 8.1.3-2。

乌海市城镇区工业固体废物排放及综合利用情况   表 8.1.3-2

废弃物种类	来源	年排放量（万 t）	占总量比重（%）	综合利用方式	年综合利用量（万 t）	综合利用率（%）
煤矸石	煤炭采选	123.41	50.0	制水泥	9.08	7.36
粉煤灰	火力发电	40.48	16.4	制砖	3.22	7.95
煤泥	煤炭采选	36.53	14.8	制煤泥焦	11.96	32.74
工业炉渣	工业锅炉	28.63	11.6	建材	8.57	29.93
冶炼渣	冶金	7.89	3.2	制水泥	5.92	75.03
尾矿	选矿	7.16	2.9	建材	1.98	26.39
化工渣	化工	2.72	1.1	原煤	0.58	21.32
总计		246.82	100.0		41.31	16.74

资料来源：引自当年《乌海市统计年鉴》，各类别数量及综合利用率参照乌海市环保局有关调查资料折算。

乌海市目前的环境污染状况形成的原因是多方面的，除了自然生态环境先天脆弱和重化工行业自身特征等客观原因外，经济增长方式粗放、工业项目选址布局不当、工艺技术层次低、成熟和适用的环保技术应用和推广普及滞后等是不可忽略的重要原因。乌海市现状各主要工业行业的污染物排放系数值大都明显高于全国同类行业的平均值，远远超出先进地区的标准。如果仍沿着粗放型发展的老路走下去，必将继续造成更为严重的环境问题。

8.1.3.2 环境预测分析和环境承载力分析

（1）环境预测分析

环境预测分析主要依据环保部门有关资料，并作为环境规划的基础依据和参考。

1）大气环境污染预测：耗煤量（不包括炼焦煤）和耗油量预测结果如表 8.1.3-3、表 8.1.3-4 所示。

城镇区耗煤量预测（万 t）   表 8.1.3-3

分 区	用煤类型	基准年	近 期	中远期
海勃湾城区	工业	9.82	11.13	34.47
	生活	14.6	22.31	33.88
乌达城区	工业	20.4	28.57	43.28
	生活	6.8	10.03	14.37
海南城区	工业	7.15	13.97	27.05
	生活	2.95	4.76	9.55
全市	工业	57.35	73.67	104.8
	生活	24.35	37.10	57.8

城镇区耗油量预测（万 t 标煤）   表 8.1.3-4

分 区	基准年	近 期	中远期
海勃湾城区	4.79	10.1	17.47
乌达城区	2.52	5.82	9.18
海南城区	1.09	2.3	3.98
全市	8.4	18.24	30.8

从以上两表可以看出，全市各区耗煤量呈明显的增加趋势。

大气主要污染物排放量预测结果如表8.1.3-5所示。

城镇区主要大气污染物排放量预测结果（万 t）　　　表 8.1.3-5

分　区	污染物	基准年	近　期	中远期
海勃湾城区	烟尘	1.1567	1.6859	2.3504
	SO_2	0.8362	1.1463	1.6560
乌达城区	烟尘	1.0561	1.4068	2.0763
	SO_2	0.9003	1.3333	1.9894
海南城区	烟尘	0.4169	0.7432	1.4713
	SO_2	0.2061	0.3278	0.6260
全市	烟尘	2.6297	3.8395	5.9010
	SO_2	1.9426	2.8074	4.2714

大气污染预测结果见表8.1.3-6。

大气污染预测结果（mg/m³）　　　表 8.1.3-6

分　区	污染物指标	近　期	中远期
海勃湾城区	TSP 年日平均值	0.878	1.128
	SO_2 年日平均值	0.365	0.527
乌达城区	TSP 年日平均值	0.436	0.653
	SO_2 年日平均值	0.271	0.323
海南城区	TSP 年日平均值	0.395	0.528
	SO_2 年日平均值	0.363	0.462
全市	TSP 年日平均值	0.689	0.915
	SO_2 年日平均值	0.336	0.458

2）水环境预测

水资源需求量预测和水资源供需平衡详见《城市给水工程规划规范》GB 50282—1998，污水及污水中主要污染物 COD 排放量预测见表8.1.3-7。

污水及 COD 排放量预测（万 t）　　　表 8.1.3-7

项　目	近　期	中远期
工业废水排放量	6043	11859
生活污水排放量	1996	4870
工业废水 COD 排放量	1.32	2.34
生活 COD 排放量	0.94	1.64
污水总排放量	8032	16726
COD 总排放量	2.26	3.98

① 水环境质量预测分析

乌海市域的地表水主要在黄河乌海段。表8.1.3-8为入河的废水量、COD量以及黄河乌海段下海勃湾断面 COD 浓度预测值。

入河废水量、COD 量以及 COD 浓度预测值　　　　　表 8.1.3-8

项　目	近期	中远期
入黄河废水总量（万 t）	4800	11701
入黄 COD 总量（万 t）	1.32	2.21
黄河乌海段下海勃湾断面 COD 浓度预测值（mg/L）	24.67	26.07

　　从表 8.1.3-8 可知，入黄河废水总量与 COD 总量在 10 年间几乎成倍增加，COD 浓度值也将增大，严重招标。

　　② 地下水污染趋势分析：从环保部门历年的地下水监测结果看出，地下水污染总硬度、硫酸盐、硝酸盐、氮、细菌总数、大肠菌群呈逐年增长的趋势，一些指标不同程度超标，主要原因是：地下水开采过度对地下岩层冲刷加剧；排水管网普及率低，生活污水漫流，渗坑、渗井为主要排放方式，造成硝酸盐、氮、细菌总数、大肠菌群总数超标。

　　③ 噪声预测

　　交通干线噪声预测结果如表 8.1.3-9。

乌海市城镇区交通干线噪声预测表　　　　　表 8.1.3-9

分区	海勃湾区		乌达区		海南区	
年份	近期	中远期	近期	中远期	近期	中远期
交通干线噪声预测值（dB（A））	73	75	74	75	73	75

　　预测 2000 年绝大多数功能区噪声值随时间变化较为明显，超标严重，交通噪声是城区噪声的主要原因。

　　④ 固体废物预测

　　预测 2000 年和 2010 年工业固废排放量为 181.95 万 t 和 569.75 万 t，见表 8.1.3-10。

乌海市城镇区工业废物产生量预测（万 t）　　　　　表 8.1.3-10

年份	煤矸石	粉煤灰	煤泥	冶炼渣	化工渣	炉渣	合计
基准年	98.76	32.49	29.29	6.49	2.11	12.8	181.95
2000 年	352.00	75.20	84.00	7.15	4.30	47.1	569.75
2010 年	656.00	162.00	131.00	9.75	6.87	98.00	1063

注：生活垃圾总量预测详见环境卫生工程规划。

　　（2）环境承载力分析

　　环境承载力分析是以区域开发强度与环境承载力间的协调程度分析为依据，即分析一定时空条件下环境所能承受人类活动作用的阈值大小。

　　规划近期乌海市城镇环境承载力指数值见表 8.1.3-11。

乌海市城镇环境承载力指数计算结果　　　　表 8.1.3-11

项　目		近　期	中远期
单要素环境承载力指数	TSP	1.38	1.83
	SO	3.36	4.58
	黄河 COD	1.6	1.74
	水资源	0.86	1.33
	交通干线噪声	1.04	1.07
	万元产值能耗	1.14	1.31
综合承载力指数		1.56	1.98

从表 8.1.3-11 可以看出，到 2000 年，除了水资源可以勉强满足乌海的环境承受能力外，其余项目均已超过 1，即已超出环境与资源所能承受的能力，而到中远期所有指标均已超过 1，反映乌海市在环境、水资源、能耗方面存在着重大的危机和隐患。综合承载力指数表明，在近期、中远期环境、资源总的情况在恶化并逐步加剧，如今后不采取重大的节能、节水、降耗等措施，环境污染和资源枯竭的影响将会抑制经济、社会发展。

8.1.3.3 环境规划目标

以经济与环境协调发展为前提，根据乌海实际情况，提出环境战略目标：

（1）近期环境污染与生态破坏加剧的趋势得到基本控制，重点地区的主要环境问题有所改善，促进经济与环境协调发展，城镇环境质量与人民小康生活水平相适应。

（2）中远期环境污染与破坏基本得到控制，重点地区的环境质量明显改善，经济与环境基本协调发展城镇环境质量与人民生活水平提高相适应。

（3）环境规划目标见表 8.1.3-12。

乌海市城镇环境规划具体环境目标　　　　表 8.1.3-12

指标	量纲	近期			中远期		
		高	中	低	高	中	低
TSP 年日平均值	mg/m³	0.3	0.5	0.73	0.3	0.4	0.5
SO₂ 年日平均值	mg/m³	0.06	0.10	0.22	0.06	0.08	0.10
工艺生产尾气达标率	%	90	85	80	95	90	85
气体尾气达标率	%	80	60	40	95	80	60
烟尘控制区覆盖率	%	80	50	30	100	80	50
城镇热化率	%	60	40	25	80	60	40
城镇气化率	%	75	60	—	90	75	60
民用型煤普及率	%	25	25	15	50	25	25
饮用水水质达标率	%	95	94	93	98	96	95
地表水高锰酸盐指标	mg/L	<4	4	6	<4	4	6
万元产值废水排放量	t/万元	120	150	200	95	100	112
工业废水处理率	%	84	80	70	90	88	84
重点企业废水排放达标率	%	86	82	80	96	93	90
城镇污水处理率	%	40	20	—	70	60	40

续表

指标	量纲	近期			中远期		
		高	中	低	高	中	低
城镇下水道普及率	%	60	40	30	70	65	60
工业固废综合利用率	%	28	25	20	35	30	28
工业固废综合治理率	%	80	65	60	85	80	70
城镇生活垃圾无害化处理率	%	80	70	60	90	80	70
环境噪声平均值	分贝	50	53	55	50	53	<55
交通干线噪声平均值	分贝	65	68	70	60	65	<70
噪声达标区覆盖率	%	80	60	50	90	80	70
人均公共绿地	m^2/人	7	6	4	10	8	6
环保投资比	GNP%	1.5	1.2	1.0	2.0	1.5	—
技改投资比	GNP%		4.0		4.5	4.0	—

（4）为实现上述目标，必须对主要污染物的排放量实施总量控制，乌海市城镇主要污染物总量控制见表 8.1.3-13。

乌海市城镇主要污染总量控制水平* 表 8.1.3-13

指标	近期			中远期			备注
	高	中	低	高	中	低	
烟尘	−10%	持平	+10%	−20%	−10%	持平	表中为控制水平
粉尘	−10%	持平	持平	−20%	−10%	−10%	
二氧化硫	−10%	持平	+10%	−20%	−10%	持平	
COD_{Cr}	−10%	持平	+10%	−20%	−10%	持平	
酚	−10%	持平	持平	−20%	−10%	−10%	
石油类	−10%	持平	持平	−20%	−10%	−10%	
氰化物	−10%	持平	持平	−20%	−10%	−10%	
汞	−10%	持平	持平	−30%	−20%	−10%	
六价铬 Cr^{+6}	−10%	持平	持平	−30%	−20%	−10%	
工业固体废物	−10%	持平	+10%	−20%	−10%	持平	

* 表中主要污染总量控制水平以 1995 年排放量为基准。

8.1.3.4 环境功能区划
（1）乌海市城镇综合环境功能区划见表 8.1.3-14。

乌海市城镇综合环境功能区划 表 8.1.3-14

	功能区名称	范围	备注
海勃湾区	一般保护区	玻璃厂以东，灰砂厂以北	主要的居民文教区、商业区、农林业区、机械加工、轻工
	污染治理区	从一通厂开始，延伸到摩尔沟，三通厂所在地	湖山工区机械工业区，东南工业区，不应新建大气污染源
	重点控制区	玻璃厂和灰砂砖厂向西到国道	西南工业集中区，大气污染源应限期治理，排污总量应控制

续表

	功能区名称	范　围	备　注
乌达区	一般保护区	五虎山工人村以东，教育中心以北	居民文教、商业区、农林业区、轻工
	污染控制区	五虎山工人村以南，教育中心以南，苗圃以南	西南工业区、氯碱化工基地
海南区	一般保护区	现海南建成区，原六五四所在地	居民文教区、商业区、机械加工
	污染控制区	水泥厂范围至电石厂之间	高耗能、建材工业区

（2）三城区、工矿区大气环境功能区划见表8.1.3-15。

三城区、工矿区大气环境功能区划　　　　　　表 8.1.3-15

	大气功能区	范　围	备　注
海勃湾区	二类区	除规划南部工业区以外的城区	居民文教商业区
	三类区	千钢工矿点、城南工业区、卡布其工矿点	工业区
乌达区	二类区	除化工区、乌达电厂外的城区	居民、商业工业混合区
	三类区	化工区、苏海图、乌达电厂区	工业区、氯碱化工基地
海南区	一类区	铁路拉僧庙站以北、卡布其煤矿以南	自然保护区
	二类区	海南建成区至六五四	居民区
	三类区	建材工业区工矿点、六五四以南	工业区

（3）表8.1.3-16、表8.1.3-17为水环境功能区划包括地表水功能区划和地下水功能区划。

地下水功能区划　　　　　　表 8.1.3-16

	功能区	范　围	备　注
海勃湾区	Ⅰ－1	由六公里至千里山前平行于东山向前1500m的山前渗漏区	城镇地下水补给区
	Ⅱ－1	海勃湾城镇污水处理厂出水口下游1000m至新地的延岸1000m区域	城镇饮用水源后备区
	Ⅱ－2	上述1－1与11－1之间的缓冲区，水源井为一级	对11－2做缓冲保护
乌达区	Ⅱ－1	河拐子至乌兰木沿岸宽3000m	城镇饮用水源后备地
	Ⅱ－2	乌达农场至苏海图的弧形地带	饮用水源后备地准保护区
	Ⅱ－1	乌达电厂上游200m至阿盟边界	饮用水后备地
	Ⅱ－2	胡杨岛西岸2000m处	饮用水源后备地准保护带
海南区	Ⅱ－1	海南区西水源至化工厂排污口下游1500m宽700m长4km	海南饮用水源地
	Ⅱ－2	西桌子山水源至化工厂排污口下游1000m宽500m	海南区饮用水源地准保护带
	Ⅱ－1	化工厂排污上游至海电水源地宽500m长2000m	海电区饮用水源地准保护带
	Ⅱ－2	海电水源地东侧500m宽带	海电水源地
	Ⅰ－1	拉僧庙石山	海电水源地准保护带

183

地表水功能区划 表 8.1.3-17

水域名称	区划范围	指定功能
黄河乌海段	石嘴山来水断面至新地出水断面	Ⅲ类水体功能

规划中，考虑到 83% 的地下水资源可开采量集中在与黄河有密切水力联系的一、二级阶地，因此地下水功能区划，划出四片黄河沿岸阶地作为城镇生活、生产后备水源地，保护级别为一级。为保护黄河沿岸阶地潜水能达到饮用水标准，要求黄河全程水质达到Ⅲ类水体水质要求。

（4）城镇噪声功能区划见表 8.1.3-18。

乌海城镇区噪声功能区划 表 8.1.3-18

区域类型		区域编号	范 围	备 注
海勃湾区	居住文教区	JW1	海河路—千里山街—车站—甘德尔街—海河路—察汗德力素沟—东山—城区北侧防护林—苗圃	不包括酒厂、一通厂、玻璃厂、铸锻厂、油库
		JW2	黄河路—建设路—长青街—药材库东侧土路	
		JW3	下海勃湾片	不包括砖瓦厂
		JW4	三通厂厂区包部居民、文教、机关等区域	
	二类混合区	EH1	鄂尔多斯街—海河路—千里山街—乌兰路—黄河街	
		EH2	鄂尔多斯街—海河路—黄河街—公园路	
		EH3	甘德尔街—海河路—体育街—建设路防护林—车站	
海勃湾区	工业集中区	GJ1	摩尔沟街—海河路—鄂尔多斯街—建设路—黄河街—包兰线	
		GJ2	黄河街—药材库土路—长青街—乌兰路—千里山街—车站路—防护林—建设路—体育路—海河路—体育街—公园路—桥街—包兰线	
		GJ3	铸锻厂	
		GJ4	包兰线东—察汗德力素沟	含部分规划区
		GJ5	市油库	
		GJ6	三通厂厂区区域	
		GJ7	海局	
		GJ8	一通厂	
		GJ9	市建材厂	
乌达区	居民文教区	JW1	乌达电厂厂区外全部	
		JW2	乌尔图尔北侧	
		JW3	火车站以东全部	不包括黄磷厂片
		JW4	110道以西全部	
	混合区	EH1	建设路—巴音赛街—矿铁路—北侧防护林	

续表

区域类型		区域编号	范　围	备　注
海南区	工业集中区	GJ1	110国道－乌尔图沟北侧防护林带－北侧防护林	
		GJ2	乌达电厂厂区范围	
		GJ3	火车站以西	
		GJ4	化工基地－乌海西火车站西侧	
		JW1	海拉公路以东全部城区	

8.1.3.5　环境综合治理与规划实施对策

环境综合治理分为大气环境、水环境、声环境和固体废弃物四个方面的综合治理。大气环境综合整治、水环境综合整治和建立较为完善的绿化系统是环境规划中的三大重点（调整工业结构也是重要的一环，见工业布局规划）。

（1）大气环境治理

根据乌海生态结构现状，污染物防治与治理以城区为中心，对中心城区和各个工矿点，采取中心城区的区域性污染治理与工矿小城镇点污染治理相结合的方针。

大气综合防治的重点是：

1）推广型煤，在居民生活和锅炉中使用加脱硫剂的型煤，以减少污染物的排放量。

2）利用能源优势，充分利用电力和工业煤气，将以原煤散烧的粗放浪费型转化为热电联供、煤气燃用，节约能源，减少污染。

3）加强烟控区建设，对城镇工业污染实现总量控制，加强锅炉、窑炉管理，从管理中要效益。

4）加强城镇绿化和道路硬化，降低扬尘污染。

5）控制汽车尾气排放，预防NO_x污染。

6）加强技术投入，降低万元产值煤耗。

（2）水环境综合治理

保护饮用水源和黄河水资源。地下水开发坚持开发量与补给量平衡的原则，农业用水坚持取用黄河水，工业加强节水限水的办法；防止地下水源水质的恶化与污染，普及城镇排水管网，防治城镇生活污水地渗；地表水污染控制采用点源治理和集中处理相结合的原则，三城区共建四座污水处理厂，大型工矿小城镇单独建污水处理厂，进行污水集中处理。

（3）声环境综合治理

主要干线拓宽马路，十字路口兴建环岛，设置公路隔声屏障和利用绿化带减噪；加强交通管理，加强工业企业厂界噪声的环境管理和建筑噪声的监督管理。

（4）固体废弃物综合治理

近期垃圾、无机物采用卫生填埋，远期生活垃圾卫生填埋，有机物施行焚烧并建高温堆肥厂3座；城镇粪便逐步纳入污水管网，由污水处理厂统一处理，新建30t和120t的粪便处理厂各一座，容量为300t的储粪池5座，其中城区1座，工矿小城镇4座。远期进一步完善卫生处理设施，医院固废消毒后处理；工业固废治理重点是提高综合利用率，防止固体废弃物对地下水和大气造成二次污染，危险固废要特殊处理，不可与一般固废混排。

（5）建立较为完善的绿化系统

主要规划三个层次防护林带，其一是在市域西部边界上建一条防护林带，其二在3个城区外围建防护林带，其三在污染工业区与居住区之间建防护林带，机场区按机场的有关标准与要求建防护林带。

（6）规划实施对策

1）战略对策：实行可持续发展战略，促进经济与环境协调发展，发挥协调因子的作用，达到环境发展战略目标的要求。

① 提高决策层的环境意识，以经济与环境综合决策，积极推进可持续发展的战略。

② "少投入、多产出、少排废"，以相应的政策和制度建立激励机制和约束机制，转变经济增长方式。

2）采取有效措施，在确保生态环境良好的基础上，使自然资源不断增值。认真执行"谁开发，谁保护；谁破坏，谁恢复；谁利用，谁补偿"的政策，尽快控制住生态破坏，使生态环境综合评价值上升。

3）强化建设项目管理。

4）对现状重点污染源分批进行控制。

5）以规划为依据，加大城镇环境综合整治的力度，健全环保机构，充实人员，提高人员素质和执法力度。

8.2 温州市域生态分区规划

本例选自中国城镇规划学会专家咨询组与温州市城镇规划管理局共同完成的"温州市域城镇生态环境规划研究与对策"附件一"温州市（域）生态分区及控制导则"，内容含市域整个城镇生态系统。从说明市域城镇生态系统考虑，编者对原稿略有改动。

本例侧重市域城镇生态分区规划方法的理解。

8.2.1 生态分区规划的作用分析

城镇市域生态分区是城镇生态规划的主要内容之一，通过生态功能区划分，可以针对各功能区划特点、要求，对各功能区划的生态环境在城镇规划建设中加以适宜控制和保护，特别是对生态保护区和生态敏感区，提出强化的保护对策，以保护和建设城镇良好的生态环境，确保城镇经济、环境社会的协调发展。

8.2.2 生态分区制定的原则

"温州市域生态分区"主要采取以下6条原则。

（1）自然条件类似原则

按自然环境、资源状况的相似性划分区域，有利于区域的系统性、整体性的发挥。而且，类似的自然条件便于制定区域生态环境保护和发展政策。

（2）土地利用一致原则

即现状土地使用性质大体一致。不同的历史文化背景、不同的经济基础造成了土地利用方式的差别，进一步影响了土地的产出效益，分区时应考虑这一人文要素。

（3）经济发展趋同原则

区域自然条件的不同，历史文化的不同，所形成的经济基础不同，而经济水平相近的区域，发展方向趋同。

（4）生态问题类同原则

不同的区域具有不同的现状特征，有不同的发展目标和制约因素，自然产生不同的生态问题，所需制定的方案和对策必然不同，分区时应考虑已产生或即将产生的生态环境问题。

（5）局部和整体关系和谐原则

整体控制全局，局部突出地方特色，分区的同时应兼顾全局，突出局部特征，并协调好整体和局部的关系。

（6）区划宜于操作管理原则

分区的划定兼顾行政界线，有利于地方有关部门的操作、管理和实施。

以上六条原则互为依据，互相制约，相辅相成，缺一不可。只有权衡利弊，综合考虑才能增强研究的科学性。

8.2.3 生态分区划分因子结构

图 8.2.3-1 为温州市域生态分区规划中一分区因子结构示意图。

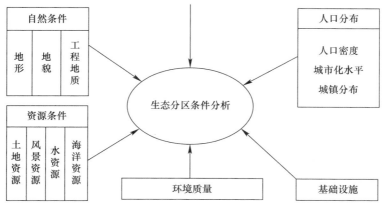

图 8.2.3-1 温州市域生态分区规划中一分区因子结构示意图

分区因子结构考虑了以下因素：

生态因素：包括环境和部分社会因子，如：城镇环境（包括人与环境关系）、历史文化构成、市场发育、旅游结构等；

经济因素包括人口概况、城镇分布及城镇化水平、经济发展现状等；

自然因素包括自然条件和资源条件，如：地形地貌、地质地震、土地资源、水资源、风景资源、海洋资源等。

8.2.4 生态分区划定及生态分区区划图

温州市域生态规划依据生态分区划定原则及相关要素综合排序分析，划分市域四个片区：

（1）东北部风景名胜生态保护区

界限：以永嘉县为主，包含乐清、市区和瑞安市的山区部分。

自然生态条件：地形地貌一致，属山区工程地质，坐落在北西向的石平川—瓯江口断裂带上。风景资源丰富，景区面积大。环境质量尚好，无大污染源，主要以生活污染为主。

土地利用现状：包含林地、耕地、园地、居民点工矿区、交通用地、水域及未利用地等七种类型。土地资源利用以林业为主，林业创造的产值是总产值的60%以上。土地开发潜力较高，尚有发展的余地。

经济发展水平及潜力：产业布局结构类似，在GDP中比重逐渐提高的经济指标为第三产业的产值，其中，以旅游创汇为主。该区旅游市场的开发历史悠久，国内外知名度较高，旅游资源的开发建设日趋完善。因距机场、港口、国道均较近，紧邻城镇人口密集地带，基础设施比较完备，交通条件较好，拥有众多的客源，极具吸引游客的能力，旅游市场看好。

局部带动整体，整体突出局部：根据自身特色和主要功能划定区域，有助于突出特色，完善整体功能。楠溪江风景区以其纯天然景观、景点多而著称，属温州市的王牌景点。该区横跨或邻接著名的南、中、北雁荡山区，有利于旅游网络的形成。

（2）西南部生态保护区

界限：以泰顺县、文成县为主（以扶贫为重点），包括平阳和苍南的西部山区。自然生态条件：地形地貌一致，属山区工程地质，坐落在北西向的李山—平阳断裂带上。山区面积大，人口少，自然条件较好，环境质量良好，无大污染源。

土地利用现状：以林业为主，两县林业创造的产值约合总产值的68.8%，未利用地面180.1km²，在温州市域未利用土地范围内占22.9%，但受地形所限，仅适于进一步开展林业，并改善运输系统。

经济发展水平及潜力：两县总产值在市域处劣势，各县第一产值、第二产值在县域总GDP中所占比重相当，不足30%，第三产业所创产值得略高，不足50%。该区第三产业的比重有待提高。

保护与发展相协调：泰顺与文成地处山区，人口稀少（泰顺为191人/km²，文成为287人/km²），原始森林集中，珍稀生物品种多，且保存完好，该区的划定有助于保护生态环境，发展生态旅游业，维持生物多样性。

（3）东部沿海平原城镇化地带（平原城镇密集地带）

界限：以沿海三江地带为主（城镇化地区），包含乐清、市区、瑞安、平阳和苍南的平原部分。

自然生态：属平原工程地质，坐落在地震烈度 6 度设防区。以人文景观为主，环境质量较差，各级污染集中地区，包含：工业污染、交通污染和生态污染等。污染种类囊括了固、液、汽三态。

土地利用现状：以耕地、居民点及工矿区、交通用地、水域及未利用地等类型为主。土地资源利用以农业为主，农业创造的产值达总产值得的 72％。建设用地聚集，用地紧张，土地开发潜力较低。

经济发展水平及潜力：各产业创产值以第三产业为主，尤其是市场发育较好，第二产业产值比重比较稳定，起伏较小。市域内基础设施最完备，交通条件最好，与外界的流通比较方便。

区域一体化：五大平原县区的发展应注重整个平原区域的整体性，以此为目标制定各分县的行动纲领，互为补充，互相促进。实现各项功能体系化。如市场体系化、交通体系化等。

（4）海域岛屿的海洋生态保护区

界限：以温州市东南沿海滩涂及海域岛屿为主。

自然生态条件：该区因地处沿海受海洋气候影响较大，环境质量尚好，而且该区属海洋生态系统，自净能力和环境容量较大。三江口岸水流缓慢，土壤不断淤积，海涂区域呈扩大趋势。

土地利用现状：岛屿陆域总面积为 171.69km²，滩涂约合 494km²。已开发利用的区域较少，主要是港口、渔业和养殖业用地。土地开发潜力较高，有一定发展余地。

经济发展水平及潜力：该区经济以海洋经济为主，但处在起步阶段，目前的开发状况是种植、开发盐田、海水养殖，基本上以第一产业为主，大部分土地尚待开发利用，是温州市主要的后备资源。

上述四个片区各具特色、各自面对的矛盾也不尽相同，规划应该根据实际情况，区别对待，并制定相应的对策，在充分发展经济的同时，实现人与环境的完美结合。

图 10.4.3-1 为温州市域生态分区区划图。

8.3 小城镇发展战略规划中的生态环境规划
——以店口镇规划为例

规划编制单位：南京大学城镇规划设计研究院、店口镇人民政府。

8.3.1 总体分析与说明

优良的生态环境是城镇可持续发展和构建和谐社会的重要保障，在生态环境备受关注和城镇竞争法则与主题日渐转向"以生态环境定胜负、以特色见高低"的背景下，生态竞争力已成为城镇综合竞争力的重要标志，生态环境品质日益彰显其不同寻常的地位和作用，生态环境修葺成为城镇塑造形象、打造品牌、提升核心竞争力的重要筹码。

基于这一背景，南京大学城镇规划设计研究院与浙江店口镇人民政府在共同编制的总体发展规划研究中设置环境专题篇，内容包括：环境系统特点、资源环境承载力、环境现状特征、环境定位、生态功能区划及其管治、生态网架构筑及环境品质重塑与生态环境修茸，系统地把生态规划理念与思想贯穿到整个小城镇发展战略规划中，凸显生态环境与城镇发展战略规划、与城镇可持续发展建设，以及与和谐社会构建中的紧密关系及地位与作用意义，堪称城镇发展战略规划中的创新生态环境规划的有益尝试。本例由店口镇人民政府提供，选为 7 小城镇生态环境规划建设标准（建议稿）的示范应用。从规划案例角度，编者对原规划内容稍作删减与修改。

8.3.2 生态环境系统特点

8.3.2.1 复合性特点

城镇生态环境作为人类活动的载体，是客观存在的空间形式，又是人类活动的结果。它一方面为店口城镇化地区人类生产、生活提供了载体和物质基础，另一方面又承担了人类生产活动所带来的巨大影响，它的空间生态环境系统已不再是一个简单单纯的自然生态环境系统。它作为人类长期的社会、经济活动的载体、对象和结果，已经成为一个由社会—经济—自然复合而成的以人为中心的复杂人工生态系统，在自然生态环境之上叠加了人类经济、社会生产、生活的痕迹，人口密集，建成区人口密度达 9750 人/km²，建设用地占 73.67%，建筑物密集，资源消耗大，废弃物排放量大，对生态环境产生了不可忽视的影响。因而店口城镇化地区的环境系统是自然环境、经济环境和社会环境的复合统一体，相互作用，相互影响。人类在对自然生态环境施加影响的同时应该发挥主观能动性，自觉减少对自然环境的负面效应，并采取有效措施解决环境污染，维护生态环境的协调平衡。

8.3.2.2 依赖性特点

店口城镇化地区环境系统的自然—经济—社会复合系统的属性决定了其不可能像自然生态环境系统那样通过自身的物质、能量循环来维持系统本身的平衡状态，它必须靠系统外界的物质、能量的支持来维持系统的物质能量需求，又必须靠系统外部来接纳和处理自身产生的排放物。

一方面，城镇化地区人类的生产生活需要消耗大量的能量和物质资源，这些物质和能量城镇自身不能产生，是从外部环境中获取的，但城镇小范围的外部环境所能提供的物质和能量是有限的，这就必须在更大的范围内获取资源，以满足城镇发展的物质和能量需求，这就必然超出了城镇生态环境系统本身的界限，进而对系统外的资源支持有较大的依赖性。

另一方面，在复合环境系统中，人的经济社会活动打败了自然环境系统自我协调发展的能力，使之必须依靠外力来达到协调平衡发展的状态和维持良性循环的状态。

8.3.2.3 脆弱性特点

复合环境系统的依赖性在某种层面上也体现了该系统的脆弱性。此外，店口的地形地貌中，山地丘陵和水域面积比例较大，森林覆盖率达 62.2%，环境基质较佳，是店口环境品质的重要基础和保障，同时也是店口提升环境品质的重要素材。但换个角度思考，一旦这个自然生态环境系统超载、破坏，其后果是不堪设想的，恢复的希望是极其渺茫的，由此其脆弱性可见一斑。

8.3.3 资源、环境承载力

8.3.3.1 资源承载力及分析

资源承载力是一个国家或地区资源的数量和质量对该空间内人口的基本生存和发展的

支撑能力。资源承载力是客观存在的，它可以因人类对环境的改造而变化，是资源系统的客观属性，因而是一个相对客观的量。但如果用不同的社会经济活动来衡量一个区域的资源承载力，会得出不同的结论。

资源概念的内涵和外延并非是一成不变的。从属性上看，资源可以分为自然资源和社会资源。随着科技进步和全球经济一体化的发展，一定区域内人们的生活和生产对区域内已有自然资源存量的依赖性将越来越低，而且在特定时段内，影响区域内人地相互作用过程的自然因子是有限的，因此应扩展资源承载力的范围。鉴于店口城镇化地区环境系统是自然—经济—社会复合环境体系，在此将自然资源和经济资源作为主要的承载资源。

根据店口镇的实际情况以及数据的易得性和横向、纵向易比性，在此选用耕地面积和GDP（分别代表自然资源和经济资源）作为主要分析对象。在分析方法上，与传统承载力研究中注重食物（或粮食）绝对量计算不同的是，相对资源承载力❶以比研究区更大的一个或数个参照区作为对比标准，根据参照区的人均资源拥有量或消费量、研究区的资源存量，计算出研究区域的各类相对资源承载力❷。1999～2002年全国人口、耕地、GDP数据资料见表8.3.3-1。1999～2002年店口镇相对资源承载力见表8.3.3-2。

1999～2002年全国人口、耕地、GDP数据资料 表 8.3.3-1

年份 ＼ 指标	人口数量（万人）	耕地面积（万公顷）	GDP（当年价）（亿元）	I_l（人/公顷）土地资源承载指数	I_e（人/万元）经济资源承载指数
1999 年	125786	10800	82067.5	11.65	1.53
2000 年	126743	13004	89442.2	9.75	1.42
2001 年	127627	13004	95933.3	9.81	1.33
2002 年	128453	12832.3	102398	10.01	1.25

1999～2002年店口镇相对资源承载力 表 8.3.3-2

（以全国为参照区）

年份 ＼ 指标	人口数量（人）	耕地面积（亩）	GDP（现价）（亿元）	C_{rl}（人）相对土地资源承载力	C_{re}（人）相对经济资源承载力	C_s（人）综合承载力	富余（人）
1999 年	60709	44461	169398	34531	259178	146854	86145
2000 年	60843	44021	183375	28613	260392	144502	100481
2001 年	60984	42544	206719	27823	274936	151379	90395
2002 年	60907	41567	240146	27739	300182	163960	122393

❶ 相对自然资源（土地资源）承载力

$C_{rl} = I_l \times Q_l$，　其中：$I_l = Q_{po}/Q_{lo}$，Q_{po}——参照区人口数量；Q_{lo}——参照区耕地面积；I_l——土地资源承载指数；Q_l——研究区耕地面积；C_{rl}——相对土地资源承载力。

❷ 相对经济资源承载力

$C_e = I_e \times Q_e$　其中：$I_e = Q_{po}/Q_{eo}$，Q_{po}——参照区人口数量；Q_{eo}——参照区GDP；I_e——经济资源承载指数；Q_e——研究区GDP；C_{re}——相对经济资源承载力。

由表 8.3.3-2 可知，以全国为参照，1999～2002 年店口镇的综合承载力❶均远远大于现状人口规模，资源呈现富余状态，人口规模对资源不构成压力。倘若按传统研究方法，即只考虑自然资源（如土地资源）的承载力，由表 8.3.3-2 知道店口镇的土地是超载的，但正如前所述，随着科技进步和全球经济一体化的发展，一定区域内人们的生活和生产对区域内已有自然资源存量的依赖性将越来越低，而对经济、社会资源的依赖性将日渐增大，经济资源对地区综合承载力的贡献率日益凸显，这可从表 8.3.3-2 得到有力的佐证，因而考虑了经济资源的综合承载力超出现状人口规模，使得店口镇的资源呈现富余状态。此种计算方法更符合店口镇的发展实际。所得结果也更能反映店口镇资源的真实承载容量。

2002 年各层次参照区人口、耕地、GDP 数据资料　　　　　　表 8.3.3-3

指标 地区	人口数量 （万人）	耕地面积 （万公顷）	GDP（当年价）（亿元）	I_l（人/公顷） 土地资源 承载指数	I_e（人/万元） 经济资源 承载指数
全国	128453	12832.3	102398	10.01	1.25
浙江	4647	204.6	7670	22.71	0.61
绍兴	433.59	16.773	928.15	25.85	0.47
诸暨	105.85	4.33	200.3	24.45	0.53

由表 8.3.3-4 同样也可以看出，不论是以全国为参照，还是以浙江省、绍兴地区、诸暨市为参照，店口镇的综合承载力均大大超过现状人口规模，资源呈现富余状态，也即现状人口不对资源构成压力，只是参照区不同，所得的承载力结果有所不同而已。

2002 年店口镇相对资源承载力　　　　　　表 8.3.3-4
（相对于各层次参照区）

指标 参照区	C_{rl}（人） 相对土地 资源承载力	C_{re}（人） 相对经济 资源承载力	C_s（人） 综合承载力	富余（人）
以全国为参照区	27739	300182	163960	122393
以浙江为参照区	62932	146489	104710	43803
以绍兴为参照区	71633	112868	92250	31343
以诸暨为参照区	67754	127277	97515	36608

8.3.3.2　环境承载力及分析

环境承载力是描述环境状态的重要参量之一，它反映了人类与环境相互作用的界面特征，是研究环境与经济是否协调发展的一个重要判据。如果说某一时刻环境系统实际承受的人类系统的作用量值称为环境承载量（EHQ），那么这一作用的极限值即为环境承载力（EHC）。

环境承载情况可以通过以下指标来衡量：

---

❶　综合承载力

$C_s = W_l C_{rl} + W_e C_{re}$　其中：W_l、W_e 分别为相对自然资源和相对经济资源承载力的权重，考虑到店口镇的具体情况，在此取 $W_l = W_e$，则 $C_s = (C_{rl} + C_{re})/2$

（1）环境承载率 EHR＝$\sum \lambda EHQ/EHC$，若 HER＞1，则表明环境承载量超出环境承载力阀值，即超载，将可能引发相应的环境问题。

（2）相对剩余环境容量

1）正向指标的相对剩余环境容量

正向指标是指数值越大、环境质量越好的指标，其相对剩余环境容量为：

$$E_i = C_i/C_{io} - 1$$

式中　C_{io}——环境标准值；

　　　C_i——实测值。

2）反向指标的相对剩余环境容量

反向指标是指数值越大、环境质量越差的指标，其相对剩余环境容量为：

$$E_i = 1 - C_i/C_{io}$$

式中　C_{io}——环境标准值；

　　　C_i——实测值。

当 $E_i \geq 0$ 时，表示没有超过环境承载力，当 $E_i < 0$ 时，表示已超过了环境承载力。

据此得到店口镇的生态环境承载情况（表 8.3.3-5）。

店口镇生态环境承载情况　　　　　　　　　表 8.3.3-5

		大气环境		水（浦阳江）环境					大气污染物		声环境
		SO_2	NO_2	COD_{Mn}	COD_{Cr}	挥发酚	Cr^{6-}	CN^-	SO_2	烟尘	L_{ep}
EHQ	湄池	0.033 mg/m³	0.032 mg/m³	3.9 mg/L	3712.1 t	0.003 mg/L	0.004 mg/L	0.004 mg/L	1992 t/年	2122 t/年	59dB
	店口	0.041 mg/m³	0.034 mg/m³								
标准值		0.1 mg/m³	0.15 mg/m³	6 mg/L		0.01 mg/L	0.005 mg/L	0.2 mg/L			
相对剩余环境容量		0.63	0.78	0.35		0.7	0.2	0.98			
EHC（控制值）					3712.1t				1922 t/年	2122 t/年	58dB
EHR（%）					100				100	100	102

注：选择的标准值大气环境采用国家三级标准，水环境采用国家四类标准。

由表 8.3.3-5 可知，相对剩余环境容量均大于 0，说明相应环境要素的承载量没有超过承载力阈值，呈现富余状态；水中 COD_{Cr}、大气中 SO_2 与烟尘污染物的 HER 均为 100％，承载量等于承载力阈值，也没有超载，只有声环境的 HER＞1，出现超载现象。由此可见，店口的生态环境总体上呈现富余状态，尚未被破坏，环境压力很小。

综上所述，店口的资源、环境均未超载，呈现富余状态，这为环境品质的提升与优化提供了不可多得的良好基质。然而换个角度思考，从资源的充分利用来说，店口镇目前资源的富余状态说明其资源，无论是现有的还是潜在的，均未充分发挥效能，尚有吸纳和消化人口的较大空间。因此，为了充分释放资源潜能，发挥环境优势，店口由镇转城以集聚接纳更多人口、发挥集聚效应和规模效应、实现新的发展跨越不仅必要，而且可行，可谓正当其时。为此，店口镇应该紧紧抓住此次契机，优化环境，打造品质，为实现可持续发展和提升核心竞争力增加重要筹码。

8.3.4　环境现状特征

8.3.4.1　水环境特征

目前各功能区的总体水质基本满足要求，但COD_{Cr}和氨氮存在超标现象。城镇污水处理系统不健全，大部分工业污水、生活污水未经处理就直接排入环境中，农业面源、城镇面源对水环境污染的贡献率不容忽视；电镀污水未集中处理。白塔湖作为店口镇重要的环境调节器，存在农业面源污染、工业污染、生活污染和水产养殖污染，部分水体水质已劣于国家《地面水环境质量标准》GB 3838—2002 V类标准，直接影响了人们的生活饮用和农业生产。废水的随意排放和废渣的无序堆放、填埋还造成地下水污染。

8.3.4.2　大气环境特征

目前，店口镇的空气质量良好，达到Ⅱ级标准，其空气污染物主要包括工业废气排放（燃料燃烧废气和生产工艺废气）、生活废气排放、农业废气排放和交通废气排放。为数众多的小铜炉是SO_2和烟尘、粉尘的主要污染源；同时大规模的开发建设导致破土工程项目多、采矿石量大、扬尘污染严重；汽车拥有量的快速增加，致使汽车尾气污染呈加重趋势。推行清洁生产的企业不多，有些企业还未能达到工业废气的完全达标排放，给大气带来大量的污染物。

8.3.4.3　固体废物污染特征

生活垃圾的产生量逐年增加，而垃圾的处理方式单一，清运率低。目前虽然建立了垃圾清运队伍，而且主要道路旁也放置了垃圾桶，建立了垃圾中转站等，但垃圾仍然随处可见，工业垃圾、生活垃圾、建筑垃圾类多量大。垃圾桶盖没有盖上，臭气熏天；河旁垃圾侵占河道，污染水体；垃圾收集后没有减量化、资源化、无害化处理就直接送往填埋场填埋，引起周围环境恶化。同时现有的两个填埋场的承载容量已接近极限，今后的城镇生活垃圾如何处理是亟待解决的问题。对电镀污泥等危险固体废弃物没有进行有效的处置，环境污染风险加大。

8.3.4.4　农业、农村生态环境特征

虽然卫生村、示范村、新农村的建设大大改善了农村的生态环境状况，但面临的压力仍然很大，环境污染仍较严重。农村中仍然沿袭旧时的用地格局与土地制度；依然沿袭传统的生产方式与生活方式，农产品附加值低，环境污染程度高，面源污染较为突出。生活污水经过粪池沉淀后直接排放，处理达标率低；房屋的建筑密度过高，没有达到规定的房屋间隔、日照距离等要求，且住宅绿化、街道绿化水平很低；家庭小作坊中机器、冲床的噪声扰民现象严重；小铜炉的废气、废水、废渣、噪声污染日趋加剧；农民的环境保护意识淡薄。

8.3.4.5　小冶炼污染特征

据不完全统计，店口现有家庭作坊式的小冶炼厂1500多家，平均每天消耗焦炭约200t，水资源消耗量大，冶炼废水未经处理直接外排，污染了周边的土壤、地表水和地下水；冶炼过程中无组织、间歇性排放的废气含有大量的重金属烟尘、粉尘、SO_2等，致使冶炼区为烟雾所笼罩，也严重影响了周围的居民。冶炼产生的炭渣无序随意倾倒、堆放、填埋，对土壤、水和大气产生严重的污染。而且由于冶炼设备简陋、工艺落后、方法原

始、布局分散，加之业主环境保护的意识淡薄，污染控制与治理的难度很大。

8.3.4.6 自然生态环境破坏特征

为了扩展发展空间，目前许多山体被开挖转为建设用地，致使植被大量破坏、锐减，给水土保持带来一定的挑战，虽然目前店口的水土流失并不是很严重，但随着开发建设对山体破坏的加剧，水土流失将可能成为新的生态隐患。

8.3.4.7 绿地系统特征

绿地系统建设作为改善环境的重要手段，对于店口具有特殊的必要性和紧迫性。但目前建成区内只有零星分布的小型绿化带，公园数量少，占地面积小，人均公园绿地率低，主要干道的绿化用地明显不足，总体上绿地率较低，人均公共绿地面积只有 $3.5m^2$，绿地主要分布在林荫道、单位附属地等地方，而居住区绿地、新建的公路边坡复绿等比较缺乏；工业园区内绿地偏少，厂房紧贴厂界，没有绿化预留地；农村的绿地建设有待提高。加之 6 个正在使用的石矿场破坏了绿地景观，致使绿地系统很不完善。

8.3.4.8 人文环境氛围特征

拼搏、进取、务实、创新等创业精神成就了店口今天令人惊羡的发展成绩，一代代创业人继承、发扬了这笔精神财富，但美中不足的是，此种人文精神仅仅体现在店口人个体层面上，作为整体，漫步其中还不能强烈感受到这种浓厚的人文氛围。缺少物质载体的演绎，缺乏对地域创业精神的雕琢与修葺，地方精神难以外显，氛围营造力不从心，未能让置身其中的人深受震撼。

8.3.5 环境定位

8.3.5.1 环境定位分析

随着生态化趋势和理念的日益彰显，生态型城镇成为可持续发展城镇的主要模式与范本，建设生态城镇是实现城镇可持续发展的主要方式与途径。走生态化发展道路是走出"城镇病"困境的必然选择，也是提高城镇人居环境质量，创造独特城镇形象，促进社会、经济与环境协调发展的迫切要求。

有鉴于此，建设生态型城镇无疑也是由镇转城的店口优化环境所应该建树的目标，而且分析环境现状，店口优越的环境基质也完全能促成这样的目标定位。为此，店口应该通过环境品质的提升，建成生态型花园式的现代化城镇，成为融汇山水灵韵的亲雅人居之地。

（1）丰富的水系资源

店口作为江南水乡，最突出、最鲜明的资源就是其丰富的水资源及由此衍生的生态环境资源。浦阳江、枫桥江纵贯南北，白塔湖散布其中，众多河流纵横交错，贯穿成网，水域面积达 36%。水，赋予了店口良好的生态环境基质，赋予了店口柔美的线条和温雅的界面，更赋予了店口特有的灵气和神韵；水，孕育了店口特有的水乡文化和水乡风情，塑造了店口独特的城镇品位和魅力。水是店口绵绵文化与悠悠柔情的灵魂所在，精华所在。

（2）绿色的灵动空间

如果说水赋予店口阴柔之美，那么密布的山体则赋予店口阳刚之美。西部和北部海拔 $250\sim500m$ 的山地丘陵连绵起伏，是店口不可多得的绿色生态屏障，为店口塑造了绝佳的绿色灵动空间。

（3）宜人的城镇尺度

中部和南部的河网平原、西部和北部的山地丘陵构成了店口较为丰富的地形地貌，赋予了店口宜人的空间尺度；低平的河网平原是开敞空间，避免了山地带来的压抑感；而高度适中的山地丘陵则增添空间的层次感和丰富感，避免了平原一马平川所带来的空旷与单调。可见依山傍水是店口不可多得的环境品质优势，也是店口打造环境品牌的重要砝码。

（4）鲜明的人文精神

艰辛的创业发展史赋予了店口别具一格的地方传统与精神。崇学重教的传统代代传承，拼搏进取、务实创新的人生观、价值观取向依然延续，勤于、善于、精于创业的店口人练就了海纳百川的广阔胸襟、兼收并蓄的包容气度、义利并举的大家风范、"敢为天下先"的气概豪情、强烈的危机意识和面对逆境坚忍不拔、百折不挠、同舟共济的精神。此种凝结于每个店口人身上的精神融汇、叠加便塑造了店口特有的地方精神，成为店口发展不竭的原动力。

由此可见，依山傍水的城镇格局、优美闲适的自然环境、宜人的城镇空间尺度、催人奋进的人文环境构成了生态店口、人居店口的重要基础，适于创业和生活的人居环境将是未来店口的魅力所在、品牌所在。因此，店口的环境特色可以定位为：生态型花园式的现代化城镇，融汇山水灵韵的亲雅人居之地。

8.3.5.2 生态城镇建设

为了实现店口生态城镇的环境建设目标，有必要构建符合店口实际的"生态城镇建设的量化指标体系及标准"。此目标体系旨在促进人口、资源、环境与经济的共同进步，在获得经济快速发展的同时实现生态环境的改善，资源的有效利用和人民物质文化生活的提高，生活环境、居住条件的改善。为此，我们根据国际上一些先进城镇（如澳大利亚的墨尔本、悉尼、堪培拉，加拿大的多伦多，瑞典的哥德堡，美国的旧金山等）的实际数据，以新加坡为"原型"，结合店口实际对指标和标准进行了适当的修正，初步建立了表8.3.5-1所示的指标体系。

生态城镇的指标体系构建——"压力—状态—响应"（PSR）指标体系

状态指标　描述城镇生态系统的物理或生态状态以及因此造成的社会经济发展状态，回答系统发生了什么样变化的问题。

状态指标是生态环境质量评价中最重要的指标，它不仅仅反映了生态系统内各种生物、非生物因素长期的作用的结果，也是生态系统特性和生态系统各种服务功能的最直接的体现。

压力指标　描述影响环境变化的人类活动对生态环境造成的压力，如人口密度过大、农药化肥施用过量等，回答为什么会发生如此变化的问题。

当外界施加的压力（干扰）超过了生态系统的自身调节能力或代偿功能时，会造成系统结构和功能的破坏，使其发生退化甚至严重恶化。由于生态系统的状态是对其过去所承受的各种干扰的反映，对现状压力的反映往往在时间上有一定的迟滞期，因此选择的压力指标可以对生态系统的状态起到一定的预警作用。

响应指标　描述社会（从农民到国家决策者的各个层次）对造成生态质量状态变化的压力的响应，回答做了什么以及应该做什么的问题。

（1）总体目标

在维持自然资源和环境承载能力的基础上，紧密结合生态浙江的建设，充分发挥店口的区域经济特色，以打造先进的制造业基地为总纲，推行清洁生产，以规模企业为龙头，优化结构，提高效益，构筑合理的生态安全格局，维持和恢复城镇生态过程及格局的连续性和完整性，建立城镇经济建设与生态环境保护的共生互利体系，完善环境建设的基础设施和政策体系，使店口赖以生存和发展的生态系统在将来不因经济发展、土地利用变更等因素而受到破坏，到 2020 年全面建成小康社会，可持续发展能力不断增强，生态环境优良，资源综合利用效率显著提高，建成布局合理、景观优雅、天人和谐的优美人居环境，推动整个社会走上生产发展、生活富裕、生态良好的文明发展之路，生态环境总体水平处于全国先进行列。

（2）近期目标

明确各类用地的性质和生态功能，形成城镇生态安全基本框架；环境污染基本上得到控制，环境质量改善；重要生态功能区的生态系统和生态功能得到保护和恢复，在切实抓好白塔湖、浦阳江及山林生态保护区建设和管理的同时，加强其他生态示范区和生态村建设，使城镇生态环境能基本适应社会经济发展要求。

相应指标达到表 8.3.5-1 所示标准和目标。

店口生态城镇建设指标体系及标准　　　　　　　　　　　表 8.3.5-1

		序号	指　标	单　位	现状（2002）	近期		中远期（2020）
						(2007)	(2010)	
压力		1	镇区人口密度	人/km²	9750	6250	7895	9165
		2	人口自然增长率	‰	−1	1.2	1.2	1
		3	单位 GDP 能耗（煤）	t/万元	0.3	≤0.25	≤0.22	≤0.2
		4	单位 GDP 用水量	m³/万元	30	≤25	≤22	≤20
		5	工业产值能耗（煤）	t/万元	0.055	≤0.05	≤0.048	≤0.045
		6	农用化肥施用强度	公斤/ha	207	≤205	≤200	≤200
		7	废水排放量	万吨/年	707	1547	2047	8218
		8	废气排放量	t/年	4654	7276	9171	16781
		9	SO₂ 日平均浓度	mg/L		≤0.15	≤0.15	≤0.15
		10	固体废弃物排放量	万吨/年	22.16	83.68	129.70	789.58
		11	区域环境噪声平均值	分贝	56	≤55	≤55	≤55
		12	交通干线噪声平均值	分贝	59	≤58	≤58	≤58
状态	社会	13	人均居住面积	m²	—		32.5	26.3
		14	人均生活用水量	L/日		250	300	350
		15	失业率	%		≤4	≤2.5	≤1
		16	万人刑事案件立案数	起	45	≤35	≤25	≤20
		17	恩格尔系数	%		≤30	≤20	≤15
		18	科技投入/GDP	%		1.5	2	2.5
		19	万人医生数	人	40.2	≥45	≥50	≥55
		20	人均道路面积	m²	—		16.3	11.1
		21	话机普及率	%		≥80	≥85	100
		22	有线电视入户率	%	70	85	90	100

续表

		序号	指　　标	单　位	现状 (2002)	近期		中远期 (2020)
						(2007)	(2010)	
状态	经济	23	人均GDP	元	39428	≥6000 美元	≥8000 美元	≥20000 美元
		24	农民人均纯收入	元	11672	21500	28600	46600
		25	第三产业增加值/GDP	%	4.1	≥8	≥10	≥15
	环境	26	森林覆盖率	%	62.2	64	64	65
		27	人均公共绿地面积	m	3.5	6	8	11 (10.9)
		28	建成区绿化率	%		≥30	≥35	≥40
		29	汽车尾气达标率	%		≥90	≥92	≥95
		30	耕地率	%	26.23	26	26	26
		31	土地储备率	%	10.5	10	10	10
		32	农田林网化率	%	85	86	86	88
		33	农村生活饮用水卫生合格率	%	95	≥96	≥98	≥99
响应		34	"三同时"合格执行率	%		100	100	100
		35	重点工业污染源达标排放率	%	82	≥95	100	100
		36	生活污水集中处理率	%		≥75	≥80	≥85
		37	城镇工业废水处理率	%		≥95	≥98	100
		38	畜禽养殖场污水排放达标率	%	77	≥82	≥85	≥90
		39	固体废弃物处理率	%		≥90	≥95	100
		40	生活垃圾无害化处理率	%	86	≥90	≥95	100
		41	垃圾清运率	%		100	100	100
		42	畜禽养殖场粪便资源化率	%	94	≥96	≥97	≥98
		43	农作物秸秆综合利用率	%	80	≥95	≥95	≥95
		44	农膜回收率	%	30	≥75	≥85	≥95
		45	主要道路绿化普及率	%	90	≥97	100	100
		46	矿山生态恢复率	%		≥85	≥90	≥95
		47	供气普及率	%		≥90	≥92	≥95
		48	集中供热率	%		≥75	≥80	≥90
		49	水土流失治理率	%	60	≥75	≥80	≥85
		50	主要农产品农药残留合格率	%	90	≥92	≥95	≥98
		51	清洁能源普及率	%	72	≥75	≥80	≥85
		52	环保投资/GDP	%		≥1.5	≥2	≥2.5
		53	公众对城镇环境的满意度	%		100	100	100

（3）远期目标

城镇生态安全体系得到改善，各类用地能有效运作其生态功能，环境污染得到全面控制，镇区生态环境良好，社会经济与生态环境协调发展，自然和经济再生产过程形成良性循环。

相应指标达到表8.3.5-1所示标准和目标。

8.3.6　生态功能区划及其管治

一个生态型城镇首先要处在一个生态环境良好的区域内，而生态功能区划是营造良好区域生态环境的最基本工作。生态功能分区立足于大区域环境,在分析自然本底和土地利用现状的基础上,按照土地的生态敏感程度和生态适宜性,确定生态功能分区方案。其基本原则是:优先保护生态脆弱度高和生态效益高的用地,城镇建设用地要尽可能放置在生态脆弱度和生态敏感度较低的地区。主要目标则是明确区域生态系统结构,分析各类地块的生态适宜性,明确各类用地的生态服务功能和利用、管治对策。

本规划将店口的生态系统划分为生态保护区、生态控制区、生态缓冲区和生态协调区四个部分。

8.3.6.1 生态保护区

生态保护区是为了保护对区域总体生态环境起关键性作用的生态系统或对区域生态有重要意义的用地而划定的需严格保护的地域,其保护、生长、发育的状况决定了店口生态环境的整体质量,一旦被破坏就很难有效恢复,如自然保护区、水源地、自然河流、风景区等。对于店口,其生态保护区主要包括:西、北部连片的山林,散嵌于建成区内的山林,浦阳江流域境内段,白塔湖流域,石烂头水库以及基本农田、林区等,具有明显生态价值的成片果树林也纳入生态保护范畴。对此类保护区,应禁止建设用地对该类土地的侵占,并按照国家有关法规和技术规范,对其内的相关行为活动采取一定的控制措施。对于已经占用或破坏的该类用地,应立即恢复应有的生态地位与价值,并辅以相应的法规保障。

(1)山林生态保护区

保护西、北部连片的山林和散嵌于建成区内的山林,根据《店口镇土地利用总体规划(修编)2002~2010》,规划至2010年林地调整为59698.60亩,占土地总面积的37.6%。根据《森林法》、《土地管理法》等对林地进行利用、管理和保护。依据功能与用途,将林地划分为两类:

1)生态公益林用地

主要指西、北部连片的山林,起防护、水土保持、水源涵养等作用。对此类林地要严格管理与保护,不得随意占用,原则上不准采石、取土和开矿;林木更新应经批准,按计划采伐,并及时更新,保持其森林覆盖率90%以上。

2)风景林用地

主要指散嵌于建成区内的山林,起美化景观、净化环境、水土保持等作用。此类林地作为建成区的"绿肺",应严格予以保护,并加强景观功能塑造,与周边及整体景观有效协调。

(2)浦阳江生态保护区

浦阳江是店口重要的饮用、灌溉水源,沿岸的生态保护至关重要。为此,规划沿江开辟滨江林荫道,以景观休闲功能为主,与河岸保持100~200m距离,并保留漫滩与滨水湿地生态系统。

(3)白塔湖生态保护区

白塔湖是店口不可多得的环境"调节器",也是店口"江南水乡"的重要标志。保护其水质是核心,为此,应加强水环境污染综合治理,严禁废水、废渣的排入,并对珍珠养殖进行适当的控制与管理,以使水质达到Ⅱ类标准,成为生态环境良好的城镇湿地。

(4)农业生态保护区

主要指基本农田和经济林区,以保持农业生态环境为主要目标的广大乡村区域。在发展传统农业的基础上，大力推进农业产业化，发展生态农业、观光农业，提高投入产出效益。

8.3.6.2　生态控制区

生态控制区是为了维护区域生态系统的整体性和延续性而对某些具有一定生态价值和生态系统比较脆弱的地域进行严格的开发强度控制。店口的生态控制区范围主要包括高程大于50m、坡度小于20%的山坡地及主要水系流域。

此类地区原则上以保护为主，但因用地需要也可作发展用地，故需对其使用进行合理引导，严格控制开发建设强度，严禁污染性产业发展；当经济社会发展与生态保护产生矛盾冲突时，生态保护应予以优先考虑；坚持维护山系的自然过程，加大保护力度，改善森林结构，提高生态林比例。空气环境质量实行Ⅰ类标准，水环境质量实行Ⅱ类标准。

8.3.6.3　生态缓冲区

生态缓冲区是介于不同生态区块之间的、在形态上和功能上具有过渡性质的用地和水域。建设生态缓冲区是为了保障区域生态系统的良性结构。店口的生态缓冲区主要包括城镇建设用地周边的农用地及水域。

此类地区应加强乡土型生态景观建设，原则上应保留自然现状、农村村落水利农田生态网等；扩大绿化概念，引导农田防护林网、林地、园地、水系与城镇绿化网络形成一体，增强城镇生态防护效益；同时注意营造生态控制区和生态保护区之间的生态连续性。经济发展上应引导和调整生态缓冲区内产业结构，严格控制污染型企业入驻，以都市型生态农业为主导，积极发展绿色产业。空气环境质量实行Ⅰ类标准，水环境质量近期实行Ⅲ类标准，远期实行Ⅱ类标准。

8.3.6.4　生态协调区

生态协调区是城镇发展的主要可选用地。在生态协调区内城镇建设应重视和强调生态环境建设，"统一规划、合理分布、分片开发、分步实施"，保持城镇发展和自然环境的有机协调。

（1）调整用地结构，集约发展。采取集约开发方式，大力调整土地利用布局，优化土地利用结构，强化土地资源综合利用与控制，在结构上保证城镇建设和农业保护的协调发展。（2）完善生态安全体系。积极构建绿化带、生态走廊等，增强自然抗灾屏障或通道，加强生态系统的消纳和循环功能，以保证该区的生态安全。（3）城乡融合。引导城镇生长与自然和农业生态系统的融合；乡镇之间、城镇组团之间，通过绿化带和生态农业带建设，构筑生态隔离走廊，以控制城镇无序蔓延。（4）生态补偿。强调土地开发利用过程中的生态补偿，与总体生态环境改善过程相辅相成，同步进行绿化、净化，切忌出现透支环境容量的过度开发行为。（5）污染控制。提高物质流通率和资源再利用率，降低废热、废气、废水、废物排放。空气环境质量实行Ⅰ-Ⅱ类标准，水环境质量近期实行Ⅳ类标准，远期实行Ⅱ标准。

8.3.7　生态网架构筑

山环水绕赋予了店口良好的生态基质，塑造了其以"山"为魂、以"水"为韵的生态格局。基于此天然的生态环境自然本底及其承载能力，拟建立"山、湖、城、河、田"的城镇生态基础格局，构筑富有山区、水乡特色风貌的"四心"、"一轴"、"一横"、"一纵"、

"一环"的生态网架，形成多层次、多功能、立体化、复合型、网络状的生态结构体系。

8.3.7.1 "四心"：四大生态板块

即白塔湖生态湿地、城镇中枢服务带两侧的两大城镇"绿肺"以及镇政府后面的城镇公园四大生态板块，是店口生态网架的核心与精华。

8.3.7.2 "一轴"：城镇生态中轴

依托中枢服务带的中轴一路、三路绿化带以及其中的水系，构建城镇亲山亲水生态中轴线，此生态轴一方面可作为生态廊道，有机串联贯通四大核心生态板块，使板块相互呼应，浑然一体，另一方面也可作为中枢服务带、店口片区、湄池片区、七里山片区四大功能片区间的生态隔离带。

8.3.7.3 "一横"：水系生态廊道

依托与中央大道并行的水渠及其绿化带，构建横贯北部片区的水系生态廊道，营造开敞人性空间，同时辅以别出心裁的绿化、美化和亮化，形成精致优雅的滨水景观。

8.3.7.4 "一纵"：滨江防护绿带

沿浦阳江、枫桥江两岸建设防护绿带，未来三江口三角洲片区的工业备用地投入开发建设后，此绿带还可作为三江口片区与其东面各片区的生态隔离带，绿带由草地、灌木、乔木等组成群落复层结构，避免树种单一，实现生态保护效应；同时配以具有景观功能的花木，形成情趣盎然的滨江休闲景观带。

8.3.7.5 "一环"：绿色生态环廊

沿主干道公路环构建绿色生态内环廊，使生态网络构架更为丰富和完善，同时也与东、北、西面环抱店口的山体天然屏障——绿色生态外环廊遥相呼应。

8.3.8 生态环境修葺

前已述及，店口的环境系统是自然—经济—社会复合的复杂生态系统，环境与人口、经济、资源相辅相成，密不可分，因而生态环境修葺不可能简单的就环境论环境，而应在环境、人口、经济、资源构成的系统框架下考虑生态环境修葺的对策措施。

8.3.8.1 加强污染防治和生态环境建设

（1）水环境保护

店口地表水环境功能区划及其保护目标 表 8.3.8-1

河流湖泊	范围	功能	目标	
			水质标准	排污标准
浦阳江	浦阳江店口段全部水面（包括东西江）	Ⅲ类水质多功能区	Ⅲ	执行Ⅰ类排污控制区标准
白塔湖	白塔湖全部水面	Ⅱ类水质多功能区	Ⅱ	禁止排放污水
店口渠道上游	店口渠道上游全部水面	Ⅲ类水质多功能区	Ⅲ	执行Ⅰ类排污控制区标准
店口渠道中、下游	店口渠道中、下游全部水面	Ⅲ类水质多功能区	Ⅲ	执行Ⅱ类排污控制区标准
上下金湖渠道	上下金湖渠道全部水面	Ⅲ类水质多功能区	Ⅲ	执行Ⅱ类排污控制区标准
中央大道渠道	中央大道渠道全面水面	Ⅲ类水质多功能区	Ⅲ	执行Ⅰ类排污控制区标准

保护措施：

1）尽快建设污水处理厂并及早投入运营，对镇区全部生活污水和工业废水进行处理，达到国家《污水综合排放标准》一级排放标准。

2）改造镇区的排水系统，实行雨、污分流，将污水送往污水处理厂进行达标处理后准予排放。

3）加强对污染源的治理工作，对污染严重的企业限期治理。工业废水必须在厂内处理达到排放标准后才能排入污水管网，严禁稀释排放。防止工业废水对地面水和地下水的污染。

4）引进和审批项目时，应坚持先评价后建设的原则，实行"三同时"制度，积极引导清洁生产，推广无废、少废、低耗的生产工艺。

5）加强白塔湖保护区和生活饮用水源保护区水质的保护力度，逐步迁出其中的污染企业，禁止新污染源进入保护区。

（2）大气污染综合整治

店口大气环境功能区划及其整治目标　　　　　　　　　　　　　　　　表 8.3.8-2

大气环境功能区	适应区域范围	质量标准
一类区	山体、浦阳江绿化控制区、白塔湖、高档居住区	国家大气质量一级标准
二类区	居住区、商贸区、公共活动中心、一般工业区	国家大气质量二级标准
三类区	工业区、产业园区	国家大气质量三级标准

整治措施：

1）贯彻城镇总体规划，理顺工业布局，把对大气有污染的工业安排在城镇的下风向，减少工业污染对居民造成的危害。

2）对有排放二氧化硫、氮氧化物气体的工业企业，必须加装尾气吸收装置如吸收塔，回收二氧化硫和氮氧化物。

3）对目前大量使用的小锅炉进行技术改造，增加除尘装置；凡新安装的锅炉都必须有消烟除尘和余热回收装置。

4）加强对车辆的管理，要求汽车尾气都必须达到排放标准。

5）改变能源结构，推广使用清洁能源，近期采用液化石油气，远期采用天然气，减少煤和焦炭的使用量。

6）保持街道清洁，减少交通扬尘。

7）加强绿化，主要干道两侧以及工业区设置防护绿化带，利用植物吸收空气中的有害气体和飘尘。

（3）声环境整治

店口声环境功能区划及其整治目标　　　　　　　　　　　　　　　　表 8.3.8-3

声环境功能区	适应区域范围	环境噪声标准值（昼夜间：dB）
0类区	高档住宅区、以休闲疗养为主的区域	≤45/35
一类区	居住、文教、机关、医院所在地	≤50/40
二类区	居住、商业、工业混合区、公建区	≤55/45
三类区	工业区、产业园区、仓储区	≤60/50
四类区	主要交通干线两侧	≤65/50

202

整治措施：

1）划分噪声功能区和噪声达标区，在此基础上尽快颁布城镇区域环境噪声管理和达标区建设的有关规定，以便对重点固定噪声源进行治理和监督控制。

2）根据功能制定噪声控制小区建设计划，逐步扩大噪声控制小区覆盖率，对人口密度高、以居住为主的区域，应优先考虑建设噪声控制小区。

3）合理调整城镇布局以解决噪声问题，对噪声大、离居民区近、又无法治理的噪声源，应搬迁或转产，以减少对居民的干扰；工厂与居民区之间保留一定间隔，用间隔的绿化带来防噪。

4）加强交通管理，车辆分流，减少交通噪声来源。制订法规控制机动车辆进入镇区的流量，禁止拖拉机等高噪声车辆进入镇区，加强机动车辆噪声和喇叭声的监测管理，运用法律手段控制交通噪声污染。

5）在确保道路畅通的同时，加强路面的维修与保养，尽量采用沥青路面，降低噪声的强度；铁路，高速公路、城镇主干道等两侧加强绿化，设立噪声隔离带。

6）分类制定工厂和建筑工地与其他区域的边界噪声值，超标的要限期治理；对工业噪声源进行控制，采用低噪声生产工艺与设备和隔声、消声等噪声控制措施。

7）环保部门根据国家有关噪声管理法规，对工业、施工、商业噪声强化管理，征收噪声超标排污费，以便用经济手段促进噪声源的治理。对镇区扰民企业实行治理，治理无效的要进行搬迁。

（4）固体废弃物整治

为了避免固体废弃物所造成的危害，应加大对工业废渣的综合利用。工业"废渣"是一种自然资源，要想方设法利用，以开辟新的原料来源，减少对环境污染。凡已有综合利用经验的"废渣"必须纳入工艺设计、基本建设与产品生产计划，实行"一业为主，多种经营"，不得任意丢弃。环保部门要逐步完成对工业废渣的全过程管理，实现"减量化、资源化、无害化"。

不能利用的工业废渣，应及时进行无害化处理或选择适合的专门的堆放场所。堆放场最好选在偏僻的地方，要有防止扬散、流失等措施，以防止对大气、水源和土壤的污染。

生活垃圾必须全部送往生活垃圾处理厂处理，进行资源回收、无害化处理后用作农肥或填埋。

（5）生态环境建设

把生态建设纳入可持续发展轨道，实行生态环境与经济发展的综合决策，建立经济增长的资源环境成本评估与核算机制，确实考虑经济发展的环境代价；保护城镇水体，提高植被覆盖率，特别是森林覆盖率，采取有效措施，大力发展林业，营造防护林、水源涵养林、水土保持林，加强管理，严禁乱砍滥伐和毁林开荒，以保持生态平衡；大力推行清洁生产，减少生产过程中污染物的排放量。

重视生态敏感区和农田开敞区的保护，特别是要与山下湖、阮市进行有效的协调、协作。共同加强对白塔湖生态湿地的保护力度，整治污染，将周边存在污染的企业外迁，控制开发建设强度，提升其环境质量（大气环境质量达一级标准，水环境质量达Ⅱ类标准），保护其生物多样性，维持其良性的生态平衡。

8.3.8.2　建立可持续发展的经济体系

虽然目前店口的环境和资源呈现富余状态，但其资源的供应能力和环境的承载能力总是有限的，因而有必要建立可持续发展的经济体系，在有限的资源和环境容量条件下获取不断的发展，并使资源得到有效的持续利用，生态环境得到良好的维护。

（1）建立以可持续发展为指导思想的产业结构。改造传统产业的生产方式，减少资源消耗和污染，大力发展低消耗、低能耗、低污染、高效益的企业和产业，淘汰严重污染、浪费资源的企业。加快发展高新技术产业，并用高新技术、先进适用技术改造提升现有传统产业；大力发展商贸、房地产、物流等现代服务业。通过产业结构调整建立有利于可持续发展的产业结构，改变资源消耗方式，减少环境污染。

（2）建立以循环经济为核心的可持续发展生产体系。工业方面要推行清洁生产，建设生态工业园区，实现产业生态化，开展无污染规划和设计；实行严格的生产规章制度和操作规程，用无污染或低污染原料替代有毒有害原材料，采用高效、无污染的生产工艺，实现废弃物资源化利用，为社会提供清洁产品；农业方面要发展生态农业、精细农业、观光农业，推广节水灌溉技术，提倡使用有机化肥、农药，大力开发、应用易降解农用地膜，加强农业废弃物资源化利用，使农业增长方式向低耗、少污、高效转变。

（3）建立以节能、降耗、高效为核心的可持续发展的流通体系。做好道路交通规划，高效合理的布局交通网络，尽量缩短流通运输距离，减小逆向物流，减少流通环节，选择以新型清洁能源为动力的交通工具，淘汰高耗能、高污染的运输方式，推行绿色包装，减少流通中的资源浪费和环境污染。

（4）建立以适度合理消费为核心的可持续发展的消费体系。转变传统的消费观念，提倡和鼓励合理消费；鼓励精神文化消费，大力发展教育产业；减少贫富悬殊程度，使广大民众获得同等消费机会；鼓励文明消费，优先消费可再生能源和可再生资源；主动进行垃圾分类放置和有用物质回收利用。

（5）建立以 ISO14000 为核心的可持续发展的管理体系。实施产品生命周期管理，进行产品生命周期评价，详细分析产品生命周期内的能源需求、原材料利用和企业生产产生的污染物排放，识别减少能源、原材料消耗和污染物的排放途径，提高废弃物的循环利用率，节约自然资源。

8.3.8.3　解决人口的可持续发展

（1）大力提高人口素质，保障人口基本的生存能力和平等的发展机会，提升社会文明程度。（2）妥善解决老龄化带来的社会问题。推进养老社会保障工作，建立完善的养老保险和医疗保险体系，探索多种养老途径，注重解决农村、企业和街区老年人的养老问题；发展老年福利事业，加强老年服务设施建设；保护老年人的合法权益，在全社会形成尊老、敬老、养老的社会伦理道德风尚；积极开展老有所为工作，建立开发利用老年人才的服务组织；组织开展老年人文化体育活动，鼓励健康老龄化。（3）改善居民收入状况，优化居民收入结构。大力调整农村产业结构，促进农业产业化经营，鼓励农村富余劳动力转移；进一步优化个体经济和民营经济的发展环境。（4）增强城镇吸纳农村剩余劳动力的能力。大力发展经济以增加就业岗位，保证进城农民就业生存的机会；大力开展针对低层次人群的文化技术教育，通过教育培训增强进城农民获取就业机会的能力。（5）完善社会保障制度。建立健全城乡养老保障体系、职工失业保障体系、伤残人口保障体系、妇女儿童保障体系、防火救灾社会体系，建立多渠道的社会保障资金筹措机制，使弱势群体、易受害群体能充分享受公平的社会待遇和应有的保护。（6）增强人口的环保意识，调整生产方式和生活方式，提高人口保护环境的自觉性、主动性和积极性。

生态工业是按生态经济原理和知识经济规律组织起来的基于生态系统承载能力、具有高效的经济过程及和谐的生态功能的网络型进化型工业，它通过两个或两个以上的生产体系或环节之间的系统耦合使物质和能量多级利用、高效产出或持续利用。生态工业的组合、孵化及设计原则主要有横向耦合、纵向闭合、区域整合、柔性结构、功能导向、软硬结合、自我调节、增加就业、人类生态和信息网络。

生态工业园是实现生态工业和工业生态学的重要途径，它通过工业园区内物流和能源的正确设计模拟自然生态系统、形成企业间共生网络，一个企业的废物成为另一个企业的原材料，企业间能量及水等资源梯级利用。

8.3.8.4 保护和合理利用自然资源

（1）转变资源利用观念，开发与保护并举，利用与节约并重。（2）调整资源利用方式，提高资源利用效率与效益，实现资源利用粗放型向集约型的转变。（3）保护资源，防治资源污染，维持资源可持续利用能力。（4）提高资源回收率和再生资源率，并积极开发可替代资源和可再生能源。（5）加强资源的统一规划与管理，做到合理开发、有序利用。

8.3.9 经济、社会环境修葺

高品位的人居环境不仅要有优美宜人的自然生态环境为外表、为硬件，更需要有独特的人文环境、浓郁的生活气息为内核、为软件，自然环境与人文环境的叠加交融正是人居环境命题的应有之义。因此，除了倾力美化、净化、亮化外在的自然生态环境之外，更需要精心营造浓厚的人文环境，雕琢和修葺内在的生活品质。

8.3.9.1 以创业文化、企业文化为主导的地域文化塑造

店口人在艰辛的创业过程中塑造了拼搏进取、务实创新、吃苦耐劳、自力更生的创业精神，以这种精神为内核的创业文化、企业文化是店口地域文化的主要内容和核心载体，这是店口文化的特色所在。在强调创业的时代背景下，在企业这个市场经济的微观主体越来越备受关注的崭新环境中，店口应该打好这张"文化牌"，使之成为宣传店口的一个重要窗口。同时通过博物馆、展览馆这样的设施载体展示地域特色文化，强化地域人文精神，营造浓厚的创业文化气息、企业文化氛围。

8.3.9.2 以体制、政策环境为依托的投资环境营造

店口的辉煌在很大程度上还得益于体制与政策创新所催化和释放的经济发展潜能，因而不言而喻要一如既往地进行体制、制度、政策方面的创新。然而，随着经济全球化趋势的日益强化，积极引进外资、提高经济外向度成为一种发展的捷径，这对依靠内资发展的浙江无疑是一次发展模式与理念的冲击，当然店口也不例外，由此便产生了投资环境的优化问题，而体制、政策是投资环境的重要影响因子。因此，从这个层面来说，店口的体制、政策创新还需要更为大胆的尝试，以优化和提升投资环境，增加对资金、技术等生产要素的吸引力，从而为经济发展提供更为充裕的资金、技术等要素支持。

8.3.9.3 以公共服务设施为载体的人居环境营造

高标准、高品位的人居生活环境需要配套优质高档的公共服务设施，只有提供高水准的公共服务设施，才有可能激发人们高层次的消费欲望，也才能使人们的高消费需求得以满足和实现。而这正是目前店口所欠缺的，是店口提升城镇品位亟待改进的方面。匮乏的服务设施、低下的服务水平使得店口的人居环境难尽人意。因此，店口要塑造环境品质，提升城镇品位，急需建设一批高档的公共服务设施，如休闲广场、市民公园、体育中心、文化中心、购物商场、图书馆、影剧院等，借助高档次服务设施来提升消费档次，生活档次，在物质生活水平提高的基础之上，提高精神生活水平，从而真正提升生活品质，打造高品质的亲雅人居环境。

8.4 小城镇生态环境规划标准、导则实例应用分析
——以店口镇生态建设与环境保护规划为例

本例以案例 7.4 为应用基础，侧重于小城镇生态环境规划标准、导则在生态建设与环境保护规划的实例示范应用。

8.4.1 生态规划标准、导则应用分析

生态的城镇观源于可持续发展思想，其理论最初来源于 20 世纪 60～70 年代罗马俱乐部的思想观点，他们所提出的"地球极限论"观点，以悲观的预言在全世界引起极大反响。他们对全球问题的提出和对传统发展观的否定性批判，是人类社会可持续发展的生态理论形成的重要基础。"生态城镇"则是在联合国教科文组织发起的"人与生物圈"计划研究过程中提出的一个概念。多数研究者都把"生态城镇"的内容定为：经济、社会、自然三者的和谐统一。根据我国著名生态学家王如松的定义：生态城镇是指在生态系统承载能力范围内运用生态经济学原理和系统工程方法去改变生产和消费方式、决策和管理方法，挖掘区域内外一切可以利用的资源潜力，建设一类经济发达、生态高效的产业，体制合理、社会和谐的文化以及生态健康、景观适宜的环境，实现社会主义市场经济条件下的经济腾飞与环境保护、物质文明与精神文明、自然生态与人类生态的高度统一和可持续发展。

8.4.1.1 规划内容分析

小城镇生态环境规划导则（建议稿，下同）提出：

"小城镇生态规划应包括小城镇生态资源分析、生态质量评价与远期生态质量预测、生态功能区划分、生态安全格局界定以及生态保护及生态建设对策。"

"小城镇生态规划中的生态功能区划分、生态安全格局与生态保护及生态建设宜落实到绿色空间（绿化）规划、蓝色空间规划、环境污染防治规划及循环经济、生态化交通等规划。"

店口生态规划包括生态资源分析、生态功能区划、生态规划构架体系，结合现状和近期中远期生态评价提出生态建设目标、生态保护及建设对策。店口生态规划内容基本上符合上述标准条款要求，但尚应结合店口镇总体规划补充生态安全格局有关内容，确保店口镇社会经济可持续发展。

8.4.1.2 资源承载力分析

小城镇自然资源承载能力的总量是有极限的。经济发展对自然资源的开采利用有一个限量，对排放到自然环境的废弃物也有一个限量，而不是无限的。这些废弃物，包括废气、废水、固体废物等，进入自然环境，进行降解、吸收和转化，都在一定的极限之内。自然环境对废物的吸纳降解容量不可能无限扩大，所以有必要进行资源承载力分析。小城镇生态规划中，资源承载力分析是相当重要的一个环节，这一工作可为小城镇规划用地性质、人口和用地规模、用地布局提供规划和计算依据。资源承载力是指资源能够承载经济发展规模和速度的能力。资源承载力是客观存在的，它可以因人类对环境的改造而变化，是资源系统的客观属性，因而是一个相对客观的量。但如果用不同的社会经济活动来衡量一个区域的资源承载力，会得出不同的结论。所以说，承载力是一个变量，它应与一个地区的经济发展和科学技术水平相协调。从属性上看，资源可以分为自然资源和社会资源。随着科技进步和全球经济一体化的发展，一定区域内人们的生活和生产对区域内已有自然资源存量的依赖性将越来越低。对小城镇进行资源承载力分析时，不但要考虑传统的自然资源（如土地），也要考虑其社会资源（如经济发展状况）。通过这种方法对店口镇进行分析，参照国家各项标准进行比较，可以得到分析结果：店口镇资源承载力未达到极限，还有可观的发展空间。

8.4.1.3 生态功能区划及分析

生态功能区是指具有特定生态环境并能发挥一定生态功能的地理区域。划分生态功能区的目的是有针对性地对其进行保护和开发、建设，充分发挥其生态功能，做到保护与开发协调，防止生态破坏，阻止生态退化和功能丧失，维护生态平衡，最终达到经济效益、生态效益和社会效益的统一。

生态功能区划是生态建设规划的重要基础。店口镇总体规划中生态功能区划，将店口的生态系统划分为生态保护区、生态控制区、生态缓冲区和生态协调区四个部分。

（1）生态保护区

店口镇的生态保护区主要包括西、北部连片的山林，散嵌于建成区内的山林，浦阳江流域境内段，白塔湖流域，石烂头水库以及基本农田、林区等，具有明显生态成片果树林也纳入生态保护范畴。对此类保护区，应禁止建设用地对该类土地的侵占，并按照国家有关法规和技术规范，对其内的相关行为活动采取一定的控制措施。对于已经占用或破坏的该类用地，应立即恢复应用的生态地位与价值，并辅以相应的法规保障。

1）山林生态保护区

保护西、北部连片的山林和散嵌于建成区内的山林，根据《店口镇土地利用总体规划（修编 2002—2010）》，规划至 2010 年林地调整为 59698.60 亩，占土地总面积的 37.6%。根据《森林法》、《土地管理法》等对林地进行利用、管理和保护。依据功能与用途，将林地划分为两类：

① 生态公益林用地

主要指西、北部连片的山林，起防护、水土保护、水源涵养等作用。对此类林地要严格管理与保护，不得随意占用，原则上不准采石、取土和开矿；林木更新应经批准，按计划采伐，并及时更新，保持其森林覆盖率 90% 以上。

② 风景林用地

主要指散嵌于建成区内的山林，起美化景观、净化环境、水土保持等作用。此类林地作为建成区的"绿肺"，应严格予以保护，并加强景观功能塑造，与周边及整体景观有效协调。

2）浦阳江生态保护区

规划沿浦江开辟滨江林荫道，以景观休闲功能为主，与河岸保持 100～200m 距离，并保护漫滩与滨水湿地生态系统。

3）白塔湖生态保护区

加强白塔湖水环境污染综合治理，严禁废水、废渣的排入，并对珍珠养殖进行适当的控制与管理，以使水质达到Ⅱ类标准，成为生态环境良好的城镇湿地。

4）农业生态保护区

主要指基本农田和经济林区，以保持农业生态环境为主要目标的广大乡村区域。在发展传统农业的基础上，大力推进农业产业化，发展生态农业、观光农业，提高投入产出效益。

（2）生态控制区

店口的生态控制区范围主要包括高程大于50m、坡度小于20％的山坡地及主要水系流域。对此类控制区，原则上以保护为主，但因用地需要也可作发展用地，故需对其使用进行合理引导，严格控制开发建设强度，严禁污染性产业发展；当经济社会发展与生态保护产生矛盾冲突时，生态保护应予以优先考虑；坚持维护山系的自然过程，加大保护力度，改善森林结构，提高生态林比例。空气环境质量实行Ⅰ类标准，水环境质量实行Ⅱ类标准。

（3）生态缓冲区

店口的生态缓冲区主要包括城镇建设用地周边的农用地及水域。对此类缓冲区，应加强乡土型生态景观建设，原则上应保留自然现状、农村村落和农田生态网等；扩大绿化概念，引导农田防护林网、林地、园地、水系与城镇绿化网络形成一体，增强城镇生态防护效益；同时注意营造生态控制区和生态保护区之间的生态连续性。经济发展上应引导和调整生态缓冲区内产业结构，严格控制污染型企业入驻，以都市型生态农业为主导，积极发展绿色产业。空气环境质量实行Ⅰ类标准，水环境质量近期实行Ⅲ类标准，远期实行Ⅱ类标准。

（4）生态协调区

生态协调区是城镇发展的主要可选用地。在生态协调区内城镇建设应重视和强调生态环境建设，"统一规划、合理分布、分片开发、分布实施"，保持城镇发展和自然环境的有机协调。

1）调整用地结构，集约发展。采取集约开发方式，大力调整土地利用布局，优化土地利用结构，强化土地资源综合利用与控制，在结构上保证城镇建设和农业保护的协调发展。

2）完善生态安全体系。积极构建绿带、生态走廊等，增强自然抗灾屏障或通道，加强生态系统的消纳和循环功能，以保证该区的生态安全。

3）城乡融合。引导城镇生长与自然和农业生态系统的融合；城乡之间、城镇组团之间，通过绿化带和生态农业带建设，构筑生态隔离走廊，以控制城镇无序蔓延。

4）生态补偿。强调土地开发利用过程中的生态补偿，与总体生态环境改善过程相辅相成，同步进行绿化、净化，切忌出现透支环境容量的过度开发行为。

5）污染控制。提高物质流通率和资源再利用率，减低废热、废气、废水、废物排放。空气环境质量实行Ⅰ～Ⅱ类标准，水环境质量近期实行Ⅳ类标准，远期实行Ⅱ标准。

8.4.1.4 生态规划网架体系及分析

基于店口山水的生态环境自然本底及其承载能力，拟建立"山、湖、城、河、田"的城镇生态基础格局，构筑富有山区、水乡特色风貌的"四心"、"一轴"、"一纵"、"一环"的生态网架，形成多层次、多功能、立体化、复合型、网络状的生态结构体系。

（1）"四心"：四大生态板块

即白塔湖生态湿地、城镇中枢服务带两侧的两大城镇"绿肺"，以及镇政府后面的城镇公园四大生态板块，是店口生态网架的核心与精华。

（2）"一轴"：城镇生态中轴

依托中枢服务带的中轴一路、三路绿化带以及其中的水系，构建城镇亲山亲水生态中轴线，此生态轴一方面可作为生态廊道，有机串联贯通四大核心生态斑块，使斑块相互呼应，浑然一体，另一方面也可作不中枢服务带、店门片区、湄池片区、七里山片区四大功能间的生态隔离带。

（3）"一横"：水系生态廊道

依托与中央大道并行的水渠及其绿化带，构建横贯北部片区的水系生态廊道，营造开敞人性空间，同时辅以别出心裁的绿化、美化和亮化，形成精致优雅的滨水景观。

（4）"一纵"：滨江防护绿带

沿浦阳江、枫桥江两岸建设防护绿带，未来三江口三角洲片区的工业备用地投入开发建设后，此绿带还可作为三江口片区与其东面各片区的生态隔离带。绿带山草地、灌木、乔木等组成群落复层结构，避免树种单一，实现生态保护效应；同时配以具有景观功能的花木，形成情趣盎然的滨江休闲景观带。

（5）"一环"：绿色生态环廊

沿主干道公路环构建绿色生态内环廊，使生态网络构架更为丰富和完善，同时也与东、北、西面环抱店口的山体天然屏障——绿色生态外环廊遥相呼应。

8.4.1.5 生态建设阶段目标与生态环境保护对策及分析

（1）生态建设阶段目标及分析

小城镇生态环境规划导则提出：

"小城镇生态规划技术指标，除环境容量、资源承载力、态适宜性、生态合理性、可持续性外，应主要为小城镇生态评价指标，主要包括：森林覆盖率、建成区人均公共绿地、受保护地区占国土面积比例、小城镇空气质量（好于或等于Ⅱ级标准的天数）、集中式饮用水水源地水质达标率、水功能区水质达标率、地下水超采率、小城镇生活污水集中处理率、小城镇气化率、生活垃圾无害化处理率、工业固体废物处置利用率、噪声达标区覆盖率。"

"小城镇生态评价指标体系，应包括生态环境质量评价指标群和社会经济发展调控指标群。"

小城镇生态环境质量评价量化指标，应结合小城镇实际按表8.4.1-1选择。

小城镇生态环境质量评价量化指标　　　　　　表 8.4.1-1

类　型	指　标		单　位	备　注
绿地	人均公共绿地面积		m²/人	▲
	绿化覆盖率		%	▲
	绿地率		%	▲
林木植被	乔木	地下水位	m	△
		盐分含量	%	△
	灌木	地下水位	m	△
		覆盖度	%	△
镇郊（域）草场植被	草场等级	载畜量	头羊/hm²	△
		产青草量	kg/hm²	△
	草场退化	植被覆盖度	%	△
河湖生态	水体矿化度		mg/L	▲
	富营养化指数		（无量纲）	▲
水环境	pH 值		（无量纲）	▲
	高锰酸盐指数	COD_{Mn}	mg/L	▲
	溶解氧	DO	mg/L	▲
	化学需氧量	COD	mg/L	▲
	五日生化需氧量	BOD_5		▲
	氨氮	NH_3-N	mg/L	▲
	总磷	以 P 计	mg/L	▲
	六价铬	Cr^{6+}	mg/L	△
	挥发酚	$\Phi-OH$	mg/L	△
地下水	超采率		%	△
大气环境	二氧化硫	SO_2	mg/m³	▲
	氮氧化物	NO_x	mg/m³	▲
	总悬浮颗粒物	TSP	mg/m³	▲
	漂尘	漂尘	mg/m³	▲
土地环境（含镇域）	土地肥力	有机质含量	%	△
		全氮含量	%	△
	盐化程度（0～30cm）	总盐含量	%	△
		缺苗率	%	△
	碱化程度	钠碱化度	%	△
		pH（1:2.5)		△
	土地沙化	沙化面积扩大率	%	△
	水土流失	水土流失模数	t/（km²·a)	

注：表中▲为必选指标，△为选择指标。

小城镇生态评价的社会经济发展调控量化指标应结合小城镇实际，按表8.4.1-2选择。

小城镇生态评价社会经济发展调控指标　　　　表 8.4.1-2

分　类	指　　　标		单　位	备　注
人口发展	现状	人口总数	人	▲
		人口密度	人/km²	▲
	趋势	人口增长率	%	▲
经济发展	现状	人均 GDP	万元/人	▲
	趋势	GDP 增长率	%	▲
	一、二、三类工业比例		%	▲
	第一、第二、第三产业比例		%	▲
	绿色产业比重		%	▲
	高新技术产业比重		%	△
社会发展	居民人均可支配收入		元	▲
	恩格尔系数		%	△
	人均期望寿命		岁	△
	饮用水卫生合格率		%	▲
	清洁能源使用率		%	▲
	人均资源占有量	人均耕地面积	hm²/人	△
		人均水资源量	t/人	▲
	资源利用量	耕地面积	hm²	△
		水资源利用量	t	▲
科技进步	中水回用			△
	工业用水重复利用率		%	▲
	单位 GDP 能耗		kWh/万元	▲
	单位 GDP 水耗		m³/万元	▲

注：表中▲为必选指标，△为选择指标。

在店口镇总体规划后提出的生态建设各规划阶段目标基础上，对照导则要求，分析归纳提出阶段目标如表 8.4.1-3。对照导则要求，店口相关示范内容尚应在详细调研和结合环保部门工作要求的基础上，侧重在表 8.4.1-1 中补充生态环境质量和整治中有关大气环境、水环境的主要指标要求。

店口镇生态建设阶段目标　　　　表 8.4.1-3

	指　标	单　位	现状 (2002)	近期 2007	近期 2010	中远期 (2020)
生态环境质量	森林覆盖率	%	62.2	64	64	65
	人均公共绿地面积	m²	3.5	6	8	11 (10.09)
	建成区绿化率	%		≥30	≥35	≥40
	农田林网化率	%	85	86	86	88
	主要道路绿化普及率	%	90	≥97	100	100
	矿山生态恢复率	%		≥85	≥90	≥95
	耕地率	%	26.23	26	26	26
	土地储备率	%	10.5	10	10	10
	SO₂ 日平均浓度	mg/L		≤0.15	≤0.15	≤0.15
	区域环境噪声平均值	dB (A)	56	≤55	≤55	≤55
	交通干线噪声平均值	dB (A)	59	≤58	≤58	≤58

续表

指　标			单　位	现状 （2002）	近期		中远期 （2020）
					2007	2010	
社会经济发展调控	人口发展	镇区人口密度	人/km²	9750	6250	7895	9165
		人口自然增长率	‰	−1	1.2	1.2	1
	经济发展	人均 GDP	元 美元	39428	≥6000	≥8000	≥20000
		农民人均纯收入	元	11672	21500	28600	46600
		第三产业增加值/GDP	%	4.1	≥8	≥10	≥15
社会经济发展调控	社会发展	恩格尔系数	%		≤30	≤20	≤15
		农村生活饮用水卫生合格率	%	95	≥96	≥98	≥99
		主要农产品农药残留合格率	%	90	≥92	≥95	≥98
		清洁能源普及率	%	72	≥75	≥80	≥85
	科技进步	单位 GDP 能耗（煤）	t/万元	0.3	≤0.25	≤0.22	≤0.2
		单位 GDP 用水量	m³/万元	30	≤25	≤22	≤20
		工业产值能耗（煤）	t/万元	0.055	≤0.05	≤0.048	≤0.045
	环境整治	重点工业污染源达标排放率	%	82	≥95	100	100
		生活污水集中处理率	%		≥75	≥80	≥85
		城镇工业废水处理率	%		≥95	≥98	≥100
		畜禽养殖场污水排放达标率	%	77	≥82	≥85	≥90
		固体废弃物处理率	%		≥90	≥95	≥100
		生活垃圾无害化处理率	%	86	≥90	≥95	≥100
		农用化肥施用强度	kg/ha	207	≤205	≤200	≤200
		废水排放量	万 t/年	707	1547	2047	8218
		废气排放量	t/年	4654	7276	9171	16781

（2）生态环境保护对策

1）把生态建设纳入可持续发展轨道，实行生态环境与经济发展的综合决策，建立经济增长的资源环境成本评估与核算机制，切实考虑经济发展的环境代价。

2）建立可持续发展的经济体系，包括建立在以可持续发展为指导思想的产业结构，建立以循环经济为核心的可持续发展生产体系，建立以节能、降耗、高效为核心的可持续发展的流通体系，建立以适度合理消费为核心的可持续发展的消费体系，建立以 ISO14000 为核心的可持续发展的管理体系。

① 加快产业结构优化升级，大力发展高新技术产业，运用高新技术、先进适用技术

改造提升现有传统产业，改善其资源消耗方式，减少环境污染；大力发展低消耗、低能耗、低污染、高效益的企业和产业，淘汰严重污染、浪费资源的企业；大力发展商贸、房地产、物流等现代服务业。

② 工业方面要优化布局，合理建设生态工业园区，实现产业生态化；推行清洁生产，采用高效、无污染的生态工艺，实现废弃物资源化利用；农业方面要发展生态农业、精细农业、观光农业，推广节水灌溉技术，提倡使用有机化肥、有机农药，加强农业废弃物资源化利用，使农业增长方式向低耗、少污、高效转变。

③ 高效合理地布局交通网络，尽量缩短流通运输距离，减小逆向物流，减少流通环节，选择以新型清洁能源为动力的交通工具，淘汰高耗能、高污染的运输方式，推行绿色包装，减少流通中的资源浪费和环境污染。

④ 转变传统的消费观念，提倡合理消费，鼓励文明消费，优先消费可再生能源和可再生资源，主动进行垃圾分类放置和有用物质回收利用。

⑤ 实施产品生态周期管理，详细分析产品生命周期内的能源需求、原材料利用和企业生产产生的污染物排放，识别减少能源、原材料消耗和污染物的排放途径，提高废弃物的循环利用率，节约自然资源。

3）转变资源利用观念，开发与保护并举，利用与节约并重；调整资源利用方式，提高资源利用效率与效益，降低产污率，实现资源利用粗放型向集约型的转变；保护资源，防治资源污染，维持资源可持续利用能力；提高资源回收率和再生资源率，并积极开发可替代资源和可再生能源；加强资源的统一规划与管理，做到合理开发、有序利用。

4）完善绿化系统，包括建立面积大、绿化覆盖率高（≥40%）的强度绿色空间（如城镇绿肺、公园等）在工业区与居住区、工业区与核心区之间设置隔离林带或环保林带，结合道路建设绿化带，沿浦阳江建设滨江防护带等。加强对周围自然山体的保护，严禁乱砍滥伐和毁林开荒，维护天然生态屏障。

5）结合未并入城区的分散居民点建设城郊生态基地（如蔬菜基地、花卉基地、苗木基地等），重视生态敏感区和农田开敞区的保护，特别是要与山下湖、阮市进行有效的协调、协作，共同加强对白塔湖生态湿地的保护力度，整治污染，将周边存在污染的企业外迁，控制开发建设强度，提升其环境质量（大气环境质量达一级标准，水环境质量达Ⅱ类标准），保护生物多样性，维持其良性的生态平衡。

8.4.1.6　生态规划标准导则应用示范综合分析建议

（1）店口镇生态规划符合小城镇生态规划标准条款要求，资源承载力分析、生态功能区划、生态质量评价、生态建设阶段目标、生态环境保护对策等规划内容较完整并有新意。

（2）示范内容生态建设阶段目标是在原规划基础上对照小城镇生态环境质量评价量化指标和小城镇生态评价社会经济调控指标，结合规划目标要求，分类分析归纳并应用课题研究相关成果得出的，突出了重点要点，以增加标准应用和规划实施管理的规范性和可操作性。

（3）店口镇生态规划应用分析建议应落实在店口镇总体规划调整中，同时，"小城镇生态规划的生态质量辨析、环境容量、环境（资源）承载力、用地生态适宜性与合理性应为小城镇规划用地性质、人口和用地规模、用地布局提供规划和计算依据。"

213

8.4.2　环境保护规划标准、导则试点应用与分析建议

8.4.2.1　规划内容分析

小城镇生态环境规划导则提出：

"小城镇环境保护规划内容应包括大气、水体、噪声三方面的污染调查、环境保护现状分析、演化趋势预测、环境功能区划、环境规划目标、环境治理与环境保护对策。"

"小城镇环境污染防治规划除 7.5.1 条款相关内容外，尚应包括固体废物处理和电磁辐射防护的相关内容。"

店口镇环境保护规划内容包括现状分析与评价、规划依据、指导思想与规划原则、环境功能区划、环境保护目标和环境污染防治措施。符合上述小城镇标准规划内容相关条款的要求，条款中电磁辐射防护的相关内容可酌情考虑。

8.4.2.2　现状分析与评价

店口环境质量现状总的来讲是点源污染治理得到重视，局部环境质量有所改善，但总体上污染仍未得到有效控制，局部区域污染仍较严重。

（1）水环境

目前各功能区的总体水质基本满足要求，但 COD_{Cr} 和氨氮存在超标现象。城镇污水处理系统不健全，大部分工业污水、生活污水未经处理就直接排入环境中，农业面源、城面源对水环境污染的贡献率不容忽视。白塔湖作为店口重要的环境调节器，存在农业面源污染、工业污染、生活污染和水产养殖污染，部分水体水质已劣于国家《地面水环境质量标准》GB 3838—2002 Ⅴ 类标准，直接影响了人们的生活饮用和农业生产。废水的随意排放和废渣的无序堆放、填埋还造成地下水污染。

（2）大气环境

目前，店口的空气质量良好，达到 Ⅱ 级标准，其空气污染物主要包括工业废气排放（燃料燃烧废气和生产工艺废气）、生活废气排放、农业废气排放和交通废气排放。为数众多的小铜炉是 SO_2 和烟尘、粉尘的主要污染源；同时大规模的开发建设导致破土工程项目多、采矿石量大、扬尘污染严重；汽车拥有量的快速增加，致使汽车尾气污染呈加重趋势。推行清洁生产的企业不多，有些企业还未能达到工业废气的完全达标排放，给大气带来大量的污染物。

（3）固体废物

生活垃圾的产生量逐年增加，而垃圾的处理方式单一，清运率低。目前虽然建立了垃圾清运队伍，而且主要道路旁也放置了垃圾桶，建立了垃圾中转站等，但垃圾仍然随处可见，工业垃圾、生活垃圾、建筑垃圾类多量大。垃圾桶盖没有盖上，臭气熏天；河旁垃圾侵占河道，污染水体；垃圾收集后没有减量化、资源化、无害化处理就直接送往填埋场填埋，引起周围环境恶化。同时现有的两个填埋场地承载容量已接近极限，今后的城镇生活垃圾如何处理是亟待解决的问题。对电镀污泥等危险固体废弃物没有进行有效的处置，环境污染风险大。

（4）噪声污染

2002 年，镇区交通噪声平均 59dB（A），工业噪声平均 57.5dB（A），施工噪声平均 45.7dB（A），生活噪声平均 53dB（A）。城建成区噪声地昼间等级声级为 56dB（A），符

合Ⅱ类区标准，未达到Ⅰ类标准，声环境一般，属三级，仍存在一定的扰民现象。

店口镇环境保护现状分析宜补充在现状资料调研分析基础上提出演化趋势预测，以提供规划依据。

8.4.2.3 环境保护目标与环境功能区划及分析

（1）环境保护总目标

在发展经济的同时，保护良好的生态环境，使店口成为布局合理、基础设施完善、空气新鲜、水质清澈、绿树成荫、环境优美的现代化城镇。

近期目标：明确各类用地的性质和生态功能，形成城镇生态安全基本框架；环境污染基本得到控制，环境质量改善；城镇生态环境能基本适应社会经济发展要求。

远期目标：城镇生态安全体系得到改善，各类用地能有效运作其生态功能，环境污染得到全面控制，镇区生态环境良好，社会经济与生态环境协调发展，自然经济再生产过程形成良性循环。

（2）环境质量目标

1）大气环境

目标：近期和远期整体大气环境均能达到《国家大气环境质量标准》GB 3095—1996二级标准，其中白塔湖地区和高档别墅区达到一级标准，店口大气环境功能区划及其整治目标见表8.4.2-1。

店口大气环境功能区划及其整治目标 　　　　　　　　表8.4.2-1

大气环境功能区	适应区域范围	质量标准
一类区	山体、浦阳江绿化控制区、白塔湖、高档居住区	国家大气质量一级标准
二类区	居住区、商贸区、公共活动中心、一般工业区	国家大气质量二级标准
三类区	工业区、产业园区	国家大气质量三级标准

2）地表水环境

目标：白塔湖水体水域及集中式饮用水源保护区执行《地表水环境质量标准》GB 3838—2002中的Ⅱ类标准，其余主要河网执行Ⅲ类标准；工业废水治理率达100%，治理达标率达100%。店口地表水环境动能区划及其保护目标见表8.4.2-2。

店口地表水环境功能区划及其保护目标 　　　　　　　　表8.4.2-2

河流湖泊	范围	功能	目标	
			水质标准	排污标准
浦阳江	浦阳江店口段全部水面（包括东西江）	Ⅲ类水质多功能区	Ⅲ	执行Ⅰ类排污控制区标准
白塔湖	白塔湖全部水面	Ⅱ类水质多功能区	Ⅱ	禁止排放污水
店口渠道上游	店口渠道上游全水部面	Ⅲ类水质多功能区	Ⅲ	执行Ⅰ类排污控制区标准
店口渠道中、下游	店口渠道中、下游全部水面	Ⅲ类水质多功能区	Ⅲ	执行Ⅱ类排污控制区标准
上下金湖渠道	上下金湖渠道全部水面	Ⅲ类水质多功能区	Ⅲ	执行Ⅱ类排污控制区标准
中央大道渠	中央大道渠道全面水面	Ⅲ类水质多功能区	Ⅲ	执行Ⅰ类排污控制区标准

215

3）声环境

目标：规划区内环境噪声按用地功能、规划要求分别作如下控制：

高级住宅区、休闲疗养区环境噪声控制目标为昼间≤45dB（A），夜间≤35dB（A）；

医院、中小学、机关等所在区域的环境噪声控制目标为昼间≤50dB（A），夜间≤40dB（A）；

居住、商业、工业混合区、公建区环境噪声控制目标为昼间≤55dB（A），夜间≤45dB（A）；

工业集中区、仓储区环境噪声控制目标为昼间≤60dB（A），夜间≤50dB（A）；

主要交通干线两侧的环境噪声控制目标为昼间≤65dB（A），夜间≤50dB（A）。

4）固体废物环境

目标：工业固体废物综合利用及处置率100%，生活垃圾清运率100%，无害化处理率100%。

5）生态环境绿化要求

生态环境主要控制区内绿化指标，具体包括：

① 公共绿地指标达到11m²/人；

② 工业企业、行政机关、事业单位、医院、学校等公共建筑内的绿地率达到25%～40%；

③ 过境公路、工厂与生活居住区间布置30～50m绿化带。

对照小城镇环境保护规划导则的以下相关条款：

"小城镇大气环境保护规划目标宜包括大气环境质量、小城镇气化率、工业废气排放达标率、烟尘控制区覆盖率等方面内容。"

"小城镇水体环境保护的规划目标宜包括水体质量，饮用水源水质达标率、工业废水处理率及达标排放率及生活污水处理率等方面内容。"

"小城镇噪声环境保护规划目标应包括小城镇各类功能区环境噪声平均值与干线交通噪声平均值的要求。"

"邻近较大范围自然保护区和风景名胜区的旅游型小城镇，大气环境规划目标应执行一级标准。"

店口镇上述生态环境规划环境保护目标符合相关导则条款原则要求，并且店口镇环境保护目标同时提出生态环境主要控制区绿化指标与水环境、声环境、大气环境、固体废物环境目标要求一并考虑，使环境保护目标更加完善。但尚应补充完善以下内容：

1）大气环境保护规划目标尚应补充小城镇气化率、工业废气排放达标率、烟尘控制区覆盖率等方面内容；

2）水体环境保护的规划目标尚应补充饮用水源水质达标率、工业废水处理率及达标排放率及生活污水处理率等方面内容。

数据显示，现状店口镇空气质量良好，达到Ⅱ级标准，其空气污染物主要包括工业废气排放（燃料燃烧废气和生产工艺废气）、生活废气排放、农业废气排放和交通废气排放。由于大规模的开发建设导致破土工程项目多、采矿石量大、扬尘污染严重。此外，近年来汽车拥有量的快速增加，致使汽车尾气污染呈加重趋势。

目前各功能区的总体水质基本满足要求，但COD_{Cr}和氨氮存在超标现象。城镇污水处理系统不健全，大部分工业污水、生活污水未经处理就直接排入环境中。在污染较为严重的电镀污水方面，店口将电镀厂集中设置在镇区东部，并在附近设置一污水处理厂，该厂的运营对减弱污染起到了很大的作用，但是其废弃的电镀污泥堆放在厂外，部分污水流入附近沟渠，对周边生态小环境造成破坏，建议加强电镀污泥的处理工作。

8.4.2.4 环境保护与防治措施

（1）大气污染防治

贯彻城镇总体规划，理顺工业布局，把对大气有污染的工业安排在城镇的下风向，减少工业污染对居民造成的危害。

对有排放二氧化硫、氮氧化物气体的工业企业，必须加装尾气吸收装置，如吸收塔，回收二氧化硫和氮氧化物。

对目前大量使用的小铜炉进行技术改造，增加除尘装置；凡新安装的铜炉都必须有消烟除尘和余热顺回收装置。

加强对车辆的管理，要求汽车尾气都必须达到排放标准。

改变能源结构，推广使用清洁能源，近期采用液化石油气，远期采用天然气，减少煤和焦炭的使用量。

保持街道清洁，减少交通扬尘。

加强绿化，主要干道现金两侧以及工业区设置防护绿化带，利用植物吸收空气中的有害气体和飘尘。

（2）水污染治理

1）尽快建设污水处理厂并及早投入运营，对城区全部生活污水和工业废水进行处理，达到国家《污水综合排放标准》一级排放标准；

2）改造城区的排水系统，实行雨、污分流，将污水送往污水处理厂进行达标处理后准予排放。

3）加强对污染源的治理工作，对污染严重的企业限期治理，工业废水必须在厂内处理达到排放标准后才能排入污水管网，严禁衡释排放。防止工业废水对地面水和地下水的污染。

4）引进和审批项目时，应坚持先评价后建设的原则，实行"三同时"制度，积极引导清洁生产，推广无废、少废、低耗的生产工艺。

5）加强白塔湖保护区和生活饮用水源保护区水质的保护力度，逐步迁出其中的污染企业，禁止新污染源进入保护区。

（3）固体废物污染治理

为了避免固体废物所造成的危害，应加大对工业废渣的综合利用。工业"废渣"是一种自然资源，要想方设法利用，以开辟新的原料来源，减少对环境污染。凡已有综合利用经验的"废渣"必须纳入工艺设计、基本建设与产品生产计划，实行"一业为主，多种经营"，不得任意丢弃。环保部门要逐步完成对工业废渣的全过程管理，实现"减量化、资源化、无害化"。

不能利用的工业废渣，应及时进行无害化处理或选择适合的专门的堆放场所。堆放场最好选在偏僻的地方，要有防止扬散、流失等措施，以防止对大气、水源等的污染。生活垃圾必须全部送往生活垃圾处理厂处理，进行资源回收、无害化处理后用作农肥或填埋。

（4）噪声污染治理

对噪声造成的公害，规划建议采取以下措施：

1）划分噪声功能和噪声达标区，在此基础上尽快颁布城镇区域环境噪声管理和达标区建设的有关规定，以便对重点固定噪声源进行治理监督控制。

2）根据功能制定噪声控制小区建设计划，逐步扩大噪声控制小区覆盖率，对人口密度高、以居住为主的区域，应优先考虑建设噪声控制小区。

3）合理调整城镇布局以解决噪声问题，对噪声大、离居民区近、又无法治理的噪声源，应搬迁位置或转产，以减少对居民的干扰；工厂与居民区之间保留一定间隔，应用间隔的绿化来防噪。

4）加强交通管理，车辆分流，减少交通噪声来源。制订法规控制机动车辆进入城区的流量，禁拖拉机等高噪声车辆进入镇区，加强机动车辆噪声和喇叭声的监测管理，运用法律手段控制交通噪声污染。

5）在确保道路交通的同时，加强路面的纵与保养，尽量采用沥青路面，降低噪声的强度；铁路、高速公路、城镇主干道等两侧加强绿化，设立噪声隔离带。

分类制定工厂和建筑工地与其他区域的边界噪声值，超标的要限期治理；对工业噪声源进行控制，采用低噪声生产工艺与设备的隔声、消声等噪声控制措施。

环保部门根据国家有关噪声管理法规，对工业、施工、商业噪声强化管理，征收噪声超标排污费，以使经济手段促进噪声源的治理。对城区扰民企业实行治理，治理无效的要进行搬迁。

8.4.2.5　环境保护规划与污染防治综合分析

（1）上述店口镇大气污染防治的工业区设置防护绿化带应结合考虑工业区工业项目的不同防护要求；考虑对于污染较大的电镀厂周围，应按小城镇生态环境规划导则相关要求规划防护林隔离带和污水处理厂。

（2）店口镇远期环境保护规划尚应突出与城镇产业结构调整的结合。

（3）垃圾污染和面源污染防治，以及提高居民环保意识尤为重要。

随着店口镇居民区外来人口的不断增多，生活垃圾的产生量逐年增加。目前虽然建立了垃圾清运队伍，而且主要道路旁也放置了垃圾桶，建立了垃圾中转站等，但由于店口镇作为一个小城镇，其居民和外来务工人员的环保意识还很淡薄，人的素质建设还任重道远，垃圾随处乱扔，垃圾桶管理措施有待完善。大部分垃圾收集后没有减量化、资源化、无害化处理就直接送往填埋场填埋，引起周围环境恶化。由于现有的两个填埋场的承载容量已接近极限，店口镇在总规中必须加以考虑，除规划共享市垃圾焚烧发电厂外，并应论证在相关区域统筹规划联合建设垃圾卫生填埋场的可能性和必要性。

总体而言，虽然卫生村、示范村、新农村的建设大大改善了农村的生态环境状况，但店口镇面临的生态压力仍然很大，环境污染仍较严重。农村中仍然沿袭旧时的用地格局与土地制度；依然沿袭传统的生产方式与生活方式，农产品附加值低，环境污染程度高，面源污染较为突出，加上环保意识淡薄，生活污水经过粪池沉淀后直接排放，处理达标率低。

小城镇生态环境规划导则研究中指出，"20世纪90年代以来，我国许多地区城镇化和城镇化建设趋于快速增长和高速发展时期，建设中的大规模和高频度的土地利用和开发，不但造成一些城镇点源污染严重而且非点源污染也不断加剧",店口也不例外。

对于店口镇面源污染的调查,"主要应针对畜禽养殖、生活污水排放等方面进行调查。"

8.4.3 绿地景观与人居环境规划分析

8.4.3.1 现状分析

绿地景观、人居环境与生态环境之间有密切关系,绿地景观与人居环境规划宜结合建设店口镇生态城镇示范。

店口镇已经逐渐呈现出"由镇向城过渡"的工贸型城镇景观特征,现状分析存在下列问题:

(1) 厂区绿化等一些景观特色不明显,缺乏成形的景观体系。

(2) 镇区内自然生态资源丰富,天然形成了若干绿色基质,如白塔湖、杭坞山等,但这些天然基质也面临被污染和破坏的威胁。

(3) 城镇建设质量不高,脏乱差现象严重。

店口镇正处在经济的快速发展阶段,城镇建设在短时间内迅速扩大,但其规划与设计跟不上,导致低质量的建筑景观不断蔓延。居民的私宅缺乏统一规划,杂乱分布在建成区范围内,且占据了大量景观资源十分丰富的山体南缘与水岸沿线,影响了整体的景观质量。整个城镇建设面貌不清晰,除中央大道沿线卫生状况相对较好之外,其他地区脏乱差现象严重,与店口镇发达的经济强镇应有的形象大相径庭。

(4) 自然生态景观保护力度不足,缺乏对景观潜质的开发。

店口镇山清水秀,具有丰富的自然生态景观资源,是打造店口镇适宜人居环境的基本要素。然而,店口镇对自然生态景观资源的保护力度还比较薄弱,在局部地区甚至为了经济建设的需要推山填水,严重破坏这些生贵的资源。应尽快停止对自然资源的破坏活动,并及时出台自然生态资源的保护措施和硬性法规。从目前建设的现状来看,店口镇对自然生态资源潜质的开发还几乎为空白,诸多灵秀的山水被众多建筑围堵,对自然生态景观的保护亟待提上日程。

(5) 城镇空间布局混乱,缺乏成形的景观系统和绿地系统,且特色不明显。

就目前店口镇建成区的状况而言,店口城镇空间的布局混乱,功能分布也缺乏科学性,工业区与居住区犬牙交错,居住空间更是零散分布且缺乏必要的绿化和居民交流空间。在景观的体现上,则没有成形的景观系统和绿地系统,既缺乏体现生活品质和城镇特色的绿地景观,又缺乏一般的绿地景观串联元素,从而缺乏自身明显的特色。

(6) 城镇绿地建设明显滞后于经济建设。

店口镇的城镇绿地建设明显滞后于经济建设,城镇绿地用地少、人均指标偏低,尤其是建成区内绿地面积严重不足,工业区与居住区之间缺乏必要的绿化过渡带,居住区内房屋拥挤、道路狭窄,缺乏必要的公共绿地和绿化带,道路绿地也比较贫乏,仅中央大道沿线有几处小面积的点状街头绿地,全镇缺乏大面积的块状绿地。

8.4.3.2 景观系统规划分析

店口镇总体规划提出景观系统的空间结构为"一条景观主轴,两个生态绿肺,五个功能片区",这也奠定了景观结构新格局的基础,如图8.4.3-1。

图 8.4.3-1　景观系统规划分析

"一条景观主轴"——是指北起市政公园，南至白塔湖，宽度约为 400～500m 的线型优美的景观轴线，该轴由三条顺应山势的南北向道路形成其主要骨架，又通过数条东西向道路取得连通。这条景观主轴以北部市政公园环境优美、生态良好的自然景观作为起点，由北向南依次串联庄严宏大的行政广场、文化氛围浓厚的公共设施区、现代繁荣的商业金融服务区、环境优雅宜人的临水高尚居住区、气氛轻松活跃的休闲娱乐服务区、环境静谧的山体居住区，最后到达风景秀丽的白塔湖生态休闲旅游区。这条轴线凝聚了店口镇的精华所在地，是一条体现店口城镇结构特征的、最具影响力的、融生态景观与人文景观于一体的重要景观轴线。

"两个生态绿肺"——是指位于景观主轴两侧、五个功能片区之间的两列山系，因为被城镇建设用地围绕，山地又具有较大的生态环境调节与保护作用，故命名为"生态绿肺"。这两个"生态绿肺"山形优美，山上植被茂盛丰富，本身就具有较高的观赏价值，山地与建设用地交界的生态过渡区如处理得当，将大大丰富城镇的景观层次，形成店口镇建设用地与生态绿地相互交织的极富个性的景观特征。

"五个功能片区"——是指在原来湄池与店口镇建成区的基础上，根据店口镇山水形态分布与走势，灵活有机布局的五个功能各有特色的组团，根据功能的不同，自然形成不同的景观特征。如湄池片区以居住、教育和商业为主要职能，在景观上则体现为店口镇传统建筑形式与现代生活相融合的特色，根据片区的用地构成，适当设置市民广场，尽量增加街道和广场绿化，形成浓厚的传统生活居住氛围。又如南部工业组团基本以各类工业的集结为主，在景观的表达上应该注重体现现代生产模式特征，以简洁、明快、现代的形象示人。

8.4.3.3　绿地系统规划分析

绿地系统建设作为改善环境的重要手段，对提高城镇品位、改善店口人居环境和投资环境有重要作用和特殊的必要性和紧迫性。

城镇绿地包括公共绿地、生产防护绿地，应结合道路、河流、水面、高压走廊等形成点、线、面结合的相互沟通、融合的绿地系统。单位附属绿地应靠近城镇绿地布置，与外围的生态绿地相联系，形成完整的、有机结合的多用途城镇绿色开敞空间，保证中心城镇良好的生态环境质量，为居民提供就近的游憩空间，创造优美的城镇景观。生态绿地是中心城镇外围或进入中心城镇的农田、菜地、林地、园地、水面，但它们不参与城镇用地平衡。

店口绿地系统总体布局规划整个绿地系统形成一个以"一条绿化主轴、两个绿肺、纵横交错水系网、若干点状分布广场绿地、由城镇带状绿地串联"的绿地结构。

"一条绿化主轴"与景观结构中的"景观主轴"相对应，以北部市政公园环境优美、生态良好的公共绿地作为起点，以河网密布、风景秀丽的白塔湖生态休闲旅游区为终点，中间段为公共服务区，根据地形穿插布置若干高级居住区，大量的绿化与蜿蜒的水系作为中间段的基底，形成一条与功能区对应的贯穿整个镇区的绿化廊道。

"两个绿肺"是指位于景观主轴两侧、五个功能片区之间，被城镇建设用地围绕的两列山系，具有较大的生态环境调节与保护功能，应尽量保持城镇建设用地与绿肺之间的距离。

"纵横交错水系网"是以白塔湖、浦阳江为景观中心，串联分布在镇区内的小河流，形成的以城镇建设用地为基底的水系景观网。

"若干点状分布广场绿地"是指根据店口镇的功能布局，因地制宜的建设街头广场绿地，为城镇居民日常休闲游憩提供必要的场所。

"由城镇带状绿地串联"是指沿城镇主干道和次干道设置不同宽度的绿化带，使之沟通和联系整个城镇的绿化节点，从而形成结构完整的绿地系统，如图8.4.3-2。

图 8.4.3-2　绿地系统规划分析

8.4.3.4　人居环境规划分析

前 8.3.5.1 节已对店口镇从丰富的水系资源、绿色的灵动空间、宜人的城镇尺度、鲜明的人文精神 4 个方面作了环境定位分析，也是人居环境规划分析。

生态型花园式现代化城镇，融汇山水灵韵的亲雅人居之地是店口的环境示范特色。

8.4.3.5　综合分析建议

在绿地系统建设方面：店口镇域丘陵众多，应充分利用地形，建设镇区内部公园，构建店口镇的城镇"绿心"。在树种选择方面，应以种植高大乔木为主，一方面可以起到防风抑尘的作用，为小城镇中心区净化空气和输送氧气，减弱城镇的"热岛效应"，并减缓工业区污染；另一方面可以防止水土流失，固化土壤。同时，在山体结合部位进行绿化，尤其应在镇区东部电镀厂周边建设防护林隔离带，减少工业污染对自然环境的破坏。同时，应在工业区与居住区、工业区与核心区之间设置隔离林带或环保林带，结合道路建设绿化带，沿浦阳江建设滨江防护带等。对所有绿化加强管理，严禁乱砍滥伐和毁林开荒，维护天然生态屏障。

基于店口山水的生态环境自然本底及其承载能力，新版总规提出店口应建立"山、湖、城、河、田"的城镇生态基础格局，构筑富有山区、水乡特色风貌的"四心"、"一轴"、"一横"、"一纵"、"一环"的生态网架，形成多层次、多功能、立体化、复合型、网络状的生态结构体系。

对于店口镇区中部的两座山体，应进行整体规划，建设成开放公园，让居民免费参观游憩。公园的主要景观面应朝向镇区的核心部分，形成通透的景观"视廊"，使得镇区内部居民可以举目触及，提高了绿化资源的景观效益。更重要的是，此举将使店口呈现出"花园城镇"的面貌，提升城镇形象，为招商引资创造一个良好的投资环境。公园绿化植被应尽量选取当地的土生植物，这样做有两项好处：一是便于获得植被源，降低了公园的建设成本，二是当地植物成活率高，便于养护，可以减少公园运营的费用。此外，绿化树种可以考虑一些有代表性的树种，进行乔、灌、草立体绿化，制造有代表性的自然生态环境，作为中、小学生的生态课教学基地。店口是一个欣欣向荣、蓬勃发展的江南水网地区小城镇，因此公园景观设计应体现出小城镇的一系列地域特点。在某些区域，景观设计可以体现出简洁明快、干净利落的美学风格，体现出强烈的时代气息，以反映店口经济迅速发展，现代化工业企业不断增多，参与全球化的步伐不断深入的状况；在另一些区域，景观设计可以采用江南传统水乡的建设风格——"小桥、流水、人家"，色调强调"黑、白、灰"的组合，展现出宁静的水墨画意象，建筑小品设计强调"小、巧、透"，充分体现出店口的地域特点，给公园每个参观者提供一个强烈的潜意识讯息——这片土地正是江南的鱼米之乡，这里曾孕育了灿烂悠久的吴越文化。总之，公园景观设计应避免采用欧洲的几何图案式的风格，以免丧失自身的地域特色。

对镇域现有的河流应加强保护，改善镇区内的河道流域沿岸绿化。利用滨水空间构筑带状公园。现有中央大道水渠和绿化带已成为横贯镇区北部的水系生态廊道，下一步工作是将这一段区域转变为市民休闲、娱乐的街边游园，其景观娱乐功能将得到进一步的展现，河流沿岸经济也将有较大幅度的增长，而经济的增长反过来也会促进生态的恢复和建设。这样形成健康良性的循环。

白塔湖湿地是店口镇独特的旅游资源，该区域处于水网地带，水陆交错，水生动植物种类丰富。以往在江浙地区不少城镇都有这种水网地带的地貌，但是随着近年来经济的发展，土地资源不断紧张，加之早些年缺乏保护河流的自然生态资源的意识，许多地方填沟堵水，完整的生态意义上的水网地带已大为减少。因此，店口将白塔湖湿地保留下来，具有典型的生态建设示范意义和长远的社会经济效益。在建设操作的具体思路上，应控制原有村庄居民点的建设，禁止对水系进行任何的破坏，同时严格控制工厂企业向水体排放污染，保持优质水体。总规上将白塔湖规划为湿地生态保护区，在对生态影响较弱的地区开发旅游度假区，通过适度的人工景观的营建，促进旅游市场的形成。在旅游产品定位上构筑以乡村生态观光休闲度假游的形式，充分利用长三角经济圈的优势，吸引诸暨、乃至杭州和上海的城市游客前来观光，并逐步提升自身的知名度。

在园林绿化方面，应聘请高水平的景观设计单位，运用先进的景观规划理念，对店口镇各公共空间的关键节点进行规划设计，如镇政府前广场、南方五金城入口广场。现有景观只考虑了城镇绿化和美化，未能发扬地域文化的优势。绿化造林的规划设计中注意"五多四好"，即"多林种、多树种、多植物、多色彩、多层次"和"好种、好活、好管、好看"。同时，在绿化工程施工过程中，可在绿化隔离地区预留必要的防火林带，栽植防火树种。根据店口镇特点、存在的生态环境问题，本着突出区域资源优势、分类经营、分类指导、优势互补的原则，将镇区划分为不同的生态环境建设类型区进行建设。

镇区内路旁绿化关键在于街道两侧、居民社区的绿化工作，路旁植树应在现有的行道树基础上，拓展植树的范围，有条件的街路可以种植两排或三排行道树以增大绿量，并形成隔离带；通过拆房建绿、破墙透绿、披墙挂绿、见缝插绿等措施，大力构筑景观通廊，使有限的绿化资源达到最大化的利用。在草、灌、木的绿化配比上，尽量减少耗水多、养护难度大的草皮，多设置灌木与乔木，并增加花卉种植比例，绿化美化城区环境，以改善店口镇人居环境。

店口镇新版总规提出，今后的经济建设中，应实行生态建设与经济发展的综合决策，建立经济增长的资源环境成本评估与核算机制，切实考虑经济发展的环境代价。建立可持续发展的经济体系，包括建立以可持续发展为指导思想的产业结构；建立以循环经济为核心的可持续发展生产体系；建立以节能、降耗、高效为核心的可持续发展的流通体系；建立以适度合理消费为核心的可持续发展的消费体系；建立以 ISO14000 为核心的可持续发展的管理体系。在资源利用方面，强调开发与保护并举，利用与节约并重；调整资源利用方式，提高资源利用效率与效益，降低产污率，实现资源利用粗放型向集约型的转变；加强资源的统一规划与管理，做到合理开发、有序利用。结合未并入城区的分散居民点建设城郊生态基地（如蔬菜基地、花卉基地、苗木基地等），重视生态敏感区和农田开敞区的保护，特别是要与山下湖、阮市进行有效的协调、协作，共同加强对白塔湖生态湿地的保护力度，整治污染，将周边存在污染的企业外迁，控制开发建设强度，提升其环境质量（大气环境质量达一级标准，水环境质量达Ⅱ类标准），保护其生物多样性，维持其良性的生态平衡。

在社区建设方面，应提倡生态住宅小区建设，一般来讲，小区的绿化率应不少于40%，软铺装和硬铺装覆盖率应达到100%。生态社区建设的另一原则是节能环保，对居民区可能发生的空调热排放、生活污水及生活垃圾和人群车辆噪声分别采取了不同措施进行处理。如生活污水经处理后全部用作中水回用于小区环境建设和生活服务设施，达到零排放；生活垃圾实现安全袋装化并清洁输出；小区建设提倡人车分流，减少车辆污染对居民的伤害、避免汽车交通对儿童的威胁。

店口镇是个工业强镇，工业生产给店口带来了滚滚财源，也带来了不可避免的污染。在工业区规划布局中体现生态思想，能够明显地改变店口面貌，提升店口的人居环境质量。首先，工业园布局应实施优化，将原有的村村点火、户户冒烟的乡镇工业实行集中布置，利用统一的基础设施（能源供给设施、污染处理设施）来提升生态效益，实现产业生态化。其次，加速产业更新和科技研发的比例，推行清洁生产，采用高效、无污染的生产工艺，提倡工业生产领域的 3R（reduce 节约，reuse 再利用，recycle 回收）生态理念，提高工业生产过程的生态效益。

223

8.5 杨凌国家级生态示范区建设规划

完成单位：中国城镇规划设计研究院、西北大学。

规划编制人员：谢映霞、范少言、刘兴昌、沈迟等。

杨凌国家级生态示范区位于陕西关中盆地的西部中心，东隔漆水河与武功县相望，西部和西南部与扶风县毗邻，北与扶风县接壤，南以渭河为界与周至县相连。规划面积22.12km²。示范区管委会现辖杨凌一区，区辖李台乡、大寨乡、杨村乡、五泉镇和杨凌镇街道办事处。

杨凌国家农业高新技术产业示范区是集教育科研示范推广为一体的农业科学城。

示范区立足区域生态环境特点及经济社会发展水平，以生态学"整体、协调、循环、再生"理论为指导，重点发展生态产业、清洁生产和控制环境污染、改善生态环境质量，增强生态环境对经济和社会发展的支撑潜力，营造可持续发展的自然生态体系，体现国家设立杨凌农业生态示范区的目的，突出"生态"和"示范"两大基本功能。

分领域落实重点建设项目，包括生态农业、高新技术产业、农村能源、城镇生态、环境保护、建设模式六个领域的建设规划。

8.5.1 生态资源分析评价

8.5.1.1 自然生态资源分析评价

（1）地质地貌特征

在大地构造上，本区位于鄂尔多斯地台南缘的渭河地堑，属渭河谷地新生代断陷地带。根据中国地震烈度区划图，杨凌区地震烈度为7度。

区内地势北高南低，向渭水倾斜，自北向南有沟坡地、渭河滩地、一级阶地、二级阶地和三级阶地五种地貌类别。

沟坡地分布在三级阶地和漆水河、水河岸边，地面起伏较大，现多数已改造为人工梯田，面积约占总面积的5.7％。

三级阶地海拔516.4～540.1m，相对高差24m，地势平坦，地下水埋深80～120m，一般单井日出水量为300m³，为中等富水带，面积占总面积的59.5％。

二级阶地海拔451.8～484.6m，相对高差32.8m。北部紧靠三级阶地处坡度较大，中部和南部较为平缓。地下水埋深15～20m，一般单井日出水量500～1000m³，为强富水带，面积占总面积的18.5％。

一级阶地海拔420～430m，相对高差10m，地下水埋深2～4m，一般单井日出水量100～3000m³，为极富水带，面积占总面积的13.8％。

渭河滩地的地势平坦，海拔420m左右，相对高差1.0m，地下水埋深2m左右，面积占总面积的2.5％。

（2）水资源

杨凌的水资源比较丰富。地表水年平均径流总量28.2亿m³，目前仅利用1982万m³，地下水补给量3400万m³，宝鸡峡高干渠、二支渠及渭惠渠年调入水量1629.6万m³。

1）地表水资源 主要河流有渭河、漆水河和漳水河。

渭河从李台乡的永安村流入本区，从东桥村出境，境内 5.587km，平均流量 136.5m³/s，径流总量 46.03 亿 m³，最大洪峰流量 5780m³/s（1983 年），最小流量 5m³/s（1977 年），水质综合类别至少为 V 类。

漆水河系渭河支流，由武功镇马家尧村入本区境内，从示范区东侧自北向南流过，于大庄乡圪土劳村汇入渭河，区内流程 8.45km，多年平均流量 4.15m³/s，最大洪峰流量 2260m³/s（1983 年），年径流总量 1.31 亿 m³。

漳水河发源于凤翔县雍义村鲁班沟，由五泉乡曹家村入境，从杨村乡下北杨村汇入漆水河，流程 24.6km，多年平均流量 0.46m³/s，年径流总量 1448 万 m³。

此外，杨凌年调入水总量 1629.6 万 m³。其中渭惠渠年调入 359.5 万 m³，宝鸡峡主干渠年入水量 230.0 万 m³，渭河滩民堰入水量 61.3 万 m³，宝鸡峡二支渠年调入水量 917.1 万 m³，以漳水河、漆水河为水源的抽水工程年调水量 61.7 万 m³。

2）地下水资源　全区多年平均地下水资源量 3387.34 万 m³，其中潜水 2207.84 万 m³。

三级阶地大于 70m，贮水量小，且不稳定；二级阶地埋深 10～20m；一级阶地埋深 2～3m 内。分别由天然降水、灌渠、田间灌溉、河流等补给。排泄总量 1976 万 m³，补给量大于排泄量。承压水 1179.50 万 m³，其中，北部区为 717.35 万 m³，南部区为 462.15 万 m³。分布在潜水层之下，北部补给主要来源于北侧的地下径流和垂直方向的潜水层，南部则主要为地下径流补给。

地表水含酚量超标，仅适合于渔业和农田灌溉。地下水除大肠菌数超标外，其余各项指标符合饮用水水质要求，属良好型水质。

（3）气候资源

杨凌属季风型半湿润气候，大陆性气候特征明显，春暖多风，夏热多雨，秋热凉多连阴雨，冬寒干燥。

1）光能资源　杨凌年光能总辐射量 114.86kcal/cm²，日照时数 2163.8h，生理辐射 57.43kcal/cm²，可满足多数农作物生长发育需要。光能资源在全年各月份之间的分布不均衡。春夏光照充足，有利于夏作物生长；9、10 月份常因阴雨而光照不足，不利于秋作物成熟。

示范区年均气温 12.9℃。极端最高气温 42℃（1966 年 6 月 19 日），极端最低气温 −19.4℃（1977 年 1 月 30 日），最大冻土厚度 24cm（1956 年 1 月 10 日，1977 年 1 月 17 日～18 日）。一月份平均气温 −1.2℃，7 月份平均气温 26.1℃；无霜期 211d；≥10℃积温 4184℃，≥20℃积温 2401℃。热量可满足小麦、玉米一年两熟的要求。

2）降水与蒸发　示范区年均降水量 635.1mm，蒸发量 993.2mm，湿润指数 0.64。冬期降水量占年降水量 3%。春季降雨量占全年的 23%，温度变率较大，伴有春旱和大风。4 月上中旬常有寒流入侵。夏季炎热多雨，平均气温 25℃以上，降水量占全年 43%，多阵雨和暴雨，也伴有夏旱和伏旱。秋季阴雨连绵，降雨量占全年的 31%，10 月下旬出现初霜冻。

3）灾害性天气　示范区气象灾害有干旱、连阴雨、大风、冰雹、霜冻、干热风等，其中干旱是本区最大的气象灾害。

4）气候资源利用评价　在气候资源利用方面，存在三个比较突出的问题：一是热量资源不能满足作物高产的需要。示范区全年≥10℃积温4184℃。目前种植的中晚熟小麦、玉米品种两料，共需积温4600～4800℃，而保证率在80%的积温只有4700℃，加之秋夏两忙收获农耗积温约150℃左右，因而不能满足小麦、玉米生产对热量的要求。常规栽培的蔬菜、果树虽能正常生产，但由于受热量的限制，产品上市晚、产量低、品质差，经济效益不高。二是光能利用率不高。示范区光能资源较为丰富，生产潜力较大，全年太阳总辐射量114.86kJ/cm²，平均日照数2163.8h。以粮食为例，示范区目前粮食耕地亩产650kg，光能有效利用率为3.17%。如能把光能有效利用率提高到5%，就可使粮食耕地亩产达到1000kg以上。三是自然降水不能保证农作物生长发育的要求。示范区位于东亚季风区内，降水季节性很强，各年及各月之间的变化很不稳定，年平均降水量635.1mm（最少约327.1mm，最多的979.7mm），80%保证率只有540mm。小麦和玉米的需水量为890.8mm，其中夏玉米需水量457.5mm，冬小麦需水量433.3mm。蔬菜年约需水量1500mm左右，果树年需水量1000mm。因此，自然降水与种植业的需水量相差甚远。

（4）土地资源

1）土壤与土地利用　全区土地总面积141157.9亩，共有7个土类，11个亚类，15个土属，34个土种。其中塿土类面积最大，为101294.8亩，占总面积的71.7%，广泛分布在一、二、三级阶地的塬面上。黄土类土面积15287.4亩，占总面积的10.83%，主要分布在塬边梯田壕地、坡沟地上。

新积土面积15692.0亩，占总面积的11.1%，主要分布在渭河和漆水河滩地区。另外，还有潮土、水稻土、红黏土、沼泽土等，分别占总面积的2.66%、1.78%、1.11%和0.8%。

2）土地利用评价　杨陵示范区土地利用强度和土地生产力水平均较高，土地资源适合农作物生长。由于农科城的示范、带动、指导和辐射作用，农业生产的科技含量高，农业经济效益明显。目前，农业土地利用存在的主要问题是：

一是土壤肥力不高，氮磷比值失调。土壤耕层有机质平均为1.184%，碱解氮为72.1ppm，速效磷12.5ppm，氮磷比值为5.8。土壤耕层薄，目前全区平均耕层深度只有15.1cm，最薄的仅6cm，最厚的24cm。

二是耕地化肥使用量较大，使用化肥耕地面积99%以上。亩均化肥施用量约70kg，且呈上升趋势。

三是耕地减少快，后备土地资源缺乏。示范区近年因入区企业猛增，建设用地面积增长较快。目前，规划的后备建设用地不足，限制和制约示范区的发展。

（5）生物资源

1）自然植被　杨凌属森林草原带。春秋战国前，植被良好，渭河两岸森林茂密。"山林川谷美，天材之利多"，灌、椐、柘、松、柏漫蔽田野。后因垦殖之故，"相地为宜，宜谷者稼穑"，大片土地被良田、道路、村庄所占据。时至今日，天然植被几乎全为人工植被所代替。栦、柽、椐等树种已经绝迹，自然植被仅在沟边、田埂偶有出现。

2）人工植被　人工植被主要作物品种有小麦、玉米、油菜、花生、瓜类和蔬菜类。人工林成片分布在渭河、漆水河、漳水河两岸，以护堤护坡为主，护田林网和道路绿化也有相当的发展。目前森林覆盖率达到12.9%。另外，沿坡有4000余亩的水土流失防护林带，渭河滩有5.58公里的堤岸防护林带。三级阶地有苹果、梨、桃等果林5000多亩。农田林网骨架也基本形成，并开始向园林式农田网方向发展。

8.5.1.2 社会、经济资源分析评价

（1）人口

到 2000 年底，示范区总人口 13.3 万人，其中农村人口 8.7 万人，城镇人口 4.6 万人，平均人口密度 1412.20 人/km²，是 1949 年 322 人/km² 的 4.38 倍，为全省人口密度最大的地区之一。改革开放以来，产业结构和就业结构变化，农村劳动人口逐步由种植业向加工业、建筑业及第三产业转移，城镇个体经营业也随之扩大。2000 年农村劳动力 48287 人，其中从事农业人口 28109 人，从事农业人口的比例逐渐缩小，城乡一体化、城乡融合的格局业已形成。

示范区建设带来入区企业的增加，城镇非农业人口增长迅速，不仅使科技人才流失的趋势得以扭转，而且也吸引一大批科技人员到杨凌工作落户。

（2）经济发展

2000 年，杨凌国内生产总值 5.1 亿元，其中第一产业 8322 万元，第二产业 20575 万元，第三产业 21336 万元，地方财政总收入 4457.0 万元，各项税收 3517 万元。第一产业中农业 5537 万元，占 66.53%；林业产值 75 万元，占 0.91%；畜牧业产值 2710 万元，占 32.56%。农业生产条件明显改善，农村经济全面发展，在稳定粮食生产的前提下，产业结构调整步伐在加快，优质良种和经济作物的面积不断扩大，各类种植、养殖业蓬勃发展，出现了一批示范村和示范户。

农业高新技术产业化的成效显著。到目前为止，入区企业 348 家，其中外商投资企业 12 家，股份制企业 13 家，民营企业 290 家。累计技工贸收入 16 亿元，对外出口大幅增长，2000 年出口供货值达 660.7 万美元。

农业科技、信息贸易发展层次逐步提高，综合效益显著。1994 年首届农博会参会人数只有 10 万人。2000 年改为农高会，规模空前，共有 130 万人参会，大会交易额达到 133 亿元。访问农高会网站的也达 52 万人次，农高会跻身全国著名的四大会展之列，成为杨凌最响亮的品牌。

（3）旅游业发展

示范区又是一个农业文化、科教和生态农业观光的旅游区。目前主要旅游项目有水上运动中心、昆虫博物馆和人工模拟降雨大厅等。杨凌水上运动中心是国内一流的水上运动场地，按照国际 A 级赛场设计，是西北地区最大的人工水面。比赛场地长 2300m，宽 300m，设有 8 条航道，水域面积近 70 万 m²，水深 5m，水源全部采用地下水，整个场地水面宽阔，水质清澈，是赛艇运动理想的场地。西北农林科技大学昆虫博物馆始建于 1987 年，是中国第一个昆虫博物馆，1999 年 8 月二期工程建设竣工。新馆面积 4500m²，分为展览、收藏和科学研究三大部分。此外，杨凌示范区处于乾陵、法门寺、太白山森林公园、楼观台等著名旅游景点的联接中心，开展旅游业的区位和交通条件均十分优越。

1997 年经国务院批准，杨凌成为我国唯一的国家级农业高新技术产业示范区之后，多次举办"农业高新技术产业博览会"，经国内外近 300 多家广播、电视台及报刊等新闻媒体万名记者宣传报道，使杨凌知名度越来越高，来杨凌参观学习的国内外人士更是络绎不绝。2000 年头 7 个月杨凌农科城共接待国内外游客 30 万人次，旅游业给当地带来 2400 万元的收入。

　　杨凌示范区管委会因势利导，成立了杨凌示范区旅游有限公司，系统、规范的开发农业科技旅游资源。西北农林科技大学一些国家级重点实验室，种、养殖科研基地也相继对外开放，供游人参观。既进行科普教育，同时使游人受自然界的神奇和农业科技成果所带来的生活巨变。

　　旅游业发展中的主要问题：一是科技博览、生态农业观光、休闲娱乐为一体的旅游格局尚未形成；二是旅游区基础设施建设尚未完善，旅游业的发展未形成规模；三是规范化的组织和管理有待于加强。

　　（4）科教发展

　　示范区成立以后，下大力气抓了科教体制的改革。1999年，将杨凌原隶属于4个部委和陕西省政府的10个科研教学单位，组建成西北农林科技大学和杨凌职业技术学院，实现了科研资源和教育资源的实质性整合，革除了科技力量游离于经济建设主战场和市场之外的弊端，提高了科技进步对农业经济发展的贡献率。科教管理体制创新为推动科技成果向现实生产力的转化奠定了重要的体制基础。

　　近年来，学校依托自身科研成果，创办科技企业30多家，示范推广农畜良种30多个，开发新产品40多个。目前，林产品精深加工、农作物种子、植物化工、天然果汁饮料、天然营养保健品、葡萄与葡萄酒、饲料与饲料添加剂、专用肥料、无公害生物农药、畜禽良种、新特兽药、节水灌溉设备、植物无病毒优质苗木快繁和新型植物生长调节剂等项目已被学校和杨凌农业高新技术产业示范区作为重点发展和招商项目，正在产生巨大的社会效益和经济效益。

　　（5）能源利用

　　示范区的能源主要是石油、天然气、煤炭、生物能和电能。除生物能外，其他能源均来自区外。2000年全区商品能源消费量合计7810t（以标准煤计），其中工业生产消费6951t，占总商品能源消费量的89%，非工业生产消费859t，占11%。商品能源消费中原煤的消费量最大，有5306t，占总商品能源消费量的6成以上。柴油的消费量684t，均为工业生产消费。汽油的消费量为392t，其中工业生产消费331t，非工业生产消费61t。2000年全区共消费电力606万kWh，其中工业生产消费431万kWh，非工业生产消费175万kWh。全区电力供应充足，能满足工农业生产和人民生活需要。可再生的清洁能源在总商品能源消费量中所占的比例不足1%。

　　农村村民主要以秸秆为燃料，目前沼气等清洁能源的使用量很少，太阳能的利用更少，基本局限于太阳能热水器、日光温室等。风能和水能的利用尚属空白。

　　能源利用中主要存在的问题：一是工业企业能耗大，能源利用率低；二是能源结构不合理，煤、石油是能源消费的主体，清洁能源所占比例很小。三是农村大量使用薪炭、秸秆，导致土壤肥力的显著下降，大量施用化肥，造成土壤板结，质量下降。

　　（6）基础设施建设

　　示范区道路框架已基本形成八条主干道，总长7.7km。农村路网有新发展。示范区成立三年来集资2470万元，新建乡村公路89km，现全区共有等级公路118.2km，公路密度达到126km/100km²，行政村和自然村都通上了油路。

　　邮电通讯设施处于全国前列，实现了统一的光缆信息传输。

　　电力网经过改造，已形成110kV、35kV、10kV等多种电压等级的供电系统，建有17

个反馈回路。

城区供水由自来水公司和单位自备井共同供给。自来水厂有水源井 3 眼（1 眼备用），500t 蓄水池两座，日供水 2000 多吨，供水管网 6033m。单位自备井 51 眼，日供水能力约 1 万 t。城区排水采用合流制，排水干管两条，一条由西农路—邰城路排入渭河，另一条由火车站穿铁路—沿常兴路排入渭惠渠。

城区社会文化设施类别比较齐全。有大学 2 所，完全中学 4 所，职业中学 1 所，文化娱乐场所 20 多家，还建有杨凌广播电台、电视台和有线电视台，综合性医院各一座。农业科教用地的绿化水平较高，区内也有较大范围的专用地（苗圃、试验田 50 多公顷）。

杨凌示范区成立 3 年多来，各项事业呈现出了良好的发展态势。累计完成了固定资产投资 16.1 亿元，实现了高新技术产业和基础设施建设的同步发展。水上运动中心、国际会展中心、医疗中心、热电厂、高速宽带的杨凌信息港相继建成。建筑面积 24 万 m^2 的安居工程以及与之配套的小学、幼儿园、高标准的示范区医疗中心已投入使用；污水处理、供水扩建工程、渭河大桥、火车站改造等重点工程也将开工建设，城镇框架初具雏形。

8.5.2 生态适宜性评价

生态适宜性评价旨在确定生态因素对给定的土地利用方式的适宜状况和程度评定，是土地开发利用的依据。在对生态环境条件充分把握的基础上，进行生态环境潜能与生态环境敏感性的分析。杨凌的坡地稳定度、土壤侵蚀程度、地下水补注区位和土壤的生产力状况是农业生态适宜性条件分析和生态经济区划的客观依据。

（1）坡地稳定度分析

坡地稳定度分析的主要依据是坡度，再根据土层的厚度状况进行局部调整。

1）面坡度分级

Ⅰ：＜2°川塬区。

Ⅱ：2°～6°川塬内川寨线和黄土台塬边缘。

Ⅲ：6°～15°零星地区川寨线和黄土台塬边缘。

Ⅳ：15°～25°黄土台塬边缘，漆水河两岸，漳水河南岸。

Ⅴ：＞25°分布较少。

2）层厚度分级

Ⅰ：≥100cm 渭河一、二级阶地和黄土台塬区。

Ⅱ：100～70cm 漆水河、水河岸零星地。

Ⅲ：50～30cm 渭河老河滩地。

Ⅳ：≤30cm 渭河、漆水河、漳水河滩地。

有效土层厚度坡度表　　　　　　　　　　　　　　表 8.5.2-1

有效土层厚度坡度（%）	＜2°	2°～6°	6°～15°	15°～25°	＞25°
小于 70cm	Ⅰ	Ⅱ	Ⅲ	Ⅳ	Ⅴ
大于 70cm	Ⅰ	Ⅱ	Ⅲ	Ⅳ	Ⅴ

（2）潜在土壤侵蚀程度分析

通过潜在土壤流失量的分析为防治土壤冲蚀提供依据，并以此限制开发活动，降低土地开发使用所带来的水质污染、水土流失和河道淤积等负面效应。

目前，最常用的估算表土流失的方法是土壤流失公式：

$$A=R\times K\times (L_s)\times C\times P$$

式中 A——每年每单位面积所流失的土壤量；

R——降雨冲蚀指数；

K——土壤冲蚀指数；

L_s——用 $L\times (0.76+0.54S+0.76S_2)/100$ 估算；

L——坡长；

S——坡度；

C——地表覆盖因素；

P——土地管理因素。

降雨冲蚀指数根据降雨量，暴雨的频率与数量等进行估算。土壤冲蚀指数根据土壤质地与有机质含量进行估算。由于本区主要为农业耕作地区，故地表覆盖因素以及土壤管理因素均设为1。根据计算结果，分级如下：

Ⅰ：无明显侵蚀 川塬区（Ⅰ级坡度区域）；

Ⅱ：轻度侵蚀 川塬内零星地区川寨线和黄土台塬边缘（Ⅱ级坡度区域）；

Ⅲ：中度侵蚀 川寨线和黄土台塬边缘（Ⅲ级坡度区域）；

Ⅳ：强度侵蚀：黄土台塬边缘，漆水河西岸、湋水河南岸（Ⅳ级坡度区域）。

（3）地下水补注区位分析

地下水是城镇用水与农业用水的主要来源。用地性质的变化将有可能改变地下水的补注模式，城镇建设增加了地表不透水层的范围，从而阻碍了地表水补充地下水的几率，导致地下水位下降与地面的沉降，在较大范围内造成生态环境条件不可逆转的恶性循环，故对地下水补注区分析至关重要。影响地下水补注的因素主要有与土壤质地相关的土壤渗水性，地形坡度等。生态条件评价中，将土壤依质地分为四级：

Ⅰ：壤质偏黏土 分布在湋水河沿线以南，宝鸡峡二支渠以北；

Ⅱ：壤质土 分布在杨陵区中部，如五泉镇、大寨乡的中南方向，杨村乡以及西宝一级公路站线两侧；

Ⅲ：壤质偏沙 分布在沿渭河滩地；

Ⅳ：沙质土 分布在沿渭河滩地。

地形坡度对地下水补注影响表现在地表径流流速与地形坡度的关系，陡坡地段减少了补注地下水的可能。粗质地的土壤（壤质偏沙、沙质土）渗水性好，可增加地下水补注的机会。本次评价依土壤质地与坡度的差异将地下水补注分为主要补注区，次要补注区与非补注区三个等级。

（4）农业用地生态适宜性分析

农业用地的生态适宜性分析是从土地的自然生产潜力出发，对影响植物生长的基本因素光、热、水和营养元素等生命活动不可缺少的能量和物质状况进行分析。不同性质土地的光、热、水和营养元素的含量及组合各异，构成了不同的土地农业生产的自然生态条件，不同的利用潜力与限制，以及不同的生态适宜性。

1) 土壤肥力分级

Ⅰ级：>1.2%～1.4%　五泉镇的毕公南部、绛中、绛南、郭管、高家、汤家。

Ⅱ级：1.0%～1.2%　五泉镇的毕公北、朱家、绛中北、夹道南、绛南北、五泉、椒生南、上湾南、桶张、斜上、王上、帅家南、崔家西。大寨乡的孟寨、寨东、西薄、东薄、南薄、梁氏窑、杜寨北；杨村乡大部分；李台乡（渭河滩地除外）全部。

Ⅲ级：0.8%～1.0%　五泉镇的曹家堡、曹家沟、夹道北、椒生北、茂陵、上湾北、帅家北、崔家东。大寨乡的蒋家寨、周李村、官村、陈沟、李张、寨西、西小寨东、杜寨南；杨村乡的一部分。

Ⅳ级：0.6%～0.8%　渭河、漆水河、漳水河滩地。

Ⅴ级：0.4%～0.6%　零星生土壤。

2) 保水程度分级评价

Ⅰ：良好　渭惠渠两岸地区，高干渠两岸，二支渠以南地区。

Ⅱ：较好　渭河滩地以北地区，二支渠以北地区。

Ⅲ：一般　零星沟地。

Ⅳ：较差　梯地、坡地。

Ⅴ：漏水　渭河、漆水河、漳水河、滩地。

结合上述自然因素的分级评价，可将杨凌区农业生态条件分为五级，见表8.5.2-2。

综合分析叠加结果，将杨凌区农业用地生态适宜性分为 4 个区域，即 E0—生态最适宜区；E1——一级生态适宜区；E2—二级生态适宜区；E3—三级生态适宜区。

231

杨凌区生态条件分级表　　　　　　　　　　表 8.5.2-2

等　级	坡　度	有效土层厚度（cm）	潜在侵蚀	土壤质地	土壤肥力（有机质含量）（%）	保水程度
Ⅰ	<2°	>100	无明显侵蚀	壤质地	1.2～1.4	良好
Ⅱ	2°～6°	70～100	轻度侵蚀	壤质偏黏或偏沙	1.0～1.2	较好
Ⅲ	6°～15°	30～50	中度侵蚀	黏质土	0.8～1.0	一般
Ⅳ	15°～25°	≤30	强度侵蚀	沙质土、砾质土	0.6～0.8	较差
Ⅴ	>25°		剧烈侵蚀	石渣土	0.4～0.6	漏水

8.5.3　生态经济区划

根据生态适宜性评价结果，结合杨凌地貌类别的特点，考虑到土地质量、灌溉条件、土壤条件、地形条件等的区域差异，在合理利用土地、提高耕地质量、有利于土地利用、改造、保护的指导下，从最大限度地发挥土地生产力角度出发，将杨凌共划分为三大生态经济区：林业生态经济区（沟坡地）、农业生态经济区（三级阶地）和城镇生态经济区（二级、一级阶地）。

(1) 林业生态经济区

本区主要分布在三级阶地和漆水河、漳水河岸之间的沟坡地，面积约占全区的 5.7%，由于土壤质地、坡度、肥力等原因，生态环境极为脆弱，不宜作为农业用地和城镇建设用地，开发利用率低。

1）主要生态环境问题

本区综合生态环境较差，水土问题较多，地势高亢，以沙砾土为主，局部地区为沙壤，易受风水侵蚀，水土流失严重。按土地生产力分级，以四级耕地为主，部分为五级，是全区土地最差的地区，垦殖率低，土地利用效益较差。本区灌溉和保水程度差，地表水较缺乏，地下水只提不补，有效灌溉面积低。

本区虽现有大面积梯田，但由于水利设施差，土壤肥力不足，经济效益极差。又因缺乏防护林带，抗灾能力弱，使该区生态环境潜伏着危机。

2）发展对策

首先，紧抓退耕还林还草工作，结合植树种草，防风固土，治理水土流失，保护农田，完善农田林网，改善全区生态环境。

其次，按照生态经济学原则发展林业，把防护林、水源林、经济林、速生丰产林和乔灌草等合理的结合起来，形成结构合理的林业生态经济系统；为人们提供越来越多的经济产品，取得较好的经济效益。

此外，同步提高林业的经济效益和生态效益，正确处理好水源林涵养、水土保持林、防护林与经济林、用材林和速生丰产林之间的关系。

（2）农业生态经济区

本区位于高干渠以北的杨凌区北部，包括五泉镇、大寨乡的全部和杨村乡的一部，辖58个行政村，12789户，农业人口60266人，占全区总人口的75%，耕地6.3万亩，占全区总耕地面积的68.9%，人均耕地1.045亩，是杨凌人均耕地较多的地区。

1）基本特征

本地属三级阶地区，地势较高，地下水位低，水资源条件较差，有一定量的机井辅助灌溉。但由于渠水供应不足，地下水埋藏深，夏灌水供需矛盾突出，所以干旱是本区农业生产的最大威胁。本区土层深厚，耕层浅薄，肥力较低，善土，肥力低，最薄只有60cm。年平均地温12.8～13.10℃，≥0℃积温4668.9～4786.8℃，≥10℃的作物生育期199～200天，无霜期211天，年降雨量613.4～635.1mm。

本区农作物耕作制度为一年二熟或二年三熟制，耕地复种指数187%，粮食作物占耕地总面积的95%，油料作物占耕地面积的4.6%，传统的轮作倒茬逐步向间作套种制度转变，果树面积有明显发展之势。

本区耕地面积63560.2亩，其中二等耕地1243.7亩，占本区面积的2%；三等耕地面积45850.1亩，占73.3%；四等耕地面积10501.4亩，占16.5%；五等耕地面积4329.6亩，占6.9%；六等耕地面积635.4亩，占1.0%。三等以上的耕地面积占到本区耕地面积的75.3%。

2）存在的主要问题

上塬区属于宝鸡峡灌区，复种指数较高，低产作物逐步被高产作物代替，从而使耕作制度发生了很大变化，轮作方式单一，除不到10%的"油菜—玉米—小麦"两年三熟制外，几乎是单一的"小麦—玉米"一年两熟制，粮食作物与经济作物及养地作物争地矛盾突出。面临着问题如下：①该区已属宝鸡峡下游灌区，供水困难，农田水利设施基础比较薄弱，生产受气候影响大；②推行生产责任制以来，农业机械化程度有所提高，有机肥施用量减少，耕层变薄，耕地质量提高不明显，果、粮争地矛盾扩大，作为杨凌的粮食基地已受到影响；③养地作物种植量明显减少。

3）发展对策

一是改善农业生产条件，提高耕地质量，保证粮食作物持续稳定增产。首先作好农田建设的渠系配套和衬砌，节约用水，扩大受益面积；其次增加机井，重点解决三级阶地区的水源不足问题；再次加快机井的改造工作；四是搞好水利设施的保护，使之充分发挥作用。

二是全面推行间套形式，用养结合，保护地力。改一年一茬为粮、油两茬。为解决油菜效益低的问题，可以采取早熟大豆直播油菜、玉米宽窄行种油菜、玉米茬移栽油菜等方式。

三是农业产业化。本区的农业发展应在农村家庭联产承包责任制的基础上，以市场为导向，以经济效益为中心，围绕区域性支柱产业，优化组合生产要素，实行区域化布局、专业化生产，一体化经营，社会化服务和企业化管理，使农业生产系统逐步形成种养加、产供销、内外贸一体化的生产经营体系，推动农业现代化进程。

四是加强典型项目的基地建设。本区以农业生产为主，工业企业少，大气质量好，具有建立绿色食品基地的优势条件，只要应用现代生物技术控制农药化肥的施用量，防止污水灌溉和土地污染，则可产出高质量的无公害食品。

五是改良土壤，提高地力。通过秸秆还田、沼气制肥以及纯粪堆沤配方施肥等技术，延长生态系统的食物链；提高肥料的施用效益，充分发挥农业用地的生产潜力。

（3）城镇生态经济区

本区位于杨凌区东南部，即渭高干渠以南，漆水河以西的一、二级阶地区域。

1）基本特征

本区海拔451.8～484.6m，坡度7‰，地势较低，水源丰富，灌溉条件好，水利化程度高，农作物产量高而稳。区内土地平坦，土层深厚，土壤肥沃，以黑油土为主。光热资源丰富，年平均气温13.2～13.5℃，≥0℃积温4882.5～5003.2℃，无霜期213d，≥10℃的积温4200℃，全年降雨量635～663.9mm，但年际间分布不均，对农业生产有一定影响。

本区交通条件便利，有西宝高速公路通过。经济基础好，总体生产水平高，是整个杨凌的经济极核。根据总体规划本区又可细分为7个小区：

① 农业科学园区　以现有的农业院校和科研院所为基础，结合科研教育体制改革，适当扩充和调整用地。加强社会服务设施建设，整治和改善环境，形成综合性科研、实验、教学、信息中心。

② 现代农业建设示范区　以大面积林带、人工水面、湿地公园构成示范区的绿心，重点展示各类农业科学技术和农业产业化的成果，人工与自然和谐统一的环境改良成果，以及现代化乡村改造与建设成果。

③ 农业高新技术产业园区　安排115公顷农业与高新技术产业园区，其中，北区安置农业科技加工业，南区安置高档次高环境要求的高新技术产业。

④ 农业综合园区　以地貌类型多样，生态条件丰富为特点的东部作为栽培各类干旱、半干旱地区农业作物的基地。

⑤ 农业中试园区　在科学园区附近，依托农业科技大学布置3km² 左右的农业中试园

区。主要承担农业科技成果推广示范和产业化职能，提供旱地农业节水灌溉、生物工程、遗传苗种等农业高新技术产业化的试验和展示场所。

⑥ 生活服务园区　在北部，以起步区为核心，布置生活服务园区。主要布置综合性多功能的城镇中心，安排行政管理机构，商业设施，会议展览中心和第三产业等设施。

⑦ 农业观光及休闲带　在东部结合林、果、花卉等观光型农业发展，构成观光农业区。

2）面临的问题

① 耕地减少速度快，人口与耕地的矛盾日益突出。本区人口密度高，而示范区征地速度较快，土地开发强度大，人均占有耕地减少速度高于其他经济区。由于粮食复种指数过高，用养失调，造成地力不断下降，直接影响农作物长势和产量。

② 水质污染比较严重，水污染已经形成点、线、面三种形式，影响人们生活用水质量和生态安全。

3）发展对策

① 进一步提高园田化水平，以现有园田化骨架为基础，重点抓好渠道、机井的修复衬砌，提高灌溉效益，挖掘地下水潜力，减少渠灌，防止地下水位上升和土壤盐碱化。

② 发展立体农业，推广间作套种，利用该区较好的水利条件优势，大力研究开发宽窄行玉米套种萝卜、白菜、甘蓝、豆类及药材等间套项目，力争近期玉米田全部实现间套化。

③ 建立环境保护目标责任制、城镇环境综合整治定量考核制度、环境影响评价制度。"三同时"制度，排污收费制度，限期治理制度，污染集中控制制度，排污登记与排污许可证制度等八项环境管理，构成以控制新旧污染源的环境管理体系。不断改善和提高环境质量，实现经济与环境协调发展。

8.5.4　生态农业建设规划

（1）指导思想

1）运用农业生态学原理和系统工程的方法，遵循生态平衡规律和市场规律，治理和保护农业生态环境。

2）坚持以市场为导向，调整产业结构，优化资源配置，实现"两高一优"。

3）实施"科技兴农"战略，加快农业高新科技成果的转化与推广应用。

4）农、林、牧、副、渔全面发展，种、养、加综合经营，优化农业产业结构，提高农业生产的整体效益，实现生态农业系统的良性循环。

（2）发展战略

生态农业实施"四个目标"、"五个转变"、"六个重点"的发展战略。

四个目标　一是切实保护农业生态；二是合理利用农业生态；三是科学开发农业生态；四是持续提高农业生态。

五个转变　一是由小农经济思想向现代化的大生产观念转变；二是由高产高投入向优质效益型转变；三是由传统农业技术向高新农业技术转变；四是由以种植业为主的单一经营型向农林牧多元经营的开发农业转变；五是由松散经营结构向产业化经营方向转变。

六个重点　一是调整农业产业结构；二是推广无公害生产；三是开展秸秆综合利用；

四是实行农牧结合；五是抓好设施农业建设；六是提高农民科技素质。

沟坡防护林

生态示范村

（3）农业发展方向

1）调整种植业结构。改变单一的粮食种植格局，积极开展多种经营，加大经济作物的比例，不断提高农业效益。

2）开发利用农作物秸秆资源。

3）改良土壤合理化性状。

4）合理科学使用化肥农药，提高农作物产品质量。

5）农牧结合，提高农业生产的整体效益。

6）改变灌溉方式，发展节水灌溉，提高水利设施的抗大旱能力和水资源利用率。大力植树造林，提高农田林网的绿化率。

（4）发展途径

杨凌区生态农业发展的途径是强化农田水利建设、农田林网建设两个基础；落实市场信息、技术服务和资金投入三个保障；建设农作物良种繁育基地、名优新特果品基地、名贵花卉苗木繁育基地、经济动物繁育基地和精细绿色无公害蔬菜生产等5个基地。

1）两个基础

农田水利建设：农田水利建设重点是节水灌溉体系。粮食和小麦良种生产采用固定式或半固定式喷灌系统，果业生产采用滴灌系统。花卉苗木生产，采用微喷灌系统。蔬菜生产，采用渗灌系统。

农田林网建设：建设多树种、多层次、带片网、乔灌草相结合的立体型的生态农田林网体系。按照生态农业建设的思路，对全区的农田林网进行改造，形成生态林业的布局框架。重点是河流流域、支干渠、主干路、乡村路的绿化工作。

2）三个保障

市场信息：应用互联网广泛搜集国内外经济、技术信息；向广大群众提供农产品市场动向和新品种、新技术，使农业资源配置更加科学，农村产业结构趋向合理。

技术服务：建立和发展各种形式的技术推广体系网络，形成以区农技推广服务组织为龙头，以乡村基层服务站为网点，以农民各专业协会为纽带，依托驻区科研教学单位，下联专业户、示范户的科技培训社会化服务网络，提高农村干部群众的整体素质。

资金投入：生态农业建设的资金以农民自筹为主，各级政府资助为辅。政府投入的资金主要用于编制规划、宣传推广、技术培训、经验交流和开展小型试验、示范等。各项目资金要配合生态农业建设进行安排，发挥生态农业建设的整体效益。

3）五个基地

农作物良种繁育基地：建立优质小麦良种基地3万亩。采取统一种源、统一布局、统一技术方案、统一播种、统一收获。达到生产专业化、布局区域化、管理程序化、加工机械化、种子商品化的目标。

名优新特果品基地：培育引进国内外名优新特品种，培育出适合杨凌种植的果木，发展"第三代水果"。

名贵花卉苗木繁育基地：运用杂交栽培、组培、工厂化生产等新技术，大力发展高档、名贵、经济的花卉和绿化苗木，建设一批示范园，建成繁育基地5000亩。

经济动物繁育基地：在全区建立年产2000头仔猪的杂交猪种繁殖基地；建成年产1000头的奶牛繁殖基地；建成100万只的杂交鸡种繁殖基地。

精细绿色无公害蔬菜生产基地：运用无公害和反季节生产技术，发展高档、精细优良的绿色蔬菜品种，建设日光温室大棚1500个。积极引进蔬菜新类型、新品种，采取科学的田间管理技术，提高产品质量，增强市场竞争力。

（5）生产模式

1）无公害生产模式 一是采用生物杀虫剂、杀菌剂和低残留农药，保证对病虫害的有效防治，同时又能降低有害物质的污染和残留。二是合理施肥，扩大有机肥和生物菌肥。遵循"稳氮、增磷、施钾、补微"的原则，满足作物生长发育要求；引进推广可降解农膜，减少土壤污染。

2）秸秆综合利用技术 一是推广玉米秸秆机械粉碎、小麦留高茬、秸秆覆盖等直接还田技术；二是通过秸秆的青贮、氮化、微贮等技术解决畜牧业饲草问题，实现农牧业的结合，延长食物链；三是采用秸秆气化技术，通过沼气池或引进国内外先进的秸秆气化设备，将秸秆转化为可燃气体，解决农民燃料、取暖和日光温室的冬期增温问题。把牛羊粪便用作农作物的肥料，形成绿色植物生产—畜牧转化—微生物分解的良性生态生产循环系统。

3）设施农业生产模式　大力发展温室大棚生产，改变种植种类单一的问题，种植反季节蔬菜，扩大瓜果及花卉、苗木的生产。同时，要提高新建大棚的现代化水平，努力实现微机控制，达到具有调温、调湿、调光、调气的功能。

（6）分区建设规划

根据生态适宜性评价结果，结合多年来形成的农业生产基础，杨凌生态农业建设分为种养区、林果生态区、良种繁育生态区、生态农业技术试验区和生态产农业高新技术研制开发区。

1）种养区、林果生态区　此区域地处三级阶地西北部，位于南北林果带之间，基本属五泉镇，面积 33580.9 亩。五泉镇多年来在种植、养殖和农副产品加工方面有长足的发展，已形成一定的规模，产生了良好的经济和社会效益。林果业近来也有新的发展。本次规划设立 12 个基地 12 个生态示范村，以发挥更好的示范、带动作用。

2）良种繁育区　该区地处三级阶地中部，西与五泉接壤，北至漳水河南坡岸沟沿，呈东西带状形。良种繁育带主要集中在大寨乡，面积 11606.9 亩，规划设立 6 个基地和 4 个生态示范村。

3）生态农业技术试验区　该区域地处三级阶地东部。东以漆水河为界，北至漳水南岸。大部集中在杨村乡，大寨乡也有部分用地，面积 22793.9 亩，规划四个基地，专司生态农业技术试验实验。

无土栽培绿色食品基地

4）生态农业高新技术研制开发区　该区域地处三级阶地东部和二、三级阶地过渡地带着及二级阶地的漆水河谷。东以漆水河为界，西与扶风接壤，总面积 49139.2 亩，范围基本上为农科城，主要进行生态农业高新技术的研制与开发工作，相当于孵化器，规划设 7 个科研点和一个基地。

绿色食品基地

品种培育基地

高新技术研发基地

节水灌溉示范

农业科技示范项目

8.5.5 高新技术产业建设规划

（1）发展现状

1）高新技术产业发展势头良好 一批具有国际先进水平并拥有自主知识产权的重大高科技项目落户杨凌示范区，初步形成了以良种繁育、节水灌溉、设备制造、生物工程、制药、农用化工和农副产品深加工等行业为主导的产业格局。产业发展的主要特点：一是民营科技企业占主导地位，机制新，有活力；二是产品具有较高的科技含量，在市场上有较强的竞争力；三是企业同大学及科研机构协作关系密切，产品及技术研发具有较强的支撑；四是绝大多数生态科技涉及农业，而且集中在良种繁育、节水灌溉、无公害农药、生物肥料、植物化工及现代中成药等关键领域。

2）科技创新稳步推进 投资 2 亿元建设了节水灌溉、生物技术育种、植物化工、农业综合试验 4 个国家级工程研究中心和高新技术孵化中心及留学生创业园，面向西部农业发展的重大关键技术开展攻关，取得一批重要成果。

3）对外合作交流不断扩大　积极发展同国内外的合作与交流，同美、日、以、法、荷等许多国家的众多企业、科研机构建立了广泛的协作关系，开展了多方面的合作研究和培训。特别是以干旱、半干旱地区农业合作研究项目，在高温及干旱条件下对植物生理的影响、分子标记技术在育种上的应用研究、野生高抗旱植物资源利用等方面取得重要突破。

（2）优劣势分析

杨凌以中国的农科城享誉海内外，西北农林科技大学和杨凌职业技术学院聚集了农林水牧等64个学科的4000多名科技人才。在过去的几十年里，杨凌创造了5000多项科技成果，为国家带来经济效益超过2500亿元。目前，杨凌在旱作农业、良种繁育、灌溉与节水工程、家畜繁殖、内分泌胚胎工程、黄土高原水土流失综合治理、植物资源保护、开发及综合利用方面的研究居国内领先水平，部分领域达到国际先进水平。

但是，区位条件差，城镇功能不足，许多关键的基础设施和城镇公共设施还有待建设，对高科技企业的吸引力还不是很强。

（3）生态产业建设规划

1）指导思想　运用生态学原理和系统工程的方法，遵循生态平衡规律和市场规律，治理和保护生态环境。坚持以市场为导向，调整产业结构，优化资源配置，突出优质，提高效率，达到环保产业的目的。发展无污染的高新技术企业。

2）发展目标　以服务于农业、提高农业的现代化水平为主要目的，提高科技贡献率，科技贡献率达到60%以上。

3）发展战略　建立机构优化的技术创新体系及其创新支撑服务体系，选择关键技术领域率先突破。突出抓好北方旱区主导作物优良品种的选育，开发林草种苗快速繁育技术和植保技术，发展与西部植物资源增殖转化相关的精深加工技术。

建立促进人才合理流动的录用和淘汰机制，为优秀人才建立高水准的发展平台，建立能够凝聚和吸引人才的激励机制。

进一步加快利用外资的步伐，扩大利用外资的领域，提高利用外资的水平。实施"走出去"和"引进来"战略，加强国际的科技合作和人才交流。

4）建设重点

农牧良种业　良种培育是示范区的最主要的科技优势之一，要围绕西部地区的农牧良种形成一个具有较强竞争力的大产业，培育一个覆盖西北、辐射全国的大市场。主要培育的企业有：秦丰农业、中富绿色硅谷股份有限公司、杨凌农业高科技发展股份有限公司。

生物工程技术　采用现代生物工程技术是使农业、畜牧业向高产、高效、优质、集约化发展的有效途径。目前示范区胚胎生物工程技术水平已接近或达到世界先进水平，通过引进优质种牛和种羊的基础上，实现胚胎生物工程产业化，快速扩繁高产优质羊、牛优良品种后代，使杨凌成为我国最主要的优质畜牧种源地。主要扶持的企业有：杨凌科元生物工程有限公司、杨凌金坤生物工程股份有限公司、杨凌绿方生物工程有限公司、陕西嘉德生物工程有限公司。

节水技术　围绕节水农业，重点发展节水灌溉关键设备、人工汇集雨水材料设备的产业化开发。主要研制生产适用的喷灌、微喷、滴灌、渗灌和管道灌溉成套设备，大幅提高设备的整体配套性和产品质量。主要培育的企业有：杨凌秦川节水灌溉设备工程有限公司、杨凌中灌创新水利水电技术有限公司。

生物资源综合加工产业　杨凌区应重点发展动植物基因工程产品、植物化工、高效安全生物农药、高效有机肥料等新型产业。主要培育的企业有：农大德力邦科技股份有限公司、陕西巨川富万钾股份有限公司、杨凌绿宇科技有限责任公司。

饲料产业　杨凌示范区的饲料产业应以开发研制无毒害物质残留的高效安全饲料为主，生产营养平衡、抗病力强的饲料。主要培育的企业有陕西省饲料厂、陕西新华秦饲料有限公司。

现代中成药产业　陕西具有深厚的中医药传统和极为丰富的药用植物资源，建立以中医新、特药研究开发为主的研发中心，形成以中药炮制加工、中药有效成分提取分离和新特药生产为主的中药现代化科技产业基地。主要培育的企业有：杨凌麦迪森制药有限公司、陕西神奇制药有限公司。

8.5.6 农村能源建设规划

（1）农村能源现状

杨凌区农业人口 8.7 万人，农户 2 万户左右。目前，全区粮食作物年产秸秆 8 万 t 左右，但除少量秸秆用于生活燃料外，大部分在田间地头焚烧，不仅浪费了资源，而且对环境造成污染。目前，该区生物能占商品能源的比例约为 10%，生物能在居民生活能源中的比例约占一半，可再生清洁能源仅占总能源的 1% 左右。

（2）农村能源消费的主要问题

农村能源以生物质能为主，能源长期短缺，大量秸秆及树木被砍来烧掉，使地表植被减少，水土流失加重，自然生态环境恶化。能源构成以煤为主，燃煤严重污染环境。

（3）农村能源建设规划

指导思想：充分利用生物资源，改变农村燃料结构，消除农村环境污染，建设生态型农村。开发和节能并重，大力发展沼气及密植速生光合能力强的薪炭林，推进沼气生产，综合利用生物质能源，多能互补、优化组合、综合利用是能源建设的重要原则。

1）秸秆的综合利用　一是秸秆气化技术，通过沼气池或引进国外先进的秸秆气化设备，将秸秆转化为可燃气体，解决农民的燃料、取暖和日光温室的冬季增温问题。二是发展秸秆青贮、氨化技术。

$$\text{粮食生产} \xrightarrow[\text{青贮、氨化}]{\text{秸秆}} \xrightarrow[\text{养殖}]{\text{饲草}} \xrightarrow[\text{沼气}]{\text{粪便}} \xrightarrow[\text{粮食、蔬菜生产}]{\text{沼渣}}$$

规划近期应选择资源丰富、经济条件较好的 12 个村庄进行试验，使秸秆的综合利用率达到 50%；远期应推广到全区，使秸秆的综合利用率达到 80% 以上。

2）庭院生态经济模式　规划近期 7 个示范村进行建设，以沼气能源建设为中心，牲畜粪便利用为主要技术路线，建立庭院生态生产结构，地下建沼气池、地面种植果树、蔬菜，地上养殖鸡、猪、羊等。这种模式充分利用空间和资源，规划中后期可全面推广。

3）积极利用太阳能　杨凌农村太阳能的利用率很低。农户应充分利用庭院或屋顶设置太阳能收集设备，以供取暖及做饭使用。农业生产上，塑料大棚也可用太阳能来取暖、调光。

8.5.7　城镇生态建设规划

城镇生态系统主要由城镇居民、城镇环境系统构成。杨凌区原是一个农业区，城镇居民较少，经过近年的建设，农科城虽初具规模，但离现代化的园林城镇的要求还有较大差距，因此，应把城镇生态建设放在重要位置来考虑。

（1）规划思想

杨凌城镇生态环境建设规划旨在建设系统结构完善，生态体系与城镇空间构成有机衔接的绿色空间体系。

（2）规划目标

规划城镇绿化覆盖率由目前的20%左右，近期提高到30%，远期达到40%；人均绿地面积由目前的9m²，近期提高到12m²，远期达到15m²；新型清洁能源的比例由目前的10%左右，近期提高到20%，远期达到30%；固体垃圾处理率目前几乎为零，近期应达到50%，远期应达到90%；空气环境质量应达到国家二级标准；水环境质量应符合功能区国家标准；人均住房面积由目前的每人20m²左右，近期提高到25m²，远期达到30m²；自来水普及率由目前的80%左右，近期提高到90%，远期达到95%。

（3）建设规划

由于杨凌区城镇化水平较低，经济发展水平不一，因此，应重点突出、层次分明地进行建设。近期主要建设示范区及五泉镇，远期可扩展到其他乡镇。

1）环境生态建设　以"回归大自然"为目标，以可持续发展为原则，生态林地、生态农业用地和城镇绿地有机协调的绿色体系。

城区大力植树造林，提高绿化覆盖率。主要道路两旁必须种植花草树木，各单位在搞好内部绿化的同时，必须绿化好周围的空地。城镇内部的空地改建成公园。树种应以当地适宜的优势品种为主，乔灌草结合，尽量创造如同自然状态的条件，公园最小规模不得小于0.5～1公顷。行道树必须选择耐热、耐旱、耐污染的树种，如白杨、槐树等。

建设城镇污水处理设施，提高水的重复利用率，关停并转污染严重的企业，生活垃圾分类收集，进行无害化处理，实现资源的可再生利用。烟尘排放及噪声污染必须符合国家规定。

2）改善能源结构　杨凌城区的可再生清洁能源仅占总能源的1%，今后重点发展天然气气化工程，完善城镇供气场站网络，利用天然气、热电厂实现热源的集中供应。城镇内逐步淘汰燃煤锅炉，消除大气环境污染。

住区建设。城镇住区建设树立生态意识，住房建设标准要适应农科城的发展需要，重视居住环境建设，加强绿化、美化，营造绿色住宅。

3）产业发展　重点是无污染的洁净环保型农业高新技术产业。依托优越的产业发展环境，促进农业高新技术的产业化，使科学研究和技术开发成果尽快转化为生产力，使技术优势尽快转化为经济优势。第三产业的发展应以旅游业和服务业为主，以旅游业带动服务业的发展，同时促进生态城镇的建设。

8.5.8　生态建设综合目标

表8.5.8-1为生态示范区生态建设综合目标。

生态示范区生态建设综合目标　　　　　　　　　　　　　　　表 8.5.8-1

项　目		年　份	2000 年	2005 年	2015 年
经济目标		GDP（万元）	5.1	20	100
		财政收入（万元）	1998	8000	26000
		经济产投比	—	3.0	3.5
		农业总产值（亿元）	1.29	1.8	3.5
		人均年收入（元）	2000	3000	5000
		绿色 GDP		逐年增长	
		环保投资占 GDP 比例（%）	0.9	1.4	1.8
生态环境目标		绿化覆盖率（%）	17.0	30.0	40.0
		退化土地治理率（%）	80.0	90.0	>98.0
		资源利用率（%）	80.0	90.0	98.0
		新能源比（%）	10.0	20.0	25.0
		化肥农药递减率（%）	8.0	10.0	10.0
		农膜回收率（%）	75.0	85.0	90.0
生态环境目标		畜禽粪便处理率（%）	80.0	90.0	98.0
		空气环境质量	—	达到国家二级标准	
		水环境质量	—	达到各功能区标准	
		噪声	—	达到各功能区标准	
		固体垃圾处理率（%）	0	>50.0	>95.0
		城镇人均绿地面积（m²）	8.5	11.61	15.0
社会目标		农村人口自然增长率（‰）	13.8	7.5	5.0
		教育程度		实现普及教育、发展职业教育	
		每万人中的专业技术人员（国民科技素质）（人）	1160	2000	3000
		人均住房面积（m²/人）	20.0	25.0	35.0
		自来水普及率（%）	80.0	90.0	>95.0
		科技成果贡献率（%）	—	45	70
		人口自然增长率（%）	0.45	—	0.6

8.6　生态农业科学园区总体规划——以山西潞城辛安泉规划区西流下黄乡镇为例

规划编制单位：北京绿色家园环境保护工程技术研究所

8.6.1　总体分析与说明

本例为生态园区总体规划，重点突出生态建设和环境保护，偏重生态内容的总体规划。基于生态环境规划案例考虑，本例选择相关主要内容包括：水资源、土地资源现状分析、水资源保护、水资源、土地资源合理开发利用、生态环境建设及农业产业化规划。编者对相关内容与章节作了适当调整与删减。

本规划战略目标：建设优越的产业发展环境，推动农业高新技术产业化进程，培育建设我国中西部地区乃至全国有影响的示范农业科学园区。

以辛安泉水在农业林业等方面的科学利用研究为基础，以农业高新技术主导产业为经济支柱，营造良好生态环境为目标，把园区建成为现代化生态农业科学研究实验和教学基地，生态农业科技推广服务和产业化基地，生态农业观光和生态旅游规划区，以形成良性循环的生态经济发展模式，带动地区经济发展。

8.6.2　水土地生态资源现状分析评价

8.6.2.1　地下水资源

（1）地下水可开采量

通过资料分析和现场调查，得出的结论是：辛安泉群为全排泄型泉群，泉水的天然排泄量就是泉域内岩溶水的资源量。

辛安泉水的来源有以下三个方面：大气降水直接渗入补给岩溶水、地表水和长治盆地内的孔隙水。

泉水排泄方式有两种：以泉水形式自然流出和人工开采。

泉群总流量最大为 $16.8\mathrm{m^3/s}$，多年枯水期平均流量为 $7.558\mathrm{m^3/s}$，枯水期最小流量为 $7.05\mathrm{m^3/s}$。

从保护辛安泉的角度出发，确保辛安泉泉水的可持续利用，取最小泉水流量为辛安泉可开采量，即 $7.05\mathrm{m^3/s}$，2.2 亿 $\mathrm{m^3}$/年。

（2）地下水水质

根据地质矿产部山西省中心实验室 2000 年 8 月关于《山西省潞城镇南流饮用水天然矿泉水勘查报告》，确认该矿泉水为含锶重碳酸钙镁型饮用天然矿泉水，符合饮用天然矿泉水 GB 8537—2008 饮用天然矿泉水国家标准，（数据见表 8.6.2-1），并且该矿泉水的医疗保健作用正在作进一步确认。

矿泉水检测数据（mg/L）　　　　　　　　　　　　表 8.6.2-1

分析项目	采样点				检测单位
	潞城蔬菜公司	南流二号	潞城南流	化工一库	
Ba			0.064	<0.05	地质矿产部矿泉水水质检测中心
Sr		0.517	0.624	0.51	
NO^{3+}		44.37			
pH	7.36		7.3		国家矿泉水标准为 Sr≥0.25 总硬度用 $CaCO_3$ mg/L 计
色度	<5		<5		
浑浊度	<1		<1		
总硬度	310		328.6		
细菌群	7 个/mL	8 个/mL	3 个/mL		山西省卫生防疫站
大肠菌群	<3 个/L	0 个/L	0 个/L		

规划区内泉水集中涌出地西流河谷地，地下水达《地下水质量标准》GB/T 14848—

93 的Ⅰ类标准。

而其他几处，据长治市环保部门取地下水样进行分析，均有不同程度的污染，下黄乡南庄及规划区外的黄池乡下社水井、黄牛蹄水库，供人畜饮用的地下水水质已污染超标，且危及当地人民的生活饮用。但由于受污染的地下水在拟建规划区的下游，对规划区的水质不会产生影响。

8.6.2.2 地表水资源

（1）地表水可利用量

浊漳河是泉域内的主要河流。集中降水形成的地表径流，夹着大量泥沙沿着浊漳河的三条源流而下，在河口村汇合，称浊漳河。南源发源于长子，长 133.5km；西源发源于沁县漳源村，长 81.4km；北源发源于榆社县柳村沟，长 129.8km；南源与西源在襄恒县甘林村汇合，向东与北源汇合。浊漳河在西流以下成为长年性河流。据石梁水文站资料，浊漳河多年平均径流量为 3.12 亿 m³。近年来在浊漳河的三条源流上修筑了多座水库，使浊漳河的径流量大大减少，在干旱季节三源流出现断流，成了季节性河流。而在西流以下，有大量的地下水从浊漳河两岸的寒武系、奥陶系地层中流出，形成著名的辛安泉域群，这时浊漳河才成为长年性的河流。

（2）水质

根据长治市环境监测站资料，1995 年浊漳河干流三个监测断面水质类别均为劣Ⅴ类（《地面水环境质量标准》（GBZB 1—1999））；规划区域内要求水质功能达到Ⅲ类。三个监测断面分别为上游石梁、实会和下游王家庄，这三个监测断面完全反映了拟建规划区域浊漳河水质情况，水质监测值见表 8.6.2-2。

1995 年浊漳河干流监测断面水质类别 表 8.6.2-2

断面名称	COD	BOD₅	氨氮	亚硝酸盐	氰化物	挥发酚	砷	六价铬	汞	水质类别
石梁	劣Ⅴ类	Ⅴ	Ⅰ	Ⅱ	Ⅰ	劣Ⅴ类	Ⅰ	Ⅰ	Ⅰ	劣Ⅴ类
实会	劣Ⅴ类	Ⅳ	Ⅴ	Ⅴ	Ⅰ	劣Ⅴ类	Ⅰ	Ⅰ	Ⅰ	劣Ⅴ类
王家庄	劣Ⅴ类	Ⅴ	Ⅴ	Ⅴ	Ⅰ	Ⅳ	Ⅰ	Ⅰ	Ⅰ	劣Ⅴ类

结果表明，规划区内地表水水质功能类别为劣Ⅴ类，主要超标污染物是 COD、BOD、挥发酚，在规划区的中、下游氨氮、亚硝酸盐超标。超标的主要原因是上游大量的工业和生活污水及规划区内山化污水排放所致。潞城镇至今没有生活污水处理厂，生活污水不加处理的排放和生态环境遭受破坏导致的水土流失，也加剧了规划区内地表水污染的程度。

8.6.2.3 辛安泉水利用量

根据《山西省潞城县水资源开发利用现状分析报告书》等材料，利用辛安泉水的主要是长治市使用辛安泉水作为饮用水，潞城镇地域内的工业、生活、农业用水绝大部分依靠辛安泉水。已知利用辛安泉水用户详见表 8.6.2-3。

辛安泉水量分配表（m³/s） 表 8.6.2-3

行业	批准用水量	实际用水量	计划用水
工业	1.5（其中山化 1.2；平顺化工 0.3）	0.9	
战略储备	1.5	1.5	

行业	批准用水量	实际用水量	计划用水
农村用水		1.0	
潞城镇生活	1.0	1.0	
长治市生活	1.0	1.0	1.0
小　计	5.0	5.4	1.0
合　计	5.0	6.4	

表 8.6.2-3 表明，政府部门批准的可以利用辛安泉作为水源的量共计 5.0m³/s。

而实际已利用辛安泉的水量为：长治市 1.0m³/s，潞城镇 1.0m³/s，山西化肥厂 0.6m³/s，平顺县 0.3m³/s，战略储备水 1.5m³/s；为解决农村人畜饮水、缺水地区农灌用水和乡镇企业工业用水，潞城镇各乡打各种机井约 6000 眼（有部分浅水井已不出水），其中深井约 1000 眼，用水量约 1m³/s。共计 5.4m³/s。

长治市饮水二期工程 1.0m³/s。

两者合计 6.4m³/s。

尚有 0.65m³/s 可供科学园区建设用水。

8.6.2.4　污水排放量

工业和生活污水达标后，也是可利用的水资源。潞城镇废水排放详见表 8.6.2-4。

潞城镇污水排放表　　　　　　　　　　　　　　　　表 8.6.2-4

排污单位	污水排放量（万 t/年）	占总排放量（%）
山西化肥厂	1064	92.52%
公建机械厂	1.52	0.13%
曲轴厂	0.35	0.03%
中药厂	0.03	0.00%
印刷厂	0.01	0.00%
草帽塑料编织袋厂	0.20	0.02%
造纸厂	0.35	0.03%
丝织厂	0.009	0.00%
铜材工艺厂	0.0088	0.00%
生活及其他	83.52	7.26%
合　计	1150	

潞城镇废水排放总计 1150 万 t，其中山西化肥厂排放 1064 万 t 废水，占潞城镇废水排放量的 92.5%。该厂化工废水全部排入黄牛蹄水库和浊漳河，既浪费了水资源，又污染了地表水和地下水，对当地人民的日常生活产生了不利的影响。

8.6.2.5　可增开采地下水量

根据以上分析，规划区建设可增加开采的地下水量在近期只有 1.65m³/s，即 5203 万 m³/年。待长治市生活饮用水二期工程完工，只有 0.65m³/s（2050 万 m³/年）可供规划区建设使用。只要合理分配，科学利用就可保证规划区建设发展的需要。

8.6.2.6　土地资源现状

规划区总面积为 5806.24 公顷。这些土地分布在山地、丘陵和河谷地带。根据土地自然特征，按用地性质分为农耕地、林地、园地、牧草地、居民点、工矿用地、交通用地、水域和未利用地。各类用地面积详见土地利用表8.6.2-5。

土地利用现状表（公顷）   表 8.6.2-5

地类名称	下黄乡		西流乡		合 计	
	面积	占总面积（%）	面积	占总面积（%）	面积	占总面积（%）
耕 地	1458.39	47.13	1267.22	46.74	2725.61	46.94
林 地	200.67	6.49	216.33	7.98	417.00	7.18
园 地	21.11	0.68	62.77	2.31	83.88	1.44
牧草地	286.37	9.75	318.36	11.74	604.73	10.42
居民点、工矿用地	185.48	5.99	126.70	4.67	312.18	5.38
交通用地	26.33	0.85	28.23	1.04	54.56	0.94
水 域	12.98	0.42	68.85	2.54	81.83	1.41
未利用地	903.31	29.18	623.14	22.98	1526.45	26.29
总面积	3094.64	53.30	2711.60	46.70	5806.24	100.00

注：未利用地包括未利用的可用地、沼泽地、盐碱地、岩石裸露地。

各类土地利用上，耕地占总面积46.94%，多分布在河谷地和丘陵地，种植小麦、玉米、豆类等。

林地占总面积7.18%，主要分布在土石山上，栽植油松、侧柏、刺槐等树种的人工林，山下沟坡地种植经济林，果树有核桃、大枣、柿树、花椒、山楂等。平地种植树种有加杨、北京杨、箭杆杨、刺槐等，组成防护林和水源涵养林。

园地占总面积1.44%，分布在河谷地和丘陵沟壑区两岸的台阶梯田上，果树以苹果为主，其次有梨、油桃、葡萄等，此外还有桑园。

牧草地占总面积10.42%，分布在山地、丘陵和谷地，草地绝大部分为天然草地。

上述耕地、林地、园地和牧草地占总面积的65.98%，其余面积是其他各类用地和未利用土地。

8.6.2.7 土地资源评价

为了合理利用和保护土地资源，充分挖掘土地潜力，需对土地质量及利用现状进行评价。规划区的土地受地形、气候、土壤、植被、水源等自然因素的影响，反映在土壤质量上有显著的差异。在与土地质量有关的诸因素中，土壤是衡量土地质量优劣的本质特征，况且种植地占各地类的2/3以上，这就更加突出表明土壤因素在土地评价上的重要性。为掌握土壤的养分和是否被污染状况，在规划区范围内按地形条件选择有代表性地段采样进行土壤分析化验，其结果见表8.6.2-6、表8.6.2-7。

土壤养分表   表 8.6.2-6

序号	取样地点	pH 值	采样深度（cm）	有机质（%）	有效养分（ppm）			备注
					水解氮	速效磷	速效钾	
1	西流乡河谷Ⅱ级阶地	8.4	0～40	1.5	55.1	5.5	192.7	农田土
2	西流乡山东坡中上部	8.4	0～40	0.5	20.8	3.6	203.0	荒草坡地

247

续表

序号	取样地点	pH 值	采样深度（cm）	有机质（%）	有效养分（ppm）			备注
					水解氮	速效磷	速效钾	
3	下黄乡沟川地	8.3	0~40	0.8	41.7	8.3	220.8	农田土
4	下黄乡丘陵坡地	8.4	0~40	0.6	23.5	1.9	135.8	荒草地

土壤污染元素分析表（mg/kg）   表 8.6.2-7

编号	取样地点	采样深度（cm）	汞	镉	铅	砷	铬	铜
1	西流乡西南村	0~20	0.0267	0.002	26.20	8.67	67.20	16.7
		20~40	0.0256	0.016	26.20	9.02	67.50	16.7
2	漫流河张庄村	0~20	0.0179	0.009	15.43	10.42	56.05	14.2
		20~40	0.0185	0.007	16.32	9.49	58.07	14.2
3	石梁乡曹庄村	0~20	0.0466	0.098	16.20	6.79	72.36	18.0
		20~40	0.0400	0.072	15.07	6.66	71.98	18.0

该区土壤养分与全国土壤养分含量标准相比，有机质除了河谷Ⅱ级阶地土壤中含量较多外，其他地类有机质含量偏低，有效养分中少氮缺磷富钾；土壤污染元素含量比旱山土壤中各项污染物的浓度限值含量低，土壤基本上没有受到污染。从总体上看，主要地类土壤养分带有规律性的明显差异。现用生态经济观点，以地形坡度、土层厚度、土壤有机质及水源条件等因素作为分级标准，对土地质量做出定性和定量的等级与评价。土地分级按土地质量优劣依次排列如下：

A 级土地：分布在河谷Ⅱ级阶地和沟川地，地势平坦（坡度在 5°以下），土层厚，有机质含量在 0.8%~1.5%，水、肥、气条件好，有灌溉设施。作为农田，种植小麦、玉米、水稻等农作物和蔬菜，长势好、产量高。

B 级土地：分布河谷两岸的Ⅰ级阶地，地势平坦，土层厚，有机质含量小于 1%，地下水位高，水肥条件较好，有灌溉设施。种植小麦、玉米、水稻等，生长一般，产量较低。

C 级土地：分布丘陵沟壑和土石山下沟坡地，缓坡（5°~15°），都已修成台阶式梯田，黄土层厚，有机质含量小于 1%，有不同程度水土流失，土壤水气条件较好，已作为农田和经济林地，果木树有柿树、核桃、花椒、大枣、山楂等。

D 级土地：分布在土石山坡下部和丘陵坡地，缓坡（5°~15°），坡面修成平整梯田，土层较厚，有机质含量为 0.6%左右，有轻度的水土流失，土壤干旱，水肥条件较差，大部分土地已成为荒地。有部分梯田种植旱作物，豆子、花生、谷子等，有的地块种植刺槐、柿树、大枣、花椒等。

E 级土地：分布在土石山斜坡（15°~25°），和丘陵顶部梯田上，中度水土流失，大部分土地为荒草坡，部分辟为梯田，土层较薄，有机质含量在 0.6%以下，土壤干旱、贫瘠，部分土地已种植有刺槐、侧柏、花椒等。

F 级土地：分布在土石山中上部，坡度陡（25°以上），其中大部分在 30°~40°，水土流失严重，土层薄，干旱、贫瘠，有机质含量在0.5%以下，阴坡有的已种植油松或油松与侧柏混交林，阳坡种植侧柏与花椒混交林。由于土壤干旱，肥力差，烧荒和放牧破坏，树木成活率和保存率低，管理粗放，病虫危害，植株长势弱。

G级土地：土石山上部山坡，坡度陡（25°以上），多在40°以上，水土流失严重，30%以上岩石裸露地表，在有土的地方，长些草和小灌木。

H级土地：分布在河谷的河漫滩上，砾石多，沙土少，地下水位高，在含沙土多的地方长有草和少量乔灌木。

I级土地：分布黄土丘陵地，局部地方黄土胶块、坚硬、干旱，植物很难扎根，地面光秃，没有利用。

J级土地：河谷地的局部低洼处含盐量高的盐碱地和河岸边地低洼处排水不良而积水的地方形成的沼泽地。

K级土地：分布谷地河流、泉流、水库、坑塘的水面，苇地、沟渠等地。用地表水灌溉农田和人工池塘泉水养殖三文鱼等经济鱼类。

耕地：土壤较肥沃，种植粮食和蔬菜，产量因土壤肥力的差异和是否有水灌溉而有所不同。从总体上看，作物受多种自然灾害、生产管理粗放等因素所致，作物产量相对比较低，没有充分发挥土地资源的潜力。

林地：多处在土壤瘠薄、水土流失严重、水分匮乏的地方，加之人为火灾和放牧破坏，树木成活率和保存率低，林木生长缓慢；而在平川地表水肥条件较好，已营造的防护林和水源涵养林一般生长正常。

经济林地和果园：土地条件较好，植株生长正常，但因品种老化和技术管理水平低，病虫危害，果品产量低，外观质量差。

牧草地：多数土地条件差，土壤贫瘠、干旱，草生长弱，单位面积产草量低。天然草地因放牧，植被破坏，水土流失严重。

8.6.3 水资源保护

规划区内水资源保护措施主要有两方面的内容：一是保护水质防治水污染；二是保存水量，尤其是地下水量。保护水质的主要方法是建工业和生活污水处理厂，使废水达标排放；保存水量的主要方法是防止过度开采地下水，合理利用泉水。而生态环境的改善是既可以改良水质，又可以保存水量的最好方法。

8.6.3.1 水污染防治

山西省海河流域水污染防治规划中指明，浊漳河水的污染相当严重，其主要原因是工业和城镇生活废水中携带的大量污染物进入河流水体，河道径流大幅度减少造成的。全流域每年进入的废水量达7962万t，其中潞城镇排入浊漳河的废水为1150万t。同时，流域内水土流失严重，大量的磷、氮随地表径流进入浊漳河，使该区域内水体环境污染有继续恶化的趋势。

山西化肥厂是影响规划区内辛安泉水质量的主要因素，其次是潞城镇生活污水。山西省海河流域治理规划中要求至2000年，海河流域要实现所有工业污染源达标排放；国家"十五"环保规划中要求至2005年，对海河流域实施污染物总量控制，以实现整个流域达到水质功能要求。

为此，在2005年之前潞城镇需上污水处理厂项目，废水处理能力1万t/日，可消减COD730t/年；山西化肥厂上湿线废水治理项目，可消减氨氮2500t/年。上述两项工作完成后，可保证浊漳河水达到工业用水标准；同时，经过处理达标后的工业和生活废水也可以达到农业用水的要求。山西化肥厂排放的化工废水污染拟建规划区下游地下水的现象也可以得到缓解，以致消除。

目前，潞城镇污水处理厂项目正在积极的筹备当中，该污水处理厂建成后将处理潞城镇生活污水和山西化肥厂生活和部分化工废水。

8.6.3.2　地下水过度开采防治

至今为止，辛安泉开采井的水位并没有出现大幅度下降的趋势。只是在特别持续干旱的年份，井水水位才会有所下降和减少；遇丰水年，水位便会有所回升；但是随着长治市生活饮用水二期工程投入使用，辛安泉水尚有0.65m³/s可利用量。因此政府部门应该严格控制辛安泉的用水量。

（1）辛安泉水控制使用

为了控制辛安泉水的使用，把用户分为5个等级：

第一级是生活用水；

第二级是绿色食品基地用水；

第三级是牲畜用水；

第四级是工业用水；

第五级是一般农业用水。

原则上前3个等级可以使用辛安泉泉水，后两个等级不准使用辛安泉泉水。应该严格控制深井的数量和取水量，满足人畜饮水即可。加强乡一级打井的管理工作。

（2）地下水过度开采防治原则

1）地下水与地表水综合考虑；

2）水量与水质统一考虑；

3）地下水的补给与排泄统一考虑；

4）打井与取水统一管理。

（3）地下水过度开采防治措施

1）浊漳河水补给辛安泉地下水的水量占地下水总补给量的30%，因此，在浊漳河和浊漳河三源流上，增加拦截洪水的蓄洪工程，减少泄洪量，可增加地表水对地下水的补给量。

2）在岩溶水径流区已有上千眼深机井，仅打在奥陶系灰岩中开采岩溶水的机井已超过百眼，而且井数量还在增加。若任其发展下去，作为排泄中心的辛安泉群将会干枯。因此，长治市、潞城镇各级政府，特别是水利主管部门，不仅要建立起严格的打井审批制度，而且对每眼深机井要登记建卡，记录下每眼井的开采时间、采出的水量、井水位的变化。最好深机井每年做一次水质化验，做到准确掌握水质优良的岩溶水的水量、水位、水质变化情况。

3）严格控制辛安泉水用于生活用水的数量，规定最大人均用水量[200L/(人·日)]，超额加价；实行生活用水双水管制，饮用水用一套管网；洗衣、冲刷卫生间、浇花草等可用地表水，用另一套管网。

4）减少工业用水使用地下水的数量，加强污水治理力度，使地表水尽早恢复到其使用功能。

（4）分期实施目标

2001～2002 年严格控制打井数量，只对生活饮用水井进行审批，同时对各乡和企业私自打井的情况进行调查、登记，坚决杜绝浪费水资源的行为，必要时需采用封井措施。

2003～2005 年实行辛安泉用水审批制度，严格控制打井数量，对辛安泉泉水的使用进行统一规划；与此同时，要控制工业、大田农业作物的地下水使用量，采用节水灌溉措施，如采用滴灌可节约用水 50%～60%，开始实施人均用水定量制。

2005 年以后，根据辛安泉可开采水量，按照用水等级划分，生活用水实行双水管制，把辛安泉泉水优先用于规划区绿色食品基地的建设与发展（见表 8.6.3-1）；工业用水、大田农作物灌溉大部用地表水。

防治过度开采地下水措施 表 8.6.3-1

规划（年）	措施与目标	作 用
2001～2002	在满足生活饮用水的前提下，坚决杜绝浪费地下水的行为	节约地下水可开采量
2003～2005	生活水定量制，严格控制打井数量，采用节水措施，保障绿色食品基地的用水量	节约地下水可开采量，让泉水发挥最大的经济效益
2005 年后	按照用水的重要程度分级，生活用水双管制，把辛安泉泉水优先用于规划区绿色食品基地的建设与发展，工业、大田作物全部利用地表水	合理利用矿泉水

251

8.6.4 水资源的合理开发利用

8.6.4.1 泉水资源的合理利用

政府批准利用辛安泉水资源的用户中，工业和农灌用水占 73%，生活水占 27%。辛安泉水达到国家饮用水标准。而符合《地表水环境质量标准》GBZB 1—1999 Ⅲ类水质标准的水即可作为工业用水，符合Ⅳ、Ⅴ类水质标准的水即可作为农灌用水；因此工业和农灌用水使用辛安泉矿泉水是自然资源的极大浪费，极不合理，当地大部分市民从冲刷车辆到卫生间用水都在使用矿泉水，极为可惜。

因此，一方面工业、农灌、市政应抓紧开发利用其他水资源并配套相关基础设施。

另一方面，应该严格控制矿泉水的使用范围，分阶段减少工业和一般农灌的矿泉水使用量，直至到不使用矿泉水，详见表 8.6.4-1。

这样，在规划近期，工业和农灌约可节省 1941 万 t 矿泉水用于生态农业、绿色食品基地、生态林建设，以及生态旅游环境和设施的建设；规划中期，约可节省 3855 万 t 矿泉水，可用于生态农业、绿色食品基地的扩大和旅游业的发展；规划后期，生态林形成规模，每公顷林地约可蓄水 300t，2666.7 公顷林地总蓄水量将达到 80 万～100 万 t，成为规划区内良性生态循环的重要环节。

分段减少工业和农灌辛安泉水用量　　　　　　表 8.6.4-1

规划阶段（年）	措　　施	减少用量	合　　计
2001～2005	生活污水处理达标后用于一般农灌、绿化； 农田滴灌，节水约 50%	365 万 t/年 1576 万 t/年	1941 万 t/年
2006～2010	调漳泽水库水； 山西化肥厂工业用水少 40% 矿泉水； 浊漳河筑坝蓄水	1514 万 t/年 400 万 t/年	1914 万 t/年
2010～2015	生态林保水	300t/（公顷·年）	80～100 万 t/年

8.6.4.2　合理开发利用的开源节流措施

（1）筑坝蓄水

规划区内浊漳河水流量受漳泽水库的调节作用，一般流量 $0～7m^3/s$，年均径流量 0.118 亿 m^3。规划区域上游已被污染，河水水质达不到农灌要求；在辛安出境处，由于山西化肥厂废水的排放，河水严重污染；因此规划区域内地表水基本上无法使用。到 2005 年海河流域水质治理达标后，浊漳河水可达 Ⅲ 类水标准，完全可以供给工业使用，因此建议在规划区域内浊漳河出境处（辛安桥附近）建拦截水坝，蓄浊漳河水，蓄水量初步估算为 300～500 万 m^3，约可提供山西化肥厂 1/4 的用水量。

（2）调漳泽水库水

漳泽水库现状水质超 Ⅲ 类。已不能作为生活与工业水源；但到 2005 年，海河流域治理达标，水质好转，山西化肥厂、平顺化工厂可全部使用漳泽水库水，可节省辛安泉地下水 4730 万 t。大田农灌在推广了节水措施，再部分采用地表水灌溉，可节省辛安泉地下水 1576 万 t，共计 6306 万 t，约为辛安泉可开采地下水量一半。

（3）收集雨水

在营造生态林和果品林时，在坡地上建造集水池和集水管网，在田间地头建立集水窖，收集雨水，计划使用。该区域年降雨量平均为 521mm，降水量集中在 6～8 月份，这些雨水同样是规划区发展的宝贵水资源。

（4）发展节水农业和林业

规划区内的农业和林业都必须采用节水灌溉措施；选择种植耐旱品种。

（5）一水多用

严禁一次性使用矿泉水。水产养殖和游泳娱乐使用过的矿泉水，可作为农业、林业用水；绿色生态农业用水可用作水产养殖用水等。

（6）增加工业废水回用率

采用清洁生产技术发展工业生产，提高工业废水回用率，减少补充新鲜水量。

（7）建设生态林区涵养水土

规划区域内绿化面积达到 50% 时，植被就能起到很好的涵养水土的作用，生态林形成规模后，可保水或节水 80 万～100 万 t/年。

8.6.4.3　相关定量分析

对规划区内水资源的可开采量和水质进行定量分析，是对规划区水资源进行保护性开发利用的依据。根据资料分析和实地调查研究，可以得出以下结论：

（1）为确保辛安泉泉水的可持续利用，科学园区可持续发展，取最小泉水流量为辛安泉群的可开采量，即 7.05m³/s，2.2 亿 m³/年；可用于规划区建设的水量为 0.65m³/s，2050 万 m³/年。该矿泉水为含锶，重碳酸钙镁型饮用天然矿泉水，符合《饮用天然矿泉水》GB 8537—2008 饮用天然矿泉水国家标准，该矿泉水的医疗保健作用正在作进一步的确认。

（2）浊漳河流域集中降水形成的地表径流因近年来在浊漳河的三条源流上修筑的多座水库而大大减少，在干旱季节三源流出现断流，成了季节性河流。而在西流以下，有大量的地下水从浊漳河两岸寒武系、奥陶系地层中流出，形成著名的辛安泉域群带，这时浊漳河才成为长年性的河流。现规划区范围内浊漳河水质恶劣，不具有使用功能。

（3）政府部门批准的可以利用辛安泉作为水源的量共计 5m³/s。而实际已利用辛安泉的水量为 5.4m³/s；今后计划开采量为 1m³/s；两者合计 6.4m³/s，尚有 0.65m³/s，可用于规划区建设。

（4）规划区内水资源保护措施主要有两方面的内容：一是保护、改善水质。二是保存、增加水量，尤其是地下水量。为此，我们提出应对辛安泉划出保护范围，并制订水资源保护条例遵照执行。同时在 2005 年之前潞城镇需上污水处理厂项目，处理能力 1 万 t/日，可消减 COD730t/年；山西化肥厂上湿线废水治理项目，可消减氨氮 2500t/年。上述两项工作完成后，可保障浊漳河水质达到使用功能标准，完全可以满足工业用水要求；同时经过处理达标后的工业和生活废水也完全可以满足农灌的要求，山西化肥厂排放的化工废水污染拟建规划区域下游地下水的现象也可以得到缓解或消除。

（5）为了合理使用规划区水资源，用水分为 5 个等级：第一级是生活用水；第二级是绿色食品用水；第三级是牲畜用水；第四级是工业用水；第五级是一般农业用水。

（6）保护辛安泉岩溶水的原则：地下水与地表水综合考虑；水量与水质统一考虑；地下水的补给与排泄统一考虑；打井与取水统一管理。

（7）保护措施：增加拦截洪水的蓄洪工程，减少泄洪量，增加地表水对地下水的补给量；长治市、潞城镇各级政府，特别是水利主管部门，要建立起严格的打井审批制度，加强管理；严格控制辛安泉水作为生活用水的量，规定最大人均用水量[200 升/（人·日）]，超额加价；实行生活用水双水管制；减少工业使用地下水数量，限期污水治理达标，使地表水尽早恢复使用功能。

（8）分期目标：

2001～2002 年，严格控制打井数量，只对生活饮用水井进行审批，同时对各乡和企业私自打井的情况进行调查、登记，坚决杜绝浪费水资源的行为，必要时需采用封井措施。

2003～2005 年，对辛安泉泉水的使用进行统一规划，实行辛安泉用水审批制度；同时，控制工业、大田农业作物的地下水使用量，采用节水灌溉措施，如采用滴灌可节约用水 50%～60%。开始实施人均用水定量制。

2005 年以后，根据辛安泉可开采水量，按照用水的重要程度分级，生活用水实行双水管制，把辛安泉泉水优先用于规划区绿色食品基地的建设与发展；工业、大田农作物灌溉大部用地表水。

253

8.6.4.4　水资源的合理配用

规划区内水质超五类地表水可考虑在 2005 年后配用。

在规划区域河谷内由于岩石露头，土层很薄，第四系孔隙水量小不计。

长治盆地孔隙水和层间水可利用量约 1.2 亿 m³/年，现已开采近 1 亿 m³/年，利用空间不大。

辛安泉水可开采量 2.2 亿 m³/年，已利用 1.7 亿 m³/年，长治水厂二期即将采用 3200 万 m³/年，因此，2001～2010 年可利用的水资源有辛安泉水 2050 万 m³/年和山化达标排放工业废水 1064 万 t/年。

2005 年后增加筑坝截留地表水 400 万 t。

2010～2015 年可利用的水资源有辛安泉水即 2050 万 m³/年（整个泉域范围生态条件改善增加的地下水暂不考虑）、山化达标排放工业废水 1064 万 t/年和调漳泽水库水 1892 万 m³/年，筑坝截留地表水 400 万 t。按农、林、果、养等用水每年不过 120 万 t，现有地下矿泉水是完全可以满足规划区建设需要见表 8.6.4-2。

水资源分配　　　　　　　　　　　　　　　　　　表 8.6.4-2

规划期	可利用水资源	可利用水量（万 t/年）	用水项目	单位用水量	用水量（万 t/年）
近期	泉　水	2050	果　树	200L/（株·年）	42
			绿色食品基地	44 万 t/次、30 次/年	1320
			开发区	200L/（人·日）	21.9
			旅游人口	50L/（人·日）	65.7
			矿泉水厂		12.8
			其他		587.6
	山化达标废水	1064	绿化	50L/（株·年）	28.5
中期	泉　水	2050	果树		42
			绿色食品基地		1320
			开发区		36.5
			旅游人口		98.6
			矿泉水厂		12.8
			其他		540.1
	地表水	400	开发区		19
	山化达标废水	1064	绿化		28.5
远期	泉　水	3942	果树		42
			绿色食品基地		1320
			开发区		40
			旅游人口		182.5
			矿泉水厂		12.8
			其他		2344.7
	地表水	400	开发区		40.3
	山化达标废水	1064	绿化		28.5

8.6.5 土地资源合理利用

从生态保护和土地资源合理利用考虑，土地利用规划调整如下：

（1）林地是原有 417.00 公顷，增加 1615.18 公顷，调整到 2087.4 公顷，占总面积 35%；

（2）果树地原有 83.88 公顷，增加 583.84 公顷，调整到 667.72 公顷，占总面积 11.5%；

（3）耕地原有 2725.61 公顷，退耕 983.74 公顷，减至 1741.87 公顷，占总面积 30%；

（4）牧草地原有 604.73 公顷，减至 145.15 公顷，占总面积 2.5%。

调整后，耕地人均 0.13 公顷，通过发展高效农业，引进新优品种，增加灌溉面积，多施有机肥，科学栽培，提高单位面积产量，能够满足当地农民的食用。牧草地减少以后，可将天然牧草地大部分改为人工草地，引进高营养、高产优良草种，科学养护，提高单位面积产草量和草的营养价值，完全能满足牧畜及特种养殖业的需要。调整数量见用地平衡表 8.6.5-1。

规划区用地平衡表　　　　　　　　　表 8.6.5-1

代　号	用地类别	用地面积（万 m²）	占百分比（%）
甲	耕地	1741.87	30.0
乙	林地	2087.4	35.0
丙	果园地	667.72	11.5
丁	牧草地	145.15	2.5
戊	居民社会用地	580.62	10.0
己	交通工程用地	116.13	2.0
庚	水域地	16.13	2.0
辛	砾石裸露地	406.44	7.0
	合计	5806.24	100

注：旅游用地在其他有关用地之内，不另列用地。

表 8.6.5-2 为土地类别对照表。

土地类别对照表　　　　　　　　　表 8.6.5-2

类别代号	用地名称	应用范围
甲	耕地	各种农作物用地
甲1	示范地	引进新优特品种植地
甲2	育苗地	农作物果树绿化树种育苗地
甲3	菜地	各种蔬菜品种栽培地
甲4	旱地	各种旱作物种植地
甲5	水浇地	有灌水设施的地
甲6	水田	种植永生作物地

续表

类别代号		用地名称	应用范围
乙		林地	各种功能的林地
	乙1	水土保持林	种植各种乔灌木的山坡地
	乙2	水源涵养林	在河边泉边种植林木地
	乙3	经济林	在山地丘陵的沟坡地种植各种果木林
	乙4	园林观赏林	村庄四旁林、服务娱乐设施景点等处园林绿化
	乙5	农田防护林	平地农田林网、片林等林地
	乙6	风景林	山坡种植观叶花果林
	乙7	道路绿化林	在道路两侧种植的行道树
丙		果园地	种植各种果树园地
	丙1	树莓园	红莓黑莓品种园
	丙2	苹果园	种植红富士品种等苹果园
	丙3	桃树	种植普通桃、油桃、蟠桃品种园
	丙4	梨园	种植黄梨等品种园
	丙5	葡萄园	种植京秀、瑞丰、峰后、黑提等品种园
	丙6	桑园	桑树园
丁		牧草地	天然和人工牧草地
	丁1	天然牧草地	放牧草地或割草地
	丁2	人工牧草地	放牧人工草地或割草地
	丁3	改良牧草地	补植优良草种的牧草地
戊		居民社会用地	居民社会各种用地
	戊1	居民点用地	独立设置的组点村的居民点用地
	戊2	生产用地	管理房仓库加工厂等用地
	戊3	服务设施用地	宾馆、饭店、商店等用地
	戊4	其他用地	其他建筑用地
己		交通工程用地	交通工程各种用地
	己1	对外交通用地	规划区以外交通用地
	己2	对内交通用地	规划区内交通用地包括路、广场、停车场等
	己3	供应工程用地	水、电、通讯、气、热用地
	己4	环境工程用地	环保、环卫工程用地
庚		水域地	河流水库泉水人工水池沟渠等用地
	庚1	河流水面	浊漳河水面
	庚2	水库水面	大小水库水面
	庚3	坑塘水面	水坑、养鱼池等
	庚4	沟渠地	引水排水沟渠
	庚5	苇地	地形低洼积水长苇之地
	庚6	滩涂地	河岸沙滩地

类别代号		用地名称	应用范围
辛		裸岩地	土石山岩石裸露占单位面积 30% 以上
	辛1	石质土地	岩石裸露占 30%～50% 大部分为砾石土地
	辛2	裸岩地	岩石裸露占 50% 以上

8.6.6 生态环境建设

据记载，辛安泉域地下水四季恒温，气候湿润，拟建规划区内，一片山清水秀的美丽景色。由于人们超量开发自然资源和盲目扩大耕地，在很大程度上破坏了当地的自然景观。该区域原生森林所剩无几，植被覆盖率减少至 8%，动物种类和数量大幅下降；土壤水土保持功能下降。因此改善生态环境是拟建规划区建设首要的任务之一。

生态环境建设是一个循序渐进的过程，也是环境与经济可持续发展的一个重要检验指标。生态环境建设的主要内容有：

（1）辛安泉水控制使用；

（2）浊漳河水治污还清；

（3）实施营造生态林、果木林工程；

（4）生态农业建设。

我国生态环境建设的长期经验表明，生态保护措施与治理水土流失工程必须同步进行。生态环境建设是一项综合性工作，必须将区域或流域这样的大系统作为一个整体，从自然、社会、经济等方面综合考虑，根据地域分布规律进行全面规划、综合整治。因此规划区域内生态环境建设是潞城镇范围生态环境建设的一部分，治理水土流失工程与之相协调、相呼应。规划区域内生态环境建设可作为潞城镇，甚至是长治市大的生态环境建设的重点内容，优先实施。

8.6.7 农业产业化

8.6.7.1 农业产业结构调整

调整农业产业结构促进农业增效，实现农民增收的目的。

因为粮食作物价格低，小麦每公斤 1.88 元；小米每公斤 3.02 元；高粱每公斤 1.347 元；玉米每公斤 1.465 元。粮食作物平均产量 6156kg/公顷，一公顷地收入仅 8000～10500 元，纯收入仅 3000～4500 元。不调整农业种植结构，只能是高丰收不增值。潞城镇蔬菜价格，冬季是夏季的 2.6～6 倍，发展保护地生产，每公顷收入可达到 15～30 万元。西流乡农民的实践证明，333.4m² 的日光温室毛收入万元以上，纯收入 6000 元以上，分别是粮食作物的 28 倍和 40 倍。如果系统的引进设施农业的栽培技术和装备，3 年发展 333.3 公顷保护地，就可实现年经济总收入 6000 万元，比现在规划区西流乡和下黄乡两个乡经济收入总和的 2189 万元，提高 2.74 倍，大部分农户收入将超过万元。

（上述引用潞城镇 1998 年统计数据）

8.6.7.2 规划原则

以生态农业理论指导农业整体结构的调整，使种植业、果木业、特种养殖业、农畜产

257

品深度加工工业等在规划区内形成良性循环；农业产业化与观光农业相结合，带动一片，致富一方。

农业产业化规划同时遵循以下原则：

组装式科技、规模化生产、市场经营一体化；

工厂化育苗、专业村生产、园区管理一条龙；

一流品种、生物肥药、技术服务综合配套；

因地制宜、土洋结合、注重实际追求高效。

8.6.7.3　规划目标

根据绿色食品对产地大气、水环境、土壤、生产地设置的要求，本规划区完全具备生产 AA 级绿色食品的条件。规划区应严格按绿色食品生产的要求标准进行建设和生产，初期生产使产品全部达到 A 级标准，最终实现全部生产 AA 级绿色食品（AA 级绿色食品系指在生态环境质量符合规定标准的产地，按有机方式生产不使用任何有害化学合成物质，生产、加工、产品质量及包装经检测、检查符合特定标准，并经专门机构认定，许可使用 AA 级绿色食品标志的产品）。

规划区建设与申报国家级绿色食品生产基地的工作应同时进行。

15 年规划总投资 119157.47 万元，建设绿色食品生产基地 6811.7 公顷，培养一批新的经济增长点。规划年总收入 130767.17 万元，规划年纯总收入 55016.92 万元。

8.6.7.4　规划分期

3 年规划：在规划区内建立 345 公顷规模的农业产业化高科技示范园区，发挥示范带动作用。

5 年规划：石梁乡续村以东部分纳入绿色食品基地建设，形成 1478.3 公顷规模的生态农业高科技科学园区。

10 年规划：把全市平川、平坦坡地纳入绿色食品基地推广范围，形成 4800 公顷规模的高科技辐射区。

15 年规划：形成全市生态农业良性循环圈，实现可持续发展。建设 6666.7 公顷规模的高科技辐射区。

9 国外生态城镇规划建设借鉴

导引：

生态城镇建设是对城镇生态要素的综合整治目标、程序、内容、方法、对策的实践过程。是实现城镇生态系统动态平衡及调控人与环境关系的一种有效手段。建设生态城镇是城镇生态规划的方向与目标，而生态城镇建设也是生态环境规划的组成内容之一。

从 20 世纪 70 年代提出生态城市概念以来，世界各国对生态城镇的理论进行不断探索与实践，不少国家的生态城镇建设不乏成功范例，在土地利用模式、交通运输方式、社区管理模式、城镇空间绿化、低碳、零碳排放等，对我国生态城镇规划建设与小城镇生态规划不无借鉴。

本章从上述的众多经典案例的不同角度、不同层面分析。

9.1 生态城镇的理论溯源与研究概况

9.1.1 生态城市理论溯源与国外相关理论研究

生态城镇以科学、可持续发展为根本，是现代城镇发展的高级阶段。生态城镇是当今生态文明时代根据生态学原理，应用现代科学与技术，依托与改造现有城镇创建的可持续发展的人居环境新模式。虽然世界不同国家、不同城镇发展条件不同，实施不一，但遵循的可持续发展理论观念是相同的。人类要长久生存，城镇要持续发展，生态城镇是保持生态平衡、社会和谐、城镇可持续发展和创建宜居人居环境的最好发展模式。

生态城镇是人类在对人与自然关系的长期探索过程中关于城镇发展模式的一种理想形态。世界生态城镇探索起源可以追溯到 1898 年英国社会学家霍华德创建的"田园城市"学说，标志着近代生态城镇思想的发端。1972 年联合国教科文组织制定的"人与生物圈计划"，最早提出了生态城市这一概念。自此，健康城市、清洁城市、绿色城市等一系列旨在改善城市环境、解决城市生态问题的城市改造运动在西方兴起，促进生态城市概念不断丰富与完善。1984 年苏联城市生态学家 O. Yanlstky 认为，生态城市是指自然、技术、人文充分融合，物质、能量、信息高效利用，人的创造力和生产力最大限度发挥，居民身心健康和环境质量得以保证的一种人类聚居环境。1987 年国际生态城市运动的创始人、美国生态学家理查德·雷吉斯特将建造生态城市的原则从最初的简单包括土地开发、城市交通和强调物种多样性的自然特征，发展到涉及城市社会公平、法律、技术、经济、生活方式和公众的生态意识等多方面的丰富体系。根据理查德·雷吉斯特的观点，生态城市应该是三维的，一体化的复合模式，而不是平面的、随意的。同生态系统一样，城市应该是紧凑的，是为人类而设计的，而不是为汽车设计的，而且在建设生态城市中，应该大幅度减少对自然的"边缘破坏"，从而防止城市蔓延，而使城市回归自然。

9.1.2　我国生态城镇理论研究

20世纪80年代，我国一些生态学家提出生态城市是应用生态工程、社会工程、系统工程等现代科学与技术手段建设的社会、经济、自然可持续发展、居民满意、经济高效、生态良性循环的人类居住区，并从社会生态文明度、经济生态高效度和自然生态和谐度三个方面提出生态城镇建设指标。在建设山水城市、绿色城市、园林城市的同时，在城市规划中生态功能区划和生态用地结构也得到重视。生态城镇是从全局和系统角度应用生态学基本原理而建立的，人与自然和谐相处、物质循环良好、能量流动畅通的生态系统，在学术界已形成共识。

9.2　国外生态城镇实践及其借鉴

从20世纪70年代提出生态城市概念以来，世界各国对生态城镇的理论进行了不断的探索与实践。美国、巴西、英国、法国、瑞典、日本、新加坡、新西兰、澳大利亚、南非等不少国家的生态城镇建设不乏成功范例，特别在土地利用模式、交通运输方式、社区管理模式、城市空间绿化等方面进行了许多有益探索。这些无疑对我国的生态城镇建设也都具有很好的借鉴和指导意义。

9.2.1　巴西库里蒂巴生态城

位于巴西南部的库里蒂巴被认为是世界上最接近生态城市的城市。该市制定的可持续发展的城市规划受到全世界的赞誉，尤其是公共交通发展受到国际公共交通联合会的推崇，世界银行和世界卫生组织都给予了极高的评价。该市的废物回收和循环使用措施以及能源节约措施也分别得到联合国环境署和国际节约能源机构的嘉奖。1990年，它被联合国命名为"巴西生态之都"、"城市生态规划样板"。

库里蒂巴的城市开发规划有着独特的做法：沿着5条交通轴进行高密度线状开发，改造内城；以人为本而不是以小汽车为本，确定优先发展的内容；增加公园面积，改进公共交通。库里蒂巴鼓励混合土地利用开发的方式，总体规划以城市公交路线所在道路为中心，对所有的土地利用开发进行了分区。在社会公益方面，库里蒂巴新建图书馆系统，帮助无家可归的人，提供各种实用技能的培训，加强公园和绿地建设项目，改善环境并保护文化遗产，实施垃圾回收项目。在公众环境教育方面，库里蒂巴在学校就开始对儿童进行与环境有关的教育，并在免费环境大学对一般市民提供环境教育。

9.2.2　美国伯克利生态城

国际生态城市运动的创始人美国生态学家理查德·雷吉斯特于1975年创建了"城市生态学研究会"，随后他领导该组织在美国西海岸的滨海城市伯克利开展了一系列卓有成效的生态城市建设实践，经过20多年的努力，将伯克利建成了一座典型的亦城亦乡的生态城市，其理念和做法在全球产生了广泛的影响。在理查德·雷吉斯特的影响下，美国政府非常重视发展生态农业和建设生态工业园，有力地促进了城市可持续发展。理查德·雷吉斯特领导建设的伯克利也因此被认为是全球生态城市建设的样板。

按理查德·雷吉斯特提出的观点,生态城市应该是三维的、一体化的复合模式,而不是平面的,而且在建设生态城市中,应该大幅度减少对自然的"边缘破坏",从而防止城市蔓延,使城市回归自然。

9.2.3 瑞典马尔默生态城

马尔默是瑞典第三大城市,很早就是一个工业和贸易城市,但是由于受到了高科技产业的冲击,旧有工业面临关停并转,使得整个马尔默面临城市转型。基于马尔默市政府和瑞典政府对"生态可持续发展和未来福利社会"的共同认识,他们希望通过改造,使马尔默西部滨海地区成为世界领先的可持续发展地区。1996 年,由马尔默、瑞典、欧盟等有关公共和私营机构一起组织了一次欧洲建筑博览会,通过地区规划、建筑、社区管理等进行持续发展的超前尝试,促使城市发展转型,其生态城市建设项目被称为 B001,也被称为"明日之城",该项目 2001 年获欧盟的"推广可再生能源奖"。

经过改造的马尔默西部滨海地区成为世界领先的可持续发展地区,朝着"生态可持续发展和未来福利社会"迈进了一大步。

9.2.4 澳大利亚阿德莱德与怀阿拉生态城

"影子规划"是在理查德·雷吉斯特思想的基础上提出的。1992 年他在阿德莱德参加第二次生态城市会议的时候,惊奇地发现澳大利亚政府的部长和内阁被称为"影子部长"和"影子内阁",于是提出了"影子规划"的设想。"影子规划"向我们展示了在具有非常清楚的城市生态规划和发展框架情况下,应该如何创建生态城市。

阿德莱德就是"影子规划"一个成功的实践案例,它的时间跨度为 300 年,从 1836 年早期的欧洲移民来到澳大利亚,到 2136 年的生态城市建成,描述了 300 年来澳大利亚阿德莱德地区的变化过程。整个"影子规划"由 6 个板块组成。

澳大利亚怀阿拉的生态城市项目开始于 1997 年,充分融合了可持续发展的各种技术,其战略要求包括:设计并实施综合的水资源循环利用计划,在城市开发政策上实行强制的控制,对新建住宅和主要的城市更新项目要求安装太阳能热水器,并在设计上改进能源效率,对安装太阳能热水器的给予财政刺激措施,形成一体化的循环网络和线状公园,建立能源替代研究中心。

9.2.5 德国埃尔兰根(Erlangen)生态城

埃尔兰根(Erlangen)是一个只有 10 万人口的小城市,从 20 世纪 70 年代起,就开始了生态城市建设,在城市发展决策中同时考虑环境、经济和社会三方面的需求和效益。埃尔兰根的主要做法包括:在景观规划的基础上制定可持续发展总体规划,高度重视重要生态功能区的保护,在城区内及周边地区建设更多的绿地和绿带,在城市区划规划中充分尊重生态限制,确保经济和社会在生态承载力范围内快速发展,广泛开展节能、节水活动,采用多种措施防治水、气、土壤污染,实行步行、公交优先的交通政策,确保行人、自行车与汽车享有同等权利。

9.2.6 丹麦哥本哈根生态城

哥本哈根将生态城市建设当成一个内容十分丰富的综合性项目。它重点推行了绿色账户，并设立生态市场交易日。绿色账户记录了一个城市、一个学校或一个家庭日常活动的资源消费，提供了有关环境保护的背景知识，有利于市民提高环境意识，并为有效削减资源消费和资源循环利用提供依据。作为改善地方环境的一项创意活动，从 1997 年 8 月开始的每个星期六，哥本哈根的商贩们携带生态产品在城区中心广场进行交易，这一活动鼓励了生态食品的生产和销售，同时也让公众了解到生态城市项目的其他内容。

9.2.7　日本北九州、千叶新城与大阪生态城

日本北九州、千叶新城、大阪的生态城市规划建设各有特色。

日本的北九州市从 20 世纪 70 年代初开始了以减少垃圾、实现循环型社会为主要内容的生态城市建设。北九州市提出的"从某种产业产生的废弃物为别的产业所利用，地区整体的废弃物排放为零"的生态城市建设构想，包括了环境产业的建设、环境新技术的开发和社会综合开发三个方面的内容。为了提高市民的环保意识，北九州开展了各种层次的宣传活动：政府组织开展了汽车"无空转活动"，以各种宣传标志，减少和控制汽车尾气排放；家庭自发开展的"家庭记账本"活动，将家庭生活费用与二氧化硫的削减联系起来；全社会则是开展了以美化环境为主题的"清洁城市活动"等。

千叶新城的特色是从规划开始就以建立生态型城市为主要目标，采取了生态原生态与网络化兼具的开发模式。（详见 9.3.3）。

大阪的特色则是强调利用大量最新技术措施来达到生态城市建设的可能。（详见 9.3.5）。

9.2.8　新加坡生态城市

新加坡是世界著名的"花园城市"。为确保在城市化进程飞速发展的条件下，新加坡仍拥有绿色和清洁的环境，新加坡人有强烈的追求人与自然和谐共处的观念，倡导天人合一。新加坡城市规划中专门有一章"绿色和蓝色规划"，充分利用水体和绿地提高新加坡人的生活质量。在规划和建设中，特别提出了如下内容：建设更多的公园和开放空间；将各主要公园用绿色廊道相连；重视保护自然环境；充分利用海岸线并使岛内的水系适合休闲的需求。在这个蓬勃发展的城市，是植物创造了凉爽的环境，弱化了钢筋混凝土构架和玻璃幕墙僵硬的线条，增加了城市的色彩，新加坡城市建设的目标就是让人们在走出办公室、家或学校时，感到自己身处于一个花园式的城市之中。

9.2.9　英国生态城镇

欧洲的英国、法国等国家生态城镇注重低碳生态城镇建设，突出降低城镇碳的排放，实现社会经济和环境的一体化发展。同时，通过田园城市建设鼓励城市居民到小城镇居住，解决城市住宅严重缺乏问题，疏散城市人口。此外英国还通过破解第二次世界大战以来，在"绿化带"上所采取的严格控制政策，解决住宅建设的土地短缺问题。

（1）生态城镇建设的政策依据

英国生态城镇建设参考早期英国新城开发和建设模式。2007 年英国负责规划的"社区与地方政府部"（Department of Community and Government）提出，英国生态城镇建设可用 1981 年的新城法作为开发建设的政策依据。

（2）示范生态城镇

2009 年 7 月通过专业委员会审查，从 12 个城镇筛选出以下 4 个生态示范城镇：

1）诺福克郡（Norfolk）的 Rackheath；

2）牛津郡（Oxfordshive）的 north-west Bicester；

3）东汉特斯郡（East Hants）的 Whitehill Bordon；

4）孔窝郡（Cornwall）的 the China Clay Community near St Austell。

（3）相关规划建设示范政策规定

英国政府的规划政策"生态城镇——规划政策 1 补充文件"（Planning policy statement：Eco-towns-A Supplement to Planning Policy Statement 1）（DCLG，2009 年），也在 2009 年 7 月 16 日正式颁布，并作以下相关政策规定：

1）生态城镇必须是一个新的住区（新城），每个生态城镇至少应包括 5000～10000 个家庭。这些新城的发展目标是探究碳零排放实现的可能性和可操作性，并能够实现碳零排放的开发和建设，每个生态城镇应当至少在环境可持续的某一个领域具有示范意义。

2）每个生态城镇应当配备 1 所中学，1 个中等规模的零售业、商业中心，高质量的商务空间和娱乐设施。

3）全城镇所有住宅中的 30%～50% 是可支付性住房（低、廉价住房），同时在购房与租房的配置上具备合理比例；具有面积大小适宜的住宅，以及多样化的混合型住区，能够满足不同的需要。

4）设立实施机构，负责生态城镇的开发建设管理工作，为城镇居民和社区提供各种服务。

（4）生态城镇规划建设与发展的相关要求

英国生态城镇规划没有具体技术层面规范，编制有很大的自由发挥空间，允许不同地区根据实际情况规划。而英国生态城镇规划与发展方案在政策层面上的要求却很具体，内容也比较全面。具体内容要求包括（DCLG，2009 年）：

1）在环境与碳排放问题上，通过采用创新的、覆盖全城镇范围的可再生能源系统，全面实施可再生能源的利用，将家庭、学校、商店、办公室和社区设施全部纳入可再生能源的系统中。

2）在具体的设计问题上，要求无论是出售或出租用住房，无论是商业的或社区功能的建筑都必须通过高质量的建筑设计；无论是街道、公共场所、公园或公共空间都应实现高水平的城市设计。生态城镇的规划设计的目标是能够至少减少 50% 的小汽车出行。并且在"建筑与建成环境委员会"（CABE：the Commission for Architecture and the Built Environment）所制订的"为生命进行建设的规范"和"街道设计原则"指导下，建立城市设计的标准，有效指导生态城镇在开发建设过程中通过对交通的控制减少碳排放。这些设计和控制内容必须纳入生态城镇社区远期规划管治的范畴，长期监控和指导生态城镇的发展和建设。

3）在交通上，要求编制覆盖整个地区的交通规划，将提高步行、骑车和使用公共交通出行的比例作为生态城镇的整体发展目标。为了实现这个目标，每个住宅的规划和区位设置的标准具体地规定为：（a）10min 以内的步行距离能够抵达；（b）发车间距较密的公共交通车站；（c）邻里社区服务设施，包括卫生健康、社区中心、小商店等设施。在生态城镇各种设施的整体布局规划上，要求尽可能减少居民依赖使用小汽车的规划模式和空间布局。

4）在住宅上，目前应首先依据英国的建筑节能标准进行建造，要求在房屋内配置实时的能源监控系统、交通信息系统和高速宽带。在建筑材料上必须体现高标准的节能性。与此同时需要考虑到2016年将采用新的、更高要求的节能标准。相关具体要求包括：通过综合节能，在当地生成低或零碳排放的能源；通过开发低和零碳排放的供暖系统等措施，实现在现有建筑标准基础上再至少减低70％的碳排放。另一个具体要求是提供不低于全部住宅数量30％的低价、可支付住宅（包括社会保障性的廉租房和过渡性的出租房）。

5）在就业问题上，要求生态城镇内部应当实现混合的商务和居住功能，尽可能减少非可持续的通勤出行的生成。为此，各生态城镇必须制定一个经济发展战略，明确阐述如何解决本地的就业问题，说明将采取哪些具体措施促进生态城镇内部就业岗位的增加。同时还要求保证每一个新的住宅与就业岗位有良好的可持续的公共交通联系，能够很便利地通过步行、骑车或使用公共交通实现工作的出行。

6）在服务设施上，要求建设可持续的社区，能够提供对人民的富裕、健康和愉快的生活有所帮助的设施。这些设施必须是高标准和高质量的。要求包括：娱乐、健康和社会护理；教育、零售业、艺术与文化；图书馆、体育和游玩，社区和与自愿者相关的设施等。

7）在绿色基础设施上，要求生态城镇总面积的40％为绿色的空间。这40％中，至少有50％是公共的、管理良好的、高质量的绿色开放空间网络。要求将生态城镇的绿色空间与更为广阔的乡村地区衔接在一起。绿色空间要求具有多功能性和多样化，例如可以是社区森林、湿地、城镇广场等；可以用于游玩和娱乐，可以安全地步行和骑车，也能够提供野生憩栖的功能；可以是城市纳凉之处，也可以是排泄洪水之地。另外，要求重视保护用于生产本地食物、农产品的土地，允许和鼓励当地社区种植农作物，开展副业生产或商业性园艺。

8）在水资源上，生态城镇必须在节水方面制定更为远大的目标，特别是那些严重缺水的地区。开发建设应当在考虑未来发展的同时解决和改善供水质量；明确水循环战略；要求生态城镇的开发建设不会对地表和地下水产生影响，不会恶化水源质量；要求生态城镇必须实施"可持续的排水系统"（SUDS）。

9）在防洪风险管理上，要求生态城镇的区位、布局和建设应当设置在避免或尽可能减少洪水侵袭的区位上；在规划生态城镇的同时，应解决本地区洪水的威胁问题；应当避免因为生态城镇的建设给其他地方带来潜在的洪水威胁和影响。

10）在废弃物处理问题上，生态城镇必须根据2020年的标准和目标，实施市政垃圾的处理程度和回收水平；所有的开发建设应当通过规划设计实现这一既定的目标；在处理本地区的垃圾废弃物时，应当考虑如何将其作为燃料，获取生态城镇的热能和电能资源。

（5）相关建设资金解决的借鉴

英国生态城镇发展和建设根据市场进行运作，资金来源主要来自私营机构，特别是房地产开发商和投资商。因此住宅建设行业、基础设施建设行业的商业开发投资商对生态城镇及其实施方式的认可是至关重要的。政府因此鼓励更多的建筑行业和投资商们了解和认识生态城镇建设将带来的利益，引导他们认知就与政府机构和地方实施机构建立强有力的合作伙伴关系这点来说将具有很好的市场前景。

9.2.10 法国生态城镇

法国生态城镇规划建设目标是为了寻找一条"后石油"时代世界各国都将面临的城镇发展的途径。

（1）生态城镇规划与发展建议书

与英国相似，法国政府对生态城镇建设也采取地方自我决策。对于参与生态城镇建设的项目，要求编制生态城镇规划与发展建议书，并向中央政府提出申请。

生态城镇的发展建议书需要提出如何实现就业和相关服务一体化的发展目标；将采取哪些措施推行综合的公共交通发展，以降低人们对机动车的依赖，说明实现能源、水及废弃物供应、消耗处理的具体综合策略与方法。生态城镇建议书必须以实现零碳排放为宗旨。

（2）若干相关标准规定

法国政府制定若干个生态城镇申请相关标准。其中包括以下相关规定：

1）生态城市项目需要在一定规模的现有城市地区，城市人口应当在 10 万人以上；

2）这个地区的人口在未来的 20～25 年中将有一个可持续的人口增长，如人口增长的规模不能低于30％或 5 万人；

3）生态城市项目需要与城市政府所组织编制的城市规划内容相结合；

4）所有参与申请生态城市项目的城市和地区还需要提供有关城市创新、公共参与、分阶段发展的计划和财政安排等方面的资料信息，同时还需要说明生态城市的发展项目如何与现有的城市以及正在进行的项目有效的结合。

9.2.11 阿联酋马斯达尔生态城

马斯达尔生态城实现产业转型，引领新能源研究。其中一个重要目标是，将阿布扎比酋长国发展成为在新能源技术领域具有世界研究和开发水平的枢纽。

马斯达尔生态城规划技术使用向技术创造转型，创建第一个以碳氢化合物生产型为经济发展模式的城市。

马斯达尔生态城规划为步行和公交的城市。城市规划和设计以步行要求为原则，公共广场通过树荫小道与住宅与其他商业、文化等公共设施相连，步行 200m 以内即可到达基本的服务设施。采用传统麦地那建筑风格，以阿拉伯式露天市场、风塔等象征民族特色。

马斯达尔生态城规划再生能源为城市供电，并取代私人汽车，建设一个全自动的，电力为动力的个人捷运体系；与周边地区，包括阿布扎比市中心和机场的交通通过轻轨连接。

9.3 国外生态城镇发展趋势

9.3.1 发展紧凑型城市

紧凑型城市强调混合使用和密集开发的策略，使人们居住在更靠近工作地点和日常生活所必须的服务设施周围。其不仅包含着地理概念，更重要的是强调城市内在的紧密关系以及时间、空间概念。紧凑型城市的思想主要包括高密度居住、对汽车的低依赖、城乡边

265

界和景观明显、混合土地利用、生活多样化、身份明晰、社会公正、日常生活的自我丰富等8个方面。在蒂姆西·比特利看来，紧缩的城市形态无疑是生态城市得以实现的良好基础。土地的集约化利用，不仅减少了资源的占用与浪费，还使土地功能的混合使用、城市活力的恢复以及公共交通政策的推行与社区中一些生态化措施的尝试得以实现。可以说，紧凑型城市开发模式的目标是为了实现城市的可持续发展。

9.3.2　城镇开发以公共交通为导向

以公共交通为导向开发，国外的一些生态城市在实践中都采取了一些创造性的改革措施以解决城市中人们过度依赖机动车所带来的局限及环境问题。确保城市公共交通的优先权是公共交通导向的主要原则，基于此则快速公共交通和非机动交通得到大力发展，私人小汽车的使用率有所降低。以公交导向为城市开发规划模式的巴西库里蒂巴市，城市化进程迅速，人口从1950年的30万人增加到1990年的210万人，但它在快速的城市化进程中却成功地避免了城市交通拥堵问题的产生。

9.3.3　生态系统网络化

生态网络化得到重视。国外的生态城市，尤其是一些亚洲和欧洲的城市，所进行的城市生态环境改善的实践值得人们特别关注。德国的弗莱堡把环境保护与经济的协调发展视为整个城市和区域发展的根本基础，制定了可行的环境规划、城市规划、能源规划和气候保护规划。日本千叶市高度尊重原有自然地貌，在城市地区对湖泊、河流、山地森林等加以精心规划并与市民交流活动设施紧密结合，并辅以相应的景观设计，形成了十几个大小不一、景观特色各异、均匀分布于城区的开放式公园。由于城市生态系统的网络化，生态系统与城市市民休闲娱乐空间规划得以紧密地结合起来。

9.3.4　社区驱动开发模式

引入社区驱动开发模式。生态城市的成功最终是要依靠社区居民来实现的。社区驱动开发模式与公众参与密切相关，强化了公众作为城市的生产者、建设者、消费者、保护者的重要作用。新西兰的维塔克在生态城市蓝图中阐明了市议会和地方社区为实现这一前景所需要采取的具体行动，明确了市议会对生态城市建设的责任、步骤和具体行动。

9.3.5　大量采用绿色技术

国外的生态城市在开发过程中，将城市纳入生态系统中的主要组成部分加以考虑，高度重视城市的自然资源。可再生的绿色能源、生态化的建造技术同样在生态城市建设中得到了倡导。日本大阪利用了大量最新技术措施来达到生态住宅的理想目标，如太阳能外墙板、中水和雨水的处理再利用设施，封闭式垃圾分类处理及热能转换设施等。西班牙马德里与德国柏林合作，重点研究、实践城市空间和建筑物表面用绿色植被覆盖，雨水就地渗入地下。同时还推广建筑节能技术材料，使用可循环材料等。这些举措改善了城市生态系统状况。

9.3.6　重视低碳零碳排放等原则

针对全球变暖问题，国外生态城镇建设尤其重视控制和减少碳的排放。英国生态城镇对住宅和建筑节能通过综合节能，采用低碳或零碳排放能源，通过开发低碳和零碳排放的供暖系统实现减低 70% 的碳排放都有明确要求，法国生态城镇建议书必须以实现零碳排放为宗旨也有明确规定。

同时生态城镇重视提高人民的生活水平，通过规划引导实现社会、经济和环境的协调发展以及城镇体系中物质形态的确立和建设必须遵循自然规律，与自然协调，减少废弃物生成等。

9.4 对我国生态城镇建设的借鉴

我国生态城市基于中国特色的城镇化建设。当前城镇化建设与生态城市建设目标之间还有较大差距。影响生态城镇建设的主要是严重的工业化污染，增加的各种城市垃圾，日益加剧的噪声、电磁污染等等。

国外生态城镇实践，在土地利用模式、交通运输方式、社区管理模式、城镇空间绿化等方面提供的范例，主要有以下借鉴和启迪：

（1）城镇生态环境承载能力是城镇发展的重要基础。从生态学角度来看，城镇发展以及城镇人群赖以生存的生态系统所能承受的人类活动强度是有限的，也就是说，城镇发展存在生态极限。建设生态城镇，实现城镇经济社会发展模式转型，必须坚持城镇生态承载力原则，科学地估算城镇生态系统的承载能力，并运用技术、经济、社会、生活等手段来保持和提高这种能力，合理控制与调整城市人口的总数、密度与构成，综合考虑城镇的产业种类、数量结构与布局，重点关注直接关系到城镇生活质量与发展规模的环境自净能力与人工净力，关注城镇生态系统中资源的再利用问题。

（2）生态城镇建设需要加强区域合作和城乡协调发展。一个城镇注重自身的生态性是不够的，光想着自己的发展，不惜掠夺外部资源或将污染转嫁于周边地区的做法是与生态化发展理念背道而驰的。城镇间、区域间乃至国家间必须加强合作，建立伙伴关系，技术与资源共享，形成互惠共生的网络系统。

（3）生态城镇建设需要有切实可行的规划目标作保证。国外的生态城镇建设都制定了明确的目标，并且以具体可行的项目内容做支撑。面对纷繁复杂的城镇生态问题，国外生态城镇的建设从开始就注重对目标的设计，从小处入手，具体、务实，直接用于指导实践活动。美国的伯克利被誉为全球生态城镇建设样板，其实践就是建立在一系列具体的行动项目之上，如建设慢行车道，恢复废弃河道，沿街种植果树，建造利用太阳能的绿色居所，通过能源利用条例来改善能源利用结构，优化配置公交线路，提倡以步代车，推迟并尽力阻止快车道的建设等。由于清晰、明确的目标，既有利于公众的理解和积极参与，也便于职能部门主动组织规划实施建设，保证了生态城镇建设能够稳步推进并不断取得实质性的成果。

（4）生态城镇建设需要以发展循环经济为支撑。从某种意义上讲，发展循环经济是实现城镇经济系统的生态化的重要支撑力量，是建设生态城镇成功与否的关键。将可循环生产和消费模式引入到生态城镇建设过程是生态城市建设的重要内容。日本的北九州市从 20 世纪 90 年代初开始以减少垃圾、实现循环型社会为主要内容的生态城市建设，提出了"从某种产业产生的废弃物为别的产业所利用，地区整体的废弃物排放为零"的构想。澳

267

大利亚的怀阿拉市则制定了传统的能源保证与能源替代、可持续的水资源使用和污水的再利用等建设原则，解决了长期困扰该市的能源与资源问题。

（5）生态城镇建设需要有完善的法律政策及管理体系作基础。国外的生态城镇目前均制定了完善的法律、政策和管理上的保障体系，确保生态城镇建设得以顺利健康的发展。这些城市政府通过对自身的改革，包括政府的采购政策、建设计划、雇佣管理以及其他政策来明显减少对资源的使用，从而保证城市自身可持续性的发展。并且，在已有的生态城镇经济区内，很多城镇政府已认识到可持续发展是一条有利可图的经济发展之路，可以促进城镇经济增长和增强竞争力。例如一些国外城镇建立了生态城镇全球化对策和都市圈生态系统的管理政策等等。这些都给予了生态城镇快速健康发展强有力的保障和支撑。

（6）生态城镇建设需要有公众的热情参与。国外成功的生态城镇在建设过程中都鼓励尽可能广泛的公众参与，无论从规划方案的制定、实际的建设推进过程，还是后续的监督监控，都有具体的措施保证公众的广泛参与。城镇建设者或管理者都主动地与市民一起进行规划，有意与一些行动团队特别是与环境有关的团队合作，使他们在一些具体项目中既能合作又能保持相对独立。这种做法在很多城镇收到了良好的效果。可以说，广泛的公众参与是国外生态城镇建设得以成功的一个重要环节。

（7）生态城镇建设重点发展中小城镇，逐步实现从"低碳"的排放过渡到零碳排放目标，实现社会经济和环境共同的、可持续发展。

9.5　生态城镇规划建设的经典案例

本节主要选择瑞典马尔默城和哈默比湖城作为国外生态城镇规划建设的经典案例，分别从国家层面、城市层面、新区层面示范分析；同时选择中国和新加坡两国政府合作的中新天津生态城规划建设作为"环境友好、社会和谐型"的生态新城和未来城市资源节约、环境保护和经济社会可持续发展的范例分析。

9.5.1　瑞典生态城镇的国家层面分析

9.5.1.1　1972 年《联合国人类环境宣言》

1972 年在国际社会迫切需要共同采取一些行动解决人类面临环境日益恶化、贫困日益加剧等一系列突出问题的背景下，"联合国人类环境会议"在瑞典斯德哥尔摩召开。1972 年 6 月 16 日第 21 次全体会议通过了《联合国人类环境会议宣言》。呼吁各国政府和人民为维护和改善人类环境，造福全体人民，造福后代共同努力。这次会议之后，联合国根据需要迅速成立了联合国环境规划署（United Nations Enviroment Programme）。

9.5.1.2　瑞典可持续发展生态环境规划

瑞典位于欧洲北部斯堪的纳维亚半岛，国土面积 45 万 km²、人口 890 万人，2002 年人均 GDP2.6 万美元。

瑞典在环境保护和可持续发展方面一直处于世界前沿，国家和地方各种政策突出强调可持续发展。颁布"瑞典可持续经济、社会和环境发展策略"，是第一个通过应对约翰内斯堡行动计划的国家,通过"我们共同的责任——瑞典的全球发展政策"议案。

(a)

(b)

(c)

图 9.5.1-1 瑞典城市生态环境(彩图见彩图 9.5.1-1)

（1）可持续发展基本原则

瑞典的可持续发展基于以下 3 项基本原则：

1）瑞典的可持续发展只有在全球和区域合作的基础上才能实行；

2）可持续发展的政策、法规和关注必须成为主流，融合进现行的所有政策领域中；

3）需要在国家层面上采取进一步的措施，以确保构成可持续发展基础的重要资源在长时间内受到保护。

（2）环境质量目标

1）减小气候影响；

2）清洁的空气；

3）消除非自然酸化；

4）无毒害环境；

5）保护臭氧层；

6）安全的辐射环境；

7）零富营养；

8）充满生命力的湖泊与河流；

9）高质量的地下水；

10）平衡的海洋环境；

11）充满生命力的海岸区域与群岛。

12）茂盛的湿地。

13）可持续的森林。

14）多样的农业景观。

15）壮丽的山川景观。

16）优质的建筑环境。

17）丰富多样的动植物。

9.5.1.3　环境计划

瑞典建筑与房地产行业"生态循环委员会"制定的 2003～2010 环境计划

（1）节约能耗

环境目标 1 建筑物

2000～2010 年，每平方米建筑面积使用的能源应减少 10%。

2000～2010 年，以采暖为目的的矿物燃料消耗应减少 20%。

环境目标 2 市政工程

2004～2010 年，用于交通、建筑机械和市政工程的矿物燃料消耗应减少 10%。

（2）节约建筑材料

环境目标

2004～2010 年，将施工垃圾掩埋量减少一半。

（3）减少有害物质

环境目标 1

到 2010 年，建筑产业对于有害物质的使用应减到最少。

环境目标 2

最迟到 2006 年在瑞典市场上的主要（＞3/4）相关建筑产品必须具有建筑产品声明。

（4）安全可靠的室内环境

环境目标

新建筑的设计、建造与维护应该确保一个安全可靠的室内环境。

导致健康问题的现有建筑必须得到鉴别，最迟到 2010 年完成整改。

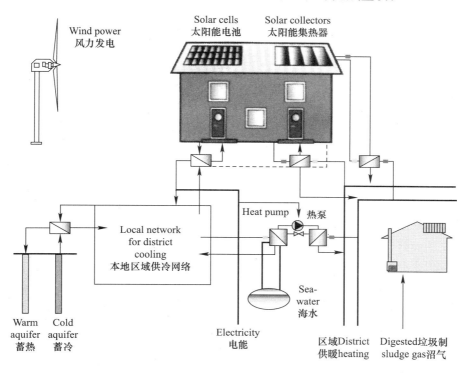

图 9.5.1-2　瑞典政府对于住宅热能和电能的使用效率规定（彩图见彩图 9.5.1-2）

9.5.2　马尔默生态城市层面分析

瑞典马尔默生态城位于瑞典厄勒海峡西港区，面积 160hm²。马尔默作为欧洲住宅博览会"B001"社区，提出"可持续发展信息和福利社会中的明日之城"理念。

环境保护原则：

（1）当地能源 100％可再生

热能由海水和地下水提供，采用太阳能、风能，同时采取建筑节能，采用高效能电气设备。

（2）生态循环

废水处理，固体废弃物回收利用，有机垃圾堆肥或焚烧供热。

（3）公共交通

最大限度减少对汽车的依赖，采取以自行车和步行为主的交通系统，采用电力或替代燃料的车量。

（4）生态建筑

开展绿色建筑的推广和应用。

图 9.5.2-1　马尔默生态城鸟瞰图（彩图见彩图 9.5.2-1）

（5）生物多样性

增加绿化空间，公共空间的水体利用雨水和海水，保持物种的丰富。

9.5.3　马尔默生态城新区层面分析

（1）B001 质量控制规划

B001 质量控制规划示意见图 9.5.3-1。

1）节约能耗。

使用太阳能、风能等可持续能源，房屋的能耗指标每年不超过 105kwh/m²。

2）垃圾分类。

采用真空垃圾收集系统。

3）绿化及生物多样性。

4）可持续人文发展。

采用可持续交通，使用自行车和替代燃料的车辆。

（a）

图 9.5.3-1　B001 质量控制规划示意（一）

(b)

图 9.5.3-1　B001 质量控制规划示意（二）

（2）给水、排水规划基本要求

新区给水、排水规划要求见表 9.5.3-1。示意图见图 9.5.3-2。

新区给水排水规划基本要求　　　　　　　　　　　　表 9.5.3-1

工作环节	基本要求
雨水处理	所有的雨水和排放水均需在本地区内完成处理，雨水主要通过地表而非地下排放，如有可能，还可沿基地边界的开敞式沟渠排放；开发商、B001 地区和马尔默市可在其间寻求解决的方法
雨水处理	雨水可以通过检修孔和管道排放至开敞的池塘，如有可能又适合的话，还可以根据所含盐分多少，将雨水导入种植区或其他定量配给区
受污染的雨水	源于繁重交通路面的雨水，需要通过盛装植物的系统加以净化，同时或是使用分离器生成油与颗粒
污水，尿分，排泄物和有机废物	污水的磷分、尿分、排泄物和有机废物应做到返用于农
重金属及其他的生态危害物	雨水中的重金属及其他的生态危害物，应不超出返用于农业土壤的限值；需要遵循 KRAV 的相关原则
供水与排水系统的渗漏	建筑、装置或是表层材料的使用，应不危及雨水、污水或是淤泥的品质
主排水管	主排水管应确保绝对的防渗、防漏

（3）垃圾处理规划基本要求

新区垃圾处理规划基本要求见表 9.5.3-2、示意见图 9.5.3-3。

9.5.4　哈默比湖生态城市层面分析

哈默比湖生态城位于斯德哥尔摩中心城区南部哈默比湖，面积 200hm²，人口 3 万人。

哈默比湖生态城是将一个老工业区和码头开发成一个环保的现代化居住社区。瑞典政府为申办 2004 年奥运会，将此规划成一个生态建筑的世界示范样板。

图 9.5.3-2 新区建筑给水排水示意

新区垃圾处理规划基本要求　　　　　　　　　　表 9.5.3-2

工作环节	基本要求
结合产权的垃圾收集环节	其目标是向每一份产权的拥有者下达收集报纸、纸板、金属、塑料、彩色玻璃、防护白玻璃、残余垃圾和有机废物的职责
处理弹性	垃圾收集系统应当具有一定的灵活机动性，可以应对垃圾碎片处理量的增加
信息与效用	整个系统应便于理解和使用，可以连续向居民通报有关分类收集及其成果的信息，其目标是将残余的垃圾碎片量削减80％
本地区的垃圾收集点	本地区将面对下述垃圾碎片引入收集系统：家具、纺织品、有害废物、电子垃圾及其他的大宗垃圾
公共空间的垃圾	所有源于公园和花园的生物垃圾，均可以通过堆肥和消化措施进行处理；其他公共空间的垃圾，则可转化为可重复使用和循环使用的物质

图 9.5.3-3 新区垃圾处理示意

哈默比湖生态城鸟瞰见图 9.5.4-1。

生态城环境目标

1）高环保效益的交通。

2）安全的产品。

3）可持续的能源消耗。

4）生态规划与管理。

5）高环保效益的垃圾处理。

6）健康的室内环境。

（a）　　　　　　　　　　　　　　　（b）

图 9.5.4-1　哈默比湖生态城鸟瞰（彩图见彩图 9.5.4-1）

9.5.5　哈默比湖生态城新区层面分析

（1）生态目标

1）能耗应达到仅为普通建筑的 50%。

2）80% 的交通通过公交、自行车和步行交通解决。

3）有害废弃物减少 50%。

4）用水量减少 50%。

5）全新的金属和砂石等建筑材料用量减少 50%。

（2）生态解决方案

生态解决方案示意，见图 9.5.5-1。

1）土地利用

清理污染土壤，将工业污染地重新开发为环境美丽诱人的居住区，建设风景优美的公园和绿色城市开敞空间。

2）能源

采用可再生燃料、沼气和余热回用，提高建筑能源使用效率。

3）水

水生产尽可能洁净，使用尽可能高效，采用新技术节水和污水处理。

4）垃圾

采用可行的垃圾分类系统，尽可能循环利用。

5）交通运输

快速公交体系，小汽车合用，自行车专用道，减少私人小汽车的使用。

6）建筑材料

绿色建材，尽可能采用干作业，低噪声。

(a)   (b)

(c)

(d)   (e)

图 9.5.5-1　生态解决方案示意（彩图见彩图 9.5.5-1）

（3）环境规划基本原则

环境规划意向见图 9.5.5-2。

1）环境目标的实现应依托于现有实用技术。

2）环境模式的循环利用流程应尽可能地就地封闭，形成系统。

(a)

(b)

(c)

图 9.5.5-2 环境规划意向（一）

(d)

(e)

(f)

图 9.5.5-2 环境规划意向（二）

3）能源和自然资源的消耗应保持最低程度，并最大可能地引入可再生资源和能源。

4）鼓励废弃热能和再生能源的使用。

5）纯净水的使用应降至最低程度。

6）建筑材料应该采用那些对环境和健康影响小的物质。

7）污染物应当从土地中分离出来，以消除对健康的不良影响。

8）以小汽车为主导的交通运输方式应减至最低程度。

9）规划应与本地区的人居需求相适应，并应激发居民的社会意识和生态责任，重视本地居民的相关约定和承诺。

10）环境规划的实施，应使降低能源和自然资源的消耗，废弃物的循环利用和机动车交通流量最小化。

循环利用流程封闭系统示意见图9.5.5-3，LCA控制框架见图9.5.5-4。

9.5.6 中新天津生态城建设借鉴

（1）案例概况

中新天津生态城是中国和新加坡两国政府之间的重大国际合作项目，通过生态城建设理念、机制、政策制度、指标体系，以及规划建设、技术项目集成、产业优化、资源节约与循环经济、绿色建筑等创新，实现两国政府确定的"资源节约、环境友好、经济蓬勃、社会和谐"的建设目标，使之成为世界生态城市建设的样板，未来城市资源节约、环境保护和经济社会可持续发展的典范。

（2）生态建设创新

1）理念创新

在中新天津生态城的设计构想中，中新两国政府确定，要共同努力建设一个"资源节约、环境友好、经济蓬勃、社会和谐"的生态城市，并鲜明地提出了"三和"、"三能"的建设理念和发展目标，即人与人和谐共存、人与社会和平共存、人与经济和谐共存，做到能实施、能复制、能推广。中新天津生态城选址于盐碱荒滩，自然环境比较差，生态环境也比较脆弱。1/3为盐碱荒地，1/3为废弃的盐田，1/3为有污染的水面，水质性缺水、不占耕地，选择在这样的地区建设一座生态型城市，将充分体现资源约束条件下建设生态城的示范意义。

2）经济发展方式的创新

中新天津生态城将转变传统工业园区的发展模式，以高端化、高质化、高新化的科技研发、节能环保、文化创意、现代服务为主导产业方向，以不耗资源、少耗资源，没有污染的都市经济、楼宇经济、总部经济构建绿色、低碳、循环的新兴产业结构，建设初期规划了国家级动漫园、生态科技园、环保产业园、信息产业园等产业园区，初步形成了支撑城市未来经济发展的产业布局。到目前为止，生态城内注册企业200多家，注册资金120亿元，总投资额达到210多亿元，初步显现了生态城新兴产业的聚集效应，预计到2020年生态城可提供大约8万～10万个就业岗位。

3）社会环境规划的创新

生态城坚持以人为本，努力创造安居、乐业、和谐的社会环境。建立生态片区、生态社区、生态细胞三级生态城市模式，生态片区由4个社区组成，生态社区由4个生态细胞

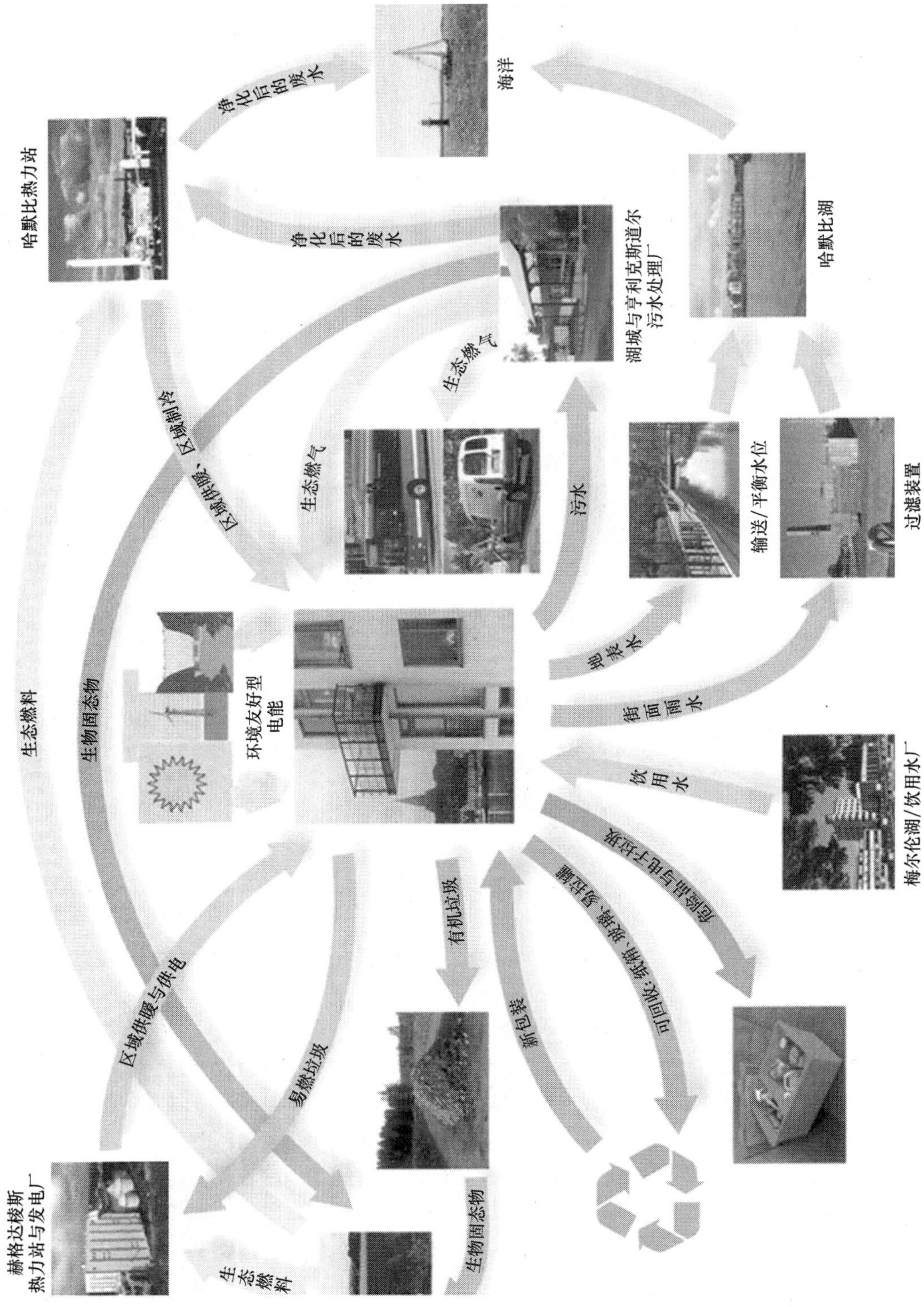

图 9.5.5-3 循环利用流程封闭系统示意（彩图见彩图 9.5.5-3）

哈默比热力站

海洋

净化后的废水

净化后的废水

生态燃气

湖城与亨利克斯道尔污水处理厂

哈默比湖

生态燃气

污水

输送/平衡水位

区域供暖/区域制冷

地表水

街面雨水

过滤装置

生态燃料

生物固态物

环境友好型电能

饮用水

梅尔伦湖/饮用水厂

区域供暖与供电

有机垃圾

新包装

可回收：玻璃、金属、塑料、纸张等

赫格达棱斯热力站与发电厂

易燃垃圾

生态燃料

生物固态物

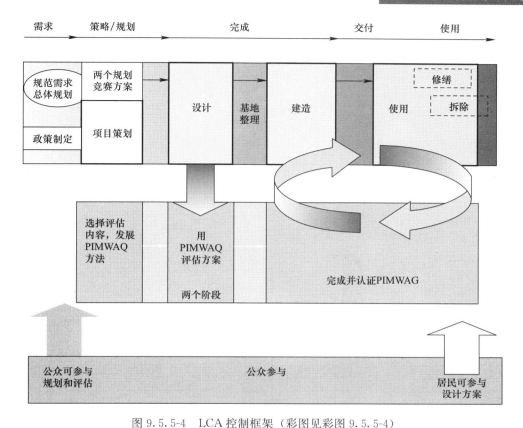

图 9.5.5-4　LCA 控制框架（彩图见彩图 9.5.5-4）

组成，生态细胞由 400m×400m 的街廓组成，构建生态自然、设施完善的人居系统。建立符合国际化标准的文化教育、体育健身及医疗卫生保健体系，满足居民多样化的精神文化需求。

4）政策制度创新

生态城将充分发挥天津滨海新区作为国家级试验区的先行先试的政策优势，开展综合性的政策创新，探索生态城市建设和管理所需要的制度保障体系。主要包括新兴产业扶持政策、城市建设投融资体制机制、生态城市综合补偿政策等，生态城将积极借鉴新加坡社会管理经济的经验，大力加强和谐社区的建设，比如公共住房制度、社区体制和管理服务模式的构建等。

（3）生态城规划

以中新天津生态城 01、05 片区控制性详细规划为例：

本项规划是为落实总体规划生态型指标体系中所有 26 项生态型指标编制的生态城控制性详细规划的主要组成部分。

规划着重探索总规生态型指标体系的分解实施路径，创新提出与总规指标体系相衔接的控规指标要素。规划成果对于指导下一层级规划，提升生态城整体管理效能起到重要作用。中新天津生态城控制性详细规划整个项目获 2011 年全国优秀城乡规划设计奖一等奖。

中新天津生态城 05 片区控制性详细规划见图 9.5.6-1～图 9.5.6-3。

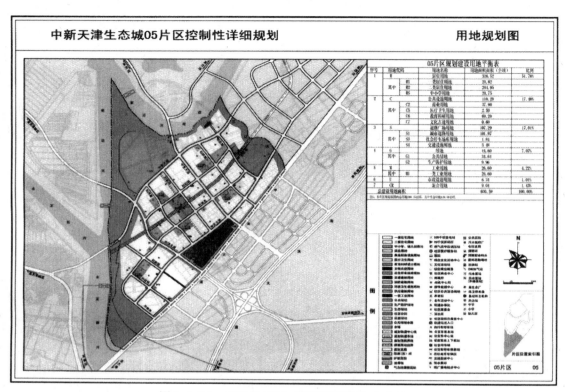

图 9.5.6-1 用地规划图（彩图见彩图 9.5.6-1）

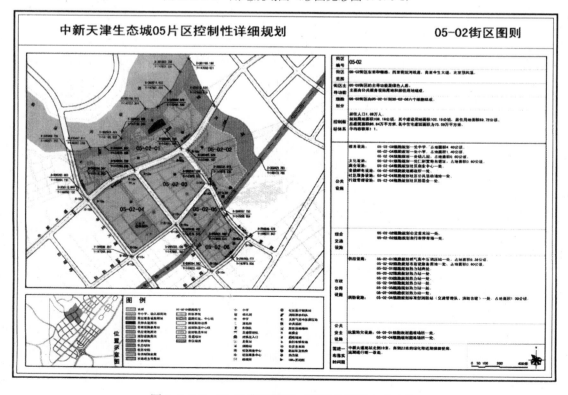

图 9.5.6-2 05-02 街区图则（彩图见彩图 9.5.6-2）

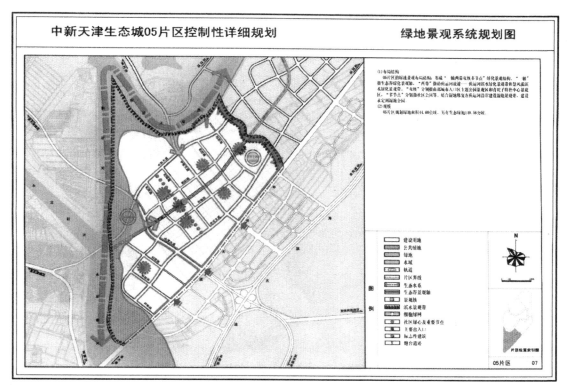

图 9.5.6-3　绿地景观系统规划图（彩图见彩图 9.5.6-3）

主要参考文献

1　郭虎. 如何建设生态型城市［N］. 学习时报，2008.1.8.

2　丁大卫. 把握生态城市建设的着力点［N］. 人民日报，2008.3.

3　崔雪松. 我国生态城市建设问题研究［J］. 经济纵横，2007（4）.

4　叶士聪. 生态城市——未来城市发展的趋势［J］. 广东科技，2010 年（8）.

5　马交国，杨永春. 国外生态城市建设实践及其对中国的启示［J］. 国外城市规划，2006（2）.

6　尹洪妍. 国外生态城市的开发模式［J］. 城市问题，2008（12）.

10 附录与附图

10.1 附录一 小城镇环境规划编制导则（试行）2003

编制小城镇环境规划是搞好小城镇环境保护的一项基础性工作。为指导和规范小城镇环境规划的编制工作，国家环保总局和建设部制定了《小城镇环境规划编制导则》（以下简称《导则》）。

《导则》适用于各地建制镇（含县、县级市人民政府所在地）环境规划的编制。

10.1.1 总则

（1）编制依据

国家和地方环境保护法律、法规和标准；

国家和地方"国民经济和社会发展五年计划纲要"；

国家和地方"环境保护五年计划"；

小城镇环境规划编制任务书或有关文件。

（2）指导思想与基本原则

编制小城镇环境规划的指导思想是：贯彻可持续发展战略，坚持环境与发展综合决策，努力解决小城镇建设与发展中的生态环境问题；坚持以人为本，以创造良好的人居环境为中心，加强城镇生态环境综合整治，努力改善城镇生态环境质量，实现经济发展与环境保护"双赢"。

编制小城镇环境规划应遵循以下原则：

1）坚持环境建设、经济建设、城镇建设同步规划、同步实施、同步发展的方针，实现环境效益、经济效益、社会效益的统一。

2）实事求是、因地制宜。针对小城镇所处的特殊地理位置、环境特征、功能定位，正确处理经济发展同人口、资源、环境的关系，合理确定小城镇产业结构和发展规模。

3）坚持污染防治与生态环境保护并重、生态环境保护与生态环境建设并举。预防为主、保护优先、统一规划、同步实施，努力实现城乡环境保护一体化。

4）突出重点，统筹兼顾。以建制镇环境综合整治和环境建设为重点，既要满足当代经济和社会发展的需要，又要为后代预留可持续发展空间。

5）坚持将城镇传统风貌与城镇现代化建设相结合，自然景观与历史文化名胜古迹保护相结合，科学地进行生态环境保护和生态环境建设。

6）坚持小城镇环境保护规划服从区域、流域的环境保护规划。注意环境规划与其他专业规划的相互衔接、补充和完善，充分发挥其在环境管理方面的综合协调作用。

7）坚持前瞻性与可操作性的有机统一。既要立足当前实际，使规划具有可操作性，又要充分考虑发展的需要，使规划具有一定的超前性。

（3）规划时限

以规划编制的前一年作为规划基准年，近期、远期分别按 5 年、15～20 年考虑，原则上应与当地国民经济与社会发展计划的规划时限相衔接。

10.1.2 规划编制工作程序

小城镇环境规划的编制一般按下列程序进行：

（1）确定任务

当地政府委托具有相应资质的单位编制小城镇环境规划，明确编制规划的具体要求，包括规划范围、规划时限、规划重点等。

（2）调查、收集资料

规划编制单位应收集编制规划所必需的当地生态环境、社会、经济背景或现状资料，社会经济发展规划、城镇建设总体规划，以及农、林、水等行业发展规划等有关资料。必要时应对生态敏感地区、代表地方特色的地区、需要重点保护的地区、环境污染和生态破坏严重的地区以及其他需要特殊保护的地区进行专门调查或监测。

（3）编制规划大纲

按照附录的有关要求编制规划大纲。

（4）规划大纲论证

环境保护行政主管部门组织对规划大纲进行论证或征询专家意见。规划编制单位根据论证意见对规划大纲进行修改后作为编制规划的依据。

（5）编制规划

按照规划大纲的要求编制规划。

（6）规划审查

环境保护行政主管部门依据论证后的规划大纲组织对规划进行审查，规划编制单位根据审查意见对规划进行修改、完善后形成规划报批稿。

（7）规划批准、实施

规划报批稿报送县级以上人大或政府批准后，由当地政府组织实施。

10.1.3 规划的主要内容

规划成果包括规划文本和规划附图。

（1）规划文本（大纲）

规划文本内容翔实、文字简练、层次清楚。基本内容包括：

1）总论

说明规划任务的由来、编制依据、指导思想、规划原则、规划范围、规划时限、技术路线规划重点等。

2）基本概况

介绍规划地区自然和生态环境现状，社会、经济、文化等背景情况，介绍规划地区社会经济发展规划和各行业建设规划要点。

3）现状调查与评价

对规划区社会、经济和环境现状进行调查和评价，说明存在的主要生态环境问题，分析实现规划目标的有利条件和不利因素。

4）预测与规划目标

对生态环境随社会、经济发展而变化的情况进行预测，并对预测过程和结果进行详细描述和说明。在调查和预测的基础上确定规划目标（包括总体目标和分期目标）及其指标体系，可参照全国环境优美小城镇考核指标。

5）环境功能区划分

根据土地、水域、生态环境的基本状况与目前使用功能、可能具有的功能，考虑未来社会经济发展、产业结构调整和生态环境保护对不同区域的功能要求，结合小城镇总体规划和其他专项规划，划分不同类型的功能区（如，工业区、商贸区、文教区、居民生活区、混合区等），并提出相应的保护要求。要特别注重对规划区内饮用水源地功能区和自然保护小区、自然保护区的保护。各功能区应合理布局，对在各功能区内的开发、建设提出具体的环境保护要求。严格控制在城镇的上风向和饮用水源地等敏感区内建设有污染的项目（包括规模化畜禽养殖场）。

6）规划方案制定

① 水环境综合整治

在对影响水环境质量的工业、农业和生活污染源的分布、污染物种类、数量、排放去向、排放方式、排放强度等进行调查分析的基础上，制定相应措施，对镇区内可能造成水环境（包括地表水和地下水）污染的各种污染源进行综合整治。加强湖泊、水库和饮用水源地的水资源保护，在农田与水体之间设立湿地、植物等生态防护隔离带，科学使用农药和化肥，大力发展有机食品、绿色食品，减少农业面源污染；按照种养平衡的原则，合理确定畜禽养殖的规模，加强畜禽养殖粪便资源化综合利用，建设必要的畜禽养殖污染治理设施，防治水体富营养化。有条件的地区，应建设污水收集和集中处理设施，提倡处理后的污水回用。重点水源保护区划定后，应提出具体保护及管理措施。

地处沿海地区的小城镇，应同时制定保护海洋环境的规划和措施。

② 大气环境综合整治

针对规划区环境现状调查所反映出的主要问题，积极治理老污染源，控制新污染源。结合产业结构和工业布局调整，大力推广利用天然气、煤气、液化气、沼气、太阳能等清洁能源，实行集中供热。积极进行炉灶改造，提高能源利用率。结合当地实际，采用经济适用的农作物秸秆综合利用措施，提高秸秆综合利用率，控制焚烧秸秆造成的大气污染。

③ 声环境综合整治

结合道路规划和改造，加强交通管理，建设林木隔声带，控制交通噪声污染。加强对工业商业、娱乐场所的环境管理，控制工业和社会噪声，重点保护居民区、学校、医院等。

④ 固体废物的综合整治

工业有害废物、医疗垃圾等应按照国家有关规定进行处置。一般工业固体废物、建筑垃圾应首先考虑采取各种措施，实现综合利用。生活垃圾可考虑通过堆肥、生产沼气等途径加以利用。建设必要的垃圾收集和处置设施，有条件的地区应建设垃圾卫生填埋场。制定残膜回收、利用和可降解农膜推广方案。

⑤ 生态环境保护

根据不同情况，提出保护和改善当地生态环境的具体措施。按照生态功能区划要求，提出自然保护小区、生态功能保护区划分及建设方案。制定生物多样性保护方案。加强对小城镇周边地区的生态保护，搞好天然植被的保护和恢复；加强对沼泽、滩涂等湿地的保护；对重点资源开发活动制定强制性的保护措施，划定林木禁伐区、矿产资源禁采区、禁牧区等。制定风景名胜区、森林公园、文物古迹等旅游资源的环境管理措施。

洪水、泥石流等地质灾害敏感和多发地区，应做好风险评估，并制定相应措施。

7）可达性分析

从资源、环境、经济、社会、技术等方面对规划目标实现的可能性进行全面分析。

8）实施方案

① 经费概算

按照国家关于工程、管理经费的概算方法或参照已建同类项目经费使用情况，编制按照规划要求，实现规划目标所有工程和管理项目的经费概算。

② 实施计划

提出实现规划目标的时间进度安排，包括各阶段需要完成的项目、年度项目实施计划，以及各项目的具体承担和责任单位。

③ 保障措施

提出实现规划目标的组织、政策、技术、管理等措施，明确经费筹措渠道。规划目标、指标、项目和投资均应纳入当地社会经济发展规划。

（2）规划附图

1）规划附图的组成

① 生态环境现状图

图中应注明包括规划区地理位置、规划区范围、主要道路、主要水系、河流与湖泊、土地利用、绿化、水土流失情况等信息。同时，该图应反映规划区环境质量现状。山区或地形复杂的地区，还应反映地形特点。

② 主要污染源分布与环境监测点（断面）位置图

图中应标明水、气、固废、噪声等主要污染源的位置、主要污染物排放量以及环境监测点（或断面）的位置。有规模化畜禽养殖场的，应同时标明畜禽种类和养殖规模等信息。生态监测站等有关自然与生态保护的观测站点，也应标明。

③ 生态环境功能分区图

图中应反映不同类型生态环境功能区分布信息，包括需要重点保护的目标、环境敏感区（点）、居民区、水源保护区、自然保护小区、生态功能保护区，绿化区（带）的分布等。

④ 生态环境综合整治规划图

图中应包括城镇环境基础设施建设：如污水处理厂、生活垃圾处理（填埋）场、集中供热等设施的位置，以及节水灌溉、新能源、有机食品、绿色食品生产基地、农业废弃物综合利用工程等方面的信息。

⑤ 环境质量规划图

图中应反映规划实施后规划区环境质量状况。

⑥ 人居环境与景观建设方案图（选做）

图中应包括人居环境建设、景观建设项目分布等方面的信息。

2）规划附图编制的技术要求

① 规划图的比例尺一般应为 1/10000～1/50000。

② 规划底图应能反映规划涉及的各主要因素，规划区与周围环境之间的关系。规划图中应包括水系、道路网、居民区、行政区域界线等要素。

③规划附图应采用地图学常用方法表示。

附录：

规划大纲

规划大纲应根据调查和所收集的资料，对小城镇自然生态环境、区位特点、资源开发利用的情况等进行分析，找出现有和潜在的主要生态环境问题，根据社会、经济发展规划和其他有关规划，预测规划期内社会、经济发展变化情况，以及相应的生态环境变化趋势，确定规划目标和规划重点。

规划大纲一般应包括以下内容：

1. 总论

1.1 任务的由来

1.2 编制依据

1.3 指导思想与规划原则

1.4 规划范围与规划时限

1.5 技术路线

1.6 规划重点

2. 基本概况

2.1 自然地理状况

2.2 经济、社会状况

2.3 生态环境现状

3. 现状调查与评价

3.1 调查范围

3.2 调查内容

3.3 调查方法

3.4 评价指标和方法

4. 预测与目标确定

4.1 社会经济与环境发展趋势预测方法

4.2 社会经济与环境指标及基准数据

4.3 环境保护目标和指标

5. 环境功能区划分

5.1 原则

5.2 方法

10.2 附录二 规划环境影响评价技术导则（试行）2003

Technical Guidelines for Plan Environmental Impact Assessment（On trial）

（HJ/T130－2003 2003－09－01实施）

前言

289

为贯彻落实《中华人民共和国环境影响评价法》，指导规划环境影响评价的实施，促进规划环境影响评价的科学化和规范化，制订本导则。

本导则提出了开展规划环境影响评价的一般原则、技术程序、方法、内容和要求。

本导则的内容是引导和启发性的，将随着规划环境影响评价的深入而不断发展。

本导则由国家环境保护总局监督司提出，科技标准司归口。

本导则由国家环境保护总局于2003年8月11日批准。

本导则为首次发布，2003年9月1日起执行。

本导则及其附件由国家环境保护总局负责解释。

1 总则

1.1 主题内容与适用范围

1.1.1 主题内容

本导则规定了开展规划环境影响评价的一般原则、工作程序、方法、内容和要求。

1.1.2 适用范围

本导则适用于国务院有关部门、社区的市级以上地方人民政府及其有关部门组织编制的下列规划的环境影响评价：

1.1.2.1 土地利用的有关规划，区域、流域、海域的建设、开发利用规划。

1.1.2.2 工业、农业、畜牧业、林业、能源、水利、文通、城镇建设、旅游、自然资源开发的有关专项规划。

1.1.2.3 1.1.2.1和1.1.2.2条款中所列规划的详细范围依照国务院"关于进行环境影响评价的规划的具体范围的规定"执行。

1.2 术语

1.2.1 规划环境影响评价

在规划编制阶段,对规划实施可能造成的环境影响进行分析、预测和评价,并提出预防或者减轻不良环境影响的对策和措施的过程。

1.2.2 规划方案

符合规划目标的,供比较和选择的方案的集合,包括推荐方案、备选方案。

1.2.3 环境可行的推荐方案

符合规则目标和环境目标的、建议采纳的规划方案。

1.2.4 替代方案

通过多方案比较后确认的符合规划目标和环境目标的规划方案。

1.2.5 减缓措施

用来预防、降低、修复或补偿由规划实施可能导致的不良环境影响的对策和措施

1.2.6 跟踪评价

对规划实施所产生的环境影响进行监测、分析、评价,用以验证规划环境影响评价的准确性和判定减缓措施的有效性,并提出改进措施的过程。

1.3 规划环境影响评价的目的与原则

1.3.1 评价目的

实施可持续发展战略,在规划编制和决策过程中,充分考虑所拟议的规划可能涉及的环境问题,预防规划实施后可能造成的不良环境影响,协调经济增长、社会进步与环境保护的关系。

1.3.2 评价原则

1.3.2.1 科学、客观、公正原则:规划环境影响评价必须科学、客观、公正,综合考虑规划实施后对各种环境要素及其所构成的生态系统可能造成的影响,为决策提供科学依据。

1.3.2.2 早期介入原则:规划环境影响评价应尽可能在规划编制的初期介入,并将对环境的考虑充分融入到规划中。

1.3.2.3 整体性原则:一项规划的环境影响评价应当把与该规划相关的政策、规划、计划以及相应的项目联系起来,做整体性考虑。

1.3.2.4 公众参与原则:在规划环境影响评价过程中鼓励和支持公众参与,充分考虑社会各方面利益和主张。

1.3.2.5 一致性原则:规划环境影响评价的工作深度应当与规划的层次、详尽程度相一致。

1.3.2.6 可操作性原则:应当尽可能选择简单、实用、经过实践检验可行的评价方法,评价结论应具有可操作性。

1.4 规划环境影响评价的工作程序

规划环境影响评价的工作程序见图(略)。

2 规划环境影响评价的内容与方法

2.1 规划环境影响评价的基本内容

2.1.1 规划分析，包括分析拟议的规划目标、指标、规划方案与相关的其他发展规划、环境保护规划的关系。

2.1.2 环境现状与分析，包括调查、分析环境现状和历史演变，识别敏感的环境问题以及制约拟议规划的主要因素。

2.1.3 环境影响识别与确定环境目标和评价指标，包括识别规划目标、指标、方案（包括替代方案）的主要环境问题和环境影响，按照有关的环境保护政策、法规和标准拟定或确认环境目标，选择量化和非量化的评价指标。

2.1.4 环境影响分析与评价，包括预测和评价不同规划方案（包括替代方案）对环境保护目标、环境质量和可持续性的影响。

2.1.5 针对各规划方案（包括替代方案），拟定环境保护对策和措施，确定环境可行的推荐规划方案。

2.1.6 开展公众参与。

2.1.7 拟定监测、跟踪评价计划。

2.1.8 编写规划环境影响评价文件（报告书、篇章或说明）

2.2 规划分析

2.2.1 规划的描述

规划环境影响评价应在充分理解规划的基础上进行，应阐明并简要分析规划的编制背景、规划的目标、规划对象、规划内容、实施方案，及其与相关法律、法规和其他规划的关系。

2.2.2 规划目标的协调性分析

按拟定的规划目标，逐项比较分析规划与所在区域/行业其他规划（包括环境保护规划）的协调性。

2.2.3 规划方案的初步筛选

2.2.3.1 识别该规划所包含的主要经济活动，包括直接或间接影响到的经济活动，分析可能受到这些经济活动影响的环境要素；简要分析规划方案对实现环境保护目标的影响，进行筛选以初步确定环境可行的规划方案。

2.2.3.2 应当依照国家的环境保护政策、法规及其他有关规定，对所有的规划方案进行筛选。

2.2.3.3 初步筛选的方法主要有：专家咨询、类比分析、矩阵法、核查表法等。

2.2.4 确定规划环境影响评价内容和评价范围

2.2.4.1 根据规划对环境要素的影响方式、程度，以及其他客观条件确定规划环境影响评价的工作内容。每个规划环境影响评价的工作内容随规划的类型、特性、层次、地点及实施主体而异；根据环境影响识别的结果确定环境影响评价的具体内容。

2.2.4.2 确定评价范围时不仅要考虑地域因素，还要考虑法律、行政权限、减缓或补偿要求，公众和相关团体意见等限制因素。

2.2.4.3 确定规划环境影响评价的地域范围通常考虑以下两个因素：一是地域的现

291

有地理属性（流域、盆地、山脉等），自然资源特征（如森林、草原、渔场等），或人为的边界（如公路、铁路或运河）；二是已有的管理边界，如行政区等。

2.3　现状调查、分析与评价

2.3.1　现状调查

现状调查应针对规划对象的特点，按照全面性、针对性、可行性和效用性的原则，有重点的进行。调查内容应包括环境、社会和经济三个方面。

2.3.2　现状分析与评价

2.3.2.1　主要工作内容

（1）社会经济背景分析及相关的社会、经济与环境问题分析，确定当前主要环境问题及其产生原因；

（2）生态敏感区（点）分析，如特殊生境及特有物种、自然保护区、湿地、生态退化区、特有人文和自然景观以及其他自然生态敏感点等，确定评价范围内对被评价规划反应敏感的地域及环境脆弱带；

（3）环境保护和资源管理分析，确定受到规划影响后明显加重，并且可能达到、接近或超过地域环境承载力的环境因子。

2.3.2.2　可以从下列几个方面分析对规划目标和规划方案实施的环境限制因素：

（1）跨界环境因素分析；

（2）经济因素与环境问题的关系分析；

（3）社会因素与生态压力；

（4）环境污染与生态破坏对社会、经济及自然环境的影响；

（5）评价社会、经济、环境对评价区域可持续发展的支撑能力。

2.3.3　环境发展趋势分析

分析在没有拟议规划的情况下，区域环境状况/行业涉及的环境问题的主要发展趋势（即"零方案"影响分析）。

2.3.4　现状调查与分析方法

现状调查与分析的常用方法有资料收集与分析，现场调查与监测等。

2.4　环境影响识别与确定环境目标和评价指标

2.4.1　识别环境可行的规划方案实施后可能导致的主要环境影响及其性质，编制规划的环境影响识别表，并结合环境目标，选择评价指标。规划的环境影响识别与确定评价指标的基本程序。

（1）规划分析：相关的社会经济问题、列出影响可持续发展的问题。

（2）现状分析。

（3）编制影响识别清单。

（4）影响识别方法。

（5）专家咨询及公众参与。

（6）环境目标/环境政策/环境标准。

（7）国内外实践经验。

（8）初步的评价指标。

（9）评价所需信息。

（10）理论分析。

（11）社会经济环境基础数据。

（12）评价指标。

（13）评价指标确定。

2.4.2 拟定或确认环境目标

针对规划可能涉及的环境主题、敏感环境要素以及主要制约因素，按照有关的环境保护政策、法规和标准拟定或确认规划环境影响评价的环境目标，包括规划涉及的区域和/或行业的环境保护目标，以及规划设定的环境目标。

2.4.3 规划涉及的环境问题可按当地环境（包括自然景观、文化遗产、人群健康、社会/经济、噪声、交通）、自然资源（包括水、空气、土壤、动植物、矿产、能源、固体废物）、全球环境（包括气候、生物多样性）三大类分别表述。

2.4.4 环境影响识别的内容与方法

2.4.4.1 在对规划的目标、指标、总体方案进行分析的基础上，识别规划目标、发展指标和规划方案实施可能对自然环境（介质）和社会环境产生的影响。

2.4.4.2 环境影响识别的内容包括对规划方案的影响因子识别、影响范围识别、时间跨度识别、影响性质识别。

2.4.4.3 环境影响识别一般有核查表法、矩阵法、网络法、GIS 支持下的叠加图法、系统流图法、层次分析法、情景分析法等。具体见附录 B。

2.4.5 确定环境影响评价指标

以环境影响识别为基础，结合规划及环境背景调查情况，规划所涉及部门或区域环境保护目标，并借鉴国内外的研究成果，通过理论分析、专家咨询、公众参与初步确立评价指标，并在评价工作中补充、调整、完善。供参考的各类规划的环境影响评价指标见附录 A。

2.4.6 评价标准的选取

2.4.6.1 采用已有的国家、地方、行业或国际标准；

2.4.6.2 如缺少相应的法定标准时，可参考国内外同类评价时通常采用的标准，采用时应经过专家论证。

2.5 环境影响预测、分析与评价

2.5.1 规划的环境影响预测

2.5.1.1 应对所有规划方案的主要环境影响进行预测。

2.5.1.2 预测内容：

（1）环境影响预测，包括其直接的、间接的环境影响，特别是规划的累积影响；

（2）规划方案影响下的可持续发展能力预测。

2.5.1.3 预测方法一般有类比分析法、系统动力学、投入产出分析、环境数学模型、情景分析法等。

2.5.2 规划的环境影响分析与评价

2.5.2.1 应对规划方案的主要环境影响进行分析与评价。分析评价的主要内容包括：

（1）规划对环境保护目标的影响；

（2）规划对环境质量的影响；

（3）规划的合理性分析，包括社会、经济、环境变化趋势与生态承载力的相容性分析。

2.5.2.2　评价方法一般有加权比较法、费用效益分析法、层次分析法、可持续发展能力评估、对比评价法、环境承载力分析等。具体见附录。

2.5.3　累积影响分析

2.5.3.1　累积影响分析应当从时间、空间两个方面进行。

2.5.3.2　常用的方法有专家咨询法、核查表法、矩阵法、网络法、系统流图法、环境数学模型法、承载力分析、叠图法/GIS、情景分析法等。

2.6　供决策的环境可行规划方案与环境影响减缓措施

2.6.1　环境可行的规划方案

根据环境影响预测与评价的结果，对符合规划目标和环境目标要求的规划方案进行排序，并概述各方案的主要环境影响，以及环境保护对策和措施。

2.6.2　环境可行的推荐方案

对环境可行的规划方案进行综合评述，提出供有关部门决策的环境可行推荐规划方案，以及替代方案。

2.6.3　环境保护对策与减缓措施

在拟定环境保护对策与措施时，应遵循"预防为主"的原则和下列优先顺序：

2.6.3.1　预防措施，用以消除拟议规划的环境缺陷。

2.6.3.2　最小化措施。限制和约束行为的规模、强度或范围使环境影响最小化。

2.6.3.3　减量化措施。通过行政措施、经济手段、技术方法等降低不良环境影响。

2.6.3.4　修复补救措施。对已经受到影响的环境进行修复或补救。

2.6.3.5　重建措施。对于无法恢复的环境，通过重重建的方式替代原有的环境。

2.7　关于拟议规划的结论性意见与建议

2.7.1　通过上述各项工作，应对拟议规划方案得出下列评价结论中的一种：

（1）建议采纳环境可行的推荐方案；

（2）修改规划目标或规划方案；

（3）放弃规划。

2.7.2　通过规划环境影响评价，如果认为已有的规划方案在环境上均不可行，则应当考虑修改规划目标或规划方案，并重新进行规划环境影响评价。

2.7.3　修改规划方案应遵循如下原则：

2.7.3.1　目标约束性原则

新的规划方案不应偏离规划基本目标，或者偏重于规划目标的某些方面而忽视了其他方面。

2.7.3.2　充分性原则

应从不同角度设计新的规划方案，为决策提供更为广泛的选择空间。

2.7.3.3　现实性原则

新的规划方案应在技术、资源等方面可行。

2.7.3.4　广泛参与的原则

应在广泛公众参与的基础上形成新的规划方案。

2.7.4　放弃规划

通过规划环境影响评价，如果认为所提出的规划方案在环境上均不可行，则应当放弃规划。

2.8 监测与跟踪评价

对于可能产生重大环境影响的规划，在编制规划环境影响评价文件时，应拟定环境监测和跟踪评价计划和实施方案。

2.8.1 环境监测与跟踪评价计划的基本内容

2.8.1.1 列出需要进行监测的环境因子或指标

2.8.1.2 环境监测方案与监测方案的实施

2.8.1.3 对下一层次规划或推荐的规划方案所含具体项目环境影响评价的要求

2.8.2 监测

利用现有的环境标准和监测系统，监测规划实施后的环境影响，以及通过专家咨询和公众参与等，监督规划实施后的环境影响。

2.8.3 跟踪评价

2.8.3.1 评价规划实施后的实际环境影响。

2.8.3.2 规划环境影响评价及其建议的减缓措施是否得到了有效的贯彻实施。

2.8.3.3 确定为进一步提高规划的环境效益所需的改进措施。

2.8.3.4 该规划环境影响评价的经验和教训。

2.9 规划环境影响评价的公众参与

2.9.1 公众参与的主要内容

（1）环境背景调查。通过公众参与掌握重要的、为公众关心的环境问题；

（2）环境资源价值估算；

（3）减缓措施；

（4）跟踪评价及监督。

2.9.2 参与评价工作的公众包括有关单位、专家和公众（除专家以外的公民）。参与者的确定要综合考虑以下因素：

（1）影响范围广且多为直接影响的规划，应采用广泛的公众参与；技术复杂的规划要求有高层次管理者、专家的参与；

（2）充分考虑时间因素和人力、物力和财力等条件，通过一定途径和方式，遵循一定的程序开展规划环境影响评价的公众参与。

2.9.3 公众参与的时机与方式

公众参与应覆盖规划环境影响评价的全过程。

2.9.4 规划环境影响评价公众参与的方式主要有：

（1）论证会、听证会；

（2）问卷调查；

（3）大众传媒；

（4）发布公告或设置意见箱。

3 规划环境影响评价文件的编制要求

3.1 规划环境影响报告书的编写要求

3.1.1 规划环境影响报告书应文字简洁、图文并茂，数据翔实、论点明确、论据充分，结论清晰准确。

3.1.2 规划环境影响报告书至少包括 9 个方面的内容：总则、拟议规划的概述、环境现状描述、环境影响分析与评价、推荐方案与减缓措施、专家咨询与公众参与、监测与跟踪评价、困难和不确定性、执行总结。

3.1.3 "总则"的内容包括：

3.1.3.1 规划的一般背景。

3.1.3.2 与规划有关的环境保护政策、环境保护目标和标准。

3.1.3.3 环境影响识别（表）。

3.1.3.4 评价范围与环境目标和评价指标。

3.1.3.5 与规划层次相适宜的影响预测和评价所采用的方法。

3.1.4 规划的概述与分析包括：

3.1.4.1 规划的社会经济目标和环境保护目标（和/或可持续发展目标）。

3.1.4.2 规划与上、下层次规划（或建设项目）的关系和一致性分析。

3.1.4.3 规划目标与其他规划目标、环保规划目标的关系和协调性分析。

3.1.4.4 符合规划目标和环境目标要求的可行的各规划（替代）方案概要。

3.1.5 环境现状分析包括：

3.1.5.1 环境调查工作概述。

3.1.5.2 概述规划涉及的区域/行业领域存在主要环境问题及其历史演变，并预计在没有本规划情况下的环境发展趋势。

3.1.5.3 环境敏感区域和/或现有的敏感环境问题，以表格——对应的形式列出可能对规划发展目标形成制约的关键因素或条件。

3.1.5.4 可能受规划实施影响的区域和/或行业部门。

3.1.6 环境影响分析与评价，突出对主要环境影响的分析与评价。

3.1.6.1 按环境主题（如生物多样性、人口、健康、动植物、土壤、水、空气、气候因子、矿产资源、文化遗产、自然景观）描述所识别、预测的主要环境影响。

3.1.6.2 对应于不同规划方案或设置的不同情景，分别描述所识别、预测的主要的直接影响、间接影响、累积影响。

3.1.6.3 在描述环境影响时，说明不同地域尺度（当地、区域、全球）和不同时间尺度（短期、长期）的影响。

3.1.6.4 对不同规划方案可能导致的环境影响进行比较，包括环境目标、环境质量和/或可持续性的比较。

3.1.7 规划方案与减缓措施包括：

3.1.7.1 描述符合规划目标和环境目标的规划方案，并概述各方案的主要环境影响，以及主要环境影响的防护对策、措施和对规划的限制，减缓措施实施的阶段性目标和指标。

3.1.7.2 各环境可行的规划方案的综合评述。

3.1.7.3 供有关部门决策的推荐的环境可行规划方案，以及替代方案。

3.1.7.4 规划的结论性意见和建议。

3.1.8 监测与跟踪评价

3.1.8.1　对下一层次规划和/或项目环境评价的要求。

3.1.8.2　监测和跟踪计划。

3.1.9　公众参与

3.1.9.1　公众参与概况。

3.1.9.2　概述与环境评价有关的专家咨询和收集的公众意见与建议。

3.1.9.3　专家咨询和公众意见与建议的落实情况。

3.1.10　困难和不确定性：概述在编辑和分析用于环境评价的信息时所遇到的困难和由此导致的不确定性，以及它们可能对规划过程的影响。

3.1.11　执行总结：采用非技术性文字简要说明规划背景、规划的主要目标、评价过程、环境资源现状、预计的环境影响、推荐的规划方案与减缓措施、公众参与的主要发现和处理结果、总体评价结论。

3.2　环境影响篇章及说明的编写要求

3.2.1　规划环境影响篇章应文字简洁、图文并茂，数据翔实、论点明确、论据充分，结论清晰准确。

3.2.2　规划环境影响篇章至少包括 4 个方面的内容：前言、环境现状描述、环境影响分析与评价、环境影响减缓措施。

3.2.3　"前言"应包括的内容

3.2.3.1　与规划有关的环境保护政策、环境保护目标和标准

3.2.3.2　评价范围与环境目标和评价指标

3.2.3.3　与规划层次相适宜的影响预测和评价所采用的方法

3.2.4　环境现状分析包括：

3.2.4.1　概述规划涉及的区域/行业领域存在主要环境问题，及其历史演变。

3.2.4.2　列出可能对规划发展目标形成制约的关键因素或条件。

3.2.5　环境影响分析与评价

3.2.5.1　简要说明规划与上、下层次规划（或建设项目）的关系，以及与其他规划目标、环保规划目标的协调性。

3.2.5.2　对应于不同规划方案或设置的不同情景，分别描述所识别、预测的主要的直接影响、间接影响和累积影响。

3.2.5.3　对不同规划方案可能导致的环境影响进行比较，包括环境目标、环境质量和/或可持续性的比较。

3.2.6　环境影响的减缓措施包括：

3.2.6.1　描述各方案（包括推荐方案、替代方案）的主要环境影响，以及主要环境影响的防护对策、措施和对规划的限制。

3.2.6.2　关于规划方案的综合评述。

附录 A　规划环境影响评价中的环境目标与评价指标

规划环境影响评价中的环境目标包括规划涉及的区域和/或行业的环境保护目标，以

及规划设定的环境目标。评价指标是环境目标的具体化描述。评价指标可以是定性的或定量化的，是可以进行监测、检查的。规划的环境目标和评价指标需要根据规划类型、规划层次，以及涉及的区域和/或行业的发展状况和环境状况来确定。表 A1 列出可供参照的区域规划环境目标和评价指标表述形式。

A1 区域规划

A1.1 区域开发相关规划
（1）工业开发区、高新技术开发区性质、目标；
（2）农业经济开发区。

A1.2 区域规划的相应环境主体
（1）生物多样性；
（2）水；
（3）固体废物和土壤；
（4）空气；
（5）声环境；
（6）能源和矿产；
（7）气候；
（8）文化遗产和景观；
（9）其他。

区域规划的环境目标和评价指标表述示范　　　　　　　　　　　　　　　　表 A1

环境主题	环境目标	评价指标
生物多样性	（1）保护和扩展生物多样性； （2）保护和扩大特别的栖息地和种群	达到国际/国家保护目标
水	（1）将水污染控制在不危害自然生态系统的水平； （2）减少水污染物排放，水环境功能区达标； （3）地下水的使用处于采、补平衡水平	（1）河流、湖泊、近海水质达标率； （2）湖泊富营养化水平； （3）饮用水水源地水质和水量； （4）供水水源保证率； （5）污水集中处理规模和效率； （6）工业水污染物排放量控制
固体废物和土壤	（1）减少污染，并且保护土壤质量和数量； （2）废物最小化（回用、堆肥、能源利用）	（1）耕地面积； （2）绿地面积； （3）控制水土流失面积和流失量； （4）化肥与农药使用与管理； （5）生活垃圾无害化处理； （6）有害废物处理（危险废物与一般工业固废）
空气	减少空气污染物排放，大气环境功能区达标	（1）空气质量达标天数； （2）空气污染物排放量控制； （3）空气污染物排放量减少比例； （4）机动车尾气排放达标情况
声环境	减轻噪声和振动	（1）交通噪声达标率； （2）一、二类噪声功能区的比例（区域噪声质量状况）

续表

环境主题	环境目标	评价指标
能源和矿产	(1) 有效地使用能源； (2) 提高清洁能源的比例； (3) 减少矿产资源的消耗； (4) 提高材料的重复利用	(1) 集中供热的比例； (2) 电力供应； (3) 燃气利用； (4) 燃煤
气候	(1) 减少温室气体排放； (2) 减少气候变化灾害	(1) 能源消耗； (2) 防洪
文化遗产和自然景观	(1) 保护历史建筑、古迹、及其他重要的文化特性； (2) 重视和保护地理、地貌类景观（如山岳景观、峡谷景观、海滨景观、岩溶地貌、风蚀地貌等）	(1) 列入濒危名单的建筑和古迹的比例及其历史意义、文化内涵、游乐价值（趣味性、知名度等）； (2) 美学价值（景观美感度、奇特性、完整性等）； (3) 科学价值
其他		

A2 土地利用相关规划

A2.1 土地利用规划中与环境关系密切的内容

（1）土地利用目标；

（2）土地利用结构调整与分区，包括农业用地范围土地利用结构与方向，建设用地范围的规划与布局，生态景观保护区和水域等其他用地区。

A2.2 土地利用规划涉及的环境主题

土地利用规划的主要环境影响表现在改变土地利用类型（如土地占用、交通组织与布局）而导致的对自然生态环境（如林地、园地、草地等生态建设用地，生态景观保护区，水域）和环境质量等方面。可能涉及的环境主题包括：

（1）土地资源的规划与管理；

（2）土地覆盖和景观；

（3）土壤；

（4）空气；

（5）水环境。

A2.3 土地利用规划的环境目标与评价指标

供参考的环境目标与评价指标见表 A2。

土地利用规划环境目标与评价指标表述示范　　　　表 A2

主题	环境目标	评价指标
土地资源的规划与管理	确保对土地资源的有效规划与管理；平衡对有限可利用土地的竞争性需求；维护重要的城镇中心	确保对土地资源的有效规划与管理，平衡对有限可利用土地的竞争性需求，维护重要的城镇中心； 社会经济发展占用的土地面积占区域总面积的比例（%）； 生态建设用地占区域总面积的比例（%）； 人均生态建设用地面积（m²/人）； 土地利用结构（%）

主题	环境目标	评价指标
土地覆盖和景观	保护具有环境价值的自然景观及动植物栖息地	自然保护区及其他具有特殊科学与环境价值的受保护区面积占区域面积的比例（%）； 特色风景线长度（km）； 水域面积占区域面积的比例（%）
土壤	保护土壤，维持高质量食品和其他产品的有效供应	由于侵蚀造成的农业用地中土壤的年损失量（t/a）； 土壤表土中的重金属及其他有毒物质的含量（mg/kg）； 单位农田面积农药的使用量（kg/ha）； 单位农田面积化肥的使用量（kg/ha）
空气	控制空气污染，限制可能导致全球气候变化的温室气体的排放	单位工业用地面积工业废气年排放量 $[m^3/(km^2 \cdot a)]$ 烟尘控制区覆盖率（%） 单位土地面积大气污染物 SO_2、NO_2、VOCs 年排放量 $[t/(km^2 \cdot a)]$ 单位土地面积的 CO_2 及臭氧层损耗物质年排放量 $[t/(km^2 \cdot a)]$
水环境	维护与改善地表水和地下水水质及水生环境，确保可获得充足的符合环境标准的水资源	单位工业用地面积工业废水年排放量 $[t/(km^2 \cdot a)]$ 集中式饮用水源地水质达标率（%）. 水功能区水质达标率（%） 单位土地面积 COD_{Cr}，BOD_5，石油类，挥发酚，NH_3-N（氨氮）年排放量 $[t$ 或 $kg/(km^2 \cdot a)]$
其他		

A3 工业规划

A3.1 与环境关系密切的工业部门或行业类型包括

（1）资源型工业（比如煤炭、林木采运与加工业等），水、能源、土地等自然资源消耗（或占用）量大的行业，以及需要特种自然资源的行业（如中药业）；

（2）生产中需要投入或产生特殊物质的行业（如核工业）；

（3）产业关联度高的行业（如汽车工业的关联产业有道路建设与交通、土地利用与城镇规划、冶金、机械制造、能源、石油化工、建材等）；

（4）生产或使用过程中消耗大量能源、水等资源，生产与使用过程中排放污染物的行业（汽车、家电制造业）等等。

A3.2 工业规划可能涉及的环境主题

（1）工业发展水平及经济效益；

（2）空气环境；

（3）水环境；

（4）噪声；

（5）固体废物；

（6）自然资源与生态保护；

（7）资源与能源。

A3.3 工业规划的环境目标与评价指标

供参考的环境保护目标与评价指标见表 A3。

工业规划的环境目标与评价指标表述示范　　　　　　表 A3

主题	环境目标	评价指标
工业发展水平及经济效益	促进工业健康、高效与可持续的发展，改善环境质量	工业总产值（万元/年）； 工业经济密度（工业总产值/区域总面积，万元/km²）； 工业经济效益综合指数； 高新技术产业产值占工业总产值的比例（%）
大气环境	控制工业空气污染物排放及空气污染	万元工业净产值废气年排放量（Nm³/万元）； 万元工业净产值主要大气污染物年排放量（t/万元）； 评价区域主要空气污染物（SO_2，PM10，NO_2，O_3）平均浓度（mg/Nm³）； 烟尘控制区覆盖率（%）； 空气质量超标区面积（km²）及占区域总面积的比例（%）； 暴露于超标环境中的人口数及占总人口的比例（%）； 主要工业区及重大工业项目与主要住宅区的临近度
水环境	控制工业水污染物排放及水环境污染，尤其是保护水源地的水质	万元工业净产值工业废水年排放量（m³/万元）； 万元工业净产值主要水环境污染物（COD_{Cr}，BOD_5，石油类．NH_3-N，挥发酚等）排放量（t/a）； 工业废水处理率与达标排放率（%）； 区域/行业主要水环境污染物年平均浓度（COD_{Cr}，BOD_5，石油类，NH_3-N，挥发酚）（mg/L）； 集中式饮用水源地及其他水功能区水质达标率（%）； 主要污水排放口与集中式饮用水源地、生态敏感区的临近度
噪声	控制工业区环境噪声水平	工业区区域噪声平均值（dB（A））（昼/夜）
固体废物	固体废物的生成量达到最小化、减量化及资源化	万元工业净产值工业固体废物产生量（t/万元）； 危险固体废物年产生量（t/a） 工业固体废物综合利用率（%）
自然资源与生态保护	减少可能造成的对生态敏感区危害	生物多样性指数； 主要工业区及重大工业项目与生态敏感区的临近度； 主要工业区及重大工业项目所占用的土地面积（km²），其中占用生态敏感区的面积（km²）； 主要工业区及重大工业项目可能造成的生态区域破碎情况

续表

主题	环境目标	评价指标
资源与能源	资源与能源消耗总量的减量化，以及鼓励更多地使用可再生的资源与能源及废物的资源化利用	矿产资源采掘量（万 t/年）； 淡水资源消耗量（万 t/年）； 化石能源（煤、油、天然气等）采掘量（万 t/年）； 上述资源、能源综合利用率（%）； 能源结构（%）； 新型能源、可再生能源比例（%）
其他		

A4 农业规划

A4.1 农业规划中与生态环境关系密切的内容

（1）农业发展模式与方向；

（2）农业结构，包括农业区划调整，种植业、养殖业的范围、规模及空间布局，以及在完整的生态农业结构与产业链中的位置和作用；

（3）农业规划的近期重点工程；

（4）与农业规划相关的其他规划，包括村镇建设规划、农村土地利用规划、基本农田保护规划等。

A4.2 农业规划可能涉及的环境主题

（1）农业经济发展及效益；

（2）农业非点源污染与水环境；

（3）土壤；

（4）农业固体废物；

（5）资源。

A4.3 农业规划的环境目标与评价指标

供参考环境目标与评价指标见表 A4。

农业规划的环境目标与评价指标表述示范　　　　表 A4

主题	环境目标	评价指标
农业经济发展及效益	促进地区农业经济健康、高效、持续发展，尤其是提高农业经济效益和农业生产力	农业经济总产值（亿元/年）； 单位面积农业生产用地产值（万元/ha）； 单位面积农业生产用地农用动力（kW/ha）
农业非点源污染与水环境	控制农业非点源污染对水域环境和生态系统的影响	单位农田面积农药使用量（kg/ha）； 单位农田面积化肥使用量（折纯）（kg/ha）； 有机肥使用率（即有机肥占农业肥料施用量比例）（%）； 禽畜排泄物的年生成量（t/a）； 禽畜排泄物的综合利用率（%）； 水质综合指数； 农村地区主要水环境污染物（COD_{Cr}、BOD_5、总氮、总磷）及溶解氧的年平均浓度（mg/L）

主题	环境目标	评价指标
土壤	将土壤作为一种用于食品和其他产品生产的有效资源，保护和改善土壤的质地和肥力，避免土壤退化	土壤表层中的重金属含量（mg/kg）； 农田土壤年侵蚀量（t/a）
农业固体废物	减少农业固体废物的生成量	单位农田面积农业固体废弃物的生成量（秸秆、农用膜等）（kg/ha）； 农业固体废弃物的综合处理、处置与资源化利用率（%）
资源	引导农业结构优化及农业集约化经营	土地及耕地资源保有量（万 ha）； 野生生物资源保有量及其生境面积保； 农田、林木、草地、湿地及自然水面等土地结构性指标（%）
其他		

A5　能源规划

A5.1　能源规划与环境

能源规划涉及能源消费总量与结构、使用与转换效率、能源安全等，相应的管理措施有能源管理体制、价格体系、投资渠道、执法等。这将改变能源系统的内部依存结构，进而影响能源消费与供应系统以及开采、运输、加工、利用等能源过程具体环节，从而产生一定的环境影响。能源工业产生的污染物：

（1）大气污染物：TSP、SO_2、NO_2、酸沉降、石油烃、CO 等常规污染物，以及 CO_2、CH_4 等影响全球气候变化的非常规污染物；

（2）水污染物：能源的资源开采、转化等产生大量矿井水，火电厂废水、能源精炼废水，主要污染物包括悬浮物（SS）、石油类、pH 值等；

（3）固体废物类：固体废物类主要有煤矸石、粉煤灰、炉渣、炼油废渣等；

（4）其他污染类型：热污染、噪声污染等。

A5.2　能源规划可能涉及的环境主题

（1）能源效益；

（2）能源结构；

（3）大气环境；

（4）生态保护；

（5）资源。

A5.3　能源规划的环境目标与评价指标

供参考的环境目标与评价指标见表 A5。

A6　城镇建设规划

A6.1　城镇规划的特点

城镇建设规划主要有城镇总体规划、控制性详细规划和市政基础设施规划 3 类，分别从宏观、中观和微观 3 个层次通过土地与空间资源的开发强度、序列、收益来控制城镇经济发展进程，进而造成显著的环境影响。

303

能源规划的环境目标与评价指标表述示范　　　　　　　表 A5

主题	环境目标	评价指标
能源效益	通过提高能源效率，促进消费者以较少的能源投入来满足其需求	单位能源消耗的 GDP 产出（万元/标吨煤）； 能源消耗弹性系数； 集中供热面积及占区域总面积的比例（%）； 热电厂的能源利用率（%）； 平均能源利用率（%）
能源结构	改善能源结构，积极采用低污染高效率的能源，实现清洁能源代替	电力在终端能源消费中的比例（%）； 天然气、石油、水煤浆等清洁能源占一次能源消费总量的比例（%）； 可再生能源占总能源消耗的比例（%）。包括：水力发电量占总耗电量的比例（%）；生物能源占农村能源消费量的比例（%）；太阳能源、风能、地热能与潮汐能分别占总能源消费量的比例（%）
大气环境	控制与能源消耗有关的空气污染物的排放	主要污染物（SO_2、NO_2、CO、PM10、NMVOCS）的年排放量（t/a）； 温室气体（CO_2，CH_4，N_2O，HFC，PFC，SF_6）的年排放量（t/a）； 主要空气污染物（SO_2，NO_2，PM10，O_3）的平均浓度（mg/Nm^3）； 空气质量超标区域的面积及占区域总面积的比例（%）及暴露于超标环境中的人口数及占总人口的比例（%）； 酸雨强度、频率（%）、面积（万 km^2）
生态保护	控制与能源消耗相关的空气污染物对生态敏感区的负面影响	生态敏感区中空气质量超标的面积及比例（%）； 主能源规划所涉及的要能源建设项目及辅助设施与生态敏感区的临近度； 能源规划所涉及的建设项目及辅助设施占用的土地面积（km^2），其中占用生态敏感区的面积（km^2）
资源量	不可再生能源的减量化及能源使用效率的提高	化石能源的资源保有量（万 ha）； 化石能源消耗量（万 t）及使用效率（%）； 可替代能源的开发等
其他		

　　城镇总体规划主要从宏观层次确定城镇的性质与职能、发展的空间结构与功能的空间布局、用地及人口规模等宏观的、方向性的和全局性的问题，以及确定城镇的交通、市政基础设施、水系与岸线等规划的发展目标与总体布局。这些内容将对自然生态、资源与能源的可持续利用以及各环境要素等方面产生深远的全局性影响。

　　城镇控制性详细规划是从中观层次确定控制区范围的用地类型、公共用地和保留用地，规定各类土地使用的适用性范围、兼容性和排斥性范围、开发强度、形体条件和基础设施等的约束条件。这将直接涉及城镇的生产力布局、功能分区、交通组织与道路建设、开敞空间、特殊生境的保护与恢复。因此，城镇控制性详细规划对环境的影响显著。

　　市政基础设施规划如城镇供水、绿化、排水、防洪、供电、通讯、燃气、消防、环卫等市政基础设施规划与居民生活质量密切相关，其环境影响也是直接与城镇环境污染和生态破坏有关，并影响水环境、大气环境、生态与景观等方面。

A6.2　与城镇建设规划有关的环境主题

　　（1）水环境；

（2）大气环境；

（3）噪声；

（4）固体废物；

（5）自然资源与生态保护；

（6）近海环境；

（7）生态环境保护与可持续发展能力建设。

A6.3　城镇规划的环境目标与评价指标

供参考的城镇建设规划的环境目标与评价见表 A6。

城镇建设规划的环境目标与评价指标表述示范　　　　　　　表 A6

主题	环境目标	评价指标
水环境	控制区域水环境污染，维持和改善地表水和地下水水质及水生环境，引导有效利用水资源，确保可获得充足的符合环境标准的水资源	人均生活污水排放量（L/（人·日）） 万元 GDP 工业废水排放量（m^3/万元）； 主要水环境污染物年排放量（COD_{Cr}，BOD_5，石油类，NH_3-N，挥发酚）（t/a）； 城镇水功能区水质达标率（%）； 集中式饮用水源地水质达标率（%）； 主要废水排放口与生态敏感区的临近度，与水源地的临近度； 区域水环境主要污染物及溶解氧的平均浓度（mg/L）； 城镇污水纳管率（%）； 城镇生活污水处理率（%）； 工业废水处理率及达标排放率（%）
大气环境	控制空气污染，限制可能导致全球气候变化的温室气体排放	万元工业净产值工业废气年排放量（Nm^3/万元）； 人均 SO_2、NO_2、CO_2 及臭氧层损耗物质等年排放量（kg/人）； 城镇空气质量指数（API）； 城镇烟尘控制区覆盖率（%）； 路检汽车尾气达标率（%）； 区域主要空气污染物（SO_2，PM10，NO_2，O_3）；年日均或小时平均浓度（mg/Nm^3）； 暴露于超标环境中的人口数（人）及占总人口的比例（%）规划工业园区与居民区的临近度
噪声	控制区域环境噪声水平和城镇交通干线附近的噪声水平，保障居民住宅等噪声敏感点的声环境达标	区域环境噪声平均值（dB（A））（昼、夜）； 城镇交通干线两侧噪声平均值（dB（A））（昼、夜）； 城镇化地区噪声达标区覆盖率（%）； 规划中的居民区环境噪声预测值（dB（A））（昼、夜）； 主要交通线路（道路交通干线，轨道交通线）与噪声敏感区交界面的长度（km）； 暴露于超标声环境中的人口数及占总人口的比例（%）
固体废物	使固体废物的生成量达到最小化或减量化及资源化	人均生活垃圾年产生量[kg/（人·年）]； 万元 GDP 工业固废产生量（t/万元）； 危险固废的年产生量（t/a）及无害化处理与处置率（%）； 工业固废的综合利用率（%）； 生活垃圾分类收集与资源化利用率（%）； 城镇固废填埋场、垃圾焚烧厂等与居民区、生态敏感区的临近度

续表

主题	环境目标	评价指标
自然资源与生态保护	保护区域自然资源与生态系统，健全城乡生态系统的结构，优化城镇生态系统的功能	森林面积（km²）及占区域总面积的比例（%）； 城镇化地区绿化覆盖率（%）； 人均绿地及人均公共绿地面积（m²/人）； 规划中城镇发展占用的土地面积（km²）及占区域总面积的比例（%）； 自然保护区及其他具有特殊价值的受保护区面积（km²）及占区域总面积的比例（%）； 规划交通主干线与主要住宅区、生态敏感区交界面的长度（km）； 规划主要工业园区与主要住宅区、生态敏感区的临近度 年水资源供需平衡比
自然资源与生态保护	保护区域自然资源与生态系统，健全城乡生态系统的结构，优化城镇生态系统的功能	水域面积占区域总面积的比例（%）； 工业用水循环利用率（%）； 生物多样性指数； 酸雨平均 pH 值及发生频率（酸雨次数占总降雨次数的比例）（%）； 地系统滨岸带范围（指面积，km²）及保护情况
近海环境	控制人为向海洋倾倒各种污染物，保护近海海域的环境	排入近海海域的废水量（万 t/a）； 排入近海海域的主要污染物质的量（油类物质、N、P 等）（t/a）； 近海海域主要污染物及溶解氧的平均浓度（COD_{Cr}，BOD_5，非离子氨，石油类，挥发酚）（mg/L）； 海藻指数
生态环境保护与可持续发展能力建设	强化生态环境管理，加强城镇生态环境保护与建设	环境保护投资占 GDP 的比例（%）； 公众对城镇环境的满意率（%）（抽样人口不少于万分之一）； 城镇环境综合整治定量考核成绩； 卫生城镇与国家环保模范城个数及所占比例（%）； 通过 ISO14001 认证的企业占全部工业企业的百分比（%）； 建设项目环境影响评价实施率（%）
其他		

附录 B　规划环境影响评价方法简介

B1　可采用的评价方法

目前在规划环境影响评价中采用的技术方法大致分为两大类别，一类是在建设项目环境影响评价中采取的，可适用于规划环境影响评价的方法，如：识别影响的各种方法（清单、矩阵、网络分析）、描述基本现状、环境影响预测模型等等；另一类是在经济部门、规划研究中使用的，可用于规划环境影响评价的方法，如：各种形式的情景和模拟分析、区域预测、投入产出方法、地理信息系统、投资－效益分析、环境承载力分析等。表 B1 列出各个评价环节适用的评价方法，供参考。

规划的环境影响适用的评价方法　　　　　　表 B1

评价环节	方法名称	评价环节	方法名称
规划方案的初步筛选	核查表法； 矩阵法； 对比、类比、相容分析法； 专家咨询法	规划环境影响的预测与评价	投入产出分析； 环境数学模型景分析法； 加权比较法； 费用效益分析法； 可持续发展能力评估； 对比评价法； 层次分析法； 环境承载力分析
环境背景调查分析	收集资料法、现场调查和监测法； 地理信息系统（GIS）	累积环境影响评价	专家咨询法； 核查表法； 矩阵法； 网络法； 系统流图法； 环境数学模型法； 承载力分析； 叠图法＋GIS； 情景分析法
规划环境影响的识别	核查表法； 矩阵法； 网络法； 系统流图法； 层次分析法； 情景分析法		
公众参与	会议讨论； 调查表； 公众咨询； 新闻传媒		

B2　评价方法概述

B2.1　核查表法（checklist）

将可能受规划行为影响的环境因子和可能产生的影响性质列在一个清单中，然后对核查的环境影响给出定性或半定量的评价。

核查表法使用方便，容易被专业人士及公众接受。在评价早期阶段应用，可保证重大的影响没有被忽略。但建立一个系统而全面的核查表是一项繁琐且耗时的工作；同时由于核查表没有将"受体"与"源"相结合，并且无法清楚地显示出影响过程、影响程度及影响的综合效果。

B2.2　矩阵法（matrix）

矩阵法将规划目标、指标以及规划方案（拟议的经济活动）与环境因素作为矩阵的行与列，并在相对应位置填写用以表示行为与环境因素之间的因果关系的符号、数字或文字。

矩阵法有简单矩阵、定量的分级矩阵（即相互作用矩阵，又叫 Leopold 矩阵）、Phillip-Defillipi 改进矩阵、Welch－Lewis 三维矩阵等，可用于评价规划筛选、规划环境影响识别、累积环境影响评价等多个环节。

矩阵法的优点包括可以直观地表示交叉或因果关系，矩阵的多维性尤其有利于描述规划环境影响评价中的各种复杂关系，简单实用，内涵丰富，易于理解；缺点是不能处理间接影响和时间特征明显的影响。

B2.3 叠图法 （Map Overlays）

将评价区域特征包括自然条件、社会背景、经济状况等的专题地图叠放在一起，形成一张能综合反映环境影响的空间特征的地图。

叠图法适用于评价区域现状的综合分析，环境影响识别（判别影响范围、性质和程度）以及累积影响评价。

叠图法能够直观、形象、简明地表示各种单个影响和复合影响的空间分布。但无法在地图上表达源与受体的因果关系，因而无法综合评定环境影响的强度或环境因子的重要性。

B2.4 网络法

用网络图来表示活动造成的环境影响以及各种影响之间的因果关系。多级影响逐步展开，呈树枝状，因此又称影响树。网络法可用于规划环境影响识别，包括累积影响或间接影响。网络法主要有以下形式：

因果网络法，实质是一个包含有规划与其调整行为、行为与受影响因子以及各因子之间联系的网络图。优点是可以识别环境影响发生途径、便于依据因果联系考虑减缓及补救措施；缺点是要么过于详细，致使花费很多本来就有限的人力、物力、财力和时间去考虑不太重要或不太可能发生的影响；要么过于笼统，致使遗漏一些重要的间接影响。

影响网络法，是把影响矩阵中的关于经济行为与环境因子进行的综合分类以及因果网络法中对高层次影响的清晰的追踪描述结合进来，最后形成一个包含所有评价因子（即经济行为、环境因子和影响联系）的网络。

B2.5 系统流图法

将环境系统描述成为一种相互关联的组成部分，通过环境成分之间的联系来识别次级的、三级的或更多级的环境影响，是描述和识别直接和间接影响的非常有用的方法。

系统流图法是利用进入、通过、流出一个系统的能量通道来描述该系统与其他系统的联系和组织。

系统图指导数据收集，组织并简要提出需考虑的信息，突出所提议的规划行为与环境间的相互影响，指出哪些需要更进一步分析的环境要素。

最明显不足的是简单依赖并过分注重系统中能量过程和关系，忽视了系统间的物质、信息等其他联系，可能造成系统因素被忽略。

B2.6 情景分析法 （Scenario Analysis）

情景分析法是将规划方案实施前后、不同时间和条件下的环境状况，按时间序列进行描绘的一种方式。可以用于规划的环境影响的识别、预测以及累积影响评价等环节。本方法具有以下特点：

可以反映出不同的规划方案（经济活动）情景下的环境影响后果，以及一系列主要变化的过程，便于研究、比较和决策。

情景分析法还可以提醒评价人员注意开发行动中的某些活动或政策可能引起重大的后果和环境风险。

情景分析方法需与其他评价方法结合起来使用。因为情景分析法只是建立了一套进行环境影响评价的框架，分析每一情景下的环境影响还必须依赖于其他一些更为具体的评价方法，例如环境数学模型、矩阵法或 GIS 等。

B2.7 投入产出分析（Input－Output Analysis）

在国民经济部门，投入产出分析主要是编制棋盘式的投入产出表和建立相应的线性代数方程体系，构成一个模拟现实的国民经济结构和社会产品再生产过程的经济数学模型，借助计算机，综合分析和确定国民经济各部门间错综复杂的联系和再生产的重要比例关系。投入是指产品生产所消耗的原材料、燃料、动力、固定资产折旧和劳动力；产出是指产品生产出来后所分配的去向、流向，即使用方向和数量，例如用于生产消费、生活消费和积累。

在规划环境影响评价中，投入产出分析可以用于拟定规划引导下，区域经济发展趋势的预测与分析，也可以将环境污染造成的损失作为一种"投入"（外在化的成本），对整个区域经济环境系统进行综合模拟。

B2.8 环境数学模型（Environmental Mathematical Model）

用数学形式定量表示环境系统或环境要素的时空变化过程和变化规律，多用于描述大气或水体中污染物质随空气或水等介质在空间中的输运和转化规律。在建设项目环境影响评价中和环境规划中采用的环境数学模型同样可运用于规划环境影响评价。环境数学模型包括大气扩散模型、水文与水动力模型、水质模型、土壤侵蚀模型、沉积物迁移模型和物种栖息地模型等。

数学模型具有以下特点：较好地定量描述多个环境因子和环境影响的相互作用及其因果关系，充分反映环境扰动的空间位置和密度，可以分析空间累积效应以及时间累积效应，具有较大的灵活性（适用于多种空间范围；可用来分析单个扰动以及多个扰动的累积影响；分析物理、化学、生物等各方面的影响）。

数学模型法的不足是：对基础数据要求较高、只能应用于人们了解比较充分的环境系统、只能应用于建模所限定的条件范围内、费用较高以及通常只能分析对单个环境要素的影响。

B2.9 加权比较法（Weighted Comparison）

对规划方案的环境影响评价指标赋予分值，同时根据各类环境因子的相对重要程度予以加权；分值与权重的乘积即为某一规划方案对于该评价因子的实际得分；所有评价因子的实际得分累计加和就是这一规划方案的最终得分；最终得分最高的规划方案即为最优方案。分值和权重的确定可以通过 Delphy 法进行评定，权重也可以通过层次分析法（AHP法）予以确定。

B2.10 对比评价法

（1）前后对比分析法（Before and after comparison），是将规划执行前后的环境质量状况进行对比，从而评价规划环境影响。其优点是简单易行，缺点是可信度低。

（2）有无对比法（With and without comparison）是指将规划环境影响预测情况与若无规划执行这一假设条件下的环境质量状况进行比较，以评价规划的真实或净环境影响。

B2.11 环境承载力分析

环境承载力指的是在某一时期，某种状态下，某一区域环境对人类社会经济活动的支持能力的阈值。环境所承载的是人类行动，承载力的大小可用人类行动的方向、强度、规模等来表示。

环境承载力的分析方法的一般步骤为：

309

（1）建立环境承载力指标体系；

（2）确定每一指标的具体数值（通过现状调查或预测）；

（3）针对多个小型区域或同一区域的多个发展方案对指标进行归一化。m 个小型区域的环境承载力分别为 E_1，$E_2 \cdots E_m$，每个环境承载力由 n 个指标组成 $E_j = \{E_{1j} E_{2j} \cdots E_{nj}\}$ $j=1$，2，$\cdots m$；第 j 个小型区域的环境承载力大小用归一化后的矢量的模来表示（略）；

（4）选择环境承载力最大的发展方案作为优选方案。

环境承载力分析常常以识别限制因子作为出发点，用模型定量描述各限制因子所允许的最大行动水平，最后综合各限制因子，得出最终的承载力。承载力分析方法尤其适用于累计影响评价，是因为环境承载力可以作为一个阈值来评价累积影响显著性。在评价下列方面的累积影响时，承载力分析较为有效可行：基础设施规划建设、空气质量和水环境质量、野生生物种群、自然娱乐区域的开发利用、土地利用规划等。

B2.12 累积影响评价方法

包括专家咨询法、核查表法、矩阵法、网络法、系统流图法、数学模型法、承载力分析、叠加图法、情景分析法等（详见前述）。

10.3 附录三 例：北京怀柔区区域战略环境评价

（1）区域战略环境评价框图

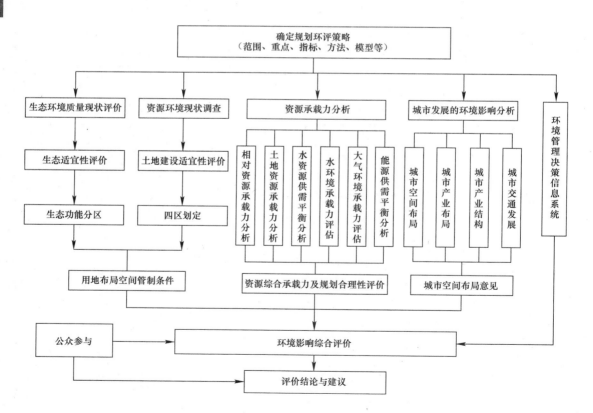

（2）区域战略环境评价主要规划图选

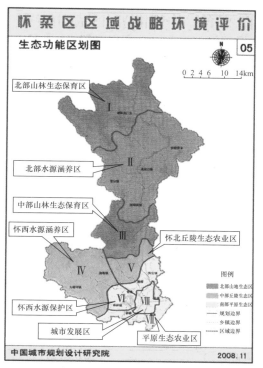

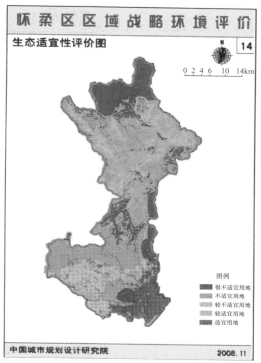

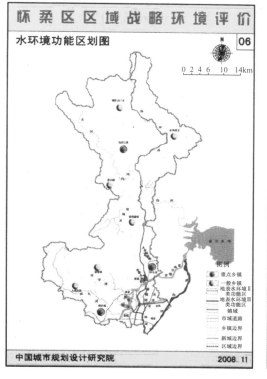

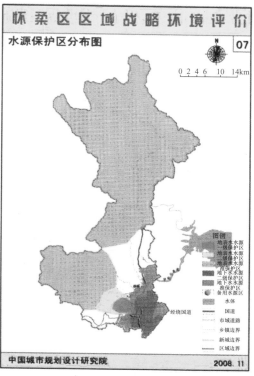

10.4　附　　图

1. 功能区划图

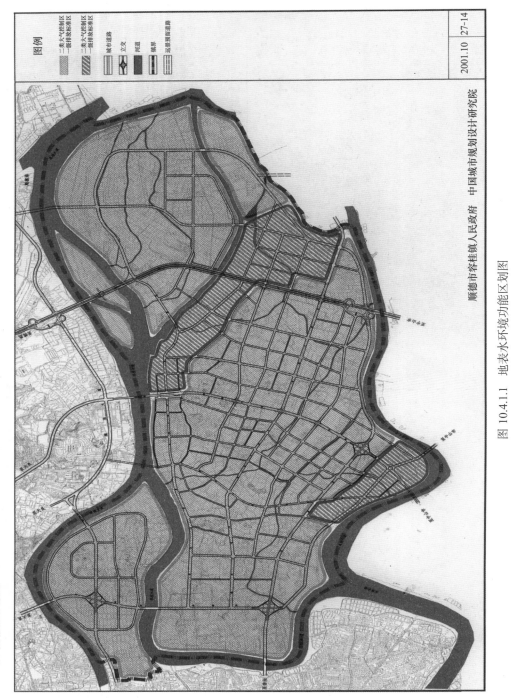

图 10.4.1.1　地表水环境功能区划图

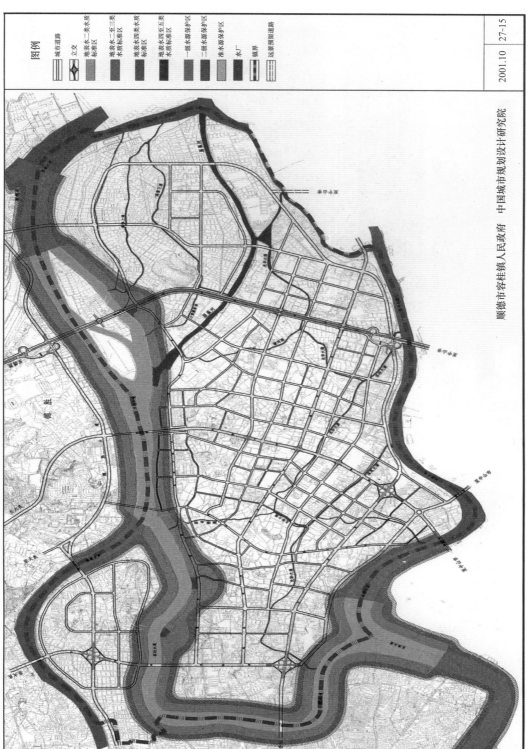

图例

城市道路
立交
地表水二类水质标准区
地表水三类水质标准区
地表水四类水质标准区
地表水四至五类水质标准区
一级水源保护区
二级水源保护区
准水源保护区
水厂
镇界
远景预留道路

顺德市容桂镇人民政府 中国城市规划设计研究院

图 10.4.1-2 噪声环境功能区划图

313

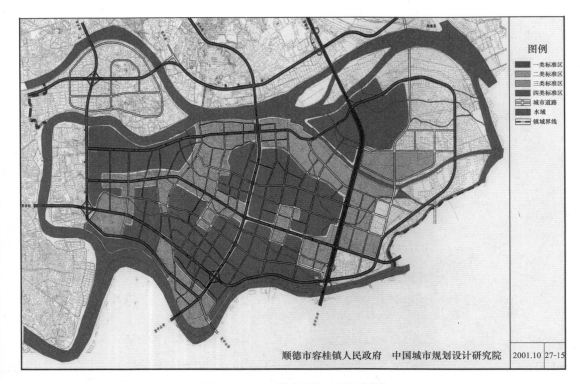

图 10.4.1-3　噪声环境功能区划图

2. 乌海市城镇市域（城镇）生态环境规划（1997）附图

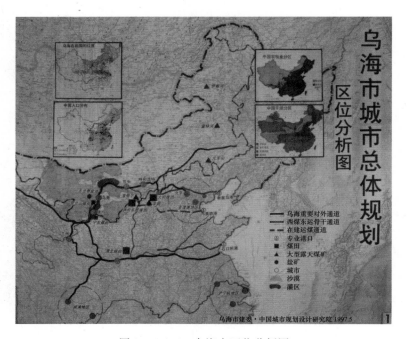

图 10.4.2-1　乌海市区位分析图

314

乌海市城市总体规划

总体规划图

乌海市城市总体规划（一九九六—二〇一〇）

图例

居住用地
公共设施用地
工业用地
其它城市建设用地
城市绿地
机场
铁路
公路
道路广场用地
风景区
生态防护林地
耕地园地
珍稀植物繁育区
生态涵养地
四合木保护区
牧草地
索道
工矿区村镇建设用地
井田境界
机场净空控制区
山地封禁育草区
水域
山洪沟

220kV以上高压线走廊
殡葬设施用地
文物古迹
露天矿
市界区界

1:50000

乌海市建委·中国城市规划设计研究院1997.5

4

图 10.4.2-2　乌海市总体规划图

图 10.4.2-3 乌海市域（城镇）空间结构规划图

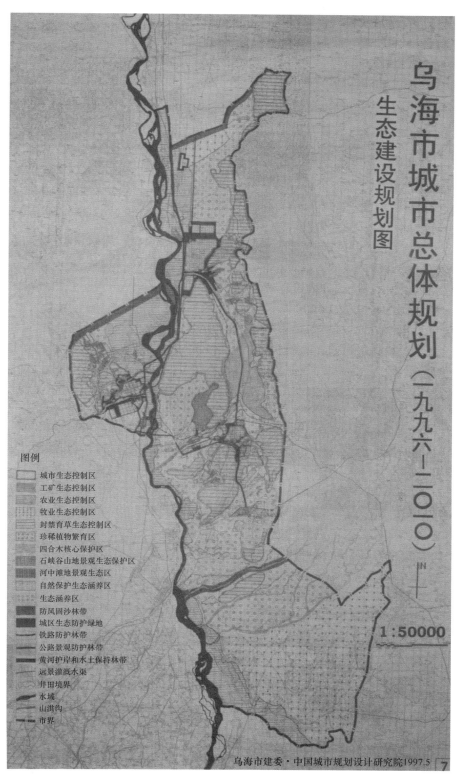

图例

- 城市生态控制区
- 工矿生态控制区
- 农业生态控制区
- 牧业生态控制区
- 封禁育草生态控制区
- 珍稀植物繁育区
- 四合木核心保护区
- 石峡谷山地景观生态保护区
- 河中滩地景观生态区
- 自然保护生态涵养区
- 生态涵养区
- 防风固沙林带
- 城区生态防护绿地
- 铁路防护林带
- 公路景观防护林带
- 黄河护岸和水土保持林带
- 远景灌溉水渠
- 井田境界
- 水域
- 山洪沟
- 市界

乌海市城市总体规划（一九九六—二〇一〇）

生态建设规划图

1：50000

乌海市建委·中国城市规划设计研究院1997.5

7

图 10.4.2-4 乌海市域（城镇）生态建设规划图

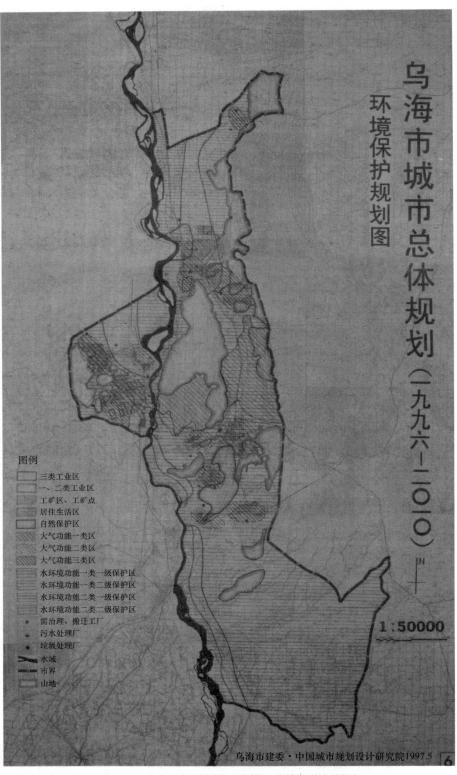

图 10.4.2-5 乌海市域（城镇）环境保护规划图

3. 温州市域生态分区规划（1998）附图

图 10.4.3-1　温州市域生态分区区划图

(a)

(b)

彩图 9.5.1-1　瑞典城市生态环境（一）

(c)

彩图 9.5.1-1 瑞典城市生态环境（二）

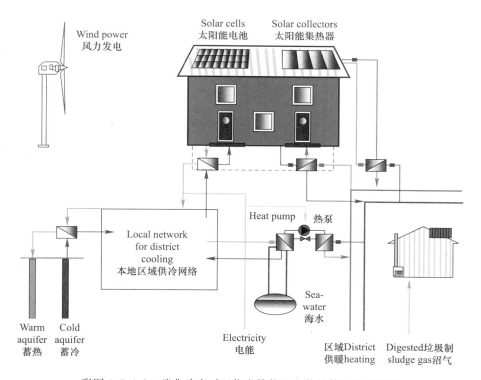

彩图 9.5.1-2 瑞典政府对于住宅热能和电能的使用效率规定

彩图 9.5.2-1 马尔默生态城鸟瞰图

（a）

（b）

彩图 9.5.4-1 哈默比湖生态城鸟瞰

(a)

(b)

(c)

(d)

(e)

彩图 9.5.5-1　生态解决方案示意

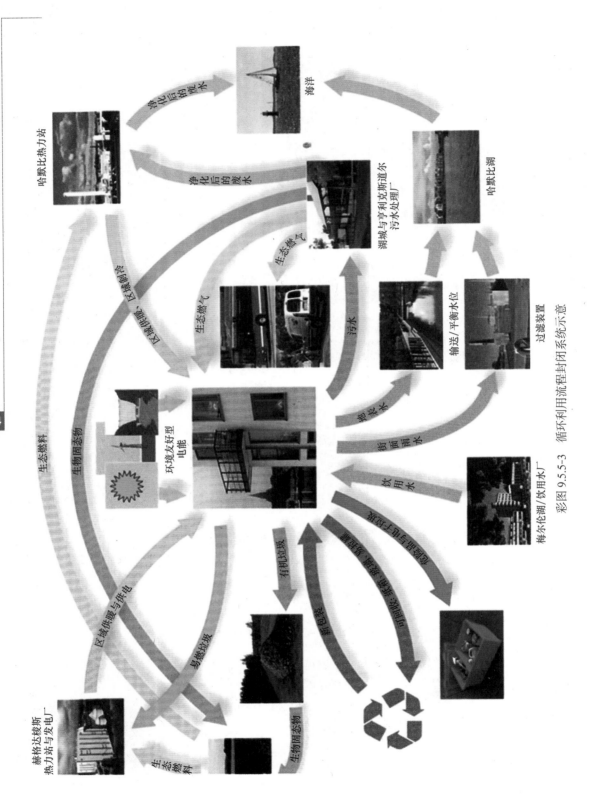

海洋

哈默比热力站

净化后的废水

净化后的废水

区域制冷

区域供暖

生态燃气

湖城与亨利克斯达尔污水处理厂

哈默比湖

生态燃料

生物固态物

生态燃气

污水

输送/平衡水位

过滤装置

环境友好型电能

区域供暖与供电

地表水

街面雨水

饮用水

梅尔伦湖/饮用水厂

有机垃圾

可回收：玻璃、纸张、金属等

新包装

易燃垃圾

赫格达棱斯热力站与发电厂

生态燃料

生物固态物

彩图 9.5.5-3　循环利用流程封闭系统示意

324

需求　　策略/规划　　　　完成　　　　交付　　　　使用

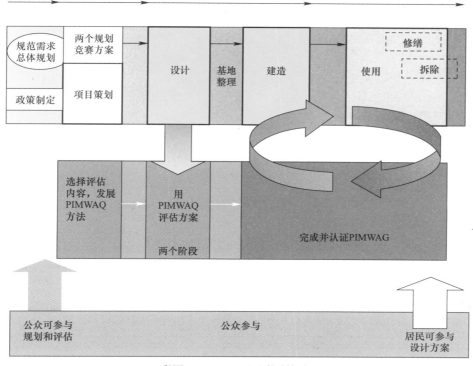

彩图 9.5.5-4　LCA 控制框架

325

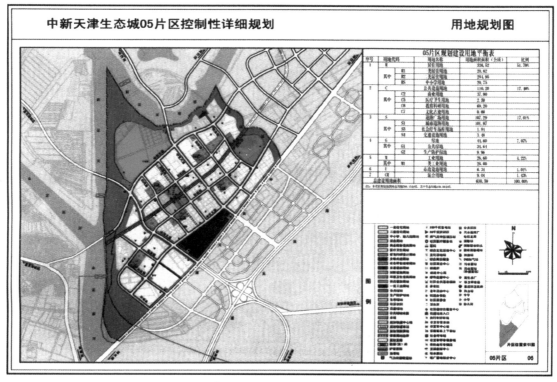

彩图 9.5.6-1　用地规划图

彩图 9.5.6-2　05-02 街区图则

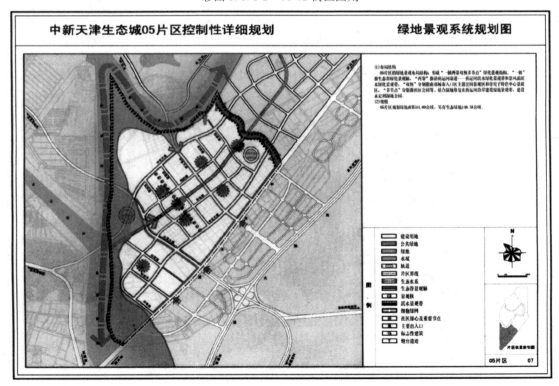

彩图 9.5.6-3　绿地景观系统规划图